REPORT ON ADVANCES IN FOREST ECOLOGY

森林生态学
学科发展报告

中国林业科学研究院 / 编著

中国林业出版社
China Forestry Publishing House

图书在版编目(CIP)数据

森林生态学学科发展报告/中国林业科学研究院编著 . —北京：
中国林业出版社，2018.8
　ISBN 978-7-5038-9682-8

Ⅰ.①森…　Ⅱ.①中…　Ⅲ.①森林生态学　Ⅳ.①S718.5

中国版本图书馆 CIP 数据核字(2018)第 164991 号

中国林业出版社·生态保护出版中心

策划编辑：刘家玲
责任编辑：曾琬淋　刘家玲

出版　中国林业出版社（100009　北京市西城区德内大街刘海胡同 7 号）
　　　　http://lycb.forestry.gov.cn　电话：（010）83143576　83143519
发行　中国林业出版社
印刷　固安县京平诚乾印刷有限公司
版次　2018 年 9 月第 1 版
印次　2018 年 9 月第 1 次
开本　889mm×1194mm　1/16
印张　20.75
字数　600 千字
定价　120.00 元

编委会名单

学科建设专家组

顾　　问　蒋有绪　储富祥　刘世荣　孟　平　陈晓鸣　王浩杰　徐大平

组　　长　肖文发

成　　员（以姓氏笔画为序）
王　成　王　兵　王彦辉　卢　琦　史作民　苏建荣
李　昆　李迪强　李意德　张　真　张劲松　周本智
崔丽娟　臧润国

编写人员（以姓氏笔画为序）
丁　易　于　浩　于澎涛　马凡强　王　晓　王小艺
王小明　王彦辉　王鸿斌　孔祥波　叶思源　史作民
朱建华　刘　芳　孙鹏森　李　昆　李迪强　李意德
肖文发　吴统贵　何春霞　张　真　张于光　张苏芳
张劲松　张炜银　陆　森　陈　展　陈德祥　尚　鹤
周本智　周光益　孙守家　孟　平　赵广东　秦爱丽
郭泉水　黄志霖　曹永慧　曹吉鑫　葛晓改　虞木奎
臧润国

前言
PREFACE

　　森林生态学是研究森林与其环境相互关系的科学。森林生态学是传统的林学或森林学与生态学的交叉，其经典任务是通过揭示森林与其环境的相互关系来指导森林的培育和管理。随着科学技术的进步，尤其是与森林密切相关的区域及全球尺度生态与环境问题的日益突出，森林生态学日趋广泛地与其他自然科学和社会科学等紧密融合，发展为指导人类科学合理地处理人与森林的相互关系、指导最大程度地发挥森林多种功能以服务于人类社会和维持地球表面系统生态平衡和环境健康的科学。在个体、种群、群落、生态系统和区域各个尺度，森林生态学研究都取得快速进步，并同时向更宏观（如全球尺度）和更微观（如分子和细胞）两个方向发展，形成了更加完善的知识和科学体系。同时，伴随技术的进步，森林生态学的研究手段也在不断发展创新和拓展。近些年，我国关于森林生态学的研究突飞猛进，在国际生态学领域取得了一系列的创新成果，受到越来越多的国际同行关注，也为世界生态学发展和应用做出了重要贡献。

　　作为一个发展中大国，历史的原因使得我国森林的覆盖率低、质量差、服务功能弱。随着40年国家重点林业生态工程的实施，中国的森林恢复和森林保护取得了巨大成就，实现了森林面积和蓄积的双增长，生态环境得到了巨大改善。但是。我国经济社会的快速发展，仍然对森林生态系统构成巨大压力，尤其是全球气候变暖所导致的气候的异常波动和极端气候事件增加，使我国森林的保护、恢复和森林健康维护面临更加严峻的挑战。近年来，绿色发展和生态文明建设的重要性已经被广泛接受，并上升为国家发展理念和国家战略。森林是陆地生态系统的主体，是绿色发展和生态文明建设的基础和重要组成部分。森林生态系统及其与其他生态系统间的物质循环、能量流动和其高度的开放特性，注定了森林生态学成为生态文明建设的基础理论科学之一。"山水林田湖草"生命共同体综合治理作为新时代中国生态文明建设的顶层设计，又对森林生态学的发展提出

了更高的要求。

森林生态学科是中国林业科学研究院的传统优势学科，面对新时期的国家需求，为客观分析中国林业科学研究院森林生态学发展面临的问题，进一步加强学科和人才队伍建设，提升基础研究水平和创新能力，充分发挥全院相关学科的集成优势，开展重大科技任务集中攻关，推动重大原创性科研成果的产生，中国林业科学研究院成立了森林生态学学科建设专家组，共商本院森林生态学科建设与发展。在这一工作中，学科建设专家组成员就森林生态学研究的重点和热点问题进行了讨论和分析，并在此基础上，将研讨成果总结成文，虽然尚存许多不足，但希望为促进中国林业科学研究院乃至我国森林生态学学科的发展提供参考。

本书采用文责自负的方式，由相关专家共同完成。本书的出版，得到中国林业科学研究院基本科研业务费专项资金项目"森林生态学科基础能力建设及若干热点问题研究"（CAFYBB2014ZX003）和"中国典型区域森林生态保护与恢复问题与策略"（CAFYBB2017ZX002）的资助。本书正值中国林业科学研究院建院60周年出版，恰逢其时，以此为贺！同时，谨此向历代推动中国林业科学研究院森林生态学学科发展、壮大的专家、学者致敬，向所有关心和支持中国林业科学研究院森林生态学学科发展的各界人士致谢！

《中国林业科学研究院森林生态学学科发展报告》编写组
2018 年 7 月

目 录
CONTENTS

下篇　专题报告

第1章　森林植被生态学

第2章　森林生态服务与生态系统管理

第3章　极端气候事件生态学

第6章　防护林生态学

第7章 森林群落学与生物多样性——从物种到功能的生态恢复

第8章 自然保护区学

第9章 农林复合系统调控水热与固碳功能

第10章　困难立地与生态恢复

第 11 章 濒危植物保护

第 12 章 树木生理生态

第 13 章　森林碳氮循环研究

第 14 章 森林水文学

第17章　森林昆虫生态

Section *1*

学科总论

中国林业科学研究院森林生态学学科建设方案

中国林业科学研究院森林生态学学科建设专家组

森林是陆地生态系统的主体，具有多功能、多效益的特点。森林生态学从生物个体、种群、群落，以及森林生态系统、景观和生物圈等不同尺度研究森林生物之间及其与环境之间的相互作用规律。自20世纪50年代率先在我国开展了森林生态学定位研究以来，中国林业科学研究院为我国森林生态学的学科发展、人才培养和国家生态环境建设做出了突出贡献。特别是近30年来，围绕中国林业可持续发展、生态环境建设和有效应对气候变化的科技需求，持续开展了森林生态学的基础和应用基础研究，以及森林生态系统管理和退化森林生态系统恢复的机理和技术研究，形成了独具特色的学科优势，部分研究领域在国际上处于领先地位，为国家和区域生态环境建设与可持续发展的科学决策提供了重要的支撑。但作为森林培育、经营、保护等应用学科的基础，目前还存在内容分散、过程和尺度单一等问题，缺乏系统、综合的研究成果，与国际森林生态学研究水平存在一定的差距，并成为制约我国林业可持续发展和生态环境建设的宏观科学决策的瓶颈。新的历史时期，中国林业科学研究院的森林生态学学科将进一步瞄准国家需求，从学科方向、人才和平台等方面布局，充分发挥全院相关学科的集成优势，加强基础研究，加快学科队伍建设，提高创新能力，以大学科为团队组织科研任务，开展重大科技任务集中攻关，推动重大原创性科研成果的产生，为国家生态建设提供有力的科技支撑。

1 森林生态学及其在中国林业科学研究院的发展历程

1.1 森林生态学的发展

森林生态学是研究森林及其与环境间相互关系的科学，其中包括研究和阐明各种环境因子以及它们的作用对林木组成、结构、生长、发育、种群变化的影响，森林生物种群对环境的反应和适应，森林生物的种间关系及种群动态，森林群落及立地的分类，森林群落的形态、结构及发生、发展、演替的规律，森林生态系统及其在人为活动下的结构与功能，森林对环境的影响和作用以及森林生态系统管理的生态学原则和技术体系等内容。

森林生态学的研究基本上按照树木个体生态学、林木种群生态学、森林群落学和森林生态系统学几个层次和水平进行。

森林生态学溯源于19世纪后期和20世纪初期的造林学、营林学。欧美等国家林业的发展促进了林学中关于森林与环境的关系，各环境因子立地条件对造林、营林的影响，以及树种生态学特性等问题的研究。同期的植物地理学、植物生态学的发展也促进了对森林分类、分布，森林群落的组成、结构和演替的研究。20世纪20年代至40年代，在两者发展的基础上逐渐形成了森林生态学前身的若干分支，如森林立地学、林型学、森林学等。20世纪50年代，在生态学理论有了进一步发展的前提下，形成了明确以森林为对象，以研究森林与环境相互关系等自然规律为任务的森林生态学。因此，森林生态学是林学的一个分支，也是生态学的一个分支。

新中国建设急需各类基础性和背景性的自然科学资料，"以任务带学科"的方式急速地推动了我国生态学各分支的发展。例如，中国自然区划、农业区划、林业区划等促使对我国的自然地理、动植物区系、植被、土壤、农业、林业资源等方面首次进行大规模的调查研究，积累了大量的、系统的第一手资料，并对许多重大理论问题如我国自然地理区域特征、区域分异性、地带界限进行了探讨。20世纪70年代起，新的数理分析手段如数学模型推动了数学生态学的发展。1∶100万的全国大比例尺植被图，航片、卫片的应用以及自动绘图的应用都达到先进水平。

随着区域及全球生态与环境问题的突出，森林生态学在保护个体、种群、群落和生态系统方面研究快速发展的同时，日益向宏观和微观两个方向发展，尤其是与自然地理、水文水资源、气候变化、土地利用、生物多样性、地球表面过程等研究内容紧密结合。随着技术进步，森林生态学的研究手段不断发展更新，如野外自计仪器、稳定同位素技术、"3S"技术、高速电子计算机模拟等。森林生态学前沿和热点问题集中在森林生态系统对全球气候变化的响应与适应、森林生态系统的服务功能、森林生物多样性形成与维持机制、退化森林生态系统恢复、森林可持续经营等方面。

1.2 森林生态学在中国林业科学研究院的发展历程

中国林业科学研究院森林生态学学科发展，充分体现了生态学50多年来内涵的提升和扩展，也显著反映了50多年来林业的世界任务和国际责任的拓展历程。

在前30年（1958—1988年），中国林业科学研究院（以下简称中国林科院）正是以"生态学是研究生物与环境相互关系"的经典生态学为指导，为造林、育林、森林经营提供树木生态、森林生态的应用基础。在林木栽培生态研究方面，20世纪50年代对杉木适宜生长区的气候条

件、土壤类型、杉木群落分类、立地条件及指示植物、小气候、生长与生态因子关系进行系统
研究，以及对华北的油松（*Pinus tabuliformis*）、杨树（*Populus* spp.）、核桃（*Juglans regia*）、油
橄榄（*Olea europaea*）、泡桐（*Paulownia* spp.）等造林和经济树种生态学，热带柚木（*Tectona
grandis*）、红花天料木（*Homalium hainanense*）等珍贵树种生态学的研究等。较全面地阐明了这
些树种生长与主要生态因子的关系、树种生长的限制因子，划分了生长类型、适生范围，开展
了引种驯化栽培试验，为后来的造林规划设计和合理经营管理提供了依据。在经营生态研究方
面，围绕森林采伐更新、抚育等合理经营所需的森林区划、天然林群落分布与分类、结构与功
能和演替等，开展了群落生态学、种群生态学和生态系统生态学方面的应用基础研究。对长白
山林区、西南高山林区和大兴安岭林区分别开展了森林更新规律系统调查和综合科学考察，为
各林区大规模开发建设奠定了基础。同时也培养了一批优秀的科研人才。在 20 世纪 50 年代后
期，中国林科院的前身——中央林业研究所向苏联派出研究进修人员以培养高层次科研骨干人
才，回国后满足了建院后的人才需求。1978 年中国林科院恢复后，在生态系统理论指导下，发展
多学科综合性的研究，并进一步加强了建立长期生态观测站，对各类森林生态系统开展结构与动态
试验研究。同时加强了有发展战略和指导作用的全国性大项目的研究。1978 年以后，为规划我国
南方 14 省杉木用材林基地建设，第一次全面进行杉木地理分布、立地分类，提出三带（北、中、
南带）和产区区划，全面提出杉木造林经营的技术依据。在环境生态学研究方面，开展了林业建设
在改善、美化城市环境的应用研究，防护林建设对改善环境的生态功能，林木与环境保护研究等。
如对江苏、上海、华北的农田防护林功能研究，京津唐地区风沙问题及防治对策等。

近 20 多年来，中国林科院森林生态学学科在森林生态系统功能监测和评估，森林生物多样性
保育，全球变化与森林的相互影响、森林碳平衡与碳减排、森林与水的相互作用关系机理与调控管
理技术，国家重大工程的生态环境问题，湿地、鸟类与野生动植物，森林环境等方面，都取得了显
著进展。

回顾中国林科院 60 年，特别是近 20 多年来，森林生态学研究发展的特点是：在国际最前沿
的方向，以国家乃至全球迫切的生态安全需求为目标，以先进理念和技术方法，团结我国其他
优秀团队，在个体、种群、群落、生态系统，特别是区域和全国尺度的有关生态结构过程和功
能的规律性、保护生物学、重点林业生态工程、森林健康等领域全面开展研究。目前，中国林
科院在森林生态、水文生态、全球生态、生态监测与评估、生物多样性、自然保护区与生物多
样性、野生动植物和鸟类环志等方向，已拥有具有国内引领力并在国际学术组织任职或活跃于
国际学术活动的中青年专家。但生态领域的整体研究水平还有待提高，在引进高层次人才和提
升科学实验观测设施水平上需做出努力，对传统的曾被忽视的研究领域和方向，如树木学、森
林地理、森林土壤、土壤动物和微生物、树木生理生态等学科研究要有所加强。

2 在国内相同及相近学科中的地位和优劣势分析

2.1 优势分析

2.1.1 开创和引领我国森林生态系统长期定位观测及网络化研究

中国林科院森林生态学学科早在 20 世纪 50 年代初就在我国川西亚高山林区开始了相关的研
究工作。1960 年，与四川林业科学研究所合作，在川西米亚罗建立了我国第一个天然林区森林

长期定位试验观测站，开展森林结构与功能的研究，开创我国这一领域研究的先河。最早完成了中国森林土壤分布、中国森林立地分类的研究，继后开展的中国森林生态系统结构与功能以及环境生态和长期定位观测等方面研究都取得了多项原创性成果，奠定了中国森林生态长期定位观测及其网络化研究的基础，为国家林业生产和生态建设提供了强有力的科技支撑，同时，极大地促进了森林生态学在我国的发展，确立了中国林业科学研究院森林生态学学科在全国的领先地位。

依托中国林科院和全国不同地理带及不同类型森林的长期观测资料和数据，中国林科院作为主持单位，通过与中国科学院及几所林业大学生态站的合作，圆满完成了1990年立项的我国林学学科第一个国家自然科学基金重大项目"中国森林生态系统结构与功能规律"，对我国森林生态系统的地理分布、群落的组成结构、生物生产力、养分循环利用、水文生态功能和能量利用等规律研究取得了重大成果。这是我国首次运用森林生态长期定位观测站点开展联网化、多学科的生态系统综合研究。由生态系统尺度向区域大尺度的转换研究，是近些年来国际生态学研究的趋势，而该项目在1990年就具有了这样的超前科学思想设计。项目研究发展了生态系统生态学的理论与方法，推进了生态系统研究的标准化、规范化和网络化。目前，生态系统服务功能的重要性已在世界和我国引起重视。

2.1.2 主持牵头森林生态领域国家重点项目

2.1.2.1 开展森林生态学基础研究，揭示森林生态学基本规律

在森林植被与水的关系和机理方面取得重要进展，产生了广泛的国际影响。主持生态学领域国家"973"计划项目、国家自然科学基金重大（重点）及面上项目，围绕生态水文过程耦合机制、尺度问题、土壤侵蚀机理和植被恢复等项目核心科学问题，分别在坡面尺度、景观尺度、流域尺度及尺度转换等领域进行了一系列创新性的研究，提供了实现林水综合管理的科技基础和决策手段，服务于生态建设。

本学科长期从事气候变化与森林生态系统的相互影响、气候变化与林业适应对策、森林和林业活动对大气碳的影响、林业活动与土壤碳动态、森林生物量和生产力等诸多方面的研究，在国内最早开展气候变化与森林问题的研究，在国内外相关领域具有较强的综合研究实力。

森林生态学学科先后承担了国家自然科学基金重点项目"海南岛热带林生物多样性形成机制研究"、国务院三峡办和国家林业局"三峡库区陆生动植物监测"及众多行业专项计划等，使得本学科成为我国林业系统核心的生物多样性研究基地。在中国的生物多样性关键地区，开展了森林群落结构的研究，揭示了中国森林群落的变化规律、中国热带天然林生态系统结构维持与功能机制，以及典型区域内不同类型热带天然林保护与恢复的优化景观格局，发展并完善了天然林保护与恢复的生态学理论体系。

2.1.2.2 开展森林生态学应用基础和技术研究，支撑国家林业生态建设

在林业应对气候变化方面，完成了2期《中华人民共和国气候变化国家初始信息通报》"土地利用变化与林业温室气体清单"的编制。2005年研究提出世界上第一个获得CDM执行理事会批准的方法学"CDM退化土地再造林"；2007年研究提出的"以灌木为辅助的CDM退化土地造林再造林方法学"是全球第六个获得CDM执行理事会批准的方法学。开展了林业工程碳储量计算、林产品贸易碳储量计算的探索性研究和森林管理的碳储量计量方法学的研究。为国际气候变化谈判和政府间气候变化委员会（IPCC）中国政府代表团提供技术支持，多次参与国际气候

变化谈判和各种特别行动组会议，为代表团提供了多个对案报告，还参与起草了多个相关国家执行报告，如《中国应对气候变化的国家战略》、《中国气候变化国家评估报告》、《中国应对气候变化的国家方案》等。多年来与美国、澳大利亚、意大利、德国、英国、欧盟等在气候变化对森林的影响方面开展了多次合作研究、培训。

通过国家科技支撑计划（原科技攻关计划）的不断支持，紧密结合国家林业生态工程建设，开展了典型地区森林生态系统恢复和重建的机理、模式和技术研究。"十一五"期间，在退耕还林和长江防护林区，以三峡库区为示范区域，综合人–地–植被系统各要素关系，深入开展了基于综合生态系统管理的（小）流域植被恢复与管理，提出和推广了 10 种以上长江三峡库区低山丘陵水土保持型植被景观优化配置技术和模式，被众多媒体大幅报道，产生了很好的社会影响。

通过对我国典型天然林动态干扰体系、珍稀濒危树种保护技术、退化天然林分类与评价技术、退化天然林结构调整与定向恢复技术、退化天然林景观恢复与空间经营优化技术等研究，建立了不同类型退化天然林的生态恢复试验示范模式，解决了我国天然林保护工程建设中的多项关键技术，显著提高了退化天然林的生态恢复速度和质量、生物多样性和稳定性，改善了区域生态环境，研究成果获得了 2012 年度国家科技进步二等奖。

首次完成和发布中国森林生态服务功能评估，通过承担国家科技项目、参与全国森林生态系统定位研究以及第七次全国森林资源连续清查等工作，在借鉴国内外最新研究成果的基础上，主持完成了《中国森林生态服务功能评估报告》。我国森林生态系统的 6 项生态服务总价值为每年 10 万亿元，大体上相当于目前我国 GDP 总量（30 万亿元）的 1/3。

开展了大量的自然保护区管理、生物多样性监测评价和保育方面的研究：在青海三江源自然保护区、河南宝天曼自然保护区、长江三峡库区开展了自然保护区规划、生物多样性监测与评估及保育技术的研究。在国内率先开展了对我国珍稀濒危物种大熊猫、东北虎、普氏原羚、雪豹、双峰野骆驼等物种的保护生物学研究，为"野生动植物保护和自然保护区建设工程"十五大拯救物种做出了重要贡献。

2.1.2.3 搭建森林生态学基础条件平台，支撑服务学科发展

在中国林科院科研人员的共同努力下，通过系统规划、科学布局，中国林科院森林生态学学科已经形成全国同类研究机构少有的相对集中和强大的试验研究基地：有野外生态定位站 17 个和多个长期森林生态研究基地（川西米亚罗、新疆西天山、海南、三峡库区、祁连山、广西大青山、青海三江源等），以及众多的国家级自然保护区试验示范基地，基本覆盖我国主要植被气候带。其中，大岗山、尖峰岭等生态站进入联合国全球陆地生态观测系统（GTOS），同时还与国际长期生态学研究网络（ILTER）等建立了合作交流机制。这些野外基地积累了林分、集水区等尺度的生态学基础数据，在自然资源本底数据积累、监测评估及科研应用方面具有不可替代的作用，也是其他系统森林生态学学科无法比拟的。尖峰岭生态站已经在海南岛尖峰岭国家级自然保护区内建立一个热带雨林生物多样性长期监测样地系统，由 1 个 $60hm^2$ 的森林动态监测大样地、164 个 $625m^2$ 的公里网格样地和 11 个面积为 $1000\sim10000m^2$ 的长期历史固定样地组成，涵盖了尖峰岭热带雨林中心区域约 $160km^2$ 范围内的热带森林植被类型。目前，尖峰岭生态站是我国在海南岛热带地区的区域尺度上最为细致和全面的森林生物多样性监测样地系统，其中 $60hm^2$ 大样地也是目前世界上已经完成的大样地中单个面积最大、单次监测数据最多的样地，迄今为止共记录到 48.5 万株植物的全部信息，基于该平台所获得的海量数据深入开展的生态学研

究，有望取得丰硕的成果。

依托国家自然科技资源平台计划、国家林业局专项计划的支持，本学科成为国家重要的生物多样性信息中心和林业系统的牵头机构，是国家级森林植物、自然保护区、鸟类、森林昆虫和病害、森林生物菌类资源现代化信息中心，对生物多样性研究、保护与利用具有重要支撑作用。

2.1.3　拥有高素质的研究队伍

经过几十年的发展，中国林科院森林生态学学科针对我国林业发展、生态环境建设、应对全球气候变化的重大国家需求和科学问题，以我国各森林地理分布区的森林生态系统为主要研究对象，开展了多尺度、多学科、综合性的基础、应用基础和技术研究。形成了以森林生态环境和保护研究所为代表，包括林业研究所、亚热带林业研究所、热带林业研究所、资源昆虫研究所等研究所，以及亚热带林业研究中心、热带林业研究中心、桉树中心等实验中心共同发展的局面。

本学科一直重视人才培养，努力加强自身队伍建设，逐渐造就了一批学术带头人，形成了一个高素质的和相对稳定的研究群体。学科现有森林生态学以及和森林生态学密切相关的专业学科人员 160 人，其中中国科学院院士 1 人，正高职称 34 人，副高职称 37 人，博士学位 109 人。学科先后入选国家"百千万人才工程"第一、第二层次 3 人，国家林业局跨世纪人才 5 人，国家林业局"十优"青年 1 人。3 人分别获第七、第八届中国林业青年科技奖，2 人荣获国家林业局首届"林业科技重奖"，1 人荣获"为首都建设做出突出贡献的统一战线先进个人"、第八届北京市市人民政府专家顾问团顾问。

在本学科研究队伍中，有 8 人在国际林业组织中任职，其中有 6 人在国际林业联盟研究组织（IUFRO）任委员、工作组组长、副组长或副协调员；2 人任联合国防治荒漠化科学委员会（Committee on Science and Technology of UNCCD）独立专家；2 人为湿地国际组织中国专家网络成员；1 人任 IPCC 关于土地利用变化与森林碳项目的第二任务组协调员；1 人任亚太林业研究机构协会执委会（APFRI）委员；1 人任亚太化学生态学会委员。

2.2　劣势分析

全院森林生态学学科人员不少，但承担实际任务的研究团队偏小，研究方向分散，无法形成合力、实现"大兵团作战"，不利于承担国家重大生态问题的研究任务。

本学科在国内外有较高学术影响力的学术带头人和学术骨干不多，人才断层的现象逐渐显现。与森林生态学密切相关的植物分类学（或树木分类学）人才缺乏。

本学科还需加强具权威性和科学性的顶层设计，从而快速适应目前的生态学重点和热点问题，以满足国家建设生态文明的需求。分子生态学、宏观生态学、生态模拟与模型等领域仍为本学科的研究短板。

学科虽然有 19 个野外生态定位观测站，但投入相对不足，日常运行维持经费较少，主要还得依靠项目经费来维持。

这些因素，在很大程度上限制本学科的发展，限制学科进一步承担国家重大项目，产出更多的原创性成果。

3 发展布局

3.1 原则

（1）坚持"有所为和有所不为"的原则，关注国际前沿和热点问题；支持源头创新和鼓励具有中国林科院优势和特色的研究领域；支持以解决林业生态建设过程中的重要科学问题为目标的基础研究。

（2）在基础研究方面，体现基础研究特点，只规划领域，不涉及具体课题，即只规划"林区"，不指定"种什么树"。

（3）开展多学科交叉的综合研究。

（4）注重对研究技术和方法创新的支持。

（5）将支持项目同培养人才结合起来。

（6）重视长期观测和科学积累。

（7）从生态战略思维考虑，以国家生态安全、生态环境质量、应对全球气候变化、林业可持续发展为战略目标，预见性地设置若干长期目标的预研究项目。

3.2 主要任务

根据森林生态学的发展趋势，紧紧围绕森林生态系统对全球变化的响应和生物多样性的研究，同时针对我国的国情和林情，主要任务为：①依托中国林科院各所与森林生态学学科相关的骨干科研团队、国家林业局森林生态领域的重点实验室、中国森林生态系统定位研究网络定位研究站等，组建由领衔专家牵头的大型研究团队和专业研究组；②制订学科人才培养计划；③制订实验基地发展规划；④确定优先研究领域和方向，推动建立"结构完整、布局合理、层次分明、机制完善"的学科体系，全面促进中国林科院森林生态学学科的发展。

通过规划的实施，使学科的科学研究取得重大进展，人才队伍结构进一步改善，人才培养质量进一步提高，社会服务能力进一步提升，学科特色更加明显，综合实力和行业影响力显著增强。

通过学科建设，稳定学科的研究方向，加强专业研究室的建设，完成先进仪器设备的配套，体现不同专业研究室的研究特色。为不同研究领域的中青年学术骨干创新性工作的开展创造国内一流的实验和工作条件。确保一流的人才在一流的实验室做出一流的研究成果。今后我们将紧紧围绕森林生态这个核心任务，力争取得重要突破。

通过学科建设，构建层次清晰，方向明确，人才合理的大团队，形成具有较强国际影响力的学科。

3.3 学科方向布局

总体上，以全球气候变化和森林生态环境建设为切入点，针对典型的森林生态系统类型，重点加强全球气候变化背景下森林生态系统结构和功能的响应与适应研究，同时面向我国重大生态工程特别是重点林业生态工程建设，系统探索森林生态服务功能的形成、维持机理、评价方法和调控技术，积极开展和支撑国际合作，为国家生态文明建设和林业可持续发展提供科技支撑。

3.3.1 重点研究方向布局

3.3.1.1 森林生态系统的结构与生物多样性

在气候变化背景和我国对森林资源利用方式的转变条件下，开展对森林生态系统本底基础的调查研究；依托典型地区森林动态监测样地平台，研究典型森林的种群和群落结构特征、功能性状变化规律和组配原理，分析森林物种多样性形成、维持机制及其生态系统功能；研究珍稀濒危植物、珍稀濒危和国家重点保护动物的濒危机制和保育策略，研究干扰与野生植物种群变化；探索自然保护区的功能区划、网络化监测与数字化保护的手段和方法，探索森林生态系统保护区科学管理模式；研究全球气候变化和人类活动影响下生物多样性敏感区和脆弱区的适应策略和生物多样性保护对策。

3.3.1.2 森林生态系统关键过程

依托中国森林生态系统研究观测网络（CFERN），开展森林生态过程和水文过程的长期规范化定位观测，积累科学数据，研究不同时空尺度生态过程的演变、转换与耦合机制；研究典型区域和典型森林类型的特征及其生物生产力、森林碳通量、土壤碳等森林碳循环过程；通过多过程耦合和跨尺度模拟，研究水分限制区、水资源敏感区和丰沛区森林生态过程与水文过程的相互作用机理及对区域水资源和环境的调控能力；研究水碳耦合机理及其区域效应；研究变化环境下区域林水综合管理的适应性对策与途径；定量评估和预测变化环境下重点林业生态工程的生态环境效应演变。

3.3.1.3 森林对环境变化的响应和适应

基于野外观测台站和"3S"技术，运用植被生态、生理生态和生态模型模拟方法，多尺度识别气候变化（特别是极端气候事件）对森林树木和生态系统的影响。研究变化环境下森林下垫面的碳水通量、树木对环境胁迫的生理生态适应机制和积极利用变化环境的适应对策；研究气候敏感区和典型森林对变化环境的响应与适应策略；研究土地利用变化和森林经营活动对森林生态系统碳固持和排放过程的影响机理及碳计量方法；研究气候变化条件下林火特性以及火对森林生态系统与环境的影响；研究典型退化森林生态系统的退化原因、生态过程和机理，区域森林恢复的适应性评价、生态区划及恢复与重建的生态-生产模式和时空配置；研究森林生态系统中污染物的输入及其对森林环境的改变、与森林生物系统的相互作用；森林生态系统对污染物的响应和适应以及调控机理，以及空气污染和气候变化对森林生态系统的复合效应。

3.3.1.4 森林生态系统健康与调控

研究森林立地条件、林分结构、生物多样性、不同农林复合系统和经营管理及对有害生物的影响和调控机理；研究天敌对森林有害生物控制的生态学过程及其利用途径；运用现代化学生态学、行为生态学和感觉生态学的理论和方法，研究重大森林有害生物的行为调控机制和化学通讯机制；利用分子生态学的理论和方法研究森林有害生物的分子调控机制；研究气候变化条件下大尺度重大森林有害生物监测、预警、预报技术，暴发和成灾机理及森林健康的维持机制。

3.3.1.5 森林生态系统管理与重大林业生态工程

针对重大林业生态工程的技术需求，开展不同类型的生态系统管理研究，包括人工林（防护林、农林复合）生态系统管理、天然林生态系统管理和城市森林生态系统管理。以追求生态系统服务最优为目标，探讨不同区域、不同类型森林优化布局、建设和管理的理论和技术。

3.3.1.6 森林生态系统服务与生态文明

研究生态系统服务的形成机制和时空分异规律；开展生态系统服务制图研究；对生态系统服务功能进行评估；研究生态系统服务管理决策支持；探索生态承载力与生态红线；进行生态补偿机制与管理制度建设。

3.3.2 优先发展领域

面对学科历史发展过程中取得的成绩、现状与制约，在森林植被、土壤生物、森林健康、构建基础信息平台等方面开展科技基础性工作，如中国森林土壤质量时空特征调查与评价、人工林地力时空变化、重要森林害虫为害与天敌资源调查及风险评估、中国森林植物（功能）性状调查与数据库构建、自然保护区物种标本整理等。

紧紧围绕国家林业生态建设重大科学问题，开展多学科综合性研究，提供解决问题的理论依据和科学基础。在中国森林生物多样性与生态系统功能关系、森林生态系统经营的理论基础及极端气候事件对森林生态系统影响机制与效应等方面开展研究。

瞄准世界高新技术发展前沿，以提高自主创新能力为宗旨，提升学科服务行业水平为目的，坚持战略性、前沿性和前瞻性，以前沿技术研究发展为重点，在流域生态系统服务功能整体提升技术、森林病虫害智能化管理、自然保护区数字化管理技术和野外珍稀动物栖息地管理技术等方面开展研究。

争取在有较好基础和特色的方向，进一步开展基于森林生态过程的基础研究，揭示森林生态学的基本规律，强化学术优势。如森林经营过程中土壤性质的时空变化、极端气候（雪灾、干旱、台风）对森林生态系统的影响机理、林水相互作用区域规律、中国森林土壤功能微生物的时空特征与效应和化学生态学等。

直接面向国家生态修复计划和林业生态工程，加强集成创新和引进消化吸收再创新，重点解决涉及全局性、跨地区的重大技术问题，着力攻克一批关键技术，突破瓶颈制约，提供科技支撑。在林业生态工程方面，包括沿海防护林多目标经营管理技术、水源涵养林多功能经营关键技术、西南山地低效林改造技术、典型退化森林生态系统快速恢复技术、森林净水体系构建关键技术、植被过滤带构建与管理技术等。在森林经营的生态学基础方面，包括兼顾生物多样性保护与碳汇的天然次生林经营技术、适应气候变化的濒危物种和自然保护区管理技术和主要人工林水分养分综合管理技术等。在森林健康方面，包括森林重大病虫害信息化学物质鉴定及其应用技术等。

发挥林业行业部门优势，体现林业行业科研工作的特点与重点，构建林业部门有关森林生态学研究的应急性、培育性、基础性科研工作体系平台，提升森林生态学对林业行业发展的科技支撑力度。在基于物联网技术的生态站监测大数据集成平台技术研究、森林生态服务功能多尺度变化规律研究，基于大样地系统的森林生物多样性监测与评价、森林土壤质量评价、森林碳库时空变化、城市森林多目标管理技术、台风对森林生态系统的影响、典型森林植被固碳机理与增汇技术、微生物与土壤关键生态过程、环境胁迫和细根动态影响（细根在森林生态系统中的作用）、大型猫科和熊科等动物栖息地规划与管理、沿海防护林生态服务功能监测与评价、森林固碳耗水研究、生态服务功能评价与市场化机制研究，基于森林生态系统服

务的生态 GDP 核算体系构建技术、天然中幼林功能性群落结构调整技术、酸沉降区受害森林健康评价与恢复技术、城市森林对环境胁迫的响应与适应机制、矿区废弃地植被恢复技术、区域森林景观格局优化与管理、西北地区（干旱半干旱区）山地森林植被服务功能与管理等方面开展研究。

力求在生态系统服务功能、中德森林土壤监测评价和东南亚国家森林可持续经营等方面取得突破。

3.4　人才布局

总体思路是立足现有人才，大力引进高端人才。重点加强对 30~40 岁青年的培养。

（1）学科每一个大的研究方向，保持 10~20 人；在每个学科组增加一名 25~30 岁人员，保证每一学科组的队伍基本结构为 1（首席专家）+2（专家）+4（专家助理）。

（2）定位站固定工作人员不得少于 10 人，每一台站（基地）设立至少 1 人的野外实验岗位。在人才职称评定方面，增加野外观测和实验系列人员，并采取分类评估，形成评估和晋升制度与方法，长期执行。

（3）设立中国林科院森林生态学重点学科专项青年人才国际交流基金，优先纳入中国林科院国际交流计划，每年选送 3~5 名科研骨干出国进修（一年），提高国际交流能力，开阔国际视野。

（4）设立青年学术骨干培养基金。通过设立培养基金，重点加强青年人才的培养。

（5）切实引进高端人才，建设高水平创新团队。

3.5　平台布局

分别在海南（热带）、湖北（亚热带）和河南（暖温带）设立 3 个森林生态学综合研究平台。

目前中国林科院共有森林生态定位站 19 个，对森林生态学学科数据积累、监测评估及科研应用发挥了不可替代的重要作用。然而，森林生态定位研究站的研究水平仍远远不能满足研究的需求，要进一步依托已有基地，聚焦研究目标，加强实验观测、研究基地和数据信息开放平台的建设，重点加强野外标杆站点的建设。同时，根据 CFERN（CTERN）规划，进一步加快野外生态定位研究站的建设进程。

设立中国林科院森林生态学学科野外台站管理中心，加强院属森林生态野外生态定位研究站的管理，服务森林生态学学科建设大目标。

院基金提供学科野外台站运行经费支持，建立考核评估制度。

凡纳入本学科的成员所申请获得的国家自然科学基金青年项目和院基本科研业务费项目需依托中国林科院长期野外基地（野外生态定位站）开展研究工作。

设立学术交流基金，每年举办一次学科国际或国内论坛，由学科秘书处主办，由相关研究所和定位站承办。

促进野外台站的交流与联动，数据和仪器等条件共享机制。

4 保障措施

4.1 组织结构

为健全组织体系，激发学科持续发展的活力，建立和完善学科建设管理体系，学科组负责学科建设的具体实施，专家组负责学科建设的组织管理，院科技处负责学科建设的统筹协调，研究院负责学科建设领导；以研究所为管理重心，进一步激发基层学术组织活力；实行学科带头人负责制，学科带头人提名各学科方向带头人，聘任学科秘书。

成立学科建设委员会，组织协调学科建设。成员单位为院科技、人教、财务、研究生部等相关管理部门及各相关所、中心。院科技处统一协调学科建设委员会工作及科研项目管理。

设立学科建设专家组，聘请顾问 7~9 名，专家组组长 1 名，在院学术委员会委员的指导下开展工作，每一研究方向 1~2 名领衔专家，协调各相关研究方向科研人员的工作，负责提交国家级项目建议和国家林业局及院级项目中森林生态学学科相关项目的指南。

考虑森林生态学与森林资源的密切相关，学科建设要采取"合纵连横"的策略，在学科建设委员会和专家组中，吸收国家林业局调查规划设计院相关处室等相关专家。

4.2 政策保障

要制定人才培养、人才引进、成果奖励及多学科合作研究的促进机制等制度。制定和实施中国林科院重点学科建设专项政策，优化人、财、物资源配置，建立激励机制和管理制度、评估考核机制；建立后备和领军人才培养计划；进一步改善高级人才工作和生活环境，充分调动一线研究人员的积极性；通过制定团队发展规划，明确发展目标，发挥创新团队在人才队伍建设工作中的作用。

4.3 研究生培养

研究生承担诸多科研任务，是学术创新的重要力量，由于招生规模的限制，无法满足学科发展的需要，因此适当增加本学科招生指标，保证本学科每位导师每年有一名研究生招生指标。

完善研究生培养机制，以研究生培养机制改革为抓手，健全完善研究生培养体系，大力提高研究生培养质量，促进学科人才队伍水平的提高。实施"研究生创新工程"，设立研究生科研创新基金；通过科研补贴和科研成果奖励，调动研究生的科研创新热情。

提高研究生毕业要求，实行严格开放式审批，解决延期毕业研究生住房和生活待遇。

4.4 项目经费支持

在天然林科学经营管理、退耕还林、重点区域防护林、森林健康调控、森林适应与气候变化、野生动植物保护等领域方面争取获得重点研发任务计划的支持。同时，积极争取国家自然科学基金对本学科基础研究的支持。对无法进行国家计划，但又重要且有发展前景的研究领域，由院基本科研业务费倾斜支持。

5 实施步骤

遵循规模、结构、质量、效益协调发展的原则，按照"稳定、深化、提高、发展"的发展思路，逐步实现规划目标。

第一阶段，为夯实发展基础阶段。以重点学科建设为契机，进一步凝练学科特色，提高科研的层次、水平和组织化程度，不断充实、丰富学科建设的内涵；优先启动综合研究平台建设工作，加强院所属野外森林生态定位站管理，开展学科青年人才国际交流计划，构建更加合理的人才和学术梯队，努力营造人尽其才的良好氛围，为实现规划目标打好基础。

第二阶段，为加速发展阶段。更加注重人才培养；发挥学科的带动和辐射作用，凝练学术发展方向，进一步加强团队建设，强化学科交叉，争取在每一优先发展领域有1~2个特色鲜明、优势突出，在国际上有较大知名度的小方向，实现学科在平台上的更好更快发展，并努力缩小与国内先进学科的差距；加强科研力量的整合，努力培育方向明确的科研团队，加大引进与培养领军人才和优秀青年人才的力度，力争实现国家重点实验室的目标。

第三阶段，建成一个有国际影响力的森林生态学研究中心、人才培养中心和国际合作交流中心，全面保障科研创新，多而快的产出具有重大学术影响的研究成果，为我国生态环境建设和相关学科发展做出突出贡献，在部分领域，能够达到国际森林生态学研究的前沿。

几十年来，中国林科院森林生态学学科为培养具备林业生产与环境保护知识的复合型高层次人才、为林业科学从以木材生产为主到环境保护为主的历史性转变做出了巨大贡献。本学科半个多世纪的发展始终坚持森林生态学的主线，形成了特色鲜明的学科体系和在森林生态系统研究方面的优势地位，在国家生态建设事业中发挥着重要的作用。通过本行动方案的实施将为国家生态文明建设和林业可持续发展做出更大的贡献。

Section 2

专题报告

第1章
森林植被生态学

李意德（中国林业科学研究院热带林业研究所，广东广州，510520）

　　森林是陆地生态系统中最为重要的植被，是维持全球生态系统平衡与经济社会可持续发展的重要自然资源，也是森林生态学研究基本对象。本章重点回顾了森林植被的概念、发展历史、国内外研究动态与进展以及森林植被生态学的研究成就；我国森林植被类型复杂，自改革开放以来，森林植被的空间格局和结构发生了很大的变化，特别是城镇化、工业化的发展催生了"城市森林"的概念，扩大了植被生态学的研究内涵；植被生态学的研究方法也由传统的地面调查到"天地空"与"大数据"相融合的调查分析方法；根据当今生态建设和生态文明建设的重大社会需求，本章提出了我国森林植被生态学的发展目标、重大领域和发展方向，并分析了森林植被生态学研究中存在的问题，提出了解决对策。

在我们居住的地球，其1/3的表面为陆地，在陆地上除了裸岩和冰川外，都或多或少生长有绿色植物，因此，在这个星球上的陆地表面基本上都披上了一层绿色的衣裳，我们称之为"植被"（宋永昌，2001）。一个地区或全球的植被是该区域所有植物群落的总和，即植被是由一个或多个植物群落组成的。

森林，是植被中最为重要的组成部分，是由乔木为主并伴生有灌木、草本、寄附生与藤本植物等组成的一种典型的植被，也称为"森林植被"。在我国，除以乔木为主体的森林外，还包括直径1.5cm的竹子组成且郁闭度0.2以上的竹林，符合经营目的的灌木组成且覆盖度0.3以上的灌木林、国家特别规定的其他类型的灌木林、沿海滩涂和河口的红树林、农田林网以及村旁、路旁、水旁、宅旁的片状和带状乔木林。

研究植被的科学称为植被科学（vegetation science）。但在现实植被中，除绿色植物外，还有依存于植物系统中生存的动物、微生物，以及所有生物生长、繁育所需的生存环境条件。因此，植被的科学研究往往离不开动物、微生物及其生态环境。研究植物或植物群落本身的组成、结构、功能及其与生态环境之间关系的学科，就是植被生态学（vegetation ecology）（Mueller-Dombois 等，1974），而以森林植被为研究对象的学科则称之为"森林植被生态学"，两者的含义相似，只是研究对象不同而已，后文所表述的或一些案例多从森林植被角度出发，但在本章中多简称为植被生态学。

欧洲大陆国家的学者们受法瑞学派和苏俄学派思想的影响，把植被生态学等同于植被科学，而英语国家的学者则受英美学派思想的影响，把植被生态学等同于群落生态学（synecology，community ecology），在我国则习惯上常称为植物群落学（phytocoenology），这是瑞士学者Gams（1918）提出来的，因为地表的植被是由许多植物群落（plant community）组成的，植物群落则是由有相互联系的种类组合而成的，所以，在植被科学或植被生态学的研究领域，必须要对一个区域/地区/全球的植物群落做出鉴定，并确定它们之间的相互联系，以及与环境之间的相互关系（宋永昌，2001）。

与植被生态学相应的名称还有地植物学（geobotany），由鲁普列赫特于1866年提出并把它看成是植物群落学的同义语，Grisebach 在1866年则给出了详细的定义和内涵，从更广的空间尺度和更长的时间尺度研究植被的发生发展，其内容和范围非常广泛（Walter，1979；宋永昌，2001），包括历史地植物学（historical geobotany）、区系地植物学（floristic geobotany）、生态地植物学（ecological geobotany）、社会地植物学（sociological geobotany）等，社会地植物学又称为植物社会学（phytosociology）或地带地植物学（zonal geobotany）。一些学者（如阿略兴、李继侗、侯学煜等）认为地植物学是植物地理学的广义理解（宋永昌，2001）。狭义的理解，则是将植被生态学等同于帕却斯基于1896年提出的植物社会学，或植物群落学（Oosting，1956；王伯荪，1997；林鹏，1985）、群体生态学（Daubenmire，1968）、植物生态学（Greig-Smith，1983；Kershaw 等，1985）。

由此可见，植被生态学的定义、内涵等在不同地区，对不同学者而言是有一定差别的，宋永昌（2001）对此进行了全面的梳理，将不同地区的植被生态学研究领域及其各个分支学科的同义词与对应词列出了一个对照表，有兴趣的读者可以阅读和参考。

关于植被生态学的研究内涵，主要有2个层次（宋永昌，2001）：一是从研究内容来看，主要是由群落本身这个层次开展不同内容的研究；二是从研究方向来看，是基于由多个群落构成植被系统层次开展研究，它具有比群落层次更广的空间研究范围，是群落层次研究的扩展。植被生态学的研究内容及研究分支结构详见图2-1-1。本章的内容更注重于植被系统这个层次，但它都是基于群落层次的研究成果而来。

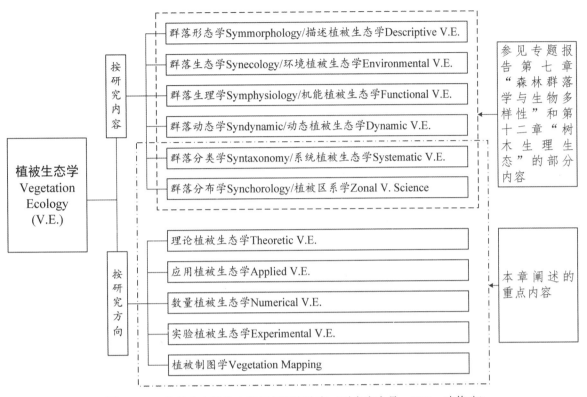

图2-1-1 植被生态学的内涵与各研究分支（引自宋永昌，2001，略修改）

注：图右上文本框表示部分内容参加专题报告第七章和第十二章，不在本章阐述。

根据宋永昌（2001）对植被生态学的全面总结，特将各研究内容和研究方向简述如下：

群落形态学着重研究群落的种类组成和和结构。种类组成涉及生物（植物、动物和微生物）分类学，也可以说是物种多样性的研究内容；群落结构涉及群落的空间结构，包括水平结构和垂直结构。群落生态学研究的重点是植物群落与其环境之间的相互关系，特别是探讨环境条件对群落形成过程、结构特征及地理分布的影响，以及群落对环境作用的反馈。群落生理学侧重研究群落内各类有机体的相互作用和关系，以及各类有机体的生产力。群落动态学则从时间尺度上着重研究群落的发生、演替和演化规律。群落分类学主要是研究群落类型的分类，并建立相应的分类系统。群落分布学则研究群落在地球表面的分布规律、植被区系及其历史变化，应用于植被区划等。

按研究方向划分的植被生态学各研究分支，都是基于群落层次研究的扩展。理论植被生态学偏重于植被的形成与发生、演化、动态、分布、结构、与环境条件的互作等方面的机理，提出各种学说、理论和模型等。应用植被生态学主要将该学科的研究成果应用到农业、林业、环境、城建等领域，如植被对环境的指示、植被的恢复重建、植被改造、水土流失控制、城市森林植被的构建、生物多样性与自然保护、生态与景观规划等方面。数量植被生态学主要是通过数学的方法对植被或群落进行定量化的研究，量化植被之间、群落中物种/种群之间等相关关系，建立相应的数学模型和利用数学方法对植被或群落进行分类等。实验植被生态学是本学科中的非常重要的基础性工作，要阐明植被或群落的种类组成、结构、种间关系、与环境的关系

以及群落的动态、生产力、群落类型与植被分类及植被地理分布等方面，必须开展野外实验，不仅要做定性描述，更重要的是定量测定。另外，植物园和树木园的建立也属于实验植被生态学的范畴。植被制图学则根据群落类型与植被分类结果，依其空间分布状况进行空间定位并制作植被分布图，包括植物群落图、生境图、植被区划图、植物地理分布图等。

1 现状与发展趋势

1.1 国际进展

"植被生态学"这个名称提出来的时间较晚，是由 D. Mueller-Dombois 和 H. Ellenberg 于 1974年提出来的，虽然从提出来至今只有近半个世纪的时间，但作为一门以研究植被为对象的学科却有 200 余年的历史了，更早的则可以溯源到古希腊时期（公元前 300 多年）关于气候、土壤等环境条件对植物分布影响的历史文献，简单说明了热带海滨、高山和平原地区的植物分布特点，可以说这是植被生态学的雏形。在 1800 年前后，也就是 E. Haeckel 于 1866 年提出"生态学（ecology）"一词之前的半个多世纪，就进行了较为广泛和系统的植被生态学内容的研究，如18 世纪后叶 Wildenow 在草地研究中，根据植物分布划分了不同的植物区域，指出了植物分布与气候条件的关系，并于 1792 年出版了《草学基础》专著。其后，A. Humboldt 和 A. Bonpland 在考察南美洲长达 5 年之后，于 1807 年发表了《植物地理学知识》专著，书中首次提出了植物"群丛"和"外貌"等概念，描述了等温线在植物地理分布上的意义。1822 年 J. F. Schouw 发表了《普通植物地理学》，提出了命名群丛的方法。Alphonse De Candolle 则于 1855 年对此前的半个多世纪以来的植物地理学知识进行了全面总结，出版了《植物地理学》一书，用公式统计了1847 个气象数据，为后来 Koppen 的气候分类奠定了基础。1858 年和 1860 年，Lorenz 尝试了对植被进行系统分类，并开展了植被制图研究，为植被分类学和植被制图学奠定了早期的基础。Korner von Marilaun 则在 1863 年提出了"群落分层"的概念，他还是一位实验植被生态学的先驱，曾在阿尔卑斯山海拔 180~2200m 的不同地带上建立了若干个引种植物园，把 300 多种不同海拔分布的植物栽种到同一个园内，观测它们的环境适应性及遗传变化。1851 年 H. von Post 创立了植被研究中的样方法，首次把群落分成不同的等级。

"生态学"一词出现后，植被生态学的研究得到了更快的发展。A. R. H. Grisebach 在 1872 年出版的《地球上的植被》一书，创立了植物的基本生活型系统，提出了植被的分类基本单位——群系（formation）的概念，首次以群落外貌为基础描述了全球植被与环境因子特别是气候特征的关系。植物群落与土壤的关系研究方面，主要有苏俄学者鲁普列赫特、波尔绍夫、杜库恰耶夫等的研究，重点关注植物群落与气候、土壤的紧密联系和相互作用，其著作包括《黑钙土地带的地植物学研究》（1866）、《威海、黑海边区的植物地理资料》（1865）、《论自然地带学说》（1899）等，特别是后者，论述了土壤和植物群落的不可分割联系，阐明了植物群落是自然条件总体活动的产物。关于植被的演替，是由 R. Hult 于 1885—1887 年提出的，他用数据分析的方法论述了从裸露基质植物定居的最初阶段到稳定群落形成阶段的完整植被演替系列。

在国外的植被生态学研究中，"植物社会学"是一个不得不提的名称，这是俄国学者帕却斯基的重要贡献，他于 1896 年用"植物社会学"一词来概况从事"植物群体的发生、生活、发展和分布"的研究学科；1918 年瑞士植物学家则建议将该词改为"植物群落学"，这个名称被苏俄学者如苏卡切夫（又译苏卡乔夫）、阿略兴等接受，后传播到我国并得到了广泛的应用。

早期关于植被生态学较为完整的著作是 J. E. B. Warming 于 1895 年出版的《以植物生态学为基础的植物分布学》，本著作首次提出了较为完善的群落分类系统，如群系纲—群系—群丛，也论述了植被的演替问题。而 A. F. W. Schimper 在 1898 年出版的著作《以生理性为基础的植物地理学》，则更加重视温度、水分等气候条件对植被的影响，并以此为基础分析了世界植被的分布格局，对每一个群系都从气候角度进行了分析总结，提出了植物的生理干旱等生态学问题。

进入 20 世纪后，植被生态学得到了全面而快速发展，特别是理论植被生态学，于 1900—1930 年期间陆续出现了不同的学派及其分支，其中代表性的学派主要有法瑞学派、英美学派和苏俄学派。

（1）法瑞学派：又称西欧大陆学派或 Braun-Blanquet 学派，流行于瑞士、法国、德国等西欧国家，并产生了不同的分支。该学派源于 R. Hult 的《用分析方法处理植物群系的研究》，特点是重视对植物群落的分析，而分析数据来自于取样，即 H. von Post 早在 1851 年创立的"样方法"。植被分类的基本单位"群丛（association）"和上一级单位"群系（formation）"则是由 C. Flahaut 于 1910 年提出的。J. Braun-Blanquet 经潜心研究，于 1928 年出版了《植物社会学》一书，全面总结了该学派的研究成果，在群落分析中非常重视群落的植物区系组成，尤其是将特征种作为划分群丛的标志，建立了严格的植物群落分类系统。

（2）英美学派：主要流行于美国、英国等英语国家，其特点是重视植被与环境的相互关系，在植被中又特别重视植被的动态。在美国，如 H. W. Cowels 就非常强调植被的动态特征。F. E. Clements 的著作《生态学研究方法》（1905）中，认为植被是一个有结构和功能的"复杂有机体"或"超有机体"，按一定的规律变化和发展（即动态），要与环境的变化关联起来，在他后来的《植被演替》（1916）一书中更是提出了植被演替的动态理论，认为不管演替发生在什么基质上，总会聚到一个由气候控制的"顶级群落"，这就是著名的"单元顶级学说"。在英国，以 A. G. Tansley 为代表的学者，则把群落看成是"拟有机体"，认为一个地区内的植物群落除了有气候顶级外，还可以有土壤顶级、地形顶级等，也就是"多元顶级学说"，Tansley 特别重视植物群落与环境的相互关系，在此基础上提出了"生态系统（ecosystem）"的概念。另外，美国学者 H. A. Cleason 等在 20 世纪 20 年代则认为植被或植物群落并非有机体，而是完全依赖于植物个体的偶然聚集，在此理论的基础上，J. T. Curtis 等学者于 20 世纪 40 年代末期创造了植物群落的"间接梯度分析法"，与此同时，R. H. Whittaker 则创造了"直接梯度分析法"，这些方法影响较为深远，至今还在应用。

（3）苏俄学派：又称为俄罗斯学派，"十月革命"前的代表性人物是鲁普列赫特、波尔绍夫、杜库恰耶夫等，他们强调把植被研究与土壤研究相结合，同时还注重植被学科的生产应用，包括土地利用、水土保持、改造自然等；"十月革命"后，以苏卡切夫为代表的学者，强调植物群落和其所在的动物、植物、土壤微生物以及自然地理环境因素的相互影响研究，发展成为"生物地理群落（biogeocoenosis）"理论，与 Tansley 提出的"生态系统"含义基本相同。另外，阿略兴等学者更加注重对植物群落的结构、植物的生态特征和形态特征等的分析。总之，后期的苏俄学派更加接近英美学派，对我国后来的植被生态学发展产生了深远的影响。

第二次世界大战结束后，特别是 20 世纪 60 年代以来，国际上对植被生态学的研究逐步走向合作，从全球视野的角度开展合作研究，特别是国际生物学计划（International Biological

Program，IBP）、人与生物圈计划（Man and the Biosphere Programme，MAB）和国际地圈生物圈计划（International Geosphere-Biosphere Program，IGBP）等的实施，更是促进了植被生态学的发展，其中 IGBP 的全球变化与陆地生态系统、水文循环的生物学、土地利用与土地覆盖变化等方面的研究都与植被生态学的研究有关。1996 年成立的全球陆地观测系统（Global Terrestrial Observing System，GTOS），通过建立陆地生态系统观测（Terrestrial Ecosystem Observation System，TEMS）数据库并进行大数据的分析，开展了陆地碳观测、土地覆盖动态观测、植被的净初级生产力（NPP）观测等。实施这些国际合作项目，旨在加强和提高包括植被生态学在内的全球环境评估与监测技术能力，推动区域合作。因此，近几十年来的植被生态学研究已经逐步糅合到全球生态学研究领域中，其内涵也有了更大的扩展，同时通过这类国际合作计划的实施，反过来推动了植被生态学本身的发展，如建立了不同的全球预测模型。

1.2　国内进展

我国最早的观测植物生长和植被分布可以溯源到大约 3000 年前，如《诗经》、《管子·地员篇》等，都有对植物特别是其生态分布与地形、坡向等相关性的详细描述。北宋沈括在其《梦溪笔谈》中则分析了植物的物候受气候条件影响而产生的差异。明末的徐霞客在游历中国各地时，大量记载了植物与植被分布等信息，包括南北坡土壤与植被的差异性、亚热带森林群落的外貌特征等。

清代的几百年是我国植被生态学研究的一个空白期，受文化专制制度和闭关自守的影响，几乎没有开展植被生态学的相关研究，使得我国古代植被生态学的研究思想没有得到延续，也失去了与同期国际植被学科的发展齐头并进和学术交流接轨的机会，仅在鸦片战争后，西方国家相继派员来中国进行植物资源调查和采集植物标本，偶有植被的记载。

我国开展现代植被生态学的研究始于 20 世纪 20 年代，著名的学者有钱崇澍、刘慎谔、樊庆笙、杨承元、郑万钧、王启无、侯学煜、张宏达、邓叔群等。他们共同的研究特点：一是从某个地方或某个区域开展植物区系、地理分布、与土壤等环境因素的关系等方面的基础性调查研究，这与我国几百年来闭关自守、国际先进的植被生态学研究内容几乎为空白状况有关，也与中国地域辽阔有关。直到 1948 年，邓叔群全面总结了前期 30 多年国人的研究成果，发表了《中国森林地理纲要》，这是对中国植被特别是森林植被研究较为全面的阶段性总结，影响深远。二是他们的研究对象多为森林植被，而草地、荒漠、高山植被等的调查研究则鲜见，但这也为后来的中国森林植被生态学研究奠定了坚实的基础。

中华人民共和国成立以来，各行各业百废待兴，植被生态学的研究也应当时形势发展需求，其研究工作多与应用植被生态学领域相关，主要是结合全国范围内的土地利用、橡胶宜林地选择、水土保持、沙漠改造等方面的工作，开展自然资源调查和自然规划，基于此，出版了一批有重要影响力的植被生态学专著，如由钱崇澍、李继侗、侯学煜主编的《中国植被区划草案》（1956）、中国科学院植物研究所主编的《中国植被区划》（1960）、侯学煜的《中国的植被》（1960）等。

进入 20 世纪 70 年代后期，随着我国的改革开放，植被生态学也迎来了蓬勃发展的时期，其标志是《中国植被》一书于 1980 年的正式出版。一些省（自治区、直辖市）也纷纷出版了植被专著，从最早出版的《广东植被》（广东省植物研究所，1976），到最近出版的《广西植被》（2014），前后将近 40 年的时间。至此，我国的植被描述、分类、生态等方面有了一个较为全面的系统成果。期间，于 2009 年出版的 1 : 100 万《中国植被图》和 1 : 600 万《中国植被区划图》及其电子版的出版，更是为我国植被生态学的研究总体上厘清了所研究对象的脉络和构架。由中国林业部门编撰的《中国森林》、《广东森林》、《江西森林》等专著也在同期相继出版，其中《中国森林》还对中国的森林进行了区划。

植被生态学的理论研究是我国比较薄弱的环节，仅是通过 20 世纪 70~80 年代翻译的一批国外专著并应用到我国的相应研究中来，有影响的诸如《数学生态学概论》（1978）、《生态学模型》（1979）、《理论生态学》（1982）、《植被分类》（1985）、《植被排序》（1986）、《植被生态学的目的和方法》（1986）、《生态学基础（第五版）》（2008）等。

1.3 关于植被分类的问题

植被分类是植被生态学中的核心问题，严格来说它属于群落分类学或系统植被生态学的范畴，但它却是基于群落形态学、群落生态学、群落动态学以及实验植被生态学的基础知识，能够支撑理论植被生态学的发展。数量植被生态学可以说是植被分类常用的工具之一，在应用植被生态学和植被制图学中都需要用到植被分类的成果。由于植被分类的重要性，以及它属于植被生态学研究中最为复杂的问题（宋永昌，2011），因此，这里单独将其列出进行讨论。

基于植被分布的分类研究，早在 1870 年就由 A. Humboldt 和 A. Bonpland 首次提出了植物"群丛"的概念；1895 年 J. E. B. Warming 首次提出了较为完善的群系纲—群系—群丛分类系统；J. Braun-Blanquet 在 1928 年提出将特征种作为划分"群丛"的标志并建立了植物群落分类系统；在 20 世纪早期国际上各植被学科的各学派兴起之时，都提出了相应的植被分类途径和方案。但迄今为止，国际上并没有一个比较公认的分类方案。

目前西方一些国家或国际组织提出不少植被分类方案，具有代表性的有联合国教科文组织（UNESCO）修订的《世界植物群系的外貌——生态分类试行方案》（Ellenberg 等，1967）、英国的植被分类方案（British National Vegetation Classification）（Rodwell，2000）、中欧国家和日本的 Braun-Blanquet 的分类系统、美国联邦地理数据委员会（Federal Geographic Data Committee，FGDC）下属的植被分委员会（Vegetation Subcommittee）编制的《国家植被分类规范》（*National Vegetation Classification Standard*，第 2 版），该分委员会由农业部林务局负责。中国的植被分类系统则主要依据 1980 年出版的《中国植被》一书。

应用最为广泛的植被分类方法包括：生态-外貌分类（eco-physiognomic classification）、优势度分类（dominate type classification）、区系特征分类（floristic characteristic classification）、数量分类（numerical classification）等。①生态-外貌分类是一个传统的且应用较为广泛的方法，它基于 Grisebach 于 1872 年首次提出的以植被外貌为基础并描述全球植被与气候的关系的一种方案，得到了 UNESCO 的认可，这种分类方法适用于地域宽广的高级单位的划分，但难以实现中、低级单位的分类。②优势度分类是英美学派中的 Clements 分支所提倡的分类方法，优势度型是和顶极群落相联系的，被划分出来的优势度型称为群丛（association），外貌一致的群丛联合为群系（formation）。由于该方法是按照群丛中各层的优势种相同的原则确定的，它不能反映群落不同演替阶段的差异，也不能反映大的地理分布范围和生态环境因子差异，即不能反映植被的地理和生态特征，因此该方法只适合于小范围的植被分类。③区系特征分类，也就是 Braun-Blanquet 系统分类，强调群落中特征种的作用，其优点是划分出来的每一个单位不仅有某些种或种组作标志，而且具有一定的生态含义，是国际公认最为标准和系统化的正规等级分类系统，

但随着研究区域的扩大，特征种有时会丧失其特征性，因此在高级分类单位不够直观。④数量分类是在计算机技术广泛应用中发展起来的，能够处理大量的样地数据（大数据），是一种快捷和便利的辅助分类手段，但它尚不能建立由低到高的完整分类体系（Mucina，1997；张金屯，2004）。

美国于 2000 年出台的《国家植被分类规范》，分为高、中、低三级分类系统，高级单位主要依据植被的生态-外貌、中级单位依据外貌-区系、低级单位依据群落的区系组成为分类标准。高级单位分为群系纲（formation class）、群系亚纲（formation subclass）和群系（formation）；中级单位分为群落门（division）、集群（macrogrop）和群（group）；低级单位分为群团（alliance）和群丛（association）。

英国植被分类系统（Rodwell，2000）则只有高级和低级两级分类单位。高级单位为植被型（vegetation type），主要是依据生态-外貌进行区分，共划分 12 个植被型；在植被型下的低级单位则是按照区系特征（植物社会学的分类方法）划分为群落类型（group）和群落亚类型（subgroup）。

中国的植被分类主要是依据 1980 年出版的《中国植被》，其分类原则是植物群落学原则，或植物群落学-生态学原则，即主要以植物群落本身特征作为分类的依据，但又注意群落的生态关系，力求利用所有能够利用的全部特征。高级分类单位偏重于外貌-生态，而中、低级单位则着重种类组成和群落结构。因此，中国植被同样分为三级：高级为植被型组（group of vegetation-type）、植被型（vegetation-type）和植被亚型（vegetation subtype）；中级单位为群系组（group of formation）、群系（formation）和亚群系（sub-formation）；低级单位为群丛组（group of association）和群丛（association）。

由此可见，中国的植被分类系统中，高级单位更注重群落的外貌特征，在外貌特征条件下再根据水热等生态条件划分下一级单位。同时由于中国地域辽阔，从南方的热带森林到北方的寒带森林并存，对群系和群丛的理解不同，造成了区系的一致性原则高于生态和环境条件一致性的原则，特别是在群系组的划分上，与植被分类原则是不协调的（宋永昌，2011）。

为此，宋永昌先生于 2011 年提出了中国植被分类的建议修订方案。该方案在衔接 1980 年《中国植被》分类方案基础上，结合 Ellenberg 和 Mueller-Dombois（1967）分类系统及美国 2000 年的植被分类系统，分为高级、中级和低级共三个分类级，其中高级单位按照生态-外貌的原则，下分为 4 级——植被型纲（class of vegetation-type）、植被型亚纲（subclass of vegetation-type）、植被型组（group of vegetation-type）和植被型（vegetation-type）；中级单位依据区系特征并着重优势种组成的原则，下分为 2 级——集群（collective-type，即原植被分类中的群系组）和优势度型（dominant-type，即群系）；低级单位则依据区系特征并着重标志种或标志种组的原则，下分 1 级，即群丛（association）。这个修订的分类系统，从理论上解决了一些概念和内涵的问题，也基本符合我国的客观实际，但应用效果如何，还有待在后续的研究和应用中进行检验。表 2-1-1 列出了该分类系统中关于森林和灌丛的高级单位分类方案，该方案中的"植被型"一级（即 4 级）主要依据基质-水平地带性和垂直地带性进行分类，但其中也出现了"偏途顶级"的问题，主要反映在"次生林"的归类上（如第 14 类的次生落叶阔叶林、第 19 类的次生常绿落叶阔叶混交林等），以及出现了按生长型进行归类（如第 32~34 类的散生竹类、丛生竹类和混生竹类）等。因为原生和次生在每一个水平地带和垂直地带都可能存在，散生、丛生和混生竹类也可能同时有温性竹类和暖性竹类（第 35 和 36 类）。另外，红树林是归到海岸林植被型组中，还是归到湿地植被型纲—水生植被型亚纲—咸水水生植被型组中，原方案中没有涉及，这些问题还应当或有必要进行适当的调整。

表 2-1-1 中国森林和灌丛植被分类高级分类单位修订建议方案（引自宋永昌，2011）

植被型纲	植被型亚纲	植被型组	植被型
一、森林	Ⅰ. 针叶林	1. 落叶针叶林	（1）寒温性落叶针叶林（地带性）
			（2）山地寒温性落叶针叶林（亚高山带）
			（3）暖性落叶针叶林（地带性）
		2. 常绿针叶林	（4）寒温性常绿针叶林（地带性）
			（5）山地寒温性常绿针叶林（亚高山带）
			（6）温性常绿针叶林（地带性）
			（7）暖性常绿针叶林（地带性）
			（8）热性常绿针叶林（地带性）
	Ⅱ. 阔叶林	3. 针阔叶混交林	（9）凉温性针阔叶混交林（地带性）
			（10）山地针阔叶混交林（垂直带）
		4. 落叶阔叶林	（11）典型落叶阔叶林（地带性）
			（12）山地落叶阔叶林（垂直带）
			（13）河岸落叶阔叶林（地形顶级）
			（14）次生落叶阔叶林（偏途顶级）
		5. 常绿落叶阔叶混交林	（15）暖温性常绿落叶阔叶混交林（地带性）
			（16）山地常绿落叶阔叶混交林（垂直带）
			（17）石灰岩常绿落叶阔叶混交林（土壤顶级）
			（18）河谷常绿落叶阔叶混交林（地形顶级）
			（19）次生常绿落叶阔叶混交林（偏途顶级）
		6. 常绿苔藓林	（20）山地常绿苔藓林
		7. 常绿硬叶林	（21）山地硬叶常绿林
		8. 常绿阔叶林	（22）典型常绿阔叶混交林
			（23）季节（季风）常绿阔叶林
			（24）适雨常绿阔叶林（亚热带雨林）
		9. 热带雨林	（25）热带（典型）雨林
			（26）热带季节性雨林
		10. 热带季雨林	（27）热带落叶季雨林
			（28）热带半落叶季雨林（包括石灰岩季雨林）
		11. 海岸林	（29）红树林
			（30）亚热带沙砾质海岸林
			（31）热带珊瑚礁海岸林
	Ⅲ. 竹林与竹丛	12. 竹林	（32）散生竹林
			（33）丛生竹林
			（34）混生竹林
		13. 竹丛	（35）温性竹丛
			（36）暖性竹丛

（续）

植被型纲	植被型亚纲	植被型组	植被型
二、灌丛	IV. 针叶灌丛	14. 常绿针叶灌丛	（37）高山亚高山常绿针叶灌丛
			（38）山地常绿针叶灌丛
			（39）沙地常绿针叶灌丛
	V. 阔叶灌丛	15. 常绿革叶灌丛	（40）高山亚高山常绿革叶灌丛
			（41）山地常绿革叶灌丛
			（42）山地（次生）落叶灌丛
		16. 落叶阔叶灌丛	（43）河滩落叶阔叶灌丛
			（44）旱地落叶阔叶灌丛
		17. 常绿阔叶灌丛	（45）丘陵山地常绿阔叶灌丛
			（46）旱地常绿阔叶灌丛
			（47）沙地常绿阔叶灌丛
			（48）珊瑚礁常绿阔叶灌丛
	VI. 肉质多刺灌丛	18. 肉刺灌丛	（49）热带滨海（沙滩）刺灌丛
			（50）干热河谷肉刺灌丛

从森林植被的分类来看，20 世纪 80 年代的《中国森林》以及有关省份的森林专著（如《广东森林》、《江西森林》等）都有关于森林植被分类的描述。近期我国在这方面开展研究的代表性学者应属中国林科院研究员蒋有绪院士，其专著《中国森林群落分类及其群落学特征》（1986）主要有几个特点：

第一，基于 1980 年《中国植被》的分类系统，按照植被分类名称和等级，并参照林英（1986）在《江西森林》中的分类系统，一一对应了森林群落分类中的等级，并从森林植被学的角度，给出了明确的"林学名称"（即林型分类，详见表 2-1-2），为森林植被/群落分类及其生态学的研究厘清了基本思路。

表 2-1-2　中国植被与中国森林群落分类系统中的对应等级和名称

分类级	《中国植被》的分类系统	中国林型的分类系统
高级	植被型组 Vegetation Type Group	林纲组 Forest Class Group
	植被型 Vegetation Type	**林纲 Forest Class**
	植被亚型 Vegetation Subtype	亚林纲 Forest Sub-class
中级	群系组 Formation Group	林系组 Forest Formation Group
	群系 Formation	**林系 Forest Formation**
	亚群系 Sub-formation	亚林系 Forest Sub-formation
低级	群丛组 Association Group	林型组 Forest Type Group
	群丛 Association	**林型 Forest Type**

注：黑体字为基本分类等级单位。

第二，该专著提出了"林环"的辅助分类概念，林环在群落学上对应于"群落环"。它表明了在分类系统上有相似亚建群层片所反映的群落学联系，也反映在群落发生学上曾经有过的相近自然条件群落发生的构建过程中的联系，在林型一级中主要反映现实上的相似生境联系，在林系或林纲分类级中则更多反映群落发生历史上的联系。虽然目前"林环"的概念尚未广泛应

26

用到森林植被生态学中，但已建立了其基本理论雏形，还有待进一步开展研究。

第三，该专著定量分析了我国主要森林类型的生活型组成、层次和层片结构，探讨了生活型谱与空间及环境因子之间的数量关系，以及森林生物多样性的空间变化特征。

1.4 当前植被生态学的热点研究问题

由于植被特别是森林植被在生态建设中的重要地位和基础作用，植被生态学已融入到全球生态学研究体系。近年来，我国林业系统已获准开展"中国森林植被调查"的基础性研究专项，由中国林科院牵头实施，重点任务是对中国的现状森林植被进行调查，采用地面调查与遥感调查相结合的方法，全面、系统、准确、及时地查清我国森林植被的种类、数量、质量和分布，掌握我国森林植被的本底状况，为开展森林植被的评价及合理保护、利用、恢复和发展提供科学依据，也为经济社会可持续发展战略决策与土地利用规划等提供技术支撑。

目前以中国科学院牵头，申请立项开展《中国植被志》的编纂工作。植被志是植被资源合理利用和保护的基础，为环境保护、生态建设和生态文明建设等提供重要的研究基础。国际上已出版植被志的国家不多，但很多国家都在准备进行编撰。《中国植被志》的编写，是继《中国植物志》后，植被生态学研究领域的又一项巨大工程。

上述项目的立项和实施，都是与植被生态学中的一些热点问题密切相关。第一，在全球变化背景条件下，基于物质循环和能量流动的植被生物量和生产力研究，是反映植被健康发展的重要指标。例如，植被特别是森林植被的碳循环过程，是研究森林植被固碳机理的重要内容，对提高植被的固碳能力、探索植被的固碳潜力十分重要。第二，植被或植物群落间或群落内的物种关系（植物—植物、植物—动物、植物—微生物、动物—微生物），是反映生物多样性形成过程与维持机理的重要理论基础，对生物多样性、植被或生态系统的保护十分重要。第三，随着经济社会的发展和城镇化程度的加快，植被的变化格局和过程以及与干扰因素的相互关系，反映植被随外界环境条件变化的演化历史，可用于预测这种变化对全球社会、经济和生态的影响，因此，植被动态的研究是非常重要的。第四，植被生态学基础理论的研究，以及支撑植被分类的技术研究最近几十年来进展不大，植被分类技术研究则随着计算机技术的发展，更加倾向于地面监测大数据、遥感技术和无人机拍摄技术相结合的集成分析的方向发展。第五，当前生态环境建设、生态林业、生态农业、农林复合业、水土流失治理、荒漠化改造、湿地恢复、自然保护区与森林公园景观营建、生物多样性保护、城市森林群落构建等方面均与植被生态学的研究成果密切相关，开展这些研究则是应用植被生态学的重要内容。

1.5 国内外差距分析

从上述分析可以看出，我国植被生态学的研究目前虽然可以与国际研究接轨，但还是存在较大的差距。主要表现在：第一，是植被生态学的理论研究相对薄弱。我国地大物博，植被类型众多，但由于种种原因，基本上没有形成自己的植被生态学研究理论体系。第二，我国植被或我国森林都有自己的分类系统，并且是综合分析了国际上各种各样的分类系统的优缺点而建立的，但还存在一些问题，主要反映在结合我国植被类型复杂这一特点上的不足，在实际应用中往往会碰到一些具体的问题。如北方森林植被往往可以分类到群丛或林型等低级分类单位，但南方特别是热带、南亚热带地区，能够分类到群系或林系都已经是很好的结果了，从全国尺度来看，往往造成了管理上的不统一和学术上的混淆。第三，植被与环境的关系研究尚不全面

和系统，应用植被研究成果来解释环境变化或植被对环境的反馈机理尚不清楚。第四，植被生态学的应用技术尚不成熟。

中国林科院自成立以来，一直致力于中国森林植被生态学的研究，涌现出了以吴中伦院士、蒋有绪院士等为代表的一批森林植被生态学家，涵盖的专业包括植被分类学、植物群落学、植被区系学等。但近20年来，随着生态学的纵深发展，从事植被生态学的研究人员、研究团队和研究项目设置有放缓的趋势，植被生态学的研究人员大多转向开展森林群落的结构、功能等生态服务功能的研究方面。

我国森林植被或森林群落的研究，其实已获得了大量的样地数据，多是基于森林资源清查或有关专项研究（如生态定位站、自然保护区、森林公园、生态公益林、区域碳汇研究等），但大量的样地数据无法综合汇总到一起，不能按照大数据的分析技术要求进行整合分析，这也阻滞了植被生态学特别是植被分类学的健康发展。

2 发展战略、需求与目标

2.1 发展战略

以党中央提出的生态建设、生态文明建设方针为指导，把"森林植被"作为生态建设、生态文明建设、国土生态安全、人居环境优美的重要基石，以"森林植被生态学及其分支学科"研究的良性发展为导向，以森林植被的保护、改造、恢复与重建为重要抓手，将森林植被生态学发展成为建设"美丽中国"重要科技支撑的基础学科之一。

2.2 发展需求

我国自改革开放以来，经济的高速发展导致土地利用格局发生了很大的变化，一些森林植被被转化为其他用地，同时对森林资源的利用也使得大量植被的组成和结构发生了重大变化，而同期我国森林植被生态学的研究却滞后于这些变化，已不能适应社会发展的需求。特别是植被组成、结构和范围发生的变化，能否适应于生态环境建设、生态文明建设和国土生态安全的国策需求，都缺乏植被生态学最新研究成果的有效支撑。因此，无论是从与国外同类研究的差距，还是从国内新常态下的发展要求，都亟待加强森林植被生态学的系统研究。

2.3 发展目标

未来10年我国森林植被生态学的期望发展目标主要为以下三个方面：

（1）中国森林植被的形成机理、发生发展、分区分类、植被健康以及植被与环境之间相互关系的基础理论研究，期望能够取得新的突破。

（2）中国森林植被的发展动态：由于过去的几十年，经济的高速发展导致中国森林植被空间格局和结构发生了重大变化，需要摸清这种变化的程度、原因以及对社会、生态和经济产生的可能影响。

（3）以森林植被生态学理论指导森林植被的保护、改造、恢复与重建的应用技术体系亟待获得重大进展，特别是当前我国城镇化的快速发展，城镇森林生态系统的建设技术还相当匮乏，期待在应用森林植被生态学的技术体系方面取得突破，至少能按照不同的地理区域获得相应的森林植被恢复与重建和城市森林植被建设的成套技术体系。

3 重点领域和发展方向

3.1 重点领域

依据上述发展目标，我国森林植被生态学的重点发展领域如下：

（1）森林植被生态学的理论研究：虽然属于理论植被生态学的研究范畴，但却是植被分布、空间格局、植被分类等应用基础的重要内容，特别是植被与环境之间的相互关系，是建设"美丽中国"重要科技支撑的学科内容。

（2）森林植被动态学的研究：重点研究我国改革开放前后森林植被的动态变化，评估森林植被的变化对社会、生态和经济发展的影响，特别是变化后的森林植被组成、格局和空间分布能否承载当今的环境压力。

（3）应用森林植被生态学的研究：一是现有原生性强或老龄森林植被的保护技术，同时强化政策与法律层面的保障支撑研究；二是次生性和低质森林植被的改造技术；三是森林植被的重建技术；四是城镇化后的城市森林构建技术。

3.2 发展方向

（1）中国森林植被分类学的研究：森林植被分类是植被生态学非常重要的基础内容，过去100年来，我国森林植被分类已取得了重要的研究成果，但由于符合中国特色的森林植被生态学理论体系的支撑力度不够，且过去30多年来取得的森林植被研究成果很少，森林植被分类还停留在30多年前的体系，已不能适应当前社会发展。过去20年来，由蒋有绪院士（1996）提出的"林环"或"群落环"的概念，以及由宋永昌教授（2011）提出的植被分类建议改进方案，都为中国森林植被新分类体系的构建研究提供了先进的思路；同时，应基于我国已有的森林群落大量的样地数据，进行"空缺分析"，补充必要的群落样地数据，采取"大数据"的分析策略和植被数量分类学的技术方法，建立全新的中国森林植被分类体系。

（2）中国森林植被动态变化的研究：全面分析我国改革开放前后的森林植被空间格局、植被组成等方面的变化，评估这种变化对我国社会、生态和经济发展的影响，提出森林植被建设对策。

（3）中国森林植被恢复重建和城镇森林植被构建技术的研究：主要有两个方面，一是山体次生植被改造和宜林地植被的重建技术体系；二是随着我国城镇化率的提高，城镇森林植被的构建技术体系目前基本上是空白，急需开展此类专项研究。

4 存在的问题和对策

（1）森林植被生态学研究人才队伍的培养：随着我国科研体制和分配机制的改革，从事森林植被生态学研究的团队和研究人员有逐渐萎缩的趋势，就中国林科院森林植被研究专业人员结构和在各研究所（中心）分布现状而言，应当构建1~3个从事森林植被生态学研究的核心团队，培养各核心团队的学科带头人。

（2）森林植被研究机构与管理体制的改革：建立森林植被生态学研究核心团队的保障措施之一是打破现有研究机构的条框限制、理顺管理体制和分配机制，以保证核心团队及其研究人

员能够专心从事森林植被生态学的研究。

（3）森林植被研究的常态化政策与财政的支持：森林植被生态学研究的政策导向和财政的持续支持，对该学科研究的可持续发展非常重要，应当建立常态化的政策与财政支撑体系，如专项经费、院所科研业务费等有持续的经费支持。

（4）建立科学合理的考评制度：对研究团队和研究人员需要建立一套科学合理的考评制度，明确责、权、利，既要能够鼓励研究人员乐于奉献、潜心研究，又要保证研究人员基本的权和利，促使森林植被生态学的研究得以良性发展。

参考文献

丁圣彦，宋永昌. 2004. 常绿阔叶林植被动态研究进展［J］. 生态学报，24（8）：1765-1775.

广东省植物研究所. 1976. 广东植被［M］. 北京：科学出版社.

侯学煜. 1960. 中国的植被［M］. 北京：人民教育出版社.

蒋有绪，郭泉水，马娟. 1996. 中国森林群落分类及其群落学特征［M］. 北京：中国林业出版社.

林鹏. 1985. 植物群落学［M］. 上海：上海科学技术出版社.

牛建明，呼和. 2000. 我国植被与环境关系研究进展［J］. 内蒙古大学学报：自然科学版，31（1）：76-80.

钱崇澍，吴征镒，陈昌笃. 1956. 中国植被区划草案［J］. 中华地理志丛刊，第1号：85-142.

宋永昌. 2001. 植被生态学［M］. 上海：华东师范大学出版社.

宋永昌. 2004. 中国常绿阔叶林分类实行方案［J］. 植物生态学报，28（4）：435-448.

苏宗明，李先琨，丁涛，等. 2014. 广西植被［M］. 北京：中国林业出版社.

王伯荪，彭少麟. 1997. 植被生态学——群落与生态系统［M］. 北京：中国环境科学出版社.

邢韶华，于梦凡，杨立娟，等. 2013. 关于植物群丛划分的探讨［J］. 生态学报，33（1）：310-315.

庾晓红，李贤伟，白降丽. 2005. 我国植被数量分析方法的研究概况和发展趋势［J］. 生态学杂志，24（4）：448-451.

张金屯. 2004. 数量生态学［M］. 北京：科学出版社.

赵一. 2010. 植被分类系统与方法综述［J］. 河北林果研究，25（2）：152-156.

中国科学院植物研究所. 1960. 中国植被区划［M］. 北京：科学出版社.

周广胜，王玉辉. 1999. 全球变化与气候——指标分类研究和展望［J］. 科学通报，44（24）：2587-2593.

Daubenmire R. 1968. 植被群落——群落生态学教程［M］. 陈庆城，译，1981. 北京：人民教育出版社.

Ellenberg H，Mueller-Dombois D. 1967. Tentative physiognomic-ecological classification of the main plant formationsof the earth［J］. Berichte des Geobotanischen Institutesder Eidgenö ssischen Tech-nischen Hochschule Stifung Rübel，37：21-55.

Greig-Smith P. 1983. Quntitative Plant Ecology［M］. 3rd. London：Butterworths，New York：Wiley-Inerscience.

Kershaw K A，Looney J H H. 1985. Qualitative and Dynamic Plant Ecology［M］. 3rd. Scoland Litho Ltd，East Kilbride.

Mucina L. 1997. Classification of vegetation：past，present andfuture［J］. Journal of Vegetation Science，8：751-760.

Muller-Dombios D，Ellenberg H. 1974. 植被生态学的目的和方法［M］. 鲍显诚等，译，1986. 北京：科学出版社.

Oosting H J. 1956. 植物群落学［M］. 吴中伦，译，1962. 北京：科学出版社.

Rodwell J S. 2000. British Plant Communities［M］. Cambridge University Press，Cambridge，UK.

Walter H. 1979. 世界植被［M］. 中国科学院植物所生态室，译，1984. 北京：科学出版社.

第 2 章
森林生态服务与生态系统管理

肖文发，黄志霖（中国林业科学研究院森林生态环境与保护研究所，北京，100091）

实现森林生态系统健康发展并提供可持续的服务，是人类生存和发展的重大现实需求。研究森林生态系统结构、过程与服务功能的关系，揭示森林生态系统服务功能的形成机理，建立生态系统服务功能评估指标体系和价值评估方法，形成生态脆弱区等区域生态服务功能提升技术体系，既是森林生态服务研究的核心问题，也是生态系统管理的目标。生态系统管理涉及资源与生物多样性保护、生产力维持与提高、系统健康及活力维持与提高、系统环境服务功能的改善等方面。面向生态服务的森林生态系统经营，发展生态系统适应性管理技术，建立森林生态系统多目标管理方法，建立健康的和可持续的生态系统，明确生态系统管理的量化指标和任务，优先明确重点建设的优先区域、健全国家战略的制定以及实行机构和政策的保障。

1 现状与发展趋势

森林生态系统是地球陆地生态系统的主体，它具有很高的生物生产力和生物量以及丰富的生物多样性，对全球生态系统和人类经济社会发展起着至关重要和不可替代的作用。虽然全球森林面积仅占地球陆地面积的26%，但全球森林植被和土壤共储存了1146Gt碳，分别约占全球植被和土壤碳储量的86%和73%。而且森林每年的碳固定量约占整个陆地生物碳固定量的2/3，因此，森林在维护全球碳平衡中具有重大的作用。森林还为人类社会的生产活动以及人类的生活提供丰富的物质产品，包括木材、非木材产品和食物等；森林在维护区域性气候、保护区域生态环境（如防止水土流失）和维系地球生命系统的平衡等方面也具有不可替代的作用。

随着全球人口、资源和环境的变化，对森林提供的一系列物质和服务需求随着经济社会的发展不断扩展。森林的休闲和观光、水资源数量和质量、美化价值、野生生物和生物多样性保护功能等各种产品和服务功能远远超出了当地森林和流域区域的范围，而提升到了国家政策和区域领域。

生态系统服务功能是人类从生态系统中获取的自然惠益。随着气候变化和人类活动导致的生态系统结构功能退化及相关环境问题的日益加剧，为应对和缓解这些生态环境问题，生态系统服务功能的优化提升与管理受到广泛关注。

森林资源管理大体经历了纯采伐利用阶段、永续利用阶段、森林多效益永续利用阶段和森林生态系统管理阶段。总体上看，森林生态系统管理作为一种新的自然资源管理理念和思路，其研究和应用领域越来越广。生态系统管理的概念在20世纪30~50年代最先产生于自然生态系统的保护研究中，到了1992年，美国农业部林务局（USDA Forest Service）宣布将生态系统管理的概念应用于国有林管理中。此后，在美国至少有18个联邦政府机构和众多州立机构采用了生态系统经营，加拿大、澳大利亚、俄罗斯和土耳其等国家也开始采用生态系统管理。20世纪90年代后期，森林生态系统管理的概念被引入我国，受到越来越广泛的重视，促使传统的森林资源管理转向森林的可持续经营，以保障林业的可持续发展。

生态系统管理是在探索人类与自然和谐发展过程中逐渐形成和发展的一种新的管理思想，它基于对生态系统组成、结构和功能的理解，将人类的经济活动和文化多样性看作重要的生态过程，融合到一定时空尺度的生态系统经营中，以恢复或维持生态系统的完整性和可持续性。

人类社会是一类以自然生态系统为基础形成的社会-经济-生态复合系统。人类社会的可持续发展归根结底是一个生态系统管理问题，即如何利用生态学、经济学、社会学和管理学的有关原理，对各种资源进行合理管理，实现可持续发展。生态系统管理已成为合理利用自然资源和保持生态系统健康最有效的途径。

1.1 国际进展

1.1.1 研究和应用领域不断拓展

自1866年德国生物学家Haeckel提出"生态学"的定义后，生态学作为一门新兴学科开始蓬勃发展；到1935年，英国植物学家Tansley提出了"生态系统"的概念，生态系统研究成为生态学研究领域的重点内容和发展方向。其中，"生态系统管理"概念最早是在20世纪60年代提出来的，反映出人们开始用生态的、系统的、平衡的视角来思考资源环境问题。

在20世纪70~80年代，生态系统管理在基础理论和应用实践上都得到了长足发展，逐渐形成了完整的理论—方法—模式体系；进入20世纪90年代，特别是进入21世纪后，更为先进的综合生态系统管理（integrated ecosystem management，IEM）的理论和实践开始迅速发展（图2-2-1）。

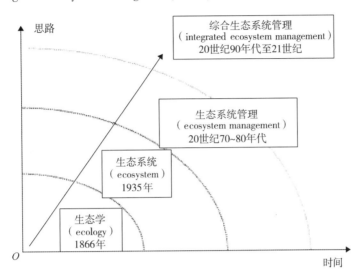

图 2-2-1　生态系统管理术语的发展

作为一种新的管理理念和管理方式，生态系统管理在森林和水资源等管理中得到较为广泛的应用。根据对"Science Direct"数据库的统计分析，在检索到的涉及"ecosystem management"（生态系统管理）的3575篇文献中，有2987篇涉及水，占总数的84%；有2658篇涉及土地管理，占总数的74%；有2509篇涉及生物学，占总数的70%；有2262篇涉及森林，占总数的63%。相关文献在一定程度上反映了国际生态系统管理研究和应用的重点领域。

在生态系统管理方面，已经开展了两项颇具影响的国际计划，一是全球生态系统探索分析（PAGE），二是千年生态系统评估项目（MEA），它们都非常重视全球各种生态系统的评价，也表明了开展全球生态系统评估研究是目前生态系统管理研究的重要方向。

生态系统管理是科学家在应对全球规模的生态、环境和资源危机时提出的一种危机响应，它作为生态学、环境学和资源科学的复合领域，自然科学、人文科学和技术科学的新型交叉学科，不仅具有丰富的科学内涵，而且具有迫切的社会需求和广阔的应用前景。

1.1.2　生态管理核心转向资源开发与环境协调发展

西方发达国家在自然资源的管理中特别注意对生态环境的保护，把资源作为重要的环境要素，实施了诸如土地管理中的生态系统管理、矿产资源开发利用中的"绿色矿业"、水资源管理中的"生态用水"等。

生态系统管理观念要求注重资源效益、环境效益、经济效益的协调，从重开发向开发与保护并重发展，其解决的基本问题还是资源开发利用与生态环境协调发展。随着经济增长从追求数量扩张的粗放型向追求质量效率的集约型转变，资源管理方式也从数量管理跨过质量管理而进入生态管理阶段。

推进生态系统管理发展，要实现生态系统的可持续发展，进行质量和生态管护，需要建立一套科学、实用的指标体系和评价指标。在这方面，国际上已经做了大量工作，美国国家研究

委员会（NRC）于2003年出版的《国家生态指标》报告中建立了基于生态资产（包括生物和非生物）和生态功能、反映国家尺度生态系统健康状态的关键评价指标。

1.1.3　实现多学科综合研究

生态系统管理研究具有强烈的多学科特点，实施生态系统管理需要多学科的交叉和融合，全球环境基金（GEF）倡导综合生态系统管理的理念，并实施了一系列合作研究项目，如中国——全球环境基金干旱生态系统土地退化防治伙伴关系项目。

生态系统管理要求生态学家、社会经济学家和政府官员通力合作。生态学家强调生态系统结构、功能和动态的整体性，强调要收集生物资源和生态系统过程的科学数据，强调一定时空尺度上的生态整体性与可恢复性，强调生态系统的不稳定性和不确定性。社会经济学家更注重区域的长期社会目标，强调制定经济稳定和多样化的策略，喜欢多种政策选择，尤其是希望少一些科学研究，期望生态系统的稳定性和确定性。政府官员则考虑如何把多样性保护与生态系统整体性纳入法治体系，如何有效促进公共部门和私人协作的整体管理，如何用法律和政策促进生态经济的可持续发展，考虑生态系统服务的系统保护规划方案，以降低保护成本。

目前，国际上对综合生态系统管理存在以下主要认识：

（1）承认并重视人与自然之间存在的必然联系，承认并重视人类与其所依赖的自然环境资源有着直接或间接的必然联系。

（2）要求全面、综合地理解和对待生态系统及其各个组分，了解其自然特征、人类社会对其的依赖，以及社会、经济、政治、文化因素对生态系统的影响。

（3）要求综合考虑社会、经济、自然和生物的需要、价值和功能，特别是健康的生态系统提供的环境功能、服务和社会经济效益，生态系统中的自然资源对人类福祉和生计需要的满足。

（4）要求多学科的知识，需要自然技术科学和人文社会科学的结合，重视将生态学、经济学、社会学和管理学原理综合应用到对生态系统的管理之中，需要不同部门机构的协调和合作，特别是负责林业、农业、畜牧业、水利、环保、国防、科技、财政、规划以及立法和司法机构的协调与合作。

（5）创立一种跨部门、跨行业、跨区域的综合管理框架，确保生态系统的生产力、生态系统的健康和人类对生态系统的可持续利用，以达到创造和实现多元惠益的目的。

（6）区域或亚区域的环境资源问题，如水质和水供给、矿产资源或能源利用或开采的环境效应、土地利用或土地覆盖的蚀变效应，这些信息将对管理和决策制定产生直接和重大的影响，为开展土地的生态系统管理提供依据和实践，也反映出在生态系统管理实施过程中，始终强调多学科结合的综合研究。

1.1.4　多部门的协作——资源与环境协调发展的有效途径

生态系统管理是一种综合性比较强的思想或方法，涉及资源管理部门和环境保护等多个部门，其有效运用和实施往往需要多个部门的合作和协作，建立资源管理的大部门制或涉及多部门的协调，真正推动生态系统管理的应用和发展。美国成立的政府机构间生态系统管理特别工作组（Interagency Ecosystem Management Task Force）最具代表性，提高了美国联邦政府有关部门对生态系统途径的认识。

生态系统是包括人类在内的生物相互联系的一个群落及其内部相互作用的自然环境，生态系统途径是维持或恢复生态系统及其功能和价值的一种方法。生态系统途径的目标是，通过完全综合考虑社会和经济目标的一种自然资源管理方法，恢复和维持生态系统的健康、生产力和生物多样性及生活的整体质量。

从具体项目来看，千年生态系统评估（MEA）就是一个典型的跨部门、跨学科、跨国家的项目，项目的理事会由5个国际公约的代表（生物多样性公约等）、5个联合国机构的代表（联合国开发计划署、联合国教科文组织、联合国粮农组织、世界卫生组织等）、部分国际科学组织，以及私营机构、非政府组织和原住民团体领导人的代表共同组成。

1.1.5 区域尺度生态系统管理研究

生态系统的范围可以是微小的湖泊，也可能是面积达几千平方千米的森林。生态系统管理研究涉及生物细胞、组织、个体、种群、群落、生态系统、区域、陆地/海洋与全球等不同尺度上的对象，但具有宏观生态学意义的主要包括生态系统、区域和全球三大层次。

全球尺度的研究，有利于从总体上了解全球生态系统管理的方向、原则、框架和态势，并可加深和增强公众对生态系统管理问题的认识和意识，但却失去了决策者们制定政策所必需的地方性特点。当今世界社会经济、文化传统与生态环境的巨大差异，决定了全球不是一个探讨生态系统管理可统一操作的空间途径。

尽管生态系统尺度的研究是宏观生态系统管理的基本依据，有助于解析大尺度生态系统演替的机理，但生态系统更多的属于类型研究范畴，难以反映地域空间的整体健康状况，也非可操作的空间单元。

中尺度的区域或流域，作为一个不同生态系统空间镶嵌而成的地域单元，是全球尺度研究的重要基础，既能将宏观（全球）与微观（生态系统）尺度的生态问题紧密联系起来，又能使生态系统状态与社会经济影响相互关联，是进行生态系统管理研究的关键尺度。

从生态系统管理的发展历程和实践特点来看，作为生态系统管理重要内容和途径的生态评价、生态修复、生物多样性等研究的空间尺度一直以来主要集中在森林、草地、河流、海洋、湿地、沙漠和农田、城市等单一的自然或人工生态系统尺度，如美国西北太平洋沿岸区域森林生态系统规划和评价、美国大湖区——圣劳伦斯河盆地水体生态系统评价、澳大利亚兰杰矿区生态系统恢复、俄罗斯圣彼得堡城市生态系统监测和整治等。

综合生态系统管理方法试图为决策人提供一个有效地制定和执行政策的强大的工具。它将为利益相关者提供完善的信息，使之能对开发、投资及管理的其他方法进行批评式的检查。当生态系统的发生、发展过程和方向与人类的需求发生偏离或者偏离人类已经认识到的生态系统的自然规律时，人们就认为生态系统已经是不健康的或者不正常的，就需要管理和研究。

实践中，生态系统管理是所有这些管理活动的综合，涉及资源与生物多样性保护、生产力维持与提高、系统健康及活力维持与提高、系统环境服务功能的改善等方面。生态系统管理并不是一般意义上对生态系统的管理活动，它促进人类必须重新审视自己的管理行为。

1.2 国内进展

1.2.1 森林生态系统经营发展趋势

面向生态系统服务的森林生态系统经营是未来森林经营的发展趋势。中国森林经营体系从以木材为主的经营逐步转向以生态系统服务为导向的多目标经营。建立面向生态系统服务的森林经营体系，在一定程度上仍然需要遵循以防护、生产和多目标经营的林业分类经营为基本构

架，确立主导功能并兼顾实现多目标经营，这将成为未来森林经营的主流趋势。权衡和协调好森林生态系统服务的时间和空间关系，还有利于更好地协调各种利益相关群体参与和促进森林生态系统经营的顺利实施，实现人类福祉。

1.2.1.1 天然林生态系统经营

天然林区残存的老龄林斑块，是重要的种质资源基因库，是恢复重建的自然参照体系，对于生物多样性保护具有重要意义。对其应采取严格的"封禁"措施，保存其物种和基因多样性，维持其群落结构和功能。

轻度退化、结构完好的天然次生林，也需要实施严格的封山保育措施，凭借其保存良好的自我修复机制和天然更新能力，在排除外界干扰的条件下迅速恢复其结构和功能。

演替初期阶段的天然更新能力差、树种组成与密度不合理、健康状况不好的天然次生林，应该采取"封调"措施，在封山保护的同时，通过采用补植、补播目的树种、抚育、间伐、杂灌草清除等适度人工辅助措施，在不改变其自然恢复演替路径的前提下，促进跨越演替阶段或缩短演替进程，加快生态系统结构和功能的恢复。

严重退化且天然更新困难的生境，采用"封造"措施，筛选适宜物种或生态恢复的驱动种，利用工程措施和生物措施相结合的方法，在严重退化的生境进行土壤功能的修复与人工植被的重建。

天然林区大面积的人工纯林，采用"封改"措施，定向抚育间伐、移针引阔、补植演替后期的乡土树种，诱导其向原生森林演替，恢复其结构、生态功能和生物多样性。

林业经营发展方向的转变与调整，通过一系列的保护、适应和森林可持续管理措施增加吸收固定大气中的 CO_2 并减少碳排放，同时发挥森林生态系统的其他多种服务功能。

通过造林、再造林、恢复退化的天然林、建立农林复合系统等措施增加森林植被和土壤碳贮量，可以增强森林碳汇的功能；保护和维持天然林，既保护现有天然林生态系统中贮存的碳库，减少其向大气中的排放，又能够保护生物多样性和物种遗传资源；通过实施天然林可持续经营，采用一系列碳管理的措施，实现减排增汇的目标。

1.2.1.2 人工林生态系统经营

现如今，中国人工林年采伐量达到 1.55 亿 m^3，占木材总产量的 46%。作为世界上木材的主要消费国，中国对木材产品的需求随着国民经济和人口的增加而迅速增加，持续增大的中国木材产品供求缺口绝大多数被人工林所弥补。

除木材产品外，人工林也通过提供非木质林产品促进经济发展和改善民生。2011 年，占经济林总量 95.5% 的人工林提供了 1.338 亿 t 的非木质林产品，占林业产业总产值的 23%。与此同时，人工林通过加强生物多样性保护，碳固持和水文调节等环境服务功能，在改善生态环境中发挥着重要的作用，积极贡献于中国林业战略目标中的生态恢复、生态安全和生态文明。

中国设立了在 2020 年（相比 2005 年）增加 4000 万 hm^2 人工林的国家林业战略目标。然而，大面积人工纯林具有景观结构单一、空间分布不均匀、龄级分布不均匀和低蓄积生长量的特点，人工林多种用途和多变环境给人工林经营提出了挑战。

如何通过改变人工林经营管理策略，更加注重林木生态抚育和自然再生，将人工林经营策略逐步从单一追求短周期木材产量、造林面积增加转变到追求长周期木材产量和质量并重及面向人工林生态系统服务的近自然化多目标经营，还将呈现多态化培育模式，即短周期速生丰产林模式、长周期高价值木材人工林模式和长短周期结合的人工林混交模式并存。此外，呈现单一经营目标、双重经营目标和多目标经营镶嵌或共融的发展态势，即单一木材生产主导目标、兼顾木材和非木材资源双重目标及以人工林产品和生态系统服务供给的多目标经营。

发展面向生态系统服务的人工林生态系统经营，将会促使森林经营者通过实施经营计划全面整合受益于人工林的社会（调节水和土地利用冲突）、经济（生产力和经济增长）和环境（气候变化和生物多样性的影响）效益，在保障可持续木材和非木材供给的前提下，更有助于减缓和适应气候变化，调节涵养水资源和保护生物多样性。

1.2.2　生态服务功能评估

欧阳志云等（1999）对中国陆地生态系统服务功能进行了评估和生态经济价值的分析；随后国内研究者对各地、各类生态系统服务功能进行了评估和价值量化。李文华等（2009）认为中国生态系统服务的研究应该尽快由当前的概算式研究转向更深层次的研究，尤其要重点关注生态系统功能的基础理论研究、评估指标与方法的标准化、生态服务价值动态评估模型研究、评估结果在决策过程中的应用研究以及生态系统服务的市场化机制研究。

中国林科院基于第七次（2004—2008年）、第八次（2009—2013年）国家森林资源清查和森林生态定位监测数据，系统测算了我国森林生态系统碳储量和生态服务及其价值。与第七次森林资源清查期间相比，第八次森林资源清查期间全国森林生态服务物质量增长明显，全国森林生态服务年价值量从10.01万亿元增长到了12.68万亿元，增长了26.7%，森林生态系统服务呈现持续增长的态势。

1.2.3　生态工程及生态服务功能

生态系统服务功能是指生态系统形成和所维持的人类赖以生存和发展的环境条件与效用。它不仅包括生态系统为人类所提供的食物、淡水及其他工农业生产的原料，更重要的是支撑与维持了地球的生命支持系统，维持生命物质的生物地球化学循环与水文循环，维持生物物种的多样性，净化环境，维持大气化学的平衡与稳定。生态系统服务功能是人类赖以生存和发展的基础。

长期的生态系统开发利用和巨大的人口压力，使我国生态系统和生态系统服务功能严重退化，由此引起的水资源短缺、水土流失、沙漠化、生物多样性减少等生态问题持续加剧，对我国生态安全造成严重威胁。国务院2006年1月发布的《国家中长期科学和技术发展规划纲要（2006—2020年）》把生态脆弱区生态系统功能的恢复重建列为环境领域的4个优先主题之一，明确提出了构建生态系统服务功能综合评价体系。

近10年来，国家在生态建设方面已经投入了1.2万亿元，生态恢复的投入规模是史无前例的，生态环境综合整治的理论与技术研究受到重视。针对典型生态脆弱区采取的包括天然林保护工程、退耕还林（草）工程在内的一系列重大生态工程，以及矿山废弃地复垦等退化生态系统的植被恢复与重建生态工程得以实施。

如何有效集成生态系统稳定性、生态服务功能持续提升、利益相关者诉求权衡等仍是目前生态适应性管理技术的难点。因此，面向流域生态系统服务功能整体提升的生态系统适应性管理技术亟待研究和发展。

1.3　国内外差距分析

由于人类对生态系统服务功能及其重要性缺乏充分认识，对生态系统的长期压力和破坏，

导致生态系统服务功能退化。生态系统服务功能研究已成为国际生态学和相关学科研究的前沿和热点。联合国千年生态系统评估报告发现，全球生态系统服务功能在评估的 24 项生态服务中，有 15 项（约占评估的 60%）正在退化，生态系统服务功能的丧失和退化将对人类福祉产生重要影响，威胁人类的安全与健康，直接威胁着区域乃至全球的生态安全。

国外生态系统重点研究森林生态系统、湿地生态系统、海岸带生态系统等脆弱生态系统。国内外在区域或流域尺度上的综合生态系统管理研究和实践上均取得了长足的进步，也把生态系统管理带入到一个新的空间尺度上来。如美国在旧金山湾等地实施的生态系统计划，针对区域或流域尺度上的水质和水供给、矿产资源或能源利用或开采的环境效应、土地利用或土地盖层的蚀变效应等资源环境问题开展研究，在区域或流域尺度上实现了多学科结合的生态系统管理综合研究。

我国生态服务功能评估体系和方法不断提升。目前，生态脆弱区生态服务功能的多样性和不稳定性评估、优化调控决策还处于起步阶段，进一步发展生态系统服务的区域集成方法与模型，仍无面向不同尺度的生态服务功能整体优化提升技术。

国内关于生态系统管理的研究多以脆弱的、经济和生态意义重大的生态系统为重点，研究工作大多停留在自然保护区（或国家公园）生态系统管理的生态经济学和政策的理论性探讨阶段，对重点区域生态系统管理的科学问题开展专题和综合研究，阐明决定区域尺度生态系统行为的关键生态学过程的理论机制和特征，构建高产、高效和可持续的生态系统管理模式，探讨区域可持续发展战略和资源管理策略。

与国外相比较，我国生态系统适应性管理的理论与实践研究相对较少，直到 20 世纪末和 21 世纪初才开始大量引进国外生态系统管理的思想。国内现有的适应性管理技术主要集中在对不确定性环境中生态系统可持续和生态安全的管理方面，更多地体现在理论分析和知识传播方面，部分研究主要是在涉及气候变化和土地利用退化防治领域，从生态系统结构调整、资源—生态—人文因素综合作用角度进行一些管理模式的探讨。

与欧美地区相比，我国生态网络建设起步较晚，理论水平和实践方法相对缺乏。但随着近年来对生态系统完整性和生态系统服务功能的重视，生态网络研究开始受到重视，城市生态网络、绿道、保护区网络构建的方法和模型得以引进和应用。但鉴于我国流域生态系统需求，面向流域多种生态系统服务功能优化提升的生态网络构建技术亟待发展和应用。

2 发展战略、需求与目标

2.1 发展战略

我国生态系统服务研究着重于区域生态服务功能及调控机理、生态林业工程关键技术与生态服务价值评估等，生态系统服务功能的格局调控与过程管理成果较少，生态恢复过程管理严重滞后，多着眼于生态系统产品提供功能，相对忽略其调节功能、支持功能和文化功能，或重视某一种生态服务的重要性。确定兼顾多种功能需求和满足主导功能需要的森林管理措施及其对生态服务功能等影响，对推动我国的森林多功能经营和提升森林整体服务功能具有里程碑式的重要意义。

从生态系统、区域和国家等不同尺度开展生态系统服务功能的系统研究，认识生态系统服务功能形成与调控机制和尺度特征，发展生态系统服务功能评估方法，全面认识我国生态系统服务功能的空间格局及其演变特征，对发展生态系统服务功能研究的理论与方法、保障我国生态安全具有重要意义。

2.1.1　探索森林生态系统服务功能形成机理

以不同区域典型森林生态系统为对象，基于长期的生态监测与实验，开展从生态系统结构→过程→服务功能机理的研究，揭示森林生态系统结构和过程与支持功能和调节功能之间的依存关系，建立森林生态系统服务功能的评价指标体系，发展森林生态系统服务功能度量、评价技术及评估模型。

2.1.2　建立区域生态系统服务功能的综合集成

依托生态功能和生态安全上具有典型意义的区域，以区域生态系统为对象，揭示生态系统服务功能的时空变异规律和尺度效应机理，研究生态系统服务功能的空间格局、组合结构、尺度特征和尺度效应，建立生态系统服务的尺度转换方法和区域集成模型。分析人类活动对生态系统服务功能的影响，揭示生态系统服务功能与区域生态安全的关系，实现生态系统服务功能区域集成理论和方法的突破与创新。

2.1.3　构建区域尺度生态服务功能变化及综合评估

基于地理信息系统和数据库管理技术，结合遥感监测和野外定位观测，研究中国森林生态系统宏观结构变化及趋势，建立国家尺度的生态系统服务功能评价指标体系和综合评估模型，开展全国主要森林生态系统服务功能综合评估和区域划分。揭示区域乃至流域尺度重要生态系统服务功能的空间格局、变化特征与驱动机制，为国家森林生态环境保护与建设提供依据。

2.1.4　建立生态服务功能价值评估方法与生态安全对策

结合森林生态系统的重要生态服务功能机理的研究，建立生态系统服务功能的价值评估方法，发展生态补偿标准测算和补偿范围界定方法。研究生态系统服务功能跨区域、跨尺度关联特征和空间转移模式，分析人类福祉对生态系统服务功能的依存关系，揭示政策变化、消费方式和土地利用等人类活动对生态系统服务功能维持与保育的效应，提出生态安全对策。

2.2　发展需求

森林生态系统经营与生态系统服务正逐渐成为当今人类社会认知的主流方向。如何科学地经营和管理森林生态系统，维持全球变化环境下的森林生态系统结构、功能和健康，仍然面临着严峻的挑战。不断地创新森林生态系统经营的理念、思路和技术措施，借以适应全球变化和人类经济社会的发展对森林生态系统服务日益增长的需求。建立面向生态系统服务的森林生态系统经营理念，将二者有机地结合起来，将成为适应全球变化和满足人口迅猛增长对森林的多种功能需求的崭新的森林经营途径。

森林生态服务是人类从森林生态系统获得的各种惠益，是人类赖以生存和发展的基础，包括供给服务、支持服务、调节服务和文化服务。从生态系统、区域、全国等尺度，对森林生态系统服务功能形成机理、特征、动态、驱动机制与评价方法开展系统研究。

（1）生态系统服务功能机理研究。将森林生态系统结构-过程与生态服务功能有机结合，依托长期观测与实验，研究生态恢复和生态演替的生态系统功能变化过程，揭示森林生态系统服

务功能的形成机制、不同类型生态系统支持功能和调节功能的相互关系。

（2）生态系统服务功能时空演变研究。开展同一类型生态系统和典型区域不同生态系统服务功能的尺度特征和多尺度关联研究，发展尺度转换方法，建立基于景观格局和生态过程的区域生态系统服务功能集成模型，揭示近30年来我国森林生态系统服务功能的格局及演变。

（3）人类活动与生态系统服务功能相互作用研究。一是生态系统尺度的对比研究，对比自然和人工生态系统，对比不同退化程度的生态系统的服务功能；二是区域尺度的综合研究，综合自然环境、人类活动和社会经济发展影响下森林生态系统服务功能的变化。

我国生态脆弱区在恶劣自然环境条件、人类过度干扰双重胁迫下，生态系统和生态系统服务功能严重退化，生态系统呈现出由结构性破坏向功能性紊乱的方向发展。达到区域和流域尺度森林生态服务功能整体提升，需要解决以下技术问题：

第一，生态服务之间存在竞争和权衡以及消长的关系，并与政策和土地利用直接关联。如何通过对生态恢复规划和优化提升生态系统服务，是亟待解决的技术难题。

第二，生态脆弱区的资源和环境承载力有限，如何明确保护优先区域，基于生态服务功能整体需求，建立植被景观网络，以调节供给服务与调节服务、文化服务间的关系，是研究的关键技术需求。

第三，不同管理方式下生态系统服务功能变化及其与人类活动关系、生态系统服务功能的空间格局演变过程及其驱动因子等，是当前生态系统服务功能研究的关键问题。因此，通过生态系统的适应性管理技术，制定流域的生态系统管理和生态安全管理对策。

综上，在区域和流域尺度，基于自然-社会-经济复合系统的空间分异性和多目标主导生态服务功能需求，通过技术集成与技术创新，开发流域尺度植被恢复的适宜性、空间优化配置、植被网络构建、生态功能维持与调控及其适应性管理等单项技术及其组装，形成流域生态服务功能整体提升的技术体系，解决生态脆弱区的植被恢复及其生态管理技术问题，提升流域生态服务功能，保障生态脆弱区的生态安全、生态产业发展和经济增长。

2.3 发展目标

面向国家和区域生态安全，针对我国森林生态系统退化的主要问题，深入研究森林生态系统结构、过程与服务功能的关系，揭示我国森林生态系统服务功能的形成机理，建立生态系统服务功能评估指标体系和价值评估方法，综合评估我国森林生态系统服务功能的时空变化特征，提出生态系统管理与生态安全对策，为保障我国生态安全及区域可持续发展提供科学依据。

建立和发展森林生态服务功能的理论与方法，尤其在森林生态系统结构、过程与服务功能的耦合关系和人类活动对生态系统服务功能的影响机制等方面的基础研究水平得以提高。定量评估和揭示主要森林生态系统的重要生态服务功能、变化过程与驱动机制，预测未来变化趋势，基于生态系统服务功能评估的生态功能区划分，为国家生态环境保护与建设、生态安全提供科学依据。

形成生态脆弱区的生态服务功能提升技术体系。以典型生态脆弱区为对象，从流域尺度上开展生态脆弱区植被恢复适宜性评价方法、小流域生态服务功能空间分异特征及生态修复与生态服务功能研究；建立小流域景观空间结构优化调控技术与生态修复过程适应性管理技术，为典型生态脆弱区的植被恢复与管理和流域生态服务功能整体提升提供有效技术支撑。

3 重点领域和发展方向

森林生态系统管理是森林资源经营的一条生态途径，通过维持森林生态系统复杂的过程、路径及相互依赖关系，并长期地保持森林健康和功能完好，从而为短期压力或干扰提供自调节机制和恢复能力，提供适应性的森林可持续经营与森林生态系统管理。对于林业或森林资源的管理而言，在其中纳入生态系统管理的内容，是将森林视为生态系统来加以经营和管理，无疑在理论和实践意义上均具有划时代的重要意义。

3.1 重点领域

3.1.1 生态系统服务功能形成机理

基于生态系统的长期监测和实验，研究森林生态系统水源涵养与水文调节、水土保持与防风固沙、生物多样性保育与碳固定等生态服务功能的形成和调控机制，分析生态系统支持功能与调节功能之间的依存关系，以及生态系统稳定性对生态系统服务功能的影响机理，揭示生态系统结构、过程和服务功能的相互关系。

研究生态系统服务功能对人类活动和环境扰动的响应与适应机制，揭示生态系统退化和生态系统服务功能降低的驱动因子，为准确认识不同类型生态系统服务功能的特征提供理论基础。

3.1.2 生态系统服务功能的区域集成

基于生态系统定位研究站，选择典型区域，研究不同类型生态系统及其重要服务功能的区域集成方法，揭示景观和区域尺度生态系统服务的表征、相互作用和时空变异规律，分析区域生态系统服务功能传输过程的景观连通性和景观动态过程，建立生态系统服务功能的尺度转换构架和区域集成模型。

3.1.3 森林生态系统服务功能评估

综合生态系统定位观测和遥感监测数据，建立森林生态系统服务功能评估数据库，应用地理信息系统技术，分析森林生态系统宏观结构变化和服务功能动态趋势，确定生态系统服务功能对自然和人为活动的响应特征与空间格局，基于生态经济学理论，建立生态系统服务功能价值化评价方法。

3.1.4 生态系统服务功能变化与生态安全

研究生态安全对生态系统服务功能的依存关系，建立生态安全的指标体系和评价准则，分析区域发展政策、土地利用变化和自然资源利用行为对生态系统服务功能的影响，以及生态系统服务功能的变化对生态安全的影响。开展人类活动影响下生态系统服务功能与生态安全关系的定量评价，揭示政策变化、消费方式和土地利用等人类活动对生态系统服务功能维持与保育的效应，建立生态补偿标准测算和补偿范围界定方法，提出生态系统服务功能保育、可持续利用和生态安全的管理策略。

3.2 发展方向

3.2.1 区域森林生态系统服务评估

联合国通过实施和完成《千年生态系统评估》（2000—2005），对全球生态系统的发展状况

进行了评估和模拟分析，全球生态系统服务有 60% 的功能正在退化，直接威胁着区域和全球的生态安全。联合国环境规划署（UNEP）2009 年启动了生物多样性和生态系统服务政府间科学政策平台（Intergovernmental Science Policy Platformon Biodiversity and Ecosystem Services，IPBES）。2014 年，计划将对全球生物多样性和生态系统服务进行评估，中国也加入了联合国的全球生态系统服务与生物多样性的评估。

美国、英国等许多国家都把生态系统服务作为与政策相关的生态系统管理研究的首要问题。英国生态学会 2006 年提出的 100 个与政策相关的生态问题中，生态系统服务功能研究居首，美国生态学会 21 世纪行动计划将生态系统服务科学作为生态学首要的研究领域。

美欧等发达国家已开始注重不同生态系统服务功能的优化研究与实践，并制定和实施了一系列生态系统管理工程。

3.2.2 生态系统服务功能优化与提升技术

近 20 年来，在生态工程实施过程中开展了众多生态系统的结构功能评估与优化实验研究，这些研究促使退化生态系统的管理研究和实践逐渐由注重生态系统结构完整性向注重生态系统结构完整和主导生态服务功能优化提升方面转移，以生态服务功能恢复和提升为导向的退化生态系统恢复和管理技术受到广泛重视，生态系统结构与生态服务功能及社会环境因素间的耦合关系成为生态系统服务调控管理的理论基础。

生态系统管理的目标应该由拓展生态系统的面积到提升生态系统服务质量来进行转变。以生态系统服务功能动态评估决策为核心，以生态系统服务功能持续和优化为导向，强调生态系统脆弱性/适宜性、服务功能完整性、生态管理成本效益核算集成，面向生态系统管理的、多尺度耦合的流域生态系统服务系统评估、决策模型和管理技术有待发展。

3.2.3 生态脆弱区生态系统综合管理

国家"十五"科技攻关计划重大项目课题——重点脆弱生态区生态系统评价与综合治理技术的系统集成，"十一五"、"十二五"国家科技支撑项目等与生态脆弱区生态恢复相关的课题设置，分别针对水土资源保护、水源水质保护、生物多样性及提高经济收益等独立目标或单目标需求，在典型生态脆弱区开展评价与演变趋势分析、生态综合治理模式筛选、单项技术的组装与配套、推广与实施等技术集成与示范。

对于生态脆弱区典型类型，流域自然环境变迁，自然和人文有机融合，兼顾多种生态服务功能需求并考虑空间分异特征，生态系统管理是社会-自然-经济复合系统下的工程技术与管理过程，并有相对更窄的目标和更实际的应用。

森林生态服务和生态系统综合管理的主要发展方向：①面向生态服务功能的生态系统管理技术理论与方法；②生态系统结构和功能耦合关系及协调优化技术与实践；③以生态服务功能整体提升为导向的生态系统管理理论与实践；④生态系统服务功能优化决策过程中生态适宜性/脆弱性、生态承载力、生态服务功能、生态管理成本效益间评估和权衡；⑤多尺度耦合流域多种生态服务功能的整体调控理论研究与技术研发。

3.2.4 生态系统服务与生态系统管理

面向国家和区域生态安全及森林生态系统服务功能提升目标，选择对保障我国生态安全起关键作用的森林生态系统类型，针对我国面临的水资源短缺、水土流失、荒漠化、生物多样性锐减等主要生态问题，从生态系统、区域和国家三个尺度研究水源涵养与水文调节、水土保持与防风固沙、生物多样性保育、碳固定等重要生态服务功能综合评估，提出生态系统管理和生态安全对策。主要包括以下几项内容：

（1）机理识别。以森林、湿地和荒漠生态系统为对象，针对水源涵养与水文调节、水土保持与防风固沙、生物多样性保育、碳固定等影响国家生态安全的重要生态系统服务功能，运用生态系统定位观测与实验方法，研究生态系统结构-过程-服务功能的相互关系，揭示生态系统服务功能的形成机制。构建森林生态系统服务功能的评价方法与指标体系。

（2）时空格局。以典型区域为对象，将生态系统定位观测、系统调查与遥感数据相结合，研究区域生态系统格局与服务功能的时空变异特征、生态服务功能的尺度效应，以及区域生态服务功能的评价指标与方法，建立基于景观格局与生态过程的区域生态服务功能集成模型。

（3）综合评价。在全国典型区域或流域尺度，揭示我国近30年来森林生态系统结构与格局的演变特征，建立生态系统服务功能评价指标和方法，开展综合评价，研究不同类型生态系统服务功能对自然和人为影响因子的响应规律。

（4）目标响应。以生态安全为目标，在评价生态服务功能物质量的基础上，运用生态经济学原理，研究生态系统服务功能价值化方法。探讨生态系统服务功能变化对生态安全和人类福祉的影响，提出生态系统管理和生态安全对策。

4 存在的问题和对策

4.1 存在的问题

我国的森林资源状况有了很大改善，森林覆盖率已由中华人民共和国成立初期的12.5%上升至2013年的21.63%。目前，人工林面积继续保持世界首位，但我国森林覆盖率远低于全球31%的平均水平，森林资源总量相对不足、质量不高、分布不均的状况仍未得到根本改变，林业发展还面临着巨大的压力和挑战。

从总体上看，森林资源数量、质量的增长依然不能满足社会对林业多样化需求的不断增加，生态问题依然是制约我国可持续发展的突出问题之一，生态服务产品依然是当今社会的短缺产品之一，森林资源质量与生态服务供给能力差距依然是我国与发达国家之间的主要差距之一。

人类对森林生态系统产品的需求不仅仅局限于木材，现在更多地关注森林生态系统的生态服务功能（生物多样性、水土流失、水源涵养、干旱洪涝灾害、环境污染、野生动物栖息地、流域健康和固碳等）。许多现存的森林处于破碎化或次生退化演替状态，存在病虫灾害、森林火灾或地力衰退等问题，需制定综合的森林景观管理规划，以实现景观资源的优化配置和景观环境的可持续性。

生态工程建设各自有不同的目标和侧重点，而且又分属不同的部门或机构实施和管理，导致不同部门缺乏有效的项目之间的协同性和整合性，难以实现可持续土地利用模式下的综合生态系统（森林、草地、农田、流域等）管理的目标。

4.2 面临的挑战

气候变化可能改变森林生态系统结构和树种组成，土壤水分条件的变化有利于耐旱物种的繁殖和入侵，植物的物候改变影响到物种间相互依存或者竞争的关系，关系到物种的繁殖和生

存。总而言之，气候变化将使一些物种退出原有的森林生态系统中，而一些新的物种则入侵到原有的系统中，从而改变了原有森林生态系统的结构和物种组成。但在区域和流域尺度上，气候变化在未来的时间里，不同的地区具有很大的不确定性。

生态系统经营中，还必须考虑气候变化可能导致树种适宜空间分布格局的改变。选育良种，营造喜光温暖型耐旱树种等经营措施，在以后的森林经营过程中将会发挥积极作用。如何应对由于气候变化（包括增温、降水格局变化和极端气候事件等）不确定性带来的影响，将成为森林生态系统经营面临的重大挑战。

氮沉降还可能影响森林植物的多样性和群落结构，并且与二氧化碳浓度升高有协同作用，对森林生态系统造成更深刻的影响。评估和预测森林生态系统对大气氮沉降增加的响应，制订合适的森林经营应对措施面临挑战。

森林生态系统经营旨在为越来越多样化的社会提供即时的物质和服务的同时，为后代维持生态系统的完整性（即生态系统的功能、组成和结构的完整性）。如何恢复和维持森林生态系统的完整性和适应性，是森林生态系统经营面临的又一重大挑战。

4.3 对策

4.3.1 面向生态服务的森林生态系统经营

生态系统服务功能的研究是近几年迅速兴起的生态学研究领域之一。森林生态系统的间接价值是对人类、社会和环境有益的全部效益与服务功能，是森林生态系统中生命系统的效益、环境系统的效益、生命系统与环境系统相统一的整体综合效益。它主要表现为涵养水源、防止水土流失、保护野生动植物、固定 CO_2、释放 O_2、净化大气、防风固沙等方面。这类无形产品难以用货币直接来度量。

近年来，自然灾害的加剧和人类需求的增长，导致了生态和环境的破坏或退化，对人类不甚了解的生态系统服务功能造成了损害和削弱。探索生态系统服务的内涵与服务形成机制、评估生态系统的服务价值、促进经济社会的可持续发展等研究逐渐成为生态学、生态经济学和环境经济学研究的前沿。

当前生态系统服务的生态学机制研究主要集中在三个方面：生物多样性与生态系统服务之间的关系、生态系统服务的时空尺度特征及其动态变化规律、气候变化和土地利用变化对生态系统服务的影响机制。

4.3.2 发展生态系统适应性管理技术

环境变化、人类干扰活动加剧了生态系统变化的脆弱性、复杂性和不确定性，在这一背景下适应性管理技术应运而生，并迅速成为世界各国环境变化背景下生态系统管理和景观管理调控的重要途径。

近年来，在美国、加拿大、澳大利亚、瑞士、德国等国家已有众多生态系统适应性管理方案得以建立和应用。由于涉及自然、社会、经济等诸多方面，利益相关者参与式决策受到关注，仅少量研究成功地将社会-自然复合生态系统的理论应用于适应性管理。

流域生态系统管理技术模型则主要包括流域生态系统适应性动态演变机制模型、分布式多尺度过程模拟模型、基于土地使用分类的流域生态经济优化模型、资源流动与价值传递模型、多智能体适应性管理模型等。随着尺度的增加，适应性管理的复杂性也在加大，开始向多学科交叉，跨尺度研究发展。

4.3.3　建立森林生态系统多目标管理方法

伴随着人口的不断增长和经济社会的迅猛发展，中国用仅占全球5%的森林面积和3%的森林蓄积量来支撑占全球23%的人口对生态产品和林产品的巨大需求。在当前人类需求与森林资源供给的巨大差距下，在人类需求发生变化、全球环境发生变化的条件下，提出整合基于生态系统管理与满足现代人类福祉对森林多重需求（即面向生态系统服务）的森林生态系统经营理念，并探讨其未来的发展方向与趋势。

森林生态系统综合管理将森林林产品单一的目标转变为广泛的生态、经济和社会等多目标，这些目标按照千年生态系统评估体系可以分为生态系统支持服务（养分循环、土壤结构、初级生产）、供给服务（食物、淡水、木材、纤维和燃料）、调节服务（气候、洪涝、植物病害调节和水源净化）以及文化美学（美观、精神、教育和休闲）。面向生态系统服务的多目标森林经营将在维持长期生态系统功能和稳定性的同时，更好地满足人类经济社会发展的需求。

通过基于生态系统结构与功能完整性的森林可持续经营，才能实现森林更高的社会经济和环境保护价值，保护生物多样性、维持生态系统功能，重建和恢复脆弱受损的生态系统，增强森林生态系统对气候变化影响的适应能力。

森林生态系统综合管理将从林分水平转变为森林景观，强调森林景观的时空异质性和动态变化，提高森林与其他土地利用模式镶嵌构成的复合景观的可持续性和稳定性；形成能够优化利用景观资源、权衡和协同多种生态系统的服务功能，提升自然资源供给、食物安全和社会发展的长期稳定性。

森林生态系统综合管理将从依赖传统经验的主观决策转变为信息化、数字化和智能化的决策。采用景观生态学方法、空间分析技术与森林资源调查方法相结合，并进行数据实时更新和信息管理，实现森林资源全过程的精细化和数字化管理。另外，利用森林演替模型和森林景观动态模型，评价并确定景观尺度上空间配置、生物多样性保护和可持续经营方案，为筛选针对不同目标的森林综合管理模式提供科学依据和进行多目标空间管理提供新方法。

参考文献

傅伯杰，周国逸，白永飞，等. 2009. 中国主要陆地生态系统服务功能与生态安全［J］. 地球科学进展，24
　　（6）：571-576.

国家林业局. 2012. 中国林业统计年鉴（2011）［M］. 北京：中国林业出版社.

李德军，莫江明，方运霆，等. 2003. 氮沉降对森林植物的影响［J］. 生态学报，23（9）：1891-1900.

李克让，陈育峰，刘世荣，等. 1996. 减缓及适应全球气候变化的中国林业对策［J］. 地理学报，51（增刊）：
　　109-119.

李文华，张彪，谢高地. 2009. 中国生态系统服务研究的回顾与展望［J］. 自然资源学报，24（1）：1-10.

刘国华，傅伯杰. 2001. 全球气候变化对森林生态系统的影响［J］. 自然资源学报，16（1）：71-78.

刘世荣，代力民. 2013. 生态保护与建设工程［M］//李文华，等. 中国当代生态学研究. 北京：科学出版社.

刘世荣. 2012. 生态学学科发展报告（2011—2012）［M］. 北京：中国科学技术出版社.

陆元昌，栾慎强，张守攻，等. 2010. 从法正林转向近自然林：德国多功能森林经营在国家、区域和经营单位层
　　面的实践［J］. 世界林业研究（1）：1-11.

吕超群，田汉勤，黄耀. 2007. 陆地生态系统氮沉降增加的生态效应［J］. 植物生态学报，31（2）：205-218.

欧阳志云，王效科，苗鸿. 1999. 中国陆地生态系统服务功能及其生态经济价值的初步研究［J］. 生态学报，19

（5）：607-613.

徐国祯. 1997. 森林生态系统经营——21 世纪森林经营的新趋势 [J]. 世界林业研究，10（2）：15-20.

于贵瑞. 2001. 生态系统管理学的概念框架及其生态学基础 [J]. 应用生态学报，12（5）：787-794.

Carpenter S R, Mooney H A, Agard J, et al. 2009. Science for managing ecosystem services: Beyond the Millennium Ecosystem Assessment [J]. Proceedings of the National Academy of Sciences, 106: 1305-1312.

Cubbage F, Harou P, Sills E. 2007. Policy instruments to enhance multi-functional forest management [J]. Forest Policy and Economics, 9（7）: 833-851.

Daily G C, Ehrlich P R, Goulder L H, et al. 1997. Ecosystem services: benefits supplied to human societies by natural ecosystems [J]. Issues Ecol, 2: 1-16.

Dixon R K, Solomon A M, Brown S, et al. 1994. Carbon pools and flux of global forest ecosystems [J]. Science, 263（5144）: 185-190.

Fu B J, Wang S, Su C H, et al. 2013. Linking ecosystem processes and ecosystem services [J]. Current Opinion in Environmental Sustainability, 5（1）: 4-10.

Kramer P J. Carbon dioxide concentration, photosynthesis, and dry matter production [J]. BioScience, 1981, 31（1）: 29-33.

Kremen C. 2005. Managing ecosystem services: what do we need to know about their ecology? [J]. Ecology letters, 8（5）: 468-479.

Malone C R. 2000. Ecosystem management policies in state government of the USA [J]. Landscape and Urban Planning, 48（1/2）: 57-64.

Ost W M, Emanuel W R, Zinke P J, et al. 1982. Soil carbon pools and world life zones [J]. Nature, 298（5870）: 156-159.

Quétier F, Lavorel S, Thuiller W, et al. 2007. Plant-trait-based modeling assessment of ecosystem-service sensitivity to land-use change [J]. Ecological Applications, 17: 2377-2386.

Raudsepp-Hearne C, Peterson G D, Bennett E M. 2010. Ecosystem service bundles for analyzing tradeoffs in diverse landscapes [J]. Proceedings of the National Academy of Sciences, 107（11）: 5242-5247.

Robertson F D. 1992. Ecosystem Management of the National Forests and Grasslands [M]. Washington, D C: USDA Forest Service, 1330-1331.

Schröter D, Cramer W, Leemans R, et al. 2005. Ecosystem service supply and vulnerability to global change in Europe [J]. Science, 210: 1333-1337.

Slocombe D S. 1998. Lessons from experience with ecosystem-based management [J]. Landscape and Urban Planning, 40（1/3）: 31-39.

Tallis M, Taylor G, Sinnett D, et al. 2011. Estimating the removal of atmospheric particulate pollution by the urban tree canopy of London, under current and future environments [J]. Landscape and Urban Planning, 103: 129-138.

Walther G R, Post E, Convey P, et al. 2002. Ecological responses to recent climate change [J]. Nature, 416（6879）: 389-395.

Woodwell G M, Whittaker R H, Reiners W A, et al. 1978. The biota and the world carbon budget [J]. Science, 199（4325）: 141-146.

Zhou G Y, Liu S G, Li Z A, et al. 2006. Old-growth forests can accumulate carbon in soils [J]. Science, 314（5804）: 1417-1417.

Özesmi U, Özesmi S. 2003. A participatory approach to ecosystem conservation: fuzzy cognitive maps and stakeholder group analysis in Uluabat Lake, Turkey [J]. Environmental Management, 31（4）: 518-531.

第3章
极端气候事件生态学

周本智，葛晓改，曹永慧，王小明（中国林业科学研究院亚热带林业研究所，浙江富阳，311400）

全球气候变化背景下，极端气候（天气）事件发生频度越来越大，强度越来越强，成为气候变化的重要特征，严重影响了人类的生存和社会经济的可持续发展。极端的天气和气候事件显著地改变了人类和自然系统的进化（Sarewitz and Pielke，2001）。虽然在气象系统中极端事件的发生只是一个自然的物理过程，但是他们造成的影响是由人类和自然系统决定的（Sarewitz and Pielke，2001；Diamond，2005）。经济结构、社会行为、关键技术、人类和自然生命支持系统之间的相互作用会阻碍或促进自然事件到人类灾难的转变。鉴于极端天气和气候事件对人类系统和自然系统的重大影响，极端气候（天气）事件的研究引起了国内外学者的普遍关注，成为研究全球变化的一项重要课题（尹晗和李耀辉，2013）。

近年来，极端天气和气候事件频频见诸报道，1998 年夏季中国长江流域的洪涝、2003 年夏季欧洲大陆的热浪、2005 年美国遭遇的"Katrina"飓风、2008 年发生在中国南方的雨雪冰暴、2010 年发生在俄罗斯莫斯科市东南部的超级热浪导致了巨大山火等，这些都是在社会上产生重大影响的由极端天气引发的灾难性事件。鉴于极端气候（天气）事件的发生具有突发性、偶然性和破坏性等特点，常带来灾难性后果，对人类和自然生态系统具有强烈干扰，因此，极端气候（天气）事件的影响往往是持久而深远的。

目前，极端气候（天气）事件发生的频度和范围不断加大，对生态系统和人类的影响日益严重，而森林因其生物地球化学特性被认为是一个重要的减缓增温、抑制气候灾害的生态系统，因此极端气候事件生态学学科，对于开展气候变化背景下科学管理和经营森林具有十分重要的意义。极端气候事件生态学的核心内容就是研究极端气候（天气）事件对生态系统的影响以及生态系统对于极端气候（天气）干扰的响应和适应。极端气候事件生态学是气候变化生态学、生态系统生态学、干扰生态学、恢复生态学等学科的交叉学科，与这些学科既相互联系，又各有侧重，是生态学学科发展的重要分支。

本章重点介绍了典型极端气候事件如冰暴、极端干旱、台风和热浪的研究进展，并对国内外研究成果的差距进行了分析；提出了极端气候事件生态学未来发展战略、发展需求和发展目标，提出了未来重点研究领域和发展方向，对存在的问题提出了对策建议。

1 现状与发展趋势

极端气候事件生态学的研究对象是极端气候（天气）事件影响下的生态系统。在气象学上，分别对极端天气事件和极端气候事件做出了定义。联合国政府间气候变化专门委员会（IPCC）第三次评估报告和第四次评估报告都对极端气候（天气）事件做了明确的定义（Houghton 等，2001；IPCC，2007）：对某一特定地点和时间，极端天气事件就是从概率分布的角度来看，发生概率极小的事件，通常发生概率只占该类天气现象的10%或者更低。从这样的定义来看，极端天气事件的特征是随地点而变的。极端气候事件就是在给定时期内，大量极端天气事件的平均状态，这种平均状态相对于该类天气现象的气候平均态也是极端的。然而，对于这样的定义可能在生态学的研究中很难界定，应该给一个特定的定义，既考虑气象要素（温度、降水等）本身的驱动力，又要考虑生态系统的预期响应。根据这样一个原则，极端气候（天气）事件可定义为：某一时期内某区域气温、降水或者其他气象要素达到统计学上罕见或不寻常的程度，并且改变了生态系统结构或功能，使其范围在典型或正常的变化范围之外。这个定义包含了一系列气象指标，也许对单一变量来说并非极端，但对变量组合来说则是极端的（多元极端或复合事件），如热浪和干旱的组合，或者干旱之后的极端降水事件。同时，为了进一步强调影响，可将这个定义重新描述为与生物圈有关的极端气候事件：在规定时间和空间内，生态系统的功能（如碳吸收）高于或低于一个确定的极端百分数所出现的条件，可通过单一或多元的异常气象变量进行描述。根据这个定义，鉴定和监测极端气候事件问题首次聚焦到对生态系统的诊断上，这就需要将生态系统对气象变量的即时和滞后效应进行归因，这显然是更为合理的评价方法（赵斌，气候变化中的极端气候事件对生态系统碳循环的影响，http：//blog. sciencenet. cn/blog-502444-722755. html）。

极端气候事件原始驱动因子常见的是极端气温和降水，考虑到对生态系统的影响，极端气候事件生态学涉及的典型极端气候事件常包括：冰暴、极端干旱、台风（飓风）和热浪等。目前，极端气候事件生态学研究在世界范围内也处于发展阶段，涉及的极端气候事件类型也大多是上述典型极端气候事件，这些典型的极端气候事件对自然生态系统的影响以及生态系统对这些极端气候事件的响应是目前极端气候事件生态学研究的重要内容。

1.1 国际进展

1.1.1 冰暴

冰暴也叫冻雨，常在东亚（Ding 等，2008）和北美（Changnon，2003；Irland，2000）发生。当温暖潮湿的空气层覆盖了较薄的冷空气层，冻雨便发生。在美国，1949—2000 年（Changnon，2003）有 87 次灾难性（定义为超过 100 万美元的财产损失）的冰暴发生。1998 年北美大冰暴造成了 44 亿美元的损失（Gyakum and Roebber，2001）。

在美国和加拿大，尤其美国中西部和东部地区，几乎每年发生巨大冰暴事件（Olesia Van Dyke，1999；Hauer，2006）。对于东部落叶森林，冰暴同样是发生频率较高的重大自然干扰因素（Hauer，2006）。因此，北美冰暴对森林生态系统影响的研究广泛而深入，取得重要进展。

国外针对冰暴事件影响的研究多采用案例研究方法。如针对 1994 年美国特拉华州发生的冰暴（Hauer，2006），为了探讨多年生物种对冰暴的特异性反应，特拉华州林务局设置 75 块固定样地，通过灾后 4 年连续收集树木年轮数据的方法，分别研究了受灾树种南方红橡木、白橡木、火炬松和黄杨树径向生长对冰暴不同灾害程度的响应。研究发现，一般情况下，严重受损的树木每年的径向生长量会大幅度降低，不同物种对冰暴有不同的生长响应能力，进而也成为影响日后物种萌生能力的影响因素之一。

1998 年 1 月北美和加拿大遭遇特大冰暴事件后，加拿大安大略省自然资源部于 1999 年 3 月启动了冰暴专项研究项目，研究总结冰暴事件对天然林和人工林的影响，冰灾后林分恢复和死亡动态，以及减少冰暴负面影响的经营管理策略等（Olesia Van Dyke，1999）。该项研究报告认为，尽管过去有关冰灾受损的研究信息是广泛的，但很少有关于冰灾对森林长期影响的信息（Olesia Van Dyke，1999），1998 年冰暴对森林的损害是前所未有的严重和广泛，冰暴发生带来许多悬而未决的问题，例如，有多少树木会死于冰暴？冰灾后会暴发病虫害吗？冰灾损坏又是如何长期影响林分质量？报告认为，这次冰暴提供了一次新的机会，一方面继续过去的研究，另一方面开创新的研究，填补以往研究存在的信息空白。

利用 1998 年冰暴提供的"天然实验室"，北美许多科学家开展了广泛的研究。Hopkin 等（2003）从 1998 年发生冰暴后直至 2001 年，对安大略省东部永久样地内受损林分的树木死亡率和树冠损失进行连续跟踪调查，发现灾后当年树木死亡率较高，而 2000 年和 2001 年的死亡率仅有 1%～2%，树冠受损大于 75% 的树木通常在 2001 年即死亡。

Rhoads 等（2002）对北方硬阔林树冠受灾情况连续 3 年的研究发现，14 年生森林受冰暴影响较小，而 24～28 年生的森林容易遭受冰暴影响；在 60～120 年生的成熟森林，胸径大于 30cm 的个体以及海拔 600m 以上的树木个体的冰雪灾害最为严重。冰雪灾害干扰增加了森林结构的异质性。

不同于对冰雪灾害森林结构和损害程度的研究，Boyce 等（2003）借助气象观测铁塔对新英格兰冰雪灾害对 3 种针叶树不同冠层高度的叶片生理特性（包括叶片水势、叶片相对含水量、表皮导度等生态生理特性）的影响进行研究，发现冰灾对叶片的生理效应将会持续到树冠层冰雪融化。

虽然过去有大量关于北美东部冰暴对树木危害的报道，如 Bruederle 和 Stearns（1985）研究了冰雪对南威斯康星森林的影响，De Stevens 等（1991）报道了冰雪后 Fagus-Acer 森林的组成变化，Rebertus 等（1997）调查了冰雪对不同森林的损害程度，Mou 和 Warrillow（2000）报道了冰灾对森林更新的影响，Smolnik 等（2006）报道了冰雪对森林树种生长的影响。但很少有研究冰暴灾后森林的自然恢复动态（De Steven 等，1991）。因此，1998 年 1 月北美遭遇特大冰暴事件后，Duguay 等（2001）在加拿大魁北克西南部建设了 2 个 1hm^2 的永久性大样地，用于长期定位监测 1998 年 1 月发生的重大冰暴对树木个体的影响。他们研究发现，胸径大于 10cm 的树木至少有 3% 损失了部分树冠枝条，而 35% 的树木则损伤近一半树冠。而在短期（7 个月）恢复后，仅仅 53% 的树木从树干或残枝处产生萌条或新枝。研究指出，树木群落结构演替和冠层优势树种的组成变化仍需要监测研究。

为了确定 1998 年的冰暴干扰是否会导致不同的树种树冠主导地位的短期变化，Brommit 等（2004）研究测定了分布在安大略省渥太华地区 164 个森林地块的 2919 棵树木的树冠损失情况，并于 2000 年测定了相同个体枝条萌发情况，发现在树干受损比例和发生萌枝的树干比例之间存在正相关性。*Prunus serotina* 和 *Acer rubrum* 表现出较高的萌芽和树干损害比例，而 *Fagus grandifolia* 和 *Populus tremuloides* 表现出较低的萌芽与树干损害比例。物种平均树冠受损比例与树干萌枝发生平均数量之间也存在相关关系，亦存在种间差异。因此可以预计，由于不同种之间的不

同萌芽与损伤比例，*Prunus serotina* 和 *Acer rubrum* 将会更好地成为林冠层物种，而 *Fagus grandi-folia*、*Populus tremuloides* 和针叶树种可能在短期内丧失冠层优势地位。如果冰暴因气候变化变得越来越普遍，这些物种在树冠的统治地位的变化可能会延长。

对于冰暴干扰事件的影响，大多数研究工作旨在评估冰暴对树的损害程度，分别从物种的功能、树的大小、自然地理因素的影响、冰灾严重程度和经营管理实践等角度阐述（Duguay 等，2001；Rhoads 等，2002；Hopkin 等，2003；Nielsen 等，2003；Morris 等，2005）。然而，冰暴通过对森林冠层结构的影响（Rhoads 等，2002；Olthof 等，2003），也间接地影响林下微环境条件，包括光可用性（Parker，2003）。Beaudet 等（2007）利用1998年冰暴发生后7个生长季节魁北克山毛榉林内光照条件的动态变化，间接评估了冰暴对森林潜在的长期影响。

对北美历年发生冰暴的研究（Olesia van Dyke，1999）表明，树木特性通常决定冰暴灾害发生后树木的敏感性和抵抗能力。一般情况下，宽冠、细枝量多、浅根和不对称根系结构的树木更容易遭受冰暴危害，而窄冠、粗大枝条和强大的分枝系统的树木抵抗冰暴的能力强。研究认为，冰暴对于树木存活和结构完整性的长期影响主要取决于整个树冠损失枝条的数量和损伤枝条的尺寸。

为更清楚地预测冰暴的潜在风险和影响，Jon（2013）提出一个新的指标——积冰指数 SPIA（the Sperry-Piltz Ice Accumulation Index），进而对冰暴的社会和生态危害起到预警作用。

1.1.2　极端干旱

近年来，随着全球气候变暖，土地沙漠化、水资源短缺已成为当前世界上突出的、极为严重的生态环境问题，也是一个社会经济问题（张国盛，2000）。干旱是世界性环境问题，全球干旱半干旱耕地占世界总耕地面积的42.9%（武维华，2003）。气候变化背景下的极端干旱事件对生态系统结构和功能形成了前所未有的挑战，引起各国科学家的高度重视，国外科学家在此方面的研究取得了重大进展。

国外研究者普遍采用顶棚法来实地模拟干旱，即在试验林内搭建顶棚式样结构，顶面采用塑料面板或其他材料阻隔降水进入林地，同时样地周围挖排水沟，阻断地下水进入。如在巴西亚马孙热带雨林开展的模拟干旱对热带雨林光合作用、林窗、树木生长、凋落物分解、土壤水分和地下碳循环等的研究（Borken and Muhr，2008），在地中海区域开展的对冬青栎（*Quercus ilex*）栓塞的液压传导率和木质部脆弱性、枝和根的解剖学特征的研究（Limousin 等，2010），在法国吕西尼昂开展的模拟干旱对凋落物分解和凋落物基质质量的影响研究和在美国路易斯安那州开展的模拟干旱对火炬松（*Pinus taeda*）叶凋落物产量、光合作用、蒸腾作用和叶面积等生理方面的研究等（Tang 等，2004）。

1.1.2.1　极端干旱显著降低森林生产力

Brando 等（2008）于2000—2014年用顶棚法对森林生态系统地上初级生产力和树木死亡率影响的研究表明，模拟干旱使森林地上生产力下降35%~41%，地上部分生物量下降13%~62%，凋落物产量在第三年较对照增加23%。Misson 等（2010）采用顶棚法对法国冬青栎林的研究表明，初级总生物量随着降水量的降低而下降14%。Vasconcelos 等（2012）的研究表明，地上初级净生产力与上一年的年降水量和干季降水量输入强烈相关，降水量对地上初级净生产力的影响有滞后作用，地上初级净生产力对年际和干季降水量变化的响应较大。Costa 等（2010）在亚马孙东部的国家森林进行7年模拟干旱试验表明，模拟干旱提高树木的死亡率（2.5%），是对照的2倍（对照1.25%），木材产量比对照样方低30%。

1.1.2.2 极端干旱对森林土壤呼吸影响显著

Suseela 等（2012）的研究表明当土壤水分体积含量下降到15%以下或超过26%以上时土壤异养呼吸降低，但当土壤水分从较低的水平增加时异养呼吸逐步增加。Davidson 等（2008）的研究表明热带雨林土壤 CO_2 排放量在干旱试验中未发生显著变化，并推测干旱处理可能不会对地下碳分配造成显著影响。Nkolova 等（2009）的研究表明云杉（*Picea asperata*）在干旱处理下自养呼吸下降70%，而山毛榉（*Fagus sylvatica*）则减少50%。Schindlbacher 等（2012）用顶棚法研究表明模拟干旱明显降低土壤呼吸。也有研究认为，干旱处理会增加土壤呼吸速率。Cleveland 等（2010）的研究表明干旱处理（减雨25%和50%）中土壤呼吸均增加，通过提高土壤 O_2 可利用性和土壤可溶性有机质浓度从而促进土壤向大气排放 CO_2，降低土壤碳储量。

1.1.2.3 模拟干旱对温室气体 CH_4 排放的影响明显

Bprken 等（2006）在美国马萨诸塞州的研究表明模拟干旱第一周 CH_4 吸收量增加，土壤水分限制土壤中 CH_4 扩散，夏季干旱增加温带森林土壤甲烷库。

1.1.2.4 极端干旱对森林土壤碳、氮循环也有显著影响

Borken 等（2009）的研究表明增加夏季干旱将可能降低碳和氮的矿化和通量，而增加夏季降雨可能提高土壤碳和氮的损失；针叶凋落物氮随着水分含量的下降而线性降低，而碳矿化仅轻微受75%～300%水分含量的影响。Schmitt 等（2011）于2006—2007年用顶棚法对140年生的北美云杉（*Picea pungens*）研究表明土壤有机质数量没有明显不同，可溶有机碳在干旱状态下增加，干旱时期土壤 CO_2 降低而再湿润后土壤 CO_2 增加。Borken 等（2008）的研究表明延长夏季干旱可能降低土壤有机碳库碳的损失，然而，土壤碳库的未来发展也可能影响凋落物的输入。

1.1.2.5 模拟干旱对森林植物生理生态的影响明显

Tang 等（2004）的研究表明模拟干旱处理下干旱期间针叶林中光合作用、蒸腾作用和气孔导度明显降低；灌层光合作用和蒸腾作用均降低；在正常的降雨处理下，施肥对针叶水平的生理没有影响，但年叶重量和灌层光合作用分别增加了26%和41%。Tang 等（2004）的研究表明，模拟干旱导致美国火炬松成熟林光合作用、蒸腾作用、气孔导度分别下降了13.79%、17.83%、14.29%。Metcalfe 等（2010）的研究表明模拟干旱试验5年后，与处理前相比，叶面积暗呼吸和重量分别增加65%和42%；相反，模拟干旱处理林分叶面积指数与对照相比降低，与处理前相比下降了23%，主要是由于比叶面积下降而引起的。Limousin 等（2010）通过测定经过6年部分截雨的冬青栎水压，研究冬青栎对干旱的响应，结果表明，木质部对栓塞形成的脆弱性和液压传导率、导管结构没有影响，而枝的木质部密度在干旱处理下降低。

1.1.3 台风（飓风）

台风和飓风是在热带海洋上生成的热带气旋的通称。飓风的内涵较广，一般泛指热带风暴以及风力达到12级以上的任何大风，而台风则特指在北太平洋西部生成的强热带风暴，其中，8～11级一般称为台风，12级以上称为强台风。

台风（飓风）对森林生态影响的研究得到了国际林学界和生态学界的广泛重视。国外针对飓风对植被的影响有比较系统的研究，在阐述某些特定的遭受大风破坏后的森林群落恢复方面，已经取得了许多进展。例如，1991年 *Biotropica* 杂志集中一期对1989年"Hugo"飓风在加勒比海地区的生态影响进行了分析和讨论，内容包括生态系统、植物和动物对飓风的反应（Walker，1991）。

2008 年 *Austral Ecology* 杂志出版了飓风对澳大利亚森林影响的论文专刊（Bellingham，2008），国际林业组织研究联盟（International Union of Forest Research Organizations，IUFRO）设立了专门研究森林风灾和恢复的机构，定期召开以台风和森林为主题的国际学术研讨会，在 1995 年出版了《风与树木》一书（Coutts and Grace，1995），并在 2000 年和 2008 年分别由 *Forest Ecology and Management* 杂志和 *Forestry* 杂志出版了围绕风和树木为主题的研究专辑。这些研究工作，极大地增加了我们关于台风干扰对群落构成和生态功能的重要性的理解。

1.1.3.1 台风对森林树木的影响

树种和林分类型是影响森林遭受台风损害的一个重要因子。在美国南部地区，对于飓风损害敏感性反应最严重的树种是火炬松（*Pinus taeda*），在 1992 年的"Andrew"飓风中，25% ~ 40% 的火炬松遭受了破坏（Davis 等，1996）。受"卡特丽娜"飓风影响，美国密西西比州累计死亡 5400 万株树，其中火炬松占 45%（Oswalt 等，2008）。在林分和个体树种尺度上对受飓风"Hugo"影响的树木受损概率和死亡率研究表明，大约 1/4 的树木遭到某种形式的破坏，死亡率为 9%（Zimmerman 等，1994）。在飓风"David"中，大树往往被连根拔起，小树被折断，而在飓风"Jamaica"中情况恰好相反，没有得出一致的研究结论（Tanner 等，1991）。Foster（1998）通过研究飓风对美国新英格兰中部地区森林植被的影响，发现在树种水平，生长较快、构成树冠最上层的先锋树种更容易遭受严重的破坏；在林分水平，针叶林比硬木林的敏感性大。Imbert 等（1996）对飓风"Hugo"的研究表明，种类贫乏、结构均一的红树林损失较严重，而植被结构高度复杂的雨林损失较小，高冠层的树木对亚层的树木有明显的保护作用。Foster（1998）的研究揭示了森林遭受损害的程度与林分年龄和高度为正相关关系，与林分树木密度为负相关关系。

1.1.3.2 台风暴雨对森林生态系统物质循环的影响

飓风和台风造成的凋落物输入增多对土壤碳储存的影响是目前研究的热点。在美国夏威夷州由于飓风"Iniki"造成的叶片凋落物输入是上一年凋落物年输入量的 1.4 倍，而在墨西哥干森林（dry forest），飓风造成的凋落物输入是前 4 年平均值的 1.3 ~ 2.0 倍（Whigham 等，1991）。通过凋落物袋法收集飓风产生的凋落物，开展了一年的分解实验，结果发现新凋落绿叶的分解速率只是在第一个月比早期凋落的棕色叶片快（Herbert 等，1999）。

在宏观尺度，飓风和台风甚至影响到生态系统的养分循环。McNulty（2002）估算出飓风"Hugo"造成了美国森林增加了 20Tg 的粗大植物残体碳库。Chambers 等（1998）的研究表明，台风造成美国海湾地区大量树木死亡、损伤，增加了林下大量粗木质残体（CWD）的积累，平均损失碳生物量 1.05×10^{11} kg，相当于美国森林每年同化碳量的 50% ~ 140%；台风会将大量的陆地碳转移到海洋中，从而影响全球碳循环和海洋生态系统（Als 等，2006）。Zeng 等（2009）研究了 1851—2000 年台风暴雨对美国森林碳通量的影响，结果表明，1980—1990 年美国 CO_2 的释放量相当于全国全部森林每年碳同化量的 9% ~ 18%，是 1900 年的 2 倍。

1.1.3.3 台风干扰下生态系统恢复动态

作为一种自然干扰因子，飓风和台风在沿海地区森林更新演替中也起着重要作用。王勤等（2003）研究表明，人工琉球松林经台风干扰后，阔叶树种大量侵入，逐渐形成了琉球松常绿阔叶混交林。飓风"Hugo"1989 年 9 月袭击美国 Congaree 国家森林公园，37% 阔叶林受损，藤本植物密度减小 55%。直到飓风过后 12 年密度才恢复（Peltola 等，1999）。Walker（1991）等在系统水平上对"Hugo"飓风过后 Puerto Rico 地区热带雨林的时空变化进行研究，结果表明，林冠恢复速度较快的低海拔 Ttabonuco 森林的总生产力年均增加 30%；高海拔的棕榈和矮曲林则由于林冠恢复速度缓慢，总生产力年均减少 20%，风害 5 年后仍然没有恢复；土壤有机碳、CO_2 的释放略有增加，氮素矿质化速率明显加快（Boucher 等，1990）。森林结构的恢复比生态系统功能的恢复需要更长的时间（Shimizu，2005）。Imbert 等（1998）对台风后的季雨林的研究表明，干扰 12 年后，植物区系组成、树干密度、林分断面积、树干径向生长量等都没有恢复。

1.1.3.4 飓风和台风对森林景观的影响

在点尺度，关于飓风和台风对于森林生态系统的影响有较多研究报道，但是在景观和区域尺度的研究则鲜见报道。飓风和台风引起的森林生态系统损坏模式复杂，是气象、自然地理和生物因子在一定的空间范围相互作用的结果。Boose 等提出了一个考虑到气象、自然地理和生物因子及飓风干扰过程的整合模型，以期在区域尺度评价飓风过程及其对森林生态系统的影响。该整合模型主要由飓风气象模型（HURRECON）和地形暴露模型（lEXPOS）组成，在此基础上评价了发生在 1989 年的 "Hugo" 飓风，并模拟评价了自 1620 年欧洲人在新英格兰地区定居以来，该区域所遭受的飓风过程和森林生态系统遭受的损失。此外，还计算出在新英格兰地区不同受损程度的森林恢复到原初状态所需要的平均时间长度，指出森林受损程度受到土地利用和干扰历史的强烈影响（Boose and Foster，1999；Boose 等，2001）。

1.1.4 热浪

2011 年联合国跨政府气候变化专家小组（IPCC）称，随着地球气候变暖，21 世纪极端炎热天气几乎肯定将增加。IPCC 在乌干达公布了一份报告，认为 21 世纪全球日气温极高值出现的频率和幅度几乎肯定增加（概率 99%～100%），高温持续的时间、频率和强度都很可能会增加（概率 66%～100%）。

近年来，高温热浪事件正慢慢演变成为一种严重的气象灾害，热浪已成为越来越频发并受人重视的极端气候事件。所谓高温热浪，是指一段持续性的高温天气过程。由于高温持续的时间比较长，当超过了人体、动物以及植物的耐受极限时，会导致人与动物疾病的发生或加重以及影响植物生长发育致使农作物减产（所甜甜，2013）。

自从出现厄尔尼诺现象，全球范围的科学家和相关国际组织都高度关注高温热浪，国内外的许多专家、学者对极端高温天气进行了研究，从观测分析到模拟研究，几乎都发现极端高温事件近些年发生了显著变化。与其他极端气候事件相比，热浪发生和分布的地域性增加明显。许多气象学家指出，全球范围内，有一些地区和国家比其他地区更容易受到热浪的侵害，如印度、巴基斯坦等一些热带、副热带国家和地区。但是近些年来，我国、欧洲、美国、日本等这些原来比较凉爽的中高纬度的国家和地区，气温也开始变得炎热，极端高温时间也有增加趋势，并逐渐成为高温热浪频发的地区。

国际上已经有许多专家、学者对极端高温事件（热浪）进行研究分析。Jones 等（1999）和Klein 等（2003）运用极端气候指数的方法分别分析研究了爱尔兰以及全球的极端气候事件的变化和欧洲日极端气温变化情况；Alexander 和 Perkins（2013）在研究各类极端温度指数后，得出近 50 年来全球极端温度事件呈现出增暖趋势；Gruza 等（1999）的研究指出，在俄罗斯极端高温天数呈现显著的增加趋势。Beniston 等（2007）研究了 2003 年欧洲高温热浪；Martin 等（2001）利用东南亚及南太平洋地区 1961—1998 年站点资料，发现该地区暖日、暖夜数显著增加。

在全球变暖的背景下，森林由于其生物地球化学特性被认为是一个重要的减缓增温的生态

系统。在热浪对森林植被的作用上，国际上可见少量报道。目前认为，热浪是在土壤水分含量低于平均值时，地表对大气的强烈热辐射引起的（Teuling 等，2010），因此不同生态系统（森林、草地、农田等）（Teuling 等，2010；Stéfanon 等，2014）、不同植被类型（不同森林树种）（Pichler and Oberhuber，2007；Jammet 等，2012）在热浪发生时的应对是不同的。Teuling 等（2010）在研究森林和草地生态系统在热浪发生时的反应中发现，起初森林的表面热辐射是草地的 2 倍，因为草地在气温和太阳辐射增加的同时其相应的水分蒸发的增加抑制了热辐射。然而，这一过程加速了草地土壤水分耗竭，导致了对区域性气候系统的严重破坏，并最终使得后期热辐射增加。研究结论是森林的保守水分利用策略在短期内使得气温上升，但是却能缓和极端高温或长期热浪的危害。Stéfanon 等（2014）采用一个区域气候模型，评价了 2002 年和 2003 年一种森林植被对气候的影响，并与另一种农业植被进行了比较，研究结果展示了极端气象条件下气候-植被互作的重要作用以及植被覆盖类型是如何影响中纬度地区夏季温度的。Pichler 和 Berhuber（2007）研究了 2003 年欧洲热浪对阿尔卑斯山区域苏格兰松和挪威云杉的径向生长的影响，发现同一生境下不同树种对极端气候的反应是不同的，主要依赖于树种对气候因子的特征性反应。Jammet 等（2012）利用覆盖于欧洲温带森林之上的 FLUXNET 观测网络的测定数据模拟历史气候变化，研究了森林-大气生物物理互作下的森林植被物种变化对地表温度的影响，表明当研究土地利用覆盖变化对地表温度的影响时，考虑一些更加微观的参数（如森林结构和树木特征）是非常重要的。此外，Pfautsch 和 Adams（2013）对 2008/2009 年澳大利亚东南地区热浪发生时的王桉（*E. regnans*）进行了生理监测，对王桉白天和晚上的液流量进行分析，结果说明用尽并重新贮存储备水可能是王桉忍受干旱和高温极端气候变化的重要策略。研究表明只有认清诸如王桉这样的指示植物的特性并明确它们的指示阈值，才能增加我们对极端气候事件怎样影响森林的理解。

1.2 国内进展

1.2.1 冰暴

冰暴也是影响我国自然生态系统的重要气候事件，在我国中南部分地区（如湖南、贵州等地）和东北地区时有发生，但是冰暴对自然生态系统影响的研究一直未受到应有的重视。之前，一些研究者对冰暴影响开展过零零星星的调查研究，但是总体来说，相关的研究还十分薄弱。

国内对极端冰暴影响的重视始于 2008 年。2008 年初发生的极端冰暴事件肆虐我国南方 19 省（自治区、直辖市），共造成 1765 万 hm² 森林受灾，占全国森林面积的 10%；损失蓄积量约 3.4 亿 m³，占全国立木蓄积量的 3% 左右；损失竹子 38 亿株，森林资源直接经济损失约 620 亿元。

2008 年特大冰暴发生后，中国林科院立即组织来自多家单位的气候和气象学、社会学、经济学、生态学、技术和决策等领域的专家，开展对该事件的社会经济影响、自然生态系统影响以及灾后政策影响的分析研究，并进行综合评价，总结提出了该次极端事件对于国家和区域可持续发展的经验教训（Zhou 等，2011a）。针对该次极端气候事件对森林生态系统的影响，该团队以亚热带地区典型人工林类型毛竹林为对象，研究了毛竹林在极端干扰下的受灾表现形式、类型，以及森林受损与地形因子、林分因子的相关关系，分析了冰暴影响下凋落物动态格局，评价了该次极端气候事件对毛竹林生物量碳循环的影响（Zhou 等，2011b；Ge 等，2014）。

2008 年特大冰暴干扰后森林恢复过程也受到该团队的持续关注。2008 年冰暴干扰过后，受损森林开始自然恢复，为了研究区域水平上受灾森林恢复进程特征，该团队采用遥感方法，对受损森林绿度恢复开展了研究。结果表明，该次冰暴干扰影响下的森林，其绿度恢复时间与受损程度呈非线性关系，在中等受损的森林中，森林绿度恢复最慢，而不是受损最严重的森林。区域水平上森林绿度的恢复主要是因为机械受损树木的萌枝和地下植被灌木、草本和层间植物的生长，因此林窗效应可能是引起森林绿度恢复与其受损程度呈非线性关系的重要原因。另一个原因可能是，灾后抢救性采伐主要发生在轻度或者中度受损森林，因为这些森林具有更高的经济价值，并且更容易到达。因此，严重的受损程度的森林，绿度恢复更快（Sun 等，2013）。冰暴干扰后，亚热带典型树种木荷通过萌枝更新的方式维护种群发展，萌枝光合生产得到快速恢复（李晓靖等，2011；李晓靖等 2012）。

该次冰暴对中国森林影响的研究还涉及很多其他方面，如灾后的林木受损情况的调查分析（何茜等，2010；张志祥等，2010）、灾后森林火灾发生风险（王明玉等，2008）、森林凋落物及树冠残体的水分吸收（薛立等，2008）等，研究还包括冰冻灾害后不同自然保护区常绿阔叶林群落结构、物种多样性动态，不同物种受损率大小及其受损类型与物种个体因素、立地条件等的相关性（曼兴兴等，2011；朱宏光等，2011；温远光等，2014）。

冰暴发生后，中国科学院植物研究所马克平研究团队（曼兴兴等，2011）采用 24hm^2 大样地的调查方法，研究冰暴对古田山国家级自然保护区常绿阔叶林群落结构的影响，发现 1/3 的树木遭受严重破坏，1/3 遭受相对轻微的损害。多项回归分析表明，树木胸径、生境类型、植物的生活型和叶习性（常绿/落叶）4 个因素与受损类型密切相关。回归分析表明，在山谷底部较大胸径树木更容易遭受严重损伤。采用趋势对应分析（DCA）比较了雪灾前后群落结构的变化，结果表明：冰雪灾害对个体的损伤不是随机的，而是物种选择性的。

朱宏光等（2011）在大明山国家级自然保护区的常绿阔叶林内建立了 3.2hm^2 的固定样地，用于冰冻灾害后常绿阔叶林结构及物种多样性动态研究。利用 80 个 20m×20m 样方，分别于 2009 年和 2010 年对样方内胸径≥1cm 的木本植物的胸径和每个样方的冠层结构进行测定。结果表明：2009 年胸径≥1cm 的木本植物受灾率达 51.8%；2010 年死亡的个体数是 2009 年的 6.75 倍；个体较小的林木（胸径为 6cm 以下）比个体较大的林木受损更严重；常绿阔叶林林冠有很强的恢复能力，2010 年森林的叶面积指数比 2009 年提高 55.4%；2010 年森林群落的个体数、物种丰富度、Shannon-Wiener 指数、Simpson 指数显著增加；而群落优势种（云贵山茉莉、罗浮栲）个体的大量死亡将影响着群落的稳定性。温远光等（2014）研究了该次冰冻灾害的长期影响，发现大明山常绿阔叶林的树冠和林冠状况发生了显著的变化，由半圆球形树冠演变为狭窄的圆柱形树冠，以适应冰冻干扰和气候变化的影响。

吴健生等（2013）采用遥感影像数据分析方法评估 2008 年冰灾影响。他们利用 2000—2011 年 SPOT NDVI 长时间序列影像数据，基于 SG 滤波函数进行时序重建，采用灾后同期影像的图像阈值法，以云南省 2008 年雪灾为例，进行雪灾森林植被受损评估。评估结果与全国灾情月报中的云南省雪灾范围基本一致。

1.2.2　极端干旱

我国历来是受干旱危害较严重的国家之一，近年来干旱强度和受旱区域不断增加，且降水将呈现"干者愈干、湿者愈湿"的趋势，给人们生存与发展产生重大影响（IPCC，1997）。近年来，我国的干旱区域不断增大，有从干旱区向湿润区发展的趋势，如 2005 年春季云南异常干旱，2006 年夏季川渝地区特大干旱，2009 年秋至 2010 年春以云南、贵州为中心的 5 个省份的干

旱，2013年夏季浙江省地区特大旱灾和2014年夏季河南和东北大旱。特别是2009—2014年的干旱事件具有持续时间长、影响范围广、灾害程度重的特点。赵宗慈等（2008）的研究认为近25年中国除西北和东北地区干旱天数可能减少外，大部分地区干旱天数可能增加。许崇海等（2010）的研究认为2011—2050年SRES AIB情景下中国地区表现为持续干旱化，总体干旱面积和干旱频率持续增加，东部地区干旱化趋势比西部地区更明显；尤其是近5年来，我国西南地区广西、四川和云南发生百年一遇的极端干旱，导致大面积森林枯死，区域陆地生态系统碳源、碳汇角色发生本质变化。

针对中国近年干旱频发的趋势，国内开展了相关研究，包括土壤干旱的机制的研究、植物水分生理等，研究方法大多采用室内外盆栽苗半控水的方法，如裴斌等（2013）在半干旱黄土丘陵区对3年生沙棘苗木、裴宗平等（2014）对4种干旱区生态修复植物、曹慧明等（2010）对川西干旱河谷区几个主要树种进行苗期半控水研究，内容涉及植物水分生理生态、土壤水分动态、植物蒸腾耗水、林地水分平衡等方面，以期揭示土壤–植物–大气系统（SPAC）水分动态。

（1）土壤水分直接和间接地影响土壤碳库。土壤水分直接影响分解者的活动和淋溶，间接影响植物生长。植物凋落物的量和组成最终沉降在土壤中，土壤水分的变化很可能改变储存在土壤中碳的质、量和深度，尤其在干旱半干旱区域。

盆栽控水实验表明，干旱降低植物叶片含水量，不同植物的抗旱性有很大差异。裴宗平等（2014）的研究表明干旱第20天时，八宝景天（*Sedum spectabile*）、早熟禾（*Poa annua*）、紫花苜蓿（*Medicago sativa*）和沙打旺（*Astragalus adsurgens*）叶片相对含水量分别下降16.69%、21.33%、18.84%和20.05%，随着干旱程度的加深，八宝景天相对电导率增加幅度较小，其原生质膜受损程度较小，抗旱性较强。罗大庆等（2011）以巨柏（*Cupressus gigantea*）、大果圆柏（*Sabina tibetica*）和香柏（*Sabina pingii* var. *wilsonii*）3年生盆栽苗为材料，采用自然干燥法控水，研究表明：随着干旱胁迫的加剧，3种柏树的水分利用效率平均值以香柏最大，香柏比巨柏和大果圆柏具有更强的抗旱适应性。裴斌等（2013）在半干旱黄土丘陵区采用盆栽控水试验，研究表明：土壤适度水分胁迫能够提高沙棘（*Hippophae rhamnoides*）叶片的水分利用效率，维持沙棘净光合速率和水分利用效率处于较高水平的土壤相对含水量范围分别为58.6%~82.9%和48.3%~70.5%；沙棘生长所允许的最大土壤水分亏缺为土壤相对含水量38.9%。曹慧明（2010）对川西干旱河谷区几个主要树种岷江柏（*Cupressus chengia*）、辐射松（*Pinus radiate*）、核桃（*Juglans regia*）、榆树（*Ulmus pumila*）和疏花槭（*Acer laxiflorum*）幼苗进行不同天数的干旱处理，研究表明：几个树种的黎明前叶水势和相对含水量均随着干旱胁迫的增加而降低，针叶树种的叶失水率比阔叶树种少，表明针叶树种的保水能力更强。

（2）干旱对植物光合生理有显著影响。罗大庆等（2011）的研究表明，随着干旱胁迫的加剧，3种柏树的光饱和点下降而光补偿点升高，表观量子效率降低；水分利用效率平均值以香柏最大，3种柏树SOD活性先升高后降低，MDA含量均呈现逐渐升高趋势；香柏比巨柏和大果圆柏具有更强的抗旱适应性。裴斌等（2013）的研究表明：土壤相对含水量在38.9%~70.5%范围内，随干旱胁迫加重，沙棘的净光合速率、气孔导度和胞间CO_2浓度明显下降，气孔限制值显著上升。曹慧明（2010）的干旱处理研究表明：随着干旱胁迫加剧，几个树种的净光合速率、气孔导度和蒸腾速率均呈下降趋势，生态破坏是导致降水量减少和水资源匮乏的一个重要原因。陈志成（2013）采用盆栽控水的试验方法对3个乔木阔叶树种和5个经济树种的研究表明，3个乔木树种随着干旱胁迫的加剧，丙二醛含量一直升高，细胞膜透性也在一直增大，脯氨酸含量都呈上升趋势，且在干旱后期上升加快，较前期增加了几十倍；8个树种的最大净光合速率发生在土壤相对含水量为50%~85%时，之后随着土壤含水量的下降，其净光合速率降低。

以上报道均采用幼苗控水方法，针对幼苗水分和光合生理开展研究，但林地水分不仅受气候、地形、土壤物理性质等影响，还受林分年龄、郁闭度、生育期及枯枝落叶层厚度等林分特征制约，使林地水分既表现出共性，也体现出差异（张国盛，2000），不能真实反映林分对干旱的响应。对整个森林地上、地下的响应机制方面的研究涉及甚少，因此，开展干旱对森林植物影响的研究还有很大的空间。

1.2.3　台风（飓风）

台风通常在菲律宾以东热带洋面形成，然后影响亚太地区特别是亚洲地区，包括我国沿海地区及邻近省份。我国东部沿海地区是全球台风灾害发生较频繁的地区之一。据统计，1949—2004年，平均每年台风登陆6.9次，而每次台风登陆都伴有风暴潮的发生，一般每隔3~4年就发生一次特大风暴潮，对人民生命、财产安全造成极大危害。我国20世纪50年代，年均损失不足1亿元，60年代年均损失近2亿元，70年代年均损失约6亿元，80年代年均损失达数十亿元，而1990—1999年的10年间，沿海地区因台风、风暴潮等自然灾害造成的直接经济损失高达2134亿元。2005年仅"卡努"、"麦莎"等6次台风就造成8478余万人受灾、194人死亡，直接经济损失达688.78亿元，其中"麦莎"台风一次造成的经济损失就达177.1亿元。台风干扰在我国森林生态系统中十分普遍，目前国内在这方面的研究还较薄弱，虽然起步较晚，但起点较高。1998年《生态学杂志》专门出版了有关台风对我国海南热带森林影响的论文专刊，从台风影响下的台风暴雨再分配规律（周光益等，1998a）、森林群落机械损伤（李意德等，1998）、水文功能规律（陈步峰等，1998）、凋落物特征（吴仲民等，1998）和土壤流失量（周光益等，1998a）等方面进行了比较详细的分析。近年来，有关台风干扰的一些概念和综合性的研究框架已经提出。但总的来看，由于台风干扰的影响常常是非常复杂和微妙的，在较小尺度上具有相对不可预测性，有关这些复杂因子之间的相互作用和森林恢复的综合性理论系统还不成熟。

针对具体的台风事件，国内学者也开展过一部分案例研究，主要限于台风灾害对树木影响的调查，包括1996年第15号台风、1998年台风"瑞伯"、1999年9月9910号台风、2001年7月台风"尤特"和2008年"森拉克"台风等。

1.2.3.1　台风灾害影响因素研究

李秀芬等（2005）总结了影响森林风/雪灾害的主要因素，研究结果认为在气象和立地条件难以控制的情况下，通过改变可控因子——林分结构来减少森林风/雪害是可行的。洪奕丰等（2012）对闽东沿海防护林台风灾害影响因子的分析表明，林木抗风性能与植株冠层高呈正相关，而与树高、树冠面积呈负相关。孙洪刚等（2010）从导致森林风害的因素、风害对沿海森林生态系统的影响、模型在风害评估中的作用、森林风害的预防与管理等方面阐述了沿海森林生态系统与风害的关系研究尚不成熟，并指出今后应当加强建立长期定位的森林风害研究体系，从不同尺度、不同层次、不同角度研究风害对沿海森林结构、功能和其他生态过程的影响。

1.2.3.2　台风暴雨对森林生态系统物质循环的影响

周光益等（1998）研究了台风和强降水对于海南岛尖峰岭热带雨林生态系统水文学过程的影响，结果表明台风对于研究区域森林集水区径流的增加起着重要的作用，特别是台风引起的

快速径流量年平均 255.7mm，占年总快速径流量的 74.96%，同时，以径流形式进入树木根部土壤中的水分，49.34% 是由台风过程造成的。周光益（1998）的研究表明，台风来袭期间，海南热带山地雨林内氮、镁、钙和钾的输入大于输出，磷、铝、硅为输出大于输入，台风暴雨可以加速森林生态系统养分的流失，特别是磷和铝元素，台风是热带地区缺磷的主要原因。在中国台湾栖兰山区对扁柏森林生态系统的研究表明，台风干扰造成的非正常大量落叶，会使钾从此生态系统大量流失（陈耀德等，2006）。

1.2.4 热浪

我国学者对热浪也做了一些研究工作。从全国平均的角度上来看，我国极端高温事件在过去几十年的变化趋势不是十分明显（翟盘茂和潘晓华，1999）。而从区域的尺度上来看，它的变化特征是非常复杂的（翟盘茂和潘晓华，1999；史军等，2009；张宁等，2008；翟盘茂和任富民，1997；郭志梅等，2005）。研究结果发现，在全球气候变暖的背景下，中国北方地区近 50 年来日最高气温增温态势十分明显（郭志梅等，2005），华东地区极端高温主要表现出了年代际的变化特征（史军等，2009）。张宁等（2008）通过计算趋势系数，研究了中国年、季极端高温变化趋势的时空特征，得出年、春季和夏季极端高温在黄河下游地区出现了较明显的降温趋势，而在华南地区增温趋势较显著。翟盘茂等（1997）的研究表明最高温度在 95°E 以西及黄河以北地区普遍呈增温趋势，而在东部黄河以南却呈降温趋势。

以上报道都是针对极端温度事件的发生频率、发生区域或演变状况而做的研究，而热浪对于植物的影响研究这方面却很少被涉及（所甜甜，2013）。国内报道仅见所甜甜（2013）研究热浪对植被净初级生产力的影响。对于森林生态系统，热浪持续天数多时，植被净初级生产力有减少现象，连续天数少时，植被净初级生产力有增加现象，二者有一定的负相关关系，但相关性不十分显著。对农田和草原生态系统，热浪持续天数与植被净初级生产力之间呈负相关关系。热浪对森林树种的生长影响很大，尤其是对于生长在生态限制区的树木。

热浪对植物的影响主要表现为以下几个方面：一是高温能够增强植物的蒸腾作用，使其失水过多；二是高温会影响植物体内的各种生理生化反应需要的酶活性，从而影响植物生长代谢；三是热浪发生时，植物为了减少蒸腾，叶片将会关闭气孔，进入植物体的 CO_2 量也随之减少，从而影响光合作用的进行，有机物的积累随之减少。四是热浪会带来一定程度的干旱，对植物生长有水分胁迫的影响。

1.3 国内外差距分析

极端气候事件生态学是一门新兴的交叉学科，发展的历史相对较短。总体来说，国外在极端气候和天气事件的生态影响研究方面比国内起步早，研究内容也较广泛和深入。与国外相比，国内的极端气候事件生态学研究还存在不少差距。

（1）在研究方法上，国内缺少案例研究。极端天气和气候事件的发生具有突发性，破坏性强，给自然生态系统的干扰往往是突然而剧烈的，任何人类的实验室都是无法模拟的。因此，借助极端天气和气候事件发生的机会，利用这种"天然实验室"开展调查和研究，是极端气候事件生态学最重要的方法，即案例研究方法。案例研究方法在国外典型和严重极端气候事件生态研究中已被广泛采用，如美国和加拿大科学家对 1998 北美冰暴的研究，美国科学家对"卡特里娜"飓风、"Hugo"飓风的研究，欧洲科学家对 2003 年欧洲热浪的研究，等等。极端天气和气候事件的案例研究方法对于弄清在可持续科学背景下其社会影响是决定性的。为避免个别事件的偶发性所带来的局限，国外科学家在进行案例研究的同时，还结合了大气科学、气象预报、社会学、经济学、生态学、工程技术和决策过程于一体的研究，来寻找此类事件的共同特点。只有通过这样的整合，才会对自然事件向人类灾难的动态转变过程有个全面的了解。而在国内，极端天气和气候事件的案例研究相对较少，文献报道较多的是 2008 年冰暴的案例研究，因此，无论是研究范围，还是研究内容，都与国外存在很大差距。

（2）在研究极端气候事件的长期性影响方面，国内外存在不小差距。国外科学家对于极端气候事件的研究，不仅仅在于干扰发生后及时的灾后调查和影响评估，还坚持干扰后长期的监测和长期影响评估。如 1998 年北美冰暴发生后，不仅众多的科学家开展及时的影响评估和研究，许多科学家还开展长期影响评估，如 Duguay 等（2001）在加拿大魁北克西南部建立了 2 个 1hm² 的永久性大样地，用于长期定位监测此次冰暴对树木个体的影响。飓风"Hugo"1989 年 9 月袭击美国，通过 10 多年的长期监测得出结论，飓风过后 12 年美国 Congaree 国家森林公园的林木密度才恢复；而台风后的季雨林在干扰 12 年后，植物区系组成、树干密度、林分断面积、树干径向生长量等都没有恢复。国内对于这种极端灾害后的长期监测则未见报道。

（3）在研究手段上，国外可以利用模型模拟获得时间和空间尺度上大数据。国外科学家在开展极端天气和气候事件影响研究方面，除了基于极端事件实测数据的收集和分析外，还从空间和时间尺度上进行模型模拟，获得区域尺度和时间序列上的更多信息。美国杜兰大学科学家综合运用遥感技术和地面调查数据，计算出"卡特里娜"飓风对美国东海岸森林的碳足迹（Chambers 等，2007），他们利用遥感数据、历史数据和经验模型手段，分析了美国自 1851—2000 年热带风暴造成的森林树木死亡率和碳排放（Zeng 等，2009）。我国目前对沿海森林风害的研究多在单木和林分尺度上，对局域和区域尺度上研究较少。在点尺度，关于飓风和台风对森林生态系统的影响有较多研究报道，但是在景观和区域尺度的研究则鲜见报道。

2 发展战略、需求与目标

2.1 发展战略

（1）加强极端气候事件生态学学科理论和方法体系建设。极端气候事件生态学是一门年轻的学科，学科理论和方法体系还未建立，相对于相关成熟学科而言，理论体系和方法体系构建还任重道远。

（2）促进极端天气和气候事件生态学基础理论研究。加强对典型极端天气和气候事件生态过程研究，丰富研究内容，拓展研究深度，加强与相关学科的交流，扩大研究队伍。

（3）建立常态化极端天气和气候事件干扰监测机制。极端气候事件生态学的研究对象是极端事件干扰下的生态系统，鉴于极端天气和气候事件突发性特点，需充分利用野外长期定位研究网络，做到在极端干扰发生前、发生时和发生后无缝监测，取得全时数据系列，为开展影响评价研究、干扰机理研究、灾害预警和灾后恢复提供第一手数据。

2.2 发展需求

极端气候事件生态学研究以长期定位观测研究为手段，利用事件造成的"天然实验室"，及

时开展典型干扰事件的案例研究，结合实验室模拟、野外试验模拟，探索极端事件的干扰机理；及时收集干扰瞬时数据，开展影响区面上调查，获取现场数据；通过时空两个维度的数据积累，借助数学和计算机手段，开展事件危害概率模型、事件影响评价模型的研发，促进该学科的发展。

2.3 发展目标

（1）逐步建立和完善极端天气和气候事件干扰响应研究机制。极端天气和气候事件在气象上已经基本建立预警和响应机制，但是对于生态学研究来说，逐步建立对极端干扰的应急响应机制也是十分必要的。极端天气和气候事件的发生，必然伴随着自然生态系统的响应，从生态学研究的角度上，对这种生态系统响应进行监测、分析和评价是极端气候事件生态学发展的目标之一。

（2）全面揭示极端天气和气候事件干扰下，生态系统受损和成灾机制。冰暴、台风（飓风）、极端干旱、热浪等极端事件对生态系统的影响效果差异巨大，驱动因子众多，深入理解极端干扰的影响过程和作用机理，是揭示极端天气和气候事件成灾机理的重要步骤。

（3）持续关注极端天气和气候干扰的后续影响。极端天气和气候事件的发生也许是短暂的，但由于作用效果巨大，对生态系统的影响是持久而广泛的。因此，针对特定极端事件，建立干扰后生态系统长期监测和研究体制，是推进极端气候事件生态学发展的内容。

3 重点领域和发展方向

3.1 重点领域

极端气候事件生态学的重点研究领域包括：

（1）极端天气和气候事件的特征及其气象成因。研究冰暴、极端干旱、台风（飓风）和热浪事件中，各种气象要素变化值及其持续时间，探讨极端事件形成的大气环流成因等。

（2）极端天气和气候事件成灾机理。研究极端天气和气候事件发生的自然因素与人为因素互作关系，分析自然事件向人类灾害事件的驱动因素及其转化机理。

（3）极端天气和气候事件综合影响评价。针对发生的极端气候和天气事件，开展案例研究，结合气象学、气候学、社会学、经济学、生态学、生物学、政策和技术学科，综合分析评价极端天气和气候事件的社会、经济和生态影响，以及对可持续发展的意义。

（4）极端天气和气候事件对森林生态系统的干扰及森林生态系统对极端干扰的适应。研究极端天气和气候事件对森林树木个体生理、物理损害程度和类型，极端干扰对森林群落结构、群落生产和群落演替的影响，极端干扰类型和程度与地形因子、土壤因子、林分因子的相关关系，极端天气和气候事件对森林水文、森林碳循环、物种多样性、种群动态的影响，极端天气和气候事件对森林火灾、森林病虫害和其他次生灾害的影响。分析不同森林类型对极端干扰的抗性和弹性及其影响因素等。

（5）极端天气和气候事件干扰后森林生态系统恢复动态。通过对极端干扰后森林生态环境和森林群落动态的长期定位监测，分析森林小气候、土壤等因子动态变化及其与植被恢复的关系，分析干扰林窗形成及其对林内环境、植被更新的影响，研究分析极端干扰后种群更新恢复的生理机制，研发极端干扰后森林群落恢复技术以及恢复进程的经营管理技术。

3.2　发展方向

（1）多学科的综合性与交叉性。极端气候事件生态学是气候变化生态学、生态系统生态学、干扰生态学、恢复生态学等学科的交叉学科，其未来发展方向与这些学科的发展息息相关，同时，也有自身的发展特点。极端天气和气候事件成因分析、自然生态系统影响监测与评价、极端天气和气候事件预警与预防、灾后生态系统恢复等研究方向，均需要综合运用气象学、气候学、生态学、社会学、经济学、生物学等学科的研究手段和研究方法，并利用相关学科的理论及其取得的研究成果。未来极端气候事件生态学的研究必将与这些相关学科深度融合，共同发展。

（2）案例研究、模拟试验和模型模拟相结合。极端天气和气候事件的偶发性和破坏性要求研究者必须及时利用事件发生的时机，针对特定事件开展案例研究，掌握第一手最真实的数据，如对1998年北美冰暴的案例研究，2008年中国特大冰暴的案例研究、美国"卡特里娜"飓风的案例研究，2010年中国西南大旱的案例研究和2003年欧洲热浪的案例研究等。案例研究为我们提供了特定情境下的单个事件的具体信息，为了获得系统性的研究成果，开展实验室或野外模拟试验也是开展极端气候事件生态学研究的重要手段。如利用盆栽控水实验模拟干旱对植物生长、生理的影响；利用野外顶棚结构实地模拟极端干旱对树木生理生态、森林碳水循环和生产力的影响；利用生态气候室模型模拟热浪发生，研究不同树种在热浪发生时的生理反应、死亡机制以及热浪后的恢复生长等一系列生理过程；利用风洞试验模拟飓风强度、频度与树木抗风性的关系等。

大尺度、长时间序列的极端天气和气候事件的影响评估是极端气候事件生态学的发展趋势，因此，借助遥感技术和模型模拟方法是开展该项研究的重要基础。利用不同时空范围的极端天气和气候事件案例研究的实测数据，结合相关气象数据，构建极端天气和气候事件危险概率评估模型及极端事件影响评价模型，是对极端天气和气候事件预警以及区域和时间序列上生态评价的重要途径。

（3）实时监测和长期定位研究相结合。极端气候事件生态学案例研究的数据来源于对具体极端事件的监测，干扰后实时的调查和数据收集是评价事件影响的基础，而仅仅持续几天的极端干扰对生态系统的影响将是深刻而长期的，如一次飓风的影响对树木胸径生长的抑制作用可能长达十几年，一次极端冰暴产生的林窗对森林群落物种组成和更新的影响可长达几十年，对森林碳水循环的影响也是长期的，因此，长期的定位观测研究是极端气候事件生态学研究发展的必然趋势。

4　存在的问题和对策

极端气候事件生态学是若干相关学科的交叉学科，是气候变化新形势下，特别是极端天气和气候事件成为气候变化重要特征的背景下，应运而生的新兴学科。相对于其他成熟学科，极端气候事件生态学还处于发展初期，缺乏系统性的理论支撑和成熟的方法体系，在国内外开展的研究历史较短，早期的研究也大多更偏向于极端事件气象学方面，极端事件干扰对人类系统

和自然系统的影响评价方面较少涉及，研究较为分散，大多处于零星状态，研究内容也不够广泛，研究深度有待加强。

极端天气和气候事件影响规模通常很大，影响因子众多，既有极端事件本身强度、范围、持续时间的影响，又有气候、地形、土壤、生态系统结构特征的影响，因此，对其影响进行评价存在很大难度。

台风（飓风）是研究历史相对较长的极端事件，近20年来得到了国际林学界和生态学界的重视，并且多集中在美国、日本以及其他受风害影响严重的国家和地区。目前关于台风（飓风）对森林干扰的研究主要存在以下问题：一是研究尺度与风害实际作用尺度不符；二是只考虑单因素或少数几个因素与森林风害的关系，结论具有明显的片面性；三是缺乏对生物和非生物因素交互作用与风害关系的研究；四是研究成果多为定性结论，鲜有量化说明。因此，为研究不同时空尺度下，不同森林生态系统类型受风害影响的程度和范围，应根据台风路径和影响的时空范围，在单木、林分、系统、局域和区域尺度上研究各个层次系统对森林风害的生态响应，同时，应注重由从低层次（单木）到高层次（区域）系统结构的复杂性所导致系统过程与功能的复杂性和不稳定性的研究。此外，应结合实地调查、风害的历史记录、遥感影像、局域地形、气象数据等资料，建立不同尺度沿海森林生态系统的风害模拟系统和森林风害预测系统，为风害损失评估以及生态重建提供决策支持。

关于冰暴的研究报道最早见于20世纪30年代的美国，一直到70年代，报道的内容大多是对冰暴特征的一般描述和对影响的面上调查结果，对冰暴与森林的相互作用研究则是80年代之后。研究冰暴对森林影响的难点之一是雪灾危险评估和森林管理间的关系。不同地区各种类型的冰雪出现的概率变化与实施降低雪灾破坏的具体管理措施难以厘清。这不仅要考虑到冰雪荷载对不同树木破坏的机械作用原理，还要了解生长在不同地形条件下树木抵抗力的差别，以及不同地区雪灾出现的概率和危害程度。尽管在许多的研究中都进行过定性和定量的危险评估模拟，但是由于在林地内缺乏详细的冰雪资料，再加上复杂地形的影响使得雪灾发生的危险评估受到多种因素的限制，已有的危险评估模式普遍适用性很差。

冰暴干扰研究也同样存在尺度不匹配的问题。目前对冰暴危害程度及其对景观影响评估缺少较大范围或者区域尺度上干扰响应的研究。此外，景观特征如地形、森林类型和生态界面等是如何影响冰雪灾害破坏的，也较少研究。已有的研究表明，当地的地形、海拔、坡向、森林的组成和干扰的气象特点共同作用决定冰雪灾害发生的空间范围和冰灾受损程度。实地野外测量和森林破坏程度的模式不能仅仅从气象数据来决定，因此，需要借助遥感数据和卫星图像，作为冰灾空间配置和树冠损伤大小属性的数据源，分析大范围的冰暴干扰对森林景观的异质性影响因素。

极端天气和气候事件对碳循环的潜在影响研究也较为复杂。在过去50年里，地球上人为排放的 CO_2 有25%~30%被生态系统所吸收，其中大部分 CO_2 被吸收后积累在森林生物量和土壤中。过去我们一直认为，持续的环境变化可能增加了全球陆地碳吸收，相应地也减轻了大气中人为增加的 CO_2，并在气候/碳循环系统中提供了一个负反馈。越来越多的证据却表明，极端天气和气候事件（如热浪、极端干旱或风暴、冰冻）的发生及其相关干扰，可能会部分抵消掉这些碳汇，甚至导致碳库的净损失，将生态系统储存的 CO_2 释放到大气中。因为极端天气和气候事件首先可触发生态系统即时的反应，之后还有一些后续反应。例如，树木死亡、火灾或虫害，它们对碳通量和碳库的影响是非线性的。因此，极端气候即使发生频率很小，或严重程度也并不大，仍可能大幅度减少碳汇并可能对气候变暖产生相当大的正反馈作用。由负反馈效应转变为正反馈效应，这将是一个质的转变。

参考文献

曹慧明. 2010. 川西干旱河谷区几个树种幼苗对干旱及低温的生理响应［D］. 北京：中国林业科学研究院：67.

陈步峰，林明献，周光益，等. 2000. 尖峰岭热带山地雨林生态系统的水文生态效应［J］. 生态学报，20（3）：423-429.

陈步峰，周光益，李意德，等. 1998. 海南岛热带山地雨林台风灾害的树木损失［J］. 生态学杂志，17（增刊）：63-67.

陈耀德，叶青峯，刘美娟，等. 2006. 台湾山地雾林带的水分与养分循环研究［J］. 资源科学，28（3）：171-177.

陈志成. 2013. 8个树种对干旱胁迫的生理响应及抗旱性评价［D］. 泰安：山东农业大学：69.

郭志梅，缪启龙，李雄. 2005. 中国北方地区近50年来气温变化特征的研究［J］. 地理科学，25（4）：448-454.

何茜，李吉跃，陈晓阳，等. 2010. 2008年初特大冰雪灾害对粤北地区杉木人工林树木损害的类型及程度［J］. 植物生态学报，34（2）：195-203.

洪奕丰，王小明，周本智，等. 2012. 闽东沿海防护林台风灾害的影响因子［J］. 生态学杂志，31（4）：781-786.

李晓靖，周本智，曹永慧，等. 2012. 冰雪灾害后木荷倒木萌枝光合特性研究［J］. 广西植物，32（1）：83-89.

李晓靖，周本智，曹永慧，等. 2011. 南方冰雪灾害后受害木荷萌枝光合生理特性［J］. 生态学杂志，30（12）：2753-2760.

李秀芬，朱教君，王庆礼，等. 2005. 森林的风/雪灾害研究综述［J］. 生态学报，25（1）：148-157.

李意德，周光益，林明献，等. 1998. 台风对热带森林群落机械损伤的研究［J］. 生态学杂志，17（增刊）：9-14.

罗大庆，郭其强，王贞红，等. 2011. 西藏半干旱区3种柏树对干旱胁迫的生理响应特征［J］. 西北植物学报，31（8）：1611-1617.

曼兴兴，米湘成，马克平. 2011. 雪灾对古田山常绿阔叶林群落结构的影响［J］. 生物多样性，19（2）：197-205.

裴斌，张光灿，张淑勇，等. 2013. 土壤干旱胁迫对沙棘叶片光合作用和抗氧化酶活性的影响［J］. 生态学报，33（5）：1386-1396.

裴宗平，余莉琳，汪云甲，等. 2014. 4种干旱区生态修复植物的苗期抗旱性研究［J］. 干旱区资源与环境，28（3）：204-208.

史军，丁一汇，崔林丽. 2009. 华东极端高温气候特征及成因分析［J］. 大气科学，33（2）：347-358.

苏志尧，刘刚，区余端，等. 2010. 车八岭山地常绿阔叶林冰灾后林木受损的生态学评估［J］. 植物生态学报，34（2）：213-222.

孙洪刚，林雪峰，陈益泰，等. 2010. 沿海地区森林风害研究综述［J］. 热带亚热带植物学报，18（5）：577-585.

所甜甜. 2013. 基于GIS的极端气候事件（热浪）对植被净初级生产力的影响研究［D］. 济南：山东师范大学.

仝川，杨玉盛. 2007. 飓风和台风对沿海地区森林生态系统的影响［J］. 生态学报，27（12）：5337-5344.

王明玉，舒立福，王秋华，等. 2008. 中国南方冰雪灾害对森林火灾火发生短期影响分析——以湖南为例［J］. 林业科学，44（11）：64-68.

森林生态学学科发展报告

王勤，徐小牛，平田永二. 2003. 日本冲绳岛琉球松林台风干扰后的群落特点 [J]. 安徽农业大学学报，30：400-406.

温远光，李婉舒，朱宏光，等. 2014. 特大冰冻干扰对大明山常绿阔叶林树冠及林冠层状况的影响 [J]. 广西科学，(5)：454-462.

吴健生，陈莎，彭建. 2013. 基于图像阈值法的森林雪灾损失遥感估测——以云南省为例 [J]. 地理科学进展，23 (6)：913-923.

吴仲民，杜志鹄，林明献，等. 1998. 热带气旋和台风对海南岛热带山地雨林凋落物的影响 [J]. 生态学杂志，17 (增刊)：26-30.

武维华. 2003. 植物生理学 [M]. 北京：科学出版社.

许崇海，罗勇，徐影. 2010. 全球气候模式对中国降水分布时空特征的评估和预估 [J]. 气候变化研究进展，6：398-404.

薛立，冯慧芳，郑卫国，等. 2008. 冰雪灾害后粤北杉木林冠残体和凋落物的持水特性 [J]. 林业科学，44 (11)：82-86.

杨继平. 1999. 森林生态的重要作用 [J]. 林业经济 (4)：1-10.

尹晗，李耀辉. 2013. 我国西南干旱研究最新进展综述 [J]. 干旱气象，31 (1)：182-193.

翟盘茂，潘晓华. 1999. 中国北方近50年温度和降水极端事件变化 [J]. 地理学报，58 (9)：1-10.

翟盘茂，任富民. 1997. 中国近四十年最高最低温度变化 [J]. 气象学报，55 (4)：418-429.

张国盛. 2000. 干旱、半干旱地区乔灌木树种耐旱性及林地水分动态研究进展 [J]. 中国沙漠，20 (4)：363-368.

张井勇，吴凌云. 2011. 陆-气耦合增加中国的高温热浪 [J]. 科学通报，56 (23)：1905-1909.

张宁，孙照渤，曾刚. 2008. 1995—2005 年中国南方高温变化特征与 2003 年的高温事件 [J]. 气象，32 (10)：27-33.

张志祥，刘鹏，邱志军，等. 2010. 浙江九龙山自然保护区黄山松种群冰雪灾害干扰及其受灾影响因子分析 [J]. 植物生态学报，34 (2)：223-232.

赵宗慈，罗勇，江滢，等. 2008. 全球和中国降水、旱涝变化的检测评估 [J]. 科技导报，26：28-33.

周光益. 1998. 台风暴雨对热带林生态系统地球化学循环的影响 [J]. 北京林业大学学报，20 (6)：36-40.

周光益，陈步峰，李意德，等. 1998a. 台风暴雨期间海南岛热带山地雨林降雨再分配 [J]. 生态学杂志，17 (增刊)：31-36.

周光益，陈步峰，曾庆波，等. 1996. 台风和强热带风暴对尖峰岭热带山地雨林生态系统的水文影响研究 [J]. 生态学报，16 (5)：555-558.

周光益，吴仲民，陈步峰，等. 1998b. 不同降雨条件下海南尖峰岭森林土壤和裸土的土地侵蚀比较 [J]. 生态学杂志，17 (增刊)：42-47.

朱宏光，李燕群，温远光，等. 2011. 特大冰冻灾害后大明山常绿阔叶林结构及物种多样性动态 [J]. 生态学报，31 (19)：5571-5577.

Alexander L, Perkins S. 2013. Debate heating up over changes in climate variability [J]. Environmental Research Letters, 8 (4)：265-268.

Beaudet M, Brisson J, Messier C, et al. 2007. Effect of a major ice storm on understory light conditions in an old-growth Acer-Fagus forest: Pattern of recovery over seven years [J]. Forest Ecology and Management, 242：553-557.

Bellingham P J. 2008. Cyclone effects on Australian rain forests: all overview [J]. Austral Ecology, 33：580-584.

Beniston M, Stephenson D B, Christensen O B, et al. 2007. Future extreme events in European climate: an exploration of regional climate modal projections [J]. Climate Change, 81：71-95.

Boose E R, Chamberlin K E, Foster D R. 2001. Landscape and regional impacts of hurricanes in New England [J]. Ecological Monographs, 71 (1): 27-48.

Boose E R, Foster D R. 1994. Hurricane impacts to tropical and temperate forest landscapes [J]. Ecological Monographs, 64 (4): 369-400.

Borken W, Davidson E A, Savage K, et al. 2006. Effect of summer throughfall exclusion, summer drought, and winter snow cover on methane fluxes in a temperate forest soil [J]. Soil Biology and Biochemistry, 38: 1388-1395.

Borken W, Matzner E. 2009. Reappraisal of drying and wetting effects on C and N mineralization and Fluxes in soils [J]. Global Change Biology, 15: 808-824.

Borken W, Muhr J. 2008. Change in autotrophic and heterotrophic soil CO_2 efflux following rainfall exclusion in a spruce forest [J]. Geophysical Research, 10: 1-10.

Boucher D H, Vandermeer J H, Yih K, et al. 1990. Contrasting hurricane damage in tropical rain-forest and pine forest [J]. Ecology, 71 (5): 2022-2024.

Boyce R L, Friedland A J, Vostral C B, et al. 2003. Effects of a major ice storm on the foliage of four New England conifers [J]. Ecoscience, 10 (3): 342-350.

Brommit A G, Charbonneau N, Contreras T A, et al. 2004. Crown loss and subsequent branch sprouting of forest trees in response to a major ice storm [J]. Journal of the Torrey Botanical Society, 131 (2): 169-176.

Bruederle L P, Stearns F W. 1985. Ice storm damage to a Southern Wisconsin mesic forest [J]. Bulletin of the Torrey Botanical Club, 112: 167-175.

Chambers J Q, Fisher J I, Zeng H, et al. 1998. Hurricane Katrina´s carbon footprint on Gulf Coast Forests [J]. Science, 281 (5381): 1295-1296.

Chambers J Q, Fisher J I, Zeng H, et al. 2007. Hurricane Katrina´s Carbon Footprint on U. S. Gulf Coast Forests [J]. Science, 318 (16): 1107.

Changnon S A. 2003. Characteristics of ice storms in the United States [J]. J. Appl. Meteor, 42: 630-639.

Cleveland C C, Wieder W R, Reed S C, et al. 2010. Experimental drought in a tropical rain forest increases soil carbon dioxide losses to the atmosohere [J]. Ecology, 91: 2313-2323.

Costa A C L D, Galbraith D, Almeida S, et al. 2010. Effect of 7 yr of experimental drought on vegetation dynamics and biomass storage of an eastern Amazonian rainforest [J]. New Phytologist, 3: 579-591.

Coutts M P, Grace J. 1995. Wind and Trees [M]. Cambridge University Press, Cambridge, UK.

Davidson E A, Nepstad D C, Ishida F Y. 2008. Effects of an experimental drought and recovery on soil emissions of carbon dioxide, methane, nitrous oxide, and nitric oxide in a moist tropical forest [J]. Global Change Biol, 14: 2582-2590.

Davis G E, Loope L L, Roman C T, et al. 1996. Effects of Hurricane Andrew on natural and archeological resources (Technical Report NPS/NRGCC/NRTR/96202) [R]. National Park Service, U. S. Department of the Interior.

De Stevens D, Kline J, Kline M, et al. 1991. Long-term changes in a Wisconsin Fagus Acer forest in relation to glaze storm disturbance [J]. Journal of Vegetation Science, 2 (2): 208-210.

Ding Y, Wang Z, Song Y, et al. 2008. Causes of the upprecedented freezing disaster in January 2008 and its possible association with the global warming (in Chinese) [J]. Acta Meteor. Sin, 66: 808-825.

Duguay S M, Arii K, Hooper M, et al. 2001. Ice Storm Damage and Early Recovery in an Old-Growth Forest [J]. Environmental Monitoring and Assessment, 67 (1-2): 97-108.

Erdman J. 2013. Category 5 Ice Storm? A New Index Rates Ice Storm Impacts [EB/OL]. https://weather.com/storms/winter/news/rating-ice-storms-damage-sperry-piltz-20131202.

Foster D R. 1998. Species and stand response to catastrophic wind in central New England, U. S. A [J]. Journal of E-

cology, 76: 135-151.

Fritts H C. 1976. Tree Rings and Climate [M]. Academic Press, London, UK.

Ge X G, Zhou B Z, Tang Y L. 2014. Litter production and nutrient dynamic on a moso bamboo plantation following an extreme disturbance of ice strome [J]. Advance in Meteorology, (2): 1-10.

Gramling C. 2013. "Half" of Extreme Weather Impacted by Climate Change [EB/OL]. Science News, http: //news. sciencemag. org/ climate/ 2013/ 09/ half-extreme-weather-impacted-climate-change? rss = 1.

Gruza G, Rankova E, Razuvaev V, et al. 1999. Indicators of climate change for the Russian federation [J]. Climatic Change, 42: 219-242.

Gyakum J R, Roebber P J. 2001. The 1998 ice storm: Analysis of a planetary-scale event [J]. Mon. Wea. Rev, 129: 2983-2997.

Hauer R J, Dawson J O, Werner L P. 2006. Trees and Ice Storms: The Development of Ice Storm-Resistant Urban Tree Populations [R]. Second Edition. Joint Publication 06-1, College of Natural Resources, University of Wisconsin-Stevens Point, and the Department of Natural Resources and Environmental Sciences and the Office of Continuing Education, University of Illinois at Urbana-Champaign. 20pp.

Herbert D A, Fownes J H, Vitousek P M. 1999. Hurricane damage to a Hawaiian forest: nutrient supply rate affects resistance and resilience [J]. Ecology, 80 (3): 908-920.

Hopkin A, Williams T, Sajan R, et al. 2003. Ice storm damage to eastern Ontario forests: 1998-2001 [J]. The Forestry Chronicle, 79 (1): 47-53.

Houghton J T, Ding Y, Griggs D J, et al. 2001. IPCC, Climate change 2001: The scientific basis [C]. Observed Climate Variability and Change. Cambridge, United Kingdom and New York, USA: Cambridge University Press.

Imbert D, Labbe P, Rousteau A. 1996. Hurrican damage and forest structure in Guadeloupe, French West Indies [J]. Journal of Tropical Ecology, 12 (5): 663-680.

Imbert D, Rousteau A, Labbe P. 1998. Hurricanes and biological diversity in tropical forests-the case of Guadeloupe [J]. Acta Oecologica-International Journal of Ecology, 19 (3): 251-262.

IPCC. 1997. Climate Change 1997: the Science of Climate Change [M]. Cambridge University Press, Cambridge.

IPCC. 2007. Climate change 2007: The physical science basis [C] Contribution of Working Group 1 to the Fourth Assessment Report of the Intergovermental Panelon Climate Change. Cambridge, United Kingdom and New York, USA: Cambridge University Press.

Irland L C. 2000. Ice storms and forest impacts [J]. Sci. Total Environ, 262: 231-242.

Jammet M, Gielen B, Moors E, et al. 2012. Biophysical effects of forest management on surface temperature [J]. Geophysical Research Abstracts, 14: 4485.

Jones P D, Horton E B, Folland C K, et al. 1999. The use of indices to identify changes in climatic extremes [J]. Climatic change, 41 (1): 131-149.

Katz R W, Brown B G. 1992. Extreme events in a changing climate: Variability is more important than averages [J]. Climatic Change, 21 (3): 289-302.

Klein A M G, Können G P. 2003. Trends in indices of daily temperature and Precipitation extremes in Europe [J]. Climate, 16 (22): 3665-3680.

Limousin J, Longepierre Hua D R, Serge Rambal. 2010. Change in hydraulic traits of Mediterranean Quercus ilex subjected to long-term throughfall exclusion [J]. Tree Physiology, 30: 1026-1036.

Manton M J, Della-Marta P M, Haylock M R, et al. 2001. Trends in extreme rainfall and temperature in southeast Asia and the south Pacific: 1961-1998 [J]. International Journal of Climatology, 21: 269-284.

McNulty S G. 2002. Hurricane impacts on US forest carbon sequestration [J]. Environmental Pollution, 116: 17-24.

Meehl G A, Karl T, Easterling D R. 2000. An introduction to trends in extreme weather and climate events: observations, socioeconomic impacts, terrestrial ecological impacts, and model projections [J]. Bulletin of the American Meteorological Society, 3 (81): 413-416.

Metcalfe D B, Lobo－do－Vale R, Chaves M M, et al. 2010. Impacts of experimentally imposed drought on leaf respiration and morphology in an Amazon rain forest [J]. Functional Ecology, 24: 524-533.

Misson L, Rocheteau A, Rambal S, et al. 2010. Functional changes in the control of carbon fluxes after 3 years of increased drought in a Mediterranean evergreen forest? [J] Global Change Biology, 9: 2461-2475.

Morris J L, Ostrofsky W D. 2005. Influence of stand thinning on ice storm injury in Maine hardwood stands [J]. North. J. Appl. For., 22: 262-267.

Mou P, Warrillow M P. 2000. Ice storm damage to a mixed hardwood forest and its impacts on forest regeneration in the ridge and valley region of Southwestern Virginia [J]. Journal of the Torrey Botanical Society, 127: 66-82.

Nielsen C, Van Dyke O, Pedlar J. 2003. Effects of past management on ice storm damage in hardwood stands in eastern Ontario [J]. For. Chron, 79: 70-74.

Nikolova P S, Raspe S, Andersen C P. 2009. Effects of the extreme drought in 2003 on soil respiration in a mixed forest [J]. European Journal of Forest Research, 128: 87-98.

Olesia Van Dyke R P F. 1999. A literature review of ice storm impacts on forests in Eastern North America [M]. Queen's printer for Ontario, Printed in Ontario, Canada.

Olthof I, King D J, Lautenschlager R A. 2003. Overstory and understory leaf area index asindicators of forest response to ice storm damage [J]. Ecological Indicators, 3 (1): 49-64.

Oswalt S N, Oswalt C, Turner J. 2008. Hurricane Katrina Impacts on Mississippi Forests [J]. South. J. Appl. For, 32 (3): 139-141.

Parker W C. 2003. The effect of ice damage and post－damage fertilization and competition control on understory microclimate of sugar maple (Acer saccharum Marsh.) stands [J]. For. Chron, 79: 82-90.

Peltola H, Kellomäki S, Väisänen H, et al. 1999. A mechanistic model for assessing the risk of wind and snow damage to single trees and stands of Scots pine, Norway spruce, and birch [J]. Canadian Journal of Forest Research, 29 (6): 647-661.

Pfautsch S, Adams M A. 2013. Water flux of Eucalyptus regnans: defying summer drought and a record heatwave in 2009 [J]. Oecologia, 2 (172): 317-326.

Pichler P, Oberhuber W. 2007. Radial growth response of coniferous forest trees in an inner Alpine environment to heatwave in 2003 [J]. Forest Ecology and Management, 242, 688-699.

Rebertus A J, Shifley S R, Richards R H, et al. 1997. Ice storm damage to an old－growth oak－hickory forest in Missouri [J]. American Midland Naturalist, 137: 48-61.

Rhoads A G, Hamburg S P, Fahey T J, et al. 2002. Effects of an intense ice storm on the structure of a northern hardwood forest [J]. Canadian Journal of Forest Research, 32 (10): 1763-1775.

Schindlbacher A, Wunderlich S, Borken W, et al. 2012. Soil respiration under climate change: prolonged summer drought offsets soil warming effects [J]. Global Change Biology, 18: 2270-2279.

Schmitt A, Glaser B. 2011. Organic matter dynamics in a temperate forest soil following enhanced drying [J]. Soil Biology and Biochemistry, 3: 478-489.

Shimizu Y. 2005. A vegetation change during a 20－year period following two continuous disturbances (mass－dieback of pine trees and typhoon damage) in the Pinus－Schima secondary forest on Chichijima in the Ogasawara (Bonin) Islands: which won, advanced saplings or new seedlings? [J]. Ecological Research, 20 (6): 708-725.

Smolnik M, Hessl A, Colbert J J. 2006. Species－specific effects of a 1994 ice storm on radial tree growth in Delaware

［J］. The Journal of the Torrey Botanical Society, 133: 577-584.

Stéfanon M, Schindler S, Drobinski P, et al. 2014. Simulating the effect of anthropogenic vegetation land cover on heat-wave temperatures over central France ［J］. Climate Research, 60: 133-146.

Sun Y, Gu L H, Dickinson R E, et al. 2012. Forest greenness after the massive 2008 Chinese ice storm: integrated effects of natural processes and human intervention ［J］. Environ. Res. Lett, 7 (3): 035702.

Suseela V, Conant R T, Wallenstein M D, et al. 2012. Effects of soil moisture on the temperature on the temperature sensitivity of heterotrophic respiration vary seasonally in an old-field climate change experiment ［J］. Global Change Biology, 18: 336-348.

Tang Z M, Sayer M A S, Chambers J L, et al. 2004. Interactive effects of fertilization and throughfall exclusion on the physiological responses and whole-tree carbon uptake of mature loblolly pine ［J］. Canadian Journal of Botany, 82 (6): 850-861.

Tanner E V, Kapos J V, Healey J R. 1991. Hurricane effects on forest ecosystems in the Caribbean, Part A: ecosystem, plant, and animal responses to Hurricanes in the Caribbean ［J］. Biotropica, 23 (4): 513-521.

Teuling A J, Seneviratne S I, Stöckli R, et al. 2010. Contrasting response of European forest and grassland energy exchange to heatwaves ［J］. Narure Geoscience, 3: 722-727.

Vasconcelos S S, Zarin D J, Araújo M M, et al. 2012. Aboveground net primary productivity in tropical forest regrowth increases following wetter dry-seasons ［J］. Forest Ecology and Management, 276 (15): 82-87.

Walker L R. 1991. Tree damage and recovery from Hurricane Hugo in Luquillo Experimental Forest, Puerto Rico ［J］. Biotropica, 23: 379-385.

Whigham D F, Olmsted I, Cano E C, et al. 1991. The imp act of Hurricane Gilbert on trees, litterfall and woody debris in a dry tropical forest in the northeastern Yucatan Peninsula ［J］. Biotropica, 23: 434-441.

Zeng H C, Chambers J Q, Negrónjuárez R I, et al. 2009. Impacts of tropical cyclones on U. S. forest tree mortality and carbon flux from 1851 to 2000 ［J］. PNAS, 106 (19): 7888-7892.

Zhai P M, Sum A J, Ren F M, et al. 1999. Changes of climate extremes in China ［J］. Climate Change, 42: 203-218.

Zhou B Z, Gu L H, Ding Y H, et al. 2011a. The great 2008 Chinese ice storm, its socioeconomic-ecological impact, and sustainability lessons learned ［J］. Bulletin of the American Meteorological Society, 92: 47-60.

Zhou B, Li Z, Wang X, et al. 2011b. Impact of the 2008 ice storm on moso bamboo plantations in southeast China ［J］. J. Geophys. Res, 116 (G3): 2005-2012.

Zimmerman J K, Everham E M, Waide R B, et al. 1994. Responses of tree species to hurricane winds in subtropical wet forest in Puerto Rico: implications for tropical tree life histories ［J］. Journal of Ecology, 82 (4): 911-922.

第4章
全球变化与森林
——森林水碳循环过程的耦合与效益平衡

孙鹏森（中国林业科学研究院森林生态环境与保护研究所，北京，100091）

中国的快速发展，仍然对森林生态系统构成巨大压力，尤其是全球变暖所导致的气候的异常波动和极端气候事件增加，使森林的保护、恢复和森林健康维护面临更加严峻的挑战。全球变化对森林的影响以及森林在减缓气候变化方面的作用将是我们长期面临的研究课题，但应该优先开展以下研究：①气候变化的影响和森林的响应，包括森林生态系统的结构动态、初级生产力和碳氮水循环过程的变化机制及尺度效应，定量分析森林植被对地表碳、氮、水循环过程的影响机制，建立植被格局-生态过程-空间显现的多过程、多尺度耦合模型，提出满足区域生态安全的森林植被结构及景观优化配置格局的科学方案。②气候变化背景下森林多种生态效益的发挥以及效益权衡问题，提出适应气候变化的森林生态系统经营和流域管理对策。

1 现状与发展趋势

以气候变暖为标志的全球气候变化已引起各国政府、国际组织和科学工作者的高度重视，气候变化已成为人类社会所共同面临的重大挑战。IPCC 第四次评估报告指出，近 50 年的全球气候变暖主要是由人类活动大量排放的二氧化碳（CO_2）、甲烷（CH_4）、氧化亚氮（N_2O）等温室气体的增温效应所造成。根据美国能源部的估计，我国已经成为世界上温室气体排放第一大国。在"巴厘岛路线图"和哥本哈根气候变化谈判中，发达国家坚持中国承担量化减排义务，我国温室气体减排面临巨大的压力。考虑我国的国情，工业减排空间有限，增加陆地碳汇、减少陆地碳排放是我国应对气候变化必然的战略选择。

我国已经在森林和草地清查、碳通量及碳循环、碳储量和通量格局、评价方法和措施效益等陆地生态系统碳循环研究领域开展了大量的工作，初步建立了服务于陆地生态系统碳收支评估和过程机理研究的联网观测、联网实验和科学数据–模型工作平台。另外，在国家自然科学基金委员会、科技部、中国科学院等部门资助的多个项目的支持下，基于中国陆地生态系统通量观测研究网络以及生态系统碳循环过程的环境控制实验系统，开展了生态系统对气候变化的响应与适应性、生态系统碳储量与碳水通量观测的地理格局和环境控制机制等方面的基础研究，取得了一些重要进展。初步分析了我国典型陆地生态系统碳收支特征，阐明了中国典型陆地生态系统的碳源汇强度及其季节和年际变异特征，揭示了中国主要陆地生态系统碳通量的环境控制机制，评估了 1981—2000 年中国陆地生态系统的碳源汇状况和未来气候变化情景下中国陆地生态系统碳收支的变化趋势和固碳潜力。相关结果为我国应对气候变化和温室气体管理提供了科学依据，有力地推进了我国碳循环研究的发展。

但是，陆地生态系统本身是一个非常复杂的系统，不仅在土壤、植被、大气之间存在着错综复杂的相互作用关系，而且贯穿于其中的水、氮等要素对碳循环也有着复杂的制约作用。多种研究方法的结果均表明，我国森林和农田生态系统具有较强的固碳能力。1980—2000 年中国陆地生态系统年均碳汇 2.1 亿 t 碳，相当于抵消同期能源活动排放的 32.6%。相关研究结果被编入多个国家报告和咨询报告，为国家应对气候变化的碳管理提供了科技支撑。但是，目前对陆地碳循环和收支的研究仍然具有较大的不确定性，在全球变化影响下，全球气温升高、CO_2 浓度富集、降水格局改变等将成为影响我国陆地生态系统固碳速率和潜力评估的新的影响因子。近年来，科学家通过大量的实验研究认识到了全球变化中的气候变暖、CO_2 浓度升高、氮沉降增加以及降水格局变化会对生态系统的碳平衡以及生态系统的固碳能力产生深刻影响。陆地生态系统碳循环研究也面临着新的挑战，即如何通过区域性空间格局管理、固碳和排放过程管理来减缓和适应气候变化。因此，有必要在科学研究领域，通过一系列模拟控制试验，系统地研究生态系统碳、氮、水循环过程，生物多样性以及生态系统功能对气候变化和人为扰动的短期响应及长期适应。

1.1 国际进展

1.1.1 气候变化与森林植被碳汇能力的不确定性受全球关注

全球气候变化研究主要集中在大气 CO_2 浓度升高和全球变暖效应（Zak 等，2000）。在过去的 140 年间，大气 CO_2 浓度已由工业革命前的 280μmol/mol 增加到 20 世纪 90 年代初的 350μmol/mol，地表温度也上升了（0.6±0.2）℃（IPCC，2007）。最新气候模拟结果显示：未来 100 年内，全球温度可能攀升 1.4~5.8℃，CO_2 浓度预计达到 800μmol/mol（胡中民等，2006；Rebecca 等，2002）。森林是陆地生态系统的主体，是陆地生态系统中最大的碳库。森林植被是影响全球碳循环和水循环的关键因素，进而影响全球变化，而植被生长及其分布格局依赖于降水和温度。可见，气候变化影响陆地植被分布、生物量、生产力和固碳状况的同时，植被的固碳和水文功能对气候变化也产生了重要的反馈作用（Weltzin，等，2003；Bonan，2008）。显然，气候变化加剧了森林植被碳汇能力的不确定性。在 CO_2 浓度和温度升高的情况下，森林碳汇的未来状况存在很大的不确定性（Davidson and Janssens，2006）。有人认为，增温产生水分胁迫，抑制植物生长，并加速生态系统呼吸，促进碳排放（Cox 等，2000）；也有人认为，增温促进养分矿化，使植物生长加快，产生碳截存（Cao and Woodward，1998），增加碳吸收；还有研究表明，生态系统会对增温产生适应（Luo 等，2001），温度升高不会对陆地生态系统的碳吸收或排放产生显著的影响。全球气候变化背景下我国森林植被碳汇潜力如何变化，气候变化和人类活动引起的土地利用/土地覆盖变化对区域森林植被水碳平衡产生什么影响，这些问题将是森林生态学学科重点关注的内容。

1.1.2 气候变化对陆地水文系统产生了显著的影响

全球变化现象主要包括全球气候变暖、土地利用格局与环境质量的改变、生物多样性的减少、大气臭氧层的损耗、大气中氧化作用的减弱，以及人口急剧增长等现象。气候变化、植被破坏等人类活动造成的全球变化及其影响已经成为全世界关注的焦点。近百年来全球气候正经历一次以全球变暖为主要特征的显著变化，全球平均温度上升了 0.56~0.92℃（IPCC，2007）。IPCC（2007）报告指出，全球变暖可加速水汽的循环，改变降水强度和历时，变更径流的大小，引发极端干旱和洪涝灾害。全球变化通过不同途径影响水文过程的各个要素，包括植被的系统组成和空间格局。这种变暖现象必将改变水文循环过程，进而使得降水的时空格局发生重大变化（Richard，2007；Wei 等，2009），预计未来热带地区以及中高纬度地区的降水将增加，而亚热带地区的降水将大大减少（Douville 等，2002；Held and Soden，2006；IPCC，2007），高纬度地区冬季降水增加，出现更多的极端气候现象如旱灾和涝灾（Pachauri and Reisinger，2007）。总之，气候变化对全球和区域水循环产生的影响具有区域分异性和不确定性的特点。

水文系统对全球变化的响应十分复杂，水文过程对不同气象因素的响应也各不相同，但又彼此相互作用，导致植被生态水文变化的复杂性和影响的不确定性在未来气候变化背景下进一步加剧，如气候变化下的温度升高会导致植被活动强度增加（Linderholm，2006；方精云等，2003）和蒸散加大，但 CO_2 浓度上升会通过调节植物生理活动而降低蒸腾，估计对 20 世纪全球河川径流增加的贡献为 5%（Betts 等，2007）。从生态系统过程的角度揭示全球变化影响水文过程的机理，是研究气候变化对水文影响的热点之一（Middelkoop 等，2001）。一方面，气候变暖改变区域水循环过程尤其是降水分配格局；另一方面，为应对全球变化、鼓励增加碳吸存而大规模营造人工林（主要是外来速生耗水的树种），必然改变区域的水文景观和植被的水分利用模式，影响地面径流和地下储存水补充等水文过程和特征，这也增加了评估植被水文效应的不确定性。土地利用变化对流域水文水资源的影响逐渐得到了国内外众多组织和学者的关注。土地

利用变化的水文响应的研究也从传统统计分析转向水文模拟、非线性、不确定性和系统方法的分析，重点开展了森林采伐、退化水文效应和水土保持措施水文效应的研究。Brown 等（2005）指出对于大多数流域而言，流域植被的明显变化可以导致水量的显著变化。

1.2 国内进展

当前的国内相关研究中，围绕气候变化背景下森林植被水-碳耦合过程的研究主要集中在以下几大方面。第一，围绕干旱胁迫和蒸散的变化开展的相关研究。作为一种适应策略，森林植被从生理过程、生物量、生产力、形态特征、群落结构、时空分布等多个方面对水文过程、水文格局以及水分胁迫产生了适应响应，并对区域水土资源和生态环境产生不同程度的影响。第二，围绕降水的时空变化过程与森林植被水土保持和涵养水源功能的响应和适应规律开展的研究。第三，围绕植被生物量和水分生理过程对气温升高响应规律开展的研究。如有很多学者探讨了气候变化对植被净初级生产力（NPP）的影响，普遍认为气候变暖将增加 NPP 的总量（Davidson 等，2000；周涛等，2003）。第四，围绕大气 CO_2 浓度升高对植被生长、蒸腾和水分利用效率等方面的影响开展的相关研究。如国内有不少学者利用液流技术试图探讨林木水分利用对降水变化、CO_2 浓度升高和增温等气候环境变化的响应与适应（张雷等，2009）。区域植被生态水文效应的现实和潜在影响不能简单地概化或定式化，单一区域研究结果的拓展推绎往往存在片面性。

总体来讲，目前对生态系统水-碳耦合过程的研究大多是分别基于相对独立的碳循环和水循环过程，而实际上这两个循环是相互耦合的。由于植物的光合作用和蒸腾作用共同受植被气孔行为所控制，因此，生态系统是以气孔作为结点把碳循环与水循环偶联成有机的整体（赵风华和于贵瑞，2008）。所以，科学评估和预测全球变化对森林生态系统碳循环的影响需要深入研究陆地生态系统碳循环和水循环之间的耦合关系及其时空变化规律。然而，目前国内外有关森林植被水-碳耦合过程的研究显然不足，所以全球变化背景下不同时空尺度森林植被水-碳耦合关系的研究将是未来全球变化科学研究的发展趋势，并将成为优先重点研究领域之一（刘世荣等，2007）。

2 发展战略、需求与目标

2.1 国家可持续发展与建设生态文明的战略与目标

（1）自 1998 年特大洪灾后，我国已经陆续实施了天然林保护工程，退耕还林工程，京津风沙源治理工程，三北、长江流域防护林体系建设工程及重点地区速生丰产用材林基地建设工程等。另外，近两年来我国实施集体林权制度改革后又激发了新一轮速生丰产林造林热潮。我国人工林面积跃居世界首位，已近我国森林总面积的 1/3，预计今后 50 年我国的人工林面积将净增 1 亿 hm^2（国家林业局，2002）。

（2）以联合国气候变化峰会和哥本哈根会议为标志，气候变化已成为国际社会关注的焦点。为了减缓气候变化，应对气候变暖的影响，大规模森林植被建设已成为国际社会公认的重要举措之一。在 2009 联合国大会上胡锦涛主席郑重承诺，中国将在 2020 年前，相比 2005 年，再净增森林面积 4000 万 hm^2，增加林木蓄积量 13 亿 m^3，借以实现中国对增加全球碳汇的贡献。

（3）2012年11月，党的十八大从新的历史起点出发，做出"大力推进生态文明建设"的战略决策，从而绘出生态文明建设的宏伟蓝图。

2.2　国家生态和林业可持续发展面临的社会经济需求

国家在不同的历史时期提出了重大的林业和生态可持续发展的战略需求，但这里的关键问题是：新增森林植被面积与蓄积量以及相应的增汇并维持碳汇的稳定性需要与其相匹配的区域水资源量和适宜的水分条件为保障。目前众多的研究都集中在森林如何增汇，却忽视气候变化、土地利用/土地覆盖变化所引起的区域的水文、水资源变化及其对森林碳汇的影响。森林固碳过程以消耗一定数量的水分为代价，增加森林植被碳汇是在森林生态系统有效适应气候变化的同时水分又有保障的条件下才能实现的。而我国水资源短缺、水质恶化、水土流失等问题十分严重，伴随人口增多和资源过度开发，水资源供需矛盾会日益突出，干旱与洪涝灾害会更加频繁，保护水环境和有效利用水资源直接关系到国家生态安全和区域经济社会可持续发展。所以，预期新增的森林植被及其碳汇不应以消耗大量的水资源为代价，否则大规模森林植被建设必将引起区域的水碳失衡，功亏一篑。开展区域森林植被水碳平衡研究可为指导我国生态建设合理布局和制定适应全球变化的森林生态系统管理对策提供科学依据，最终实现森林生态系统水碳功能协调与增益的双重目标。

尽管大规模的森林植被建设工程使得我国森林覆盖率和蓄积量迅速增长，但是，这些大规模森林植被的建设类型、数量与空间布局并未与区域的水分环境和水资源时空格局相匹配，没有考虑到对区域水文和水资源可能造成的不利影响；同时，几乎都不是以森林碳汇目标为初衷，缺失在保障这些森林植被建设工程应有功能的前提下，再持续增加森林碳汇功能的经营和管理方案。通过森林生态系统水碳平衡对全球变化响应的研究，提出固碳与调水多目标的适应性生态恢复对策，包括生态恢复的空间布局、物种选择、群落结构配置、区域景观格局优化，为制定适应气候变化的林业发展战略提供决策依据，为气候履约国际谈判提供科学数据支持，这是当前国家的重大战略需求目标之一。

气候变化作为日益增强的环境胁迫因子，以升温为主要特征进而改变了降水的时空分布，而水热格局的改变和高温、干旱等极端气候事件将直接或间接影响区域水文过程、水资源以及森林生态系统的碳汇潜力。开展森林生态系统水碳平衡研究，既能深化认识全球变化对森林生态系统水碳平衡的影响，实现稳定的、高效的森林植被碳汇功能，抵消温室气体减排指标，在环境外交谈判中争取国家利益，也能够通过优化森林植被建设对区域水热条件的反馈调节功能，降低由气候变化所带来的区域旱涝灾害的影响与损失，维护区域生态安全和区域经济社会的可持续发展。

2.3　全球变化与森林学科发展及科学需求

鉴于上述国家需要解决的重大问题及其学科发展的需求，本研究学科在全球变化的大背景下，围绕气候变化-植被-水文的相互关系，系统研究全球变化对区域森林植被水碳平衡的影响，提出适应性生态恢复策略。为了应对这一挑战，全球变化与森林的研究将产生以下科学需求：

第一，集成多尺度下的生态系统水-碳耦合过程的研究方法，建立多尺度生态系统水-碳耦合关系的评价指标体系和模型定量评价方法。

第二，揭示气候-植被-水文耦合变化的响应与反馈作用机制，促进全球变化生态学、水文

学和地球科学等科学理论和方法的交叉与融合，进一步丰富和发展全球变化研究流域的新兴学科——空间生态水文学的发展。

第三，提出全球变化情景下中国森林植被建设与水资源格局相互适应的空间规划，提出区域的、大规模森林植被建设的水-碳协调发展适应性生态恢复对策。

3 重点领域与发展方向

3.1 全球变化与森林研究的核心领域是生态水文学

生态水文学是 20 世纪 90 年代以来兴起的一门边缘学科，是描述生态格局和生态过程水文学机制的一门交叉科学（赵文智和程国栋，2001）。由于全球气候和区域森林植被变化，地球上许多地区正在发生严重的水资源危机，如干旱、洪涝和生态环境退化等，这已成为限制国家或区域可持续发展的关键性因子（IPCC，2007）。森林植被是陆地水循环各个重要过程的参与者，它将全球气候变化与流域水文过程联系起来（Canadell，2008）。尽管在小时空尺度上基于过程的森林水文研究已取得丰硕成果，但无法以小流域森林和水文的相互作用来指导和预测全球变化背景下大尺度的森林生态水文过程的响应规律（刘世荣等，2007）。据统计，发表在国际重要杂志上的有关大尺度森林植被调节水文方面的论文非常少，仅 30 篇左右（Wei 等，2009）。这方面的需求推动了很多国际或国家的观测和模拟项目。近年来，IGBP、IHDP、WCRP 和 DIVERSITAS 等大型国际科学计划专门合作设立了地球系统模拟项目（ESSP），通过动态全球植被模型（DGVM）和分布式水文模型的综合集成开展全球变化下区域森林植被变化的生态环境影响研究；国际地圈生物圈计划的"水文循环的生物圈方面（BAHC）"以及联合国教科文组织（UNESCO）的国际水文计划（IHP）中，也专门研究"全球变化与水资源"，并以认识陆地生态系统与区域水文过程的耦合机制为核心研究内容，关注气候变化和人类活动在何时、何地和何种程度上影响区域水资源，发展适于多尺度、综合的、多因子的植被-水土资源的评价技术，积极预防和减少水资源及由其引起的相关科学问题，试图在区域尺度上优化水土资源管理策略。

3.2 森林效益研究方向上更加重视水碳效益的制约与平衡

森林生态系统的碳循环与水循环过程并不是孤立发生的，它们之间相互作用、相互影响。以减缓气候变化增加陆地生态系统碳汇为主要特征的"碳问题"和以淡水资源短缺和干旱、洪涝灾害为主要特征的"水问题"引发了全世界陆地生态系统碳循环和水循环研究的热潮（Vorosmarty 等，2000；Treut 等，2007），人们对生态系统碳循环和水循环过程及其相互关系的研究越来越重视。

然而，区域水循环和水量平衡对陆地生态系统碳循环及碳吸收或排放方面的影响研究较少，而且研究结果也存在较大的分歧。研究表明，2003 年发生在欧洲的干旱，造成欧洲的碳排放量增加了 5 亿 t（Ciais 等，2005）；另外，近 10 年来，干旱导致了全球植被的固碳能力（NPP）有所下降（Zhao and Running，2010）。但是，在亚马孙河流域，干旱却促进植物生长，增强了陆地生态系统的碳吸收功能（Saleska 等，2007）。同时，也有研究表明，水分对于陆地碳汇有着复杂的影响机制，其对碳排放或吸收的影响与水分阈值，季节性和与其他因子的交互性之间存在着密切的联系（Heimann and Reichstein，2008）。

3.3　适应性生态恢复是应对全球变化的新的方向

服务于全球变化问题的陆地生态系统管理必须深入理解生态系统的水循环、养分循环、碳循环和生物进化等生态学过程机制与动态行为基础。面对急剧的全球变化，人类的应对措施和指导思想也经历了由减缓（mitigation）到减缓与适应（adaptation）并举的过程（Mc Kibben，2009），这正是全球变化与生态系统管理科学所面临的新挑战。

为减缓气候变暖的影响，进行大规模植被建设以增加 CO_2 的吸收、实施碳循环管理以减少碳排放，已被《联合国气候变化公约》和IPCC等作为重要的举措之一（IPCC，2007；Candell，2008；Sukumar，2008）。然而，这些大规模植被建设工程背后，却隐藏着加剧我国区域水资源短缺和水资源供需不平衡的危机（Sun等，2006；Mc Vicar等，2007；Liu等，2008）。区域植被水-碳平衡的适应性管理目标应该是提高植被生态系统对全球变化的弹性和抵抗力，使植被能够适应全球变化的影响，在发挥植被碳汇功能的同时，减少植被建设活动对区域水文、水资源的不利影响，发挥其在合理调节区域水文过程、优化水资源有效利用等方面的作用。

因此，当前急需深入研究全球变化影响下的植被生态水文过程的变化规律，从森林植被对气候变化的动态响应过程和不同尺度水-碳耦合变化机制入手，重视适应性研究和相关措施的应用（Bierbaum，2007），从根本上奠定植被水-碳平衡调控的理论基础，为大规模植被建设布局的科学决策、合理利用水土资源、优化土地利用/土地覆盖格局，以及为我国碳汇林、能源林、商品林和生态防护林等多目标林业发展及其适应性管理措施提供科技支撑。

4　存在的问题和对策

4.1　水碳耦合在多尺度、多过程的不确定性

生态系统尺度的全球变化研究主要集中在大气 CO_2 浓度升高和全球变暖效应（Zak等，2000）。许多研究认为 CO_2 浓度的升高会对全球气候产生大范围的影响，同时也会对陆地生态系统的生理过程和水分过程产生影响（Schimel，1995）。由于植被和大气相互作用间存在的复杂性和不确定性，且在大尺度范围内与能量传输和物质循环相关的很多变量都很难直接观测到，因此需要使用模型研究其中的转换过程和机理。

生态系统机理模型成为定量估计和预测生态系统水碳通量变化不可或缺的手段和工具。在数据收集上，"3S"技术与长期定位研究的结合是缺一不可的（Peng等，2011）。生态系统机理模型对水碳通量的模拟以Farquhar的光合作用方程和依赖光合的气孔导度算法为理论依据（Baldocchi and Wilson，2001），以叶片或植株试验数据为基础，在20世纪90年代以前，这些模型主要应用于区域和全球尺度上的模拟，缺乏在植被冠层和景观尺度上的验证。20世纪90年代中期以后，大型环境控制试验和微气象技术的应用，为生态系统水碳通量的研究提供了连续、长期的植被冠层尺度水碳通量观测数据，为改进和检验生态系统机理模型提供了数据基础（Bonan等，1997）。

全球动态植被模型（DGVM）是和全球气候变化关系最为密切的植被模型，其开发和发展在很大程度上是为了解决植被与大气环流模型的耦合作用。该模型力求最大程度简化植物属性和模型复杂性，以植物功能型作为植被的分类单元进行模拟（Purves and Pacala，2008）。新一代

的 DGVM 开始更多关注植被群落结构的生态效应（Sato 等，2007；Peng 等，2010）。

物种分布模型（SDM）的发展主要是为了评估和预测全球气候变化对物种潜在分布区的影响，从而解释生物多样性格局变化的响应，其基础根植于生态位分化理论（Buisson 等，2010；Elith 等，2006）。其中水分因素的作用主要是通过蒸散和土壤水属性的指标来体现。该类模型虽然与生态水文学关系较远，但是对于评价森林植被恢复潜力、碳汇林营造的树种选择和物种搭配具有重要的意义。

生物地球化学循环类模型从 Forest-BGC 发展到 Biome-BGC，为解决与全球变化密切相关的碳循环问题提供了过程详尽的机理模型。其中对于影响植被碳库功能的碳氮耦合、碳水耦合问题能够给出满意的回答（Ishidaira 等，2008；Ueyama 等，2010）。但是，由于该模型的复杂性，使其在大尺度长时间预测方面受到限制，过多模型参数的确定成为应用该模型的重要障碍。而且，该类模型对于有关水分问题的考虑也仅限于生态系统本身和局地尺度。

流域水文模型（SWAT）提供了解决较大尺度上全球变化影响下流域尺度水文响应及水资源变化预测的问题的方法，也考虑到了植被变化的水文作用（Ficklin 等，2009；Ghaffari 等，2010；Githui 等，2009），但是，它对植被特征过度简化，对植被与水文的相互作用考虑十分有限，所以不能实现真正的植被-水文耦合模拟。而目前真正实现生态-水文过程从机理上耦合的模型只有 IBIS 模型。该模型能够考虑到生态水文涉及的土地表面的主要物理过程（包括水文过程）和植物生理生态过程，能够反映物候对气候变化的响应以及碳平衡和植被结构问题，特别适合全球变化的水碳循环过程响应研究。

尽管上述模型族群都有向多尺度、多过程耦合发展的趋势，实现向解决全球变化问题方向的不同程度的跨越，但离实现全球变化条件下生态-水文过程的耦合以及跨尺度信息的转换融合还存在很大距离。同时，这些模型在回答以下问题时在科学性和可靠性上还存在较大不足，诸如：区域尺度植被恢复与水资源利用的权衡问题，森林碳汇功能与潜力在全球变化或水分胁迫下能否长期维持，国家层面上大规模人工林营造的可行性及空间布局等重大决策的科学支撑等问题。

全球变化生态水文学存在一些急需解决的问题：各类模型本身的不确定性还很高，多模型耦合可能带来更大的模拟不确定性。如何构造一个理论模型框架使多模型耦合后的模拟不确定性控制在一个合理范围之内，解决自上而下的大尺度模型（如 DGVM、SDM、SWAT）与精细尺度机理模型（如 Biome-BGC、IBIS）的尺度鸿沟问题，以及较大尺度上生态-水文过程机理性耦合关系，都是未来全球变化生态水文学发展急需探索的重要科学问题。

4.2　学科领域的发展对策

首先，要明确学科发展的首要限制因素，明确研究的主方向与核心问题，才有可能从根本上推动学科的发展。目前的相关研究应致力于以下几个方面的关键问题：

第一，重点在景观和区域尺度上研究水碳耦合机制的理论与方法。当前多数研究依旧局限在点、小区、坡面和小流域等较小空间尺度上，由于尺度效应的普遍存在以及令人信服的尺度转换技术的缺失，小尺度的研究结论和实验结果很难外推到更大尺度上（陈利顶等，2006）。而与此相对的是，很多宏观管理措施和恢复模式却又都是建立在大尺度上的研究结果（孙阁等，2007），这种局面迫切要求开展中大尺度以及跨尺度的综合模拟与耦合集成研究，进而为区域生态系统适应性管理提供参考和决策依据。因此，要立足于目前比较成熟且相对独立的研究领域——碳循环和水循环，围绕二者的耦合关系开展系统定量研究，逐步完善和发展当前的气候-植被-水文模拟模型（刘昌明等，2003），在认识森林生态系统内和系统间水-碳循环过程的时空变异规律、调控机理的基础上，完全能够实现森林植被的水-碳循环的动态耦合，并对全球变化的响应给出准确解释和科学评估。

第二，逐步建立基于水碳平衡的适应性生态恢复的理论方法和相关技术。全球变化背景下，以水-碳平衡为主要目标的生态系统综合管理旨在满足森林生态系统内外水循环、碳循环、养分循环以及生物进化过程的有序性和稳定性，进而实现植被生态系统生产力和生态服务功能输出的协调与双赢。但目前，由于受到不同尺度自然过程的高度变异性、生态系统复杂性和人类活动不可预测性等限制，面对急剧变化的气候和自然环境，尚缺乏针对我国特点的足够的科学认识和植被恢复中有效管理的理论和方法，这也正是该研究学科最终服务于国家重大需求的落脚点。为此，应该立足于代表不同区域特点的典型生态系统长期定位研究站点的研究平台和基础，开展坡面、流域景观和区域尺度的森林植被生态-水文过程的观测和模拟等一系列研究工作。在不同区域开展和深化森林植被水-碳耦合关系对全球变化响应的研究，为全球变化背景下我国区域森林植被建设的合理布局和适应性生态恢复提供科学支撑。

其次，将学科的发展与国家、社会与经济发展紧密联系在一起。气候变化及人类活动引起的土地利用/土地覆盖变化及其带来的水文和水资源分布变化直接影响森林植被的分布、生长和固碳能力，从而改变森林碳源/汇的时空格局，甚至转换森林植被碳源/汇角色。在全球变化的背景下，科学有效地协调森林植被固碳与区域水资源之间的矛盾，促进区域森林植被水碳协调发展，需要系统开展区域森林植被水-碳循环过程耦合研究，并阐明气候变化和土地利用/土地覆盖变化对区域水碳耦合关系影响的内在机制。

尽管在植物个体、群落和生态系统尺度上对植物与水分的关系有了较为深刻的认识，但我们缺乏在景观、流域和区域等大尺度森林植被水碳平衡过程对气候变化和土地利用/土地覆盖变化响应规律及其区域分异性研究，无法在全球变化背景下以植被水碳平衡区域分异性规律来指导区域植被建设。本项目的科学意义是阐明全球变化在不同尺度上对森林植被水-碳耦合过程的影响机制，在充分认识森林植被与水分适应性及其区域分异性规律的基础上，揭示区域植被格局与水文、水资源格局相互作用与相互适应的内在规律。

森林植被的碳汇功能已经成为科学界和政府间的共识，因此迅速提升森林生产力与碳汇潜力，进而发挥森林生态系统调节区域气候、改善区域生态环境的功能，需要开展大规模人工植被恢复与重建。我国人工造林的强度、速度和规模在世界上绝无仅有，已经实施的六大林业生态建设工程作为特例，突显了中国的研究特色。国外不但没有尚可参考的报道，而且也无法开展类似的研究。因此，针对我国大规模森林植被恢复与建设，研究森林生态系统水碳平衡对全球变化的响应规律，发展生态系统水碳平衡调控的基础理论和方法，制订应对全球变化的适应性生态恢复方案，是学术界和决策管理层的双重需要。

最后，建立长期从事有关气候变化和森林生态、水文的研究团队。通过全球变化与森林研究的实施，将继续吸引和凝聚一批优秀的研究人员投入到气候变化科学和森林生态水文学的研究中来，形成多学科、交叉学科的高水平科研队伍。同时，通过国际交流与合作，发展成为一个在国际上有一定影响力和知名度的创新团队。

参考文献

陈利顶，吕一河，傅伯杰，等. 2006. 基于模式识别的景观格局分析与尺度转换研究框架 [J]. 生态学报，26（3）：663-670.

方精云，朴世龙，贺金生，等. 2003. 近20年来中国植被活动在增强 [J]. 中国科学，33（6）：554-565.

胡中民，于贵瑞，樊江文，等. 2006. 干旱对陆地生态系统碳-水过程的影响研究进展 [J]. 地理科学进展，25（6）：12-20.

刘昌明，李道峰，田英，等. 2003. 基于DEM的分布式水文模型在大尺度流域的应用研究 [J]. 地理科学进展，22（5），437-445.

刘世荣，常建国，孙鹏森. 2007. 森林水文学：全球变化背景下的森林与水的关系 [J]. 植物生态学报，31（5）：753-756.

刘世荣，孙鹏森，温远光. 2003. 中国主要森林生态系统水文功能的比较研究 [J]. 植物生态学报，27（1）：16-22.

莫兴国，林忠辉，刘苏峡. 2007. 气候变化对无定河流域生态水文过程的影响 [J]. 生态学报，27（12）：4999-5007.

孙阁，张志强，周国逸，等. 2007. 森林流域水文模拟模型的概念、作用及其在中国的应用 [J]. 北京林业大学学报，29（3）：178-184.

孙鹏森，刘世荣. 2003. 大尺度生态水文模型的构建及其与GIS集成 [J]. 生态学报，23（10）：2115-2124.

索安宁. 2006. 黄土高原典型区土地利用/覆被变化的生态水文演化进程研究 [D]. 北京：北京师范大学.

王兵，刘世荣，崔向慧，等. 2002. 全球陆地生态系统水热平衡规律研究进展 [J]. 世界林业研究，15（1）：19-27.

魏晓华，李文华，周国逸，等. 2005. 森林与径流关系———致性和复杂性 [J]. 自然资源学报，20（5）：761-770.

张雷，孙鹏森，刘世荣. 2009. 树干液流对环境变化响应研究进展 [J]. 生态学报，29（10）：5600-5610.

赵风华，于贵瑞. 2008. 陆地生态系统碳-水耦合机制初探 [J]. 地理科学进展，27（1）：32-38.

赵文智，程国栋. 2001. 生态水文学——揭示生态格局和生态过程水文学机制的科学 [J]. 冰川冻土，23（4）：450-457.

郑淑霞，上官周平. 2003. 黄土高原植被对气候变化的生态响应 [C]. 气候变化与生态环境研讨会文集：394-399.

周涛，史培军，王绍强. 2003. 气候变化及人类活动对中国土壤有机碳储量的影响 [J]. 地理学报，58（5）：727-734.

Baldocchi D D, Wilson K B. 2001. Modeling CO_2 and water vapor exchange of a temperate broadleaved forest across hourly to decadal time scales [J]. Ecological Modelling, 142：155-184.

Betts R A, Boucher O, Collins M, et al. 2007. Projected increase in continental runoff due to plant responses to increasing carbon dioxide [J]. Nature, 448：1037-1041.

Bierbaum R M, Raven P. 2007. A Two-Pronged Climate Strategy [J]. Science, 316：16-17.

Bonan G B. 2008. Forests and climate change：Forcings, feedbacks, and the climate benefits of forests [J]. Science, 320：1444-1449.

Bonan G B, Davis K J, Baldocchi D, et al. 1997. Comparison of the NCAR LSMl land surface model with BOREAS aspen and jack pine tower fluxes [J]. Journal of Geophysical Research, 102：29065-29075.

Brown A E, Zhang L, McMahon T A. 2005. A review of paired catchment studies for determining changes in water yield resulting from alterations in vegetation [J]. Journal of Hydrology, 310：28-61.

Buisson L, Thuiller W, Casajus N, et al. 2010. Uncertainty in ensemble forecasting of species distribution [J]. Global Change Biol, 16 (4): 1145-1157.

Candell G R R. 2008. Managing forests for climate change mitigation [J]. Science, 320: 1456-1457.

Cao M, Woodward F I. 1998. Dynamic responses of terrestrial ecosystem carbon cycling to global climate change [J]. Science, 393: 249-252.

Christian Beer, Markus Reichstein, Enrico Tomelleri, et al. 2010. Terrestrial gross carbon dioxide uptake: global distribution and covariation with climate [J]. Science, 329 (5993): 834-838.

Ciais P, Reichstein M, Viovy N, et al. 2005. Europe-wide reduction in primary productivity caused by the heat and drought in 2003 [J]. Nature, 437: 529-533.

Cox P M, Betts R A, Jones C D, et al. 2000. Acceleration of global warming due to carbon-cycle feedbacks in a coupled climate model [J]. Nature, 408: 184-187.

Davidson E A, Trumbore S E, Amundson R. 2000. Soil warming and organic carbon content [J]. Nature, 408: 789-790.

Davidson E A, Janssens I A. 2006. Temperature sensitivity of soil carbon decomposition and feedbacks to climate change [J]. Nature, 400: 165-173.

Douville H, Chauvin F, Planton S, et al. 2002. Sensitivity of the hydrological cycle to increasing amounts of greenhouse gases and aerosols [J]. Climate Dynamics, 20: 45-68.

Elith J, Graham C H, Anderson R P, et al. 2006. Novel methods improve prediction of species' distributions from occurrence data [J]. Ecography, 29: 129-151.

Ficklin D L, Luo Y Z, Luedeling E, et al, 2009. Climate change sensitivity assessment of a highly agricultural watershed using SWAT [J]. J Hydrol, 374: 16-29.

Fisher R, McDowell N, Purves D, et al. 2010. Assessing uncertainties in a second-generation dynamic vegetation model caused by ecological scale limitations [J]. New Phytol, 187: 666-681.

Fu C B, Wen G. 1999. Variation of ecosystems over East Asia in association with seasonal, interannual and decadal monsoon climate variability [J]. Clim. Change, 43: 477-494.

Gerten D, Schaphoff S, Haberlandt U, et al. 2004. Terrestrial vegetation and water balance-hydrological evaluation of a dynamic global vegetation model [J]. Journal of Hydrology, 286: 249-270.

Ghaffari G, Keesstra S, Ghodousi J, et al. 2010. SWAT-simulated hydrological impact of land-use change in the Zanjanrood Basin, Northwest Iran [J]. Hydrol Process, 24: 892-903.

Gholz H L, Ewel K C, Teskey R O, 1990. Water and forest productivity [J]. Forest Ecology and Management, 30: 1-18.

Githui F, Gitau W, Mutua F, et al. 2009. Climate change impact on SWAT simulated streamflow in western Kenya [J]. Int J Climatol, 29: 1823-1834.

Hanson P J, Wullschleger S D, Norby R J, et al. 2005. Importance of changing CO_2, temperature, precipitation, and ozone on carbon and water cycles of an upland-oak forest: incorporating experimental results into model simulations [J]. Global Change Biology, 11: 1402-1423.

Heimann M, Reichstein M. 2008. Terrestrial ecosystem carbon dynamics and climate feedbacks [J]. Nature, 451: 289-292.

Held I M, Soden B J. 2006. Robust responses of the hydrological cycle to global warming [J]. J Climate, 19: 5686-5699.

IPCC. 2007. Summary for policymakers [C] // In: Climate Change 2007: The Physical Science Basis. Contribution of Working Group I to the Fourth Assessment Report of the Intergovernmental Panel on Climate Change (eds Solomon S,

Qin D, Manning M, Chen Z, Marquis M, Averyt KB, Tignor M, Miller HL), pp. 1-18. Cambridge University Press, Cambridge, New York.

Ishidaira H, Ishikawa Y, Funada S, et al. 2008. Estimating the evolution of vegetation cover and its hydrological impact in the Mekong River basin in the 21st century [J]. Hydrol Process, 22: 1395-1405.

Jung M, Reichstein M, Ciais P, et al. 2010. Recent decline in the global land evapotranspiration trend due to limited moisture supply [J]. Nature, 467: 951-954.

Karl T R, Trenberth K E. 2003. Modern global climate change [J]. Science, 302: 1719-1723.

Li Y, Chen B M, Wang Z G, et al. 2011. Effects of temperature change on water discharge, and sediment and nutrient loading in the lower Pearl River basin based on SWAT modelling [J]. Hydrological Sciences Journal, 56 (1): 1-15.

Linderholm H . 2006. Growing season changes in the last century [J]. Agricultural and Forest Meteorology, 37 (1-2): 1-14.

Liu Jianguo, Shu Xinli, Zhiyun Ouyang, et al. 2008. Ecological and socioeconomic effects of China's policies for ecosystem services [J]. PNAS, 105 (28): 9477-9482

Luo Y, Wan S, Hui D, et al. 2001. Acclimatization of soil respiration to warming in a tall grass prairie [J]. Nature, 413: 622-625.

Malmer A, Murdiyarso D, Bruijnzeel L A, et al. 2010. Carbon sequestration in tropical forests and water: a critical look at the basis for commonly used generalizations [J]. Global Change Biol, 16: 599-604.

McKibben B. 2009. Surviving Climate Change through Mitigation and Adaptation [J]. Conservation Biology, 23: 796-796.

McVicar Tim R, Li Lingtao, Tom G Van Niel, et al. 2007. Developing a decision support tool for China's re-vegetation program: Simulating regional impacts of afforestation on average annual streamflow in the Loess Plateau [J]. Forest Ecology and Management, 251: 65-81.

Middelkoop H, Daamen K, Gellens D, et al. 2001. Impact of climate change on hydrological regimes and water resources management in the Rhine basin [J]. Climatic Change, 49: 105-128.

Miguel D Mahecha, Markus Reichstein, NunoCarvalhais, et al. 2010. Global convergence in the temperature sensitivity of respiration at ecosystem level [J]. Science, 329 (5993): 838-840.

Oki T, Kanae S. 2006. Global hydrological cycles and world water resources [J]. Science, 313: 1068-1072.

Peng S L, Hou Y P, Chen B M. 2009. Vegetation Restoration and Its Effects on Carbon Balance in Guangdong Province, China [J]. Restoration Ecology, 17: 487-494.

Peng S L, Hou Y P, Chen B M. 2010. Establishment of Markov successional model and its application for forest restoration reference in Southern China [J]. Ecological Modelling, 221: 1317-1324.

Peng S L, Zhou T, Liang L Y, et al. 2012. Landscape pattern dynamics and mechanisms during vegetation restoration: a multiscale, hierarchical patch dynamics approach [J]. Restoration Ecology, 20 (1): 95-102.

Purves D, Pacala S. 2008. Predictive models of forest dynamics [J]. Science, 320: 1452-1453.

Rebecca S M, Erika S, Zavaleta N R, et al. 2002. Grassland responds to global environmental changes suppressed by elevated CO_2 [J]. Science, 298: 1987-1990.

Richard A K. 2007. Global warming is changing the world [J]. Science, 316: 188-190.

Saleska S R, Didan K, Huete A R, et al. 2007. Amazon Forests Green-Up During 2005 Drought [J]. Science, 318: 612.

Sato H, Itoh A, Kohyama T. 2007. SEIB-DGVM: A new dynamic global vegetation model using a spatially explicit individual-based approach [J]. Ecol Model, 200: 279-307.

Schimel D S. 1995. Terrestrial ecosystems and the carbon cycle [J]. Global Change Biology, 1: 77-91.

Sukumar R. 2008. Forest research for the 21st Century [J]. Science, 320: 1394-1395.

Sun G, Zhou G Y, Zhang Z Q, et al. 2006. Potential water yield reduction due to forestation across China [J]. Journal of Hydrology, 328: 548-558.

Tatarinov F A, Cienciala E. 2009. Long-term simulation of the effect of climate changes on the growth of main Central-European forest tree species [J]. Ecol Model, 220: 3081-3088.

Treut L H, Somerville R, Cubasch U, et al. 2007. Historical Overview of Climate Change [C] // In: Solomon S, Qin D, Manning M, et al (eds.) Climate Change 2007: The Physical Science Basis. Contribution of Working Group I to the Fourth Assessment Report of theIntergovernmental Panel on Climate Change. Cambridge University Press, Cambridge, United Kingdom and New York, NY, USA, 2007: 95-11.

Ueyama M, Ichii, K, Hirata R, et al. 2010. Simulating carbon and water cycles of larch forests in East Asia by the BIOME-BGC model with Asia Flux data [J]. Biogeosciences, 7: 959-977.

Vorosmarty C J, Green P, Salisbury J, et al. 2000. Global Water Resources: Vulnerability from Climate Change and Population Growth [J]. Science, 289: 284-288.

Wei W, Chen L D, Fu B J. 2009. Effects of rainfall change on water erosion processes in terrestrial ecosystems: a review [J]. Progress in Physical Geography, 33 (3): 307-318.

Weltzin J F, Loik M E, Schwinning S, et al. 2003. Assessing the response of terrestrial ecosystems to potential changes in precipitation [J]. Bioscience, 53 (10): 941-952.

Weltzin J F, Loik M E, Schwinning S, et al. 2003. Assessing the Response of Terrestrial Ecosystems to Potential Changes in Precipitation [J]. Bioscience, 53: 941-952.

Winter J M, Pal J S, Eltahir E A B. 2009. Coupling of Integrated Biosphere Simulator to Regional Climate Model Version 3 [J]. J Climate, 22: 2743-2757.

Yang X, Wang M X. 2000. Monsoon ecosystems control on atmospheric CO_2 interannual variability: inferred from a significant positive correlation between year-to-year changes in land precipitation and atmospheric CO_2 growth rate [J]. Geophys Res Lett, 27: 1671-1674.

Yu G R, Wen X F, Sun X M, et al. 2006. Overview of China Flux and evaluation of its eddy covariance measurement [J]. Agriculture and Forest Meteorology, 137: 125-137.

Zak D R, Pregitzer K S, King J S, et al. 2000. Elevated atmospheric CO_2, fine roots and the response of soil microorganisms: a review and hypothesis [J]. New Phytologist, 147: 201-222.

Zhao M, Running S W. 2010. Drought-induced reduction in global terrestrial net primary production from 2000 through 2009 [J]. Science, 329: 940-943.

Zhu Q A, Jiang H, Liu J X, et al. 2010. Evaluating the spatiotemporal variations of water budget across Chinaover 1951-2006 using IBIS model [J]. Hydrol Process, 24: 429-445.

第5章
森林土壤微生物生态学

张于光（中国林业科学研究院森林生态环境与保护研究所，北京，100091）

　　微生物生态学（microbial ecology）是研究微生物与其环境之间相互作用规律的科学，是生态学的一个重要分支学科。森林土壤微生物生态学是土壤学、微生物学、林学和生态学等学科的新兴交叉学科，对于探索自然生命机制、开发生物资源、应对全球环境变化、维持生态服务功能及促进土壤持续利用等方面具有重要意义。近年来，在微生物生态学中，以宏基因组学为代表的新的环境微生物研究方法的发展和应用、土壤微生物的空间分布格局和形成机制、微生物的群落结构和功能的关系、微生物参与的碳氮循环过程及对温室气体的响应、微生物参与的碳氮循环过程对全球变暖的响应等研究成为了国际研究热点和重点。

　　近10年来，随着微生物生态学研究技术的发展和国内科研经费资助力度的加大，微生物生态学正在发生着突飞猛进的变化，我国土壤、湖泊、海洋等生境中的微生物多样性及其功能的研究得到了迅速发展，积累了丰富的资料和数据，在国际主流杂志上发表了一些有重要影响力的学术论文。但是，微生物生态学作为生态学的重要分支学科，长期以来没有得到足够的重视，相关研究还远未引起科学界和管理部门的重视，其研究的深度、广度、规模和影响远不能与宏观生态学研究相提并论，多数研究尚停留在描述为主的层面，没有将微生物多样性与生态系统过程和功能之间建立理论联系，阻碍和限制了生态学学科相关理论和应用的发展。

　　揭示森林土壤微生物的多样性、分布格局和形成机制、结构和功能的关系等，对于推动和促进森林生态学等相关学科建设和发展具有举足轻重的作用。分子技术发生了革命式的突破，为开展森林土壤微生物的相关研究提供了新的机遇和条件。森林土壤微生物生态学需要结合传统的分离培养方法和现代分子生物学及组学等新技术，以长期生态定位监测和森林生态学发展的关键科学问题为目标，在微生物多样性的测度及时空演变特征、微生物多样性与微生物资源开发、微生物多样性及其支撑的生态系统功能及生态服务功能、微生物多样性及其对全球变化的响应与反馈等方面开展系统工作，为揭示微生物多样性形成的机理和发挥微生物多样性的功能提供科学依据。

1 现状与发展趋势

在土壤微生物生态学中，土壤微生物的新研究方法的发展和应用、微生物的生态分布和空间分异规律、地理分布格局的形成和维持机制、群落结构和功能的关系、环境变化（气候变化、土地利用/覆盖变化和氮沉降等）对微生物的影响及其响应都是近年来国内外的研究热点和重点。

1.1 国际进展

1.1.1 以宏基因组学为代表的新的环境微生物研究方法的发展

由于研究方法的局限性，自然环境中多达99%的微生物在现有实验条件和技术下尚未得到纯培养，其中蕴含着大量潜能微生物和基因资源（Daniel，2005；印蕾等，2012）。为了有效、快速地掌握微生物群落多样性信息，研究方法的不断更新起到巨大作用。20世纪70年代后期，微生物群落多样性的研究随着现代科学研究手段开始飞速发展，20世纪90年代，分子生物学技术引入到微生物群落结构的研究中，使人们对微生物组成以及它们在地球化学循环中所起的作用有了更深刻的认识。目前，土壤微生物多样性的研究方法大致分为两类：一类是常规的土壤微生物学研究方法，包括分离培养法、底物利用分析法、基于标志物的非培养方法（磷脂脂肪酸PLFA分析法）和基于核酸PCR扩增的变性梯度凝胶电泳（DGGE）、末端限制性片段长度多态性（T-RFLP）等方法；另一类是最新发展起来的高通量和高分辨率的宏基因组学、环境转录组学等技术（贺纪正等，2013）。此外，还有诸如qPCR、稳定性同位素探针（SIP）和二级离子质谱（NanoSIM）技术等。这些方法从不同层面对土壤微生物群落组成及多样性、丰度、活性和功能进行研究，有助于了解土壤微生物多样性和功能的全貌（贺纪正等，2012）。

进入21世纪后，人类基因组计划揭开了大数据时代，各国学者对微生物多样性的研究已从形态特征分析、生理生化分析、分子生物学技术这些传统研究手段向高通量技术分析逐渐转化（王绍祥等，2014）。近年来，随着基因组学在各个领域的渗入和现代分子技术的逐渐成熟，以高通量测序和基因芯片等为代表的宏基因组学应运而生，开启了环境微生物研究的新方向。

1.1.1.1 宏基因组学

1998年，Handelsman首次提出了"宏基因组"（metagenome）的概念，认为应该针对环境样品中细菌和真菌的基因组总和进行研究（Handelsman等，1998）。宏基因组学（metagenomics）是将环境中全部微生物的遗传信息看作一个整体，自上而下地研究微生物与自然环境或生物群体之间的关系（Zengler and Palsson，2012）。宏基因组学不仅克服了微生物难以培养的困难，而且还可以结合生物信息学的方法，揭示微生物之间、微生物与环境之间相互作用的规律，大大拓展了微生物学的研究思路和方法，为从群落结构水平上全面认识微生物的生态特征和功能开辟了新的途径。目前，微生物宏基因组学已经成为微生物研究的热点和前沿，广泛应用于气候变化、极端环境、人体肠道、石油污染修复、生物冶金和自然环境等领域，得到了一系列引人瞩目的重要成果（孙欣等，2013）。

1.1.1.2　高通量测序技术

2005 年，*Nature* 发表了 Margulies 等报道的一种快速简单的测序方法——高通量测序技术（High Throughput Sequencing），引起了学术界的轰动，该方法比传统的 Sanger 测序方法快了 100 倍。高通量测序技术又被称为下一个测序技术（Next Generation Sequencing，NGS）。目前，用于微生物群落多样性研究的高通量测序平台主要有来自罗氏公司的 454 法、Illumina 公司的 Solexa 法和 ABI 的 SOLiD 法。在微生物多样性分析中最具潜力的平台为 Solexa 法的 MiSeq，高通量测序技术运行一次能产生 500Mb~600Gb 的数据量。针对微生物群落高通量测序数据分析的软件主要有 Mothur、MEGAN、Qiime 等，其中 Mothur 软件包含了各种各样常用的序列处理功能，很多新的功能和模块不断被整合进入，在 Linux/Windows 和 Mac 系统下都可以安装，使用起来简单，初学者较容易掌握。

1.1.1.3　基因芯片技术

基因芯片是一种小型化的 DNA 阵列，它通过将大量 DNA 探针固定于固体基质的表面，产生二维 DNA 探针阵列；然后将荧光标记后的目标物与之杂交，通过检测杂交信号实现对生物样品高效检测及分析（邢婉丽和程京，2004）。在环境微生物研究领域中得到应用的基因芯片主要包括功能基因芯片（Geo Chip）和系统发育芯片（Phylo Chip）两种。随着高通量测序技术的发展，Phylo Chip 已经受到功能相似的 16*S* rDNA 测序技术的冲击。但 Geo Chip 将微生物群落的结构和功能紧密结合，与高通量测序技术相互补充，可用于对原位微生物群落功能结构和代谢功能的研究（He 等，2007；van Nostrand 等，2009；Waldron 等，2009）。功能基因芯片 Geo Chip 4.0 包含了 83992 个寡核苷酸探针，对应于 410 个功能基因类别，以及包括调控碳、氮、磷、硫等物质循环在内的152414个功能基因（Zhou 等，2011）。由于高通量测序技术和基因芯片技术各有优缺点，结合两者同步进行研究将可得到比较全面的信息。对于高通量测序，其中的 Illumina 测序因其低错误率、低成本及高通量等优势，显示出了极大的发展潜力（He 等，2007）。

1.1.1.4　转录组学技术

环境微生物转录组学是以环境样品中微生物的全部转录本即 mRNA 为研究对象，从群体水平上研究环境微生物功能基因的表达水平及其在不同环境条件下的转录调控规律。RNA-Seq 技术最显著的特点是高通量，借助该技术，每个样品可得到数十万甚至上百万条序列数据，通过对这些海量数据的分析可以获得传统方法无法得到的信息。第一，高通量的数据促进了大量的功能未知的新基因及小 RNA 的发现；第二，通过比较微生物在不同环境条件下的高通量转录组数据，结合宏基因组及定量 PCR 等其他研究手段，有助于发现环境条件对微生物代谢活性的影响以及微生物应对环境变化而进行的转录调控，了解微生物的转录活性对时空变化的响应模式；第三，通过分析海量的微生物转录组数据，可以推测微生物对某类营养物或污染物代谢的可能调控途径（蔡元锋等，2013）。基于 RNA-Seq 技术的环境微生物转录组学研究在近几年发展非常迅速，目前已应用于水体、土壤、淤泥、沉积物、动物肠道等多种环境。水体的研究目前大多集中于海洋样品，对于淡水生态环境及内陆水体的研究目前还很少见（Liu 等，2011）。关于土壤、淤泥及沉积物的研究也有一些，涉及的样品包括温带森林表层土壤（Stewart 等，2011）、人工模拟土壤环境（de Menezes 等，2012）、海底沉积物（Mills 等，2012）等。

1.1.1.5　DNA 条形码技术

DNA 条形码是一种新型的生物学技术，旨在通过较短的 DNA 序列，在物种水平上对现存生

物类群和未知生物材料进行识别和鉴定（陈士林等，2013）。微生物 DNA 条形码研究虽然整体上滞后于动植物，但也在标准序列选择、数据管理和分析、物种分化水平确定等方面取得了较大进展（裴男才等，2013）。目前，微生物 DNA 条形码研究工作主要集中在真菌类群上。国际真菌条形码专业委员会（International Subcommission on Fungal Barcoding）负责组织和协调国际生命条形码（International Barcode of Life）计划中与真菌有关的研究工作。为了筛选出适合真菌物种鉴定的 DNA 条形码，国际真菌 DNA 条形码工作组组织了来自 10 多个国家和地区的 140 多位科学家，对主要真菌类群进行了多个基因序列评价，发现 ITS 可使真菌物种的分辨率达到 72%，是目前真菌物种分辨率最高的单一 DNA 片段。2011 年在澳大利亚阿德雷德市举办的第四届国际生命条形码大会上，ITS 正式被推荐为真菌的首选 DNA 条形码，这对推动真菌 DNA 条形码研究与应用具有里程碑意义（张宇等，2012）。

1.1.1.6　生物信息学

高通量测序和基因芯片等高通量宏基因组学技术为微生物研究提供了海量的数据，如何从这些海量数据中挖掘有效信息，成为宏基因组学研究的一大难题。特别是随着高通量测序和基因芯片技术成本不断下降、通量逐渐提高、准确度越来越有保障，生物信息学（bioinformatics）的发展将成为制约微生物研究的瓶颈（Logares 等，2012）。标准化生物信息学分析、高级生物信息学分析和个性化生物信息学分析是微生物宏基因组学技术分析的主要过程。标准化生物信息学分析是整个多样性分析的基础，其结果呈现方式包括有效测序序列结果统计、优质序列统计、各样本序列数目统计、OTU 生成、稀释曲线分析、多样性指数分析、样品 OTU 分布及分类学信息。高级生物信息学分析呈现方式包括聚类分析、多样品群落结构分析、全样品相似度分析树状图以及组间显著性差异分析，其中含进化树的热图（heatmap）是反映环境样本群落结构与进化关系的最直观形式。个性化生物信息学分析包括 PCA 分析、MDS map 分析、CCA/RDA 分析，是将群落多样性变化与环境因子影响相联系的有效方式，为探索生物多样性与环境变化的相关性给出了直观的表达方式，其中 PCA/CCA 由于操作简便，更是受到广大研究者的普遍应用（王绍祥等，2014）。

生物信息学还通过对宏基因组数据进行模型或网络的构建，分析微生物群落内部以及微生物与环境之间相互作用的信息。Deng 等（2012）基于宏基因组学技术的高通量数据成功构建了分子生态网络（Molecular Ecological Networks，MENs），该网络可根据数据固有特征自动选择阈值，可较好地反映环境中微生物之间的相关性，并且对高通量技术普遍存在的高噪声问题有很好的耐受性（孙欣等，2013）。

1.1.2　土壤微生物的空间分布格局和形成机制

与传统的微生物全球性随机分布观点不同，现在有越来越多的证据表明土壤微生物群落组成、个体丰度或多样性随某种环境变量而在空间上呈现某种规律性分布。这些环境变量包括植被、空间距离、土壤 pH 等。在对微生物空间分布格局研究的基础上，研究者进一步探讨了微生物的种-面积关系和距离-衰减关系等（贺纪正等，2008）。国际上研究的尺度也从区域尺度发展到全球尺度（Fierer 等，2009；Tedersoo 等，2014）。

近年来，越来越多的研究报道，从区域到全球尺度都表明土壤微生物具有明显的地带性区域分布，但不同区域尺度或生态系统的土壤微生物存在不同的区域分布特征。很多研究报道微生物沿海拔梯度变化有着不同的分布模式，有研究认为微生物多样性随着海拔高度的增加而呈现"单峰"模式,有的单调递减或递增,有的没有发现明显规律(Zhang 等,2014)。Fierer 等(2009)基于系统发育分析,所有的细菌群落均以酸杆菌门(Acidobacteria)、放线菌门(Actinobacteria)、变形菌门(Proteobacteria)和拟杆菌门(Bacteroidetes)为主要优势菌门,且细菌群落组成在不同的生物群落中没有显著差异。然而,土壤中的真菌类群在不同的生态系统中却存在明显差异,例如,在全球尺度上,子囊菌门(Ascomycota)与担子菌门(Basidiomycota)的操作分类单元(Operational Taxonomic Units,OTU)的比例在草地和灌木中最高(1.86),在热带干旱森林中为 1.64,但是在温带落叶林最低(0.88)(Tedersoo 等,2014)。

近年来,众多研究表明土壤微生物的群落结构受特定的环境变化和干扰影响。无论是从陆地大尺度还是小尺度,或者是土地利用/覆盖变化方面,土壤 pH 可能是影响微生物多样性形成和分布格局的关键因子。土壤 pH 与微生物多样性和群落结构组成之间的紧密关系很大程度上依赖于其本身能够影响其他土壤环境因子,但也有研究认为 pH 可能在影响土壤微生物多样性上是一个独立的驱动因子(Fierer 等,2006)。土壤性质和植物多样性也是影响微生物群落组成和结构的重要因素,植物群落通过其植被类型、碳及营养元素的摄入量以及通过改变土壤温度和湿度来影响土壤微生物的群落结构(Zhu 等,2010)。

1.1.3 微生物的群落结构和功能的关系

土壤微生物多样性与土壤功能之间的关系仍然是土壤微生物生态学研究中存在争议的主题,主要原因可能归结于整个微生物群落组成并不能说明微生物生命活动对土壤功能产生关键作用(Kirk 等,2004)。早期由于缺乏研究大量野外样品微生物多样性的理论模型和技术手段,加上鲜有大尺度生态系统模型用于调查野外微生物群落结构,致使微生物活性很难和生态系统功能相关联。尽管分子生物学技术在微生物生态学研究中的应用提供了大量不可培养微生物的遗传多样性信息,但很难把微生物活性和生态功能相关联,即微生物是如何通过调节自身机制去适应、响应和反馈环境变化仍是一个未解决的问题(van der Heijden 等,2008)。近些年,地上部分即植物相关的研究已取得了长足的进展,但地下部分土壤微生物以及与地上部分之间的耦合关系的研究仍比较薄弱,特别是微生物主导的碳、氮循环过程及其对全球变化的反馈机制仍是研究的关键(沈培菊等,2011)。

近年来,陆续有研究报道土壤微生物群落结构和功能的关系。Reeve 等(2010)的研究表明,通过基因芯片数据分析发现纤维素酶活性和纤维素基因有显著的相关性,脱氢酶活性与其基因显著相关($P<0.1$),脲酶基因与土壤铵盐量以及硫还原基因与土壤硫含量具有一定的相关性。Zhang 等(2014)的研究表明,土壤有机碳含量与土壤微生物的碳循环相关基因显著相关($P<0.05$),可溶性有机碳含量与易氧化有机碳降解基因显著相关,土壤纤维素酶活性与纤维素基因显著相关。也有研究表明,土壤真菌群落结构与其相关土壤酶活性没有相关性(Talbot 等,2014)。

1.1.4 微生物参与的碳氮循环过程对温室气体的响应

由人类活动引起的全球气候变化问题一直备受关注。其中温室气体特别是 CO_2 浓度的上升引起的全球变暖问题尤其受到重视。气候变暖将对地球碳氮等物质循环、陆地及海洋生态系统功能等产生重大影响。同时,地球化学物质循环(如碳、氮、磷、硫等)也是生态系统响应气候变化的关键过程,而微生物是该循环过程的主要驱动力(Austin 等,2009)。

土壤 CO_2 的产生过程由于涉及多种微生物而变得复杂,因此,一般认为微生物群落结构和

多样性的变化对生态系统 CO_2 浓度的影响不会像对 CH_4 和 N_2O 那样明显。然而，有报道指出，土壤微生物群落的适应或变化均会引起微生物量的降低和土壤碳损耗的加速（Carney 等，2007）。对于大气 CO_2 浓度升高对土壤生态系统的影响，在过去的十几年中开展了广泛的研究，研究手段包括开顶式气室、人工气候室和开放式空气 CO_2 倍增等，研究对象涉及凋落物分解速率、土壤呼吸、土壤生物量、土壤酶和氨氧化细菌等，研究方式包括 CO_2 单一因子影响、CO_2 倍增和氮沉降的复合影响，以及 CO_2 倍增、气候变暖和沉降等多因子的综合影响。单一因子实验可以有效地考查微生物群落对大气 CO_2 倍增的响应，而在实际过程中，这种响应往往是在多因子相互协同或拮抗的状态下发生的（Castro 等，2010）。

微生物介导的产 CH_4 过程对全球气候变化的响应和反馈在学术界存有很大争议（沈菊培等，2011）。一方面，大气 CO_2 浓度的增加改变甲烷氧化菌的群落或数量，进而对 CH_4 的排放产生正反馈效应，比如，森林土壤会减少 CH_4 氧化量的 30%（Phillips 等，2001）。在美国 Duke 森林开展的 CO_2 倍增实验表明，大气 CO_2 浓度增加提高了土壤的 CO_2 浓度和土壤湿度，因此加剧土壤厌氧状况，增强微生物产甲烷过程（沈菊培等，2011）。另一方面，由于全球气候变暖等因素加剧土壤干旱，而土壤通气状况的改善有利于 CH_4 氧化过程，对 CH_4 排放产生负反馈效应。Horz 等（2005）选用多个引物多重 PCR 的方法，通过大气 CO_2 倍增、氮沉降等因子模拟全球变化对土壤微生物的影响，在土壤中除检测到常见的甲烷氧化菌外，并首次发现一类新的能敏感指示全球变化的甲烷氧化菌类群。

土壤微生物介导的 N_2O 产生过程包括硝化、反硝化、甲烷硝化和异养硝化等过程。由微生物主导的 N_2O 产生过程约占全部 N_2O 气体排放通量的 70%。反硝化作用作为 N_2O 排放的主要途径，是多种反硝化细菌介导的，通过一系列中间产物（NO_2^-、NO、N_2O），最终将硝酸盐中的氮还原为氮气分子的生物化学过程。在自然环境中，反硝化细菌的功能基因丰度（如亚硝酸还原酶 *nirS* 基因、氧化亚氮还原酶 *nosZ* 基因、固氮酶 *nifH* 基因）可以作为评价土壤 N_2O 排放的指标（Morales 等，2010）。虽然有证据表明反硝化细菌与土壤 N_2O 排放有直接的关系（Salles 等，2009），但最近越来越多的研究表明氨氧化细菌的反硝化作用在土壤产 N_2O 过程中有重要作用（Warge 等，2005）。

1.1.5 微生物参与的碳氮循环过程对全球变暖的响应

近年来，宏基因组学的运用为微生物对气候变化响应和反馈的研究提供了全新的视角，并取得了相当大的进展。Zhou 等（2012）基于功能基因芯片的长期增温实验表明，土壤微生物群落结构在增温条件下发生了显著改变，分解易降解碳的基因变得活跃，而分解难降解碳的基因并没有显著改变，这就保证了土壤碳存储的相对稳定。通过构建微生物的分子生态学网络，Deng 等（2012）发现，不同气温条件下微生物基因在网络中扮演的角色以及相互作用规律发生了明显改变。另外，功能基因芯片也被用于研究 CO_2 浓度升高的效应。CO_2 浓度升高刺激了调节重要物质循环过程的基因的活性，其中碳固定基因、易降解碳基因以及氮循环基因的数量明显增多（He 等，2010）。此外，He 等（2012）基于系统发育芯片的实验发现，CO_2 浓度升高导致微生物 OTU 的丰度显著增加。将上述两种芯片分别进行网络构建后发现微生物基因间的相互作用受到 CO_2 浓度的显著影响，且不同 CO_2 浓度下发挥关键作用的特征基因和模块的核心基因均不同（Zhou 等，2011）。

气候变化对生态系统的直接作用包括对土壤微生物、温室气体排放、大气沉降和极端性气候的影响，以及植物群落初级生产力和多样性的气候性变化，而植物的气候变化特征又改变了土壤碳的供给和土壤理化特性，间接地影响微生物的活性、结构和矿化速率。土壤则通过生成或消耗温室气体对全球气候变化产生响应。因此，了解气候变化对土壤微生物的影响，探索微生物的响应、适应和反馈机制，对研究全球气候变化趋势和全面真实地评价土壤微生物在消减气候变化中的作用具有重要理论意义和现实意义（Arneth 等，2010）。微生物在调节土壤生态系统功能如养分循环、有机质分解、土壤结构维持、温室气体产生和环境污染物净化等方面起着重要作用，是地球生物化学循环特别是碳氮循环过程的主要驱动者（沈菊培等，2011）。土壤微生物参与的碳氮生物学过程研究对于探索自然生命机制、应对全球气候变化、维持生态系统服务功能及促进土壤可持续利用具有重要意义。

温度升高会增加土壤微生物的活性进而加速土壤有机质降解速率和土壤无机氮的释放，同时，温度变化还会影响参与氮循环过程的功能微生物特性（如氨氧化细菌、氨氧化古菌和反硝化细菌），进而改变由此驱动的生物地球氮循环过程（沈培菊等，2011）。Szukics 等（2010）发现奥地利原始森林土壤随着温度递增，即从 5℃ 逐步递增至 25℃ 时，反硝化微生物的功能基因 *nirK* 的丰度剧增，可能的原因是土壤微生物结构或代谢在长期加温处理下适应了外界环境的变化。

1.2 国内进展

由于技术限制和科研资金投入等原因，我国森林土壤微生物生态学的研究远远落后于国外相关研究，同时也明显落后于医学、食品和农业等行业的相关研究。近 10 年来，随着微生物生态学研究技术的发展和国内科研经费资助力度的加大，微生物生态学正在发生突飞猛进的变化。我国土壤、湖泊、海洋等生境中的微生物多样性及其功能的研究得到了迅速发展，积累了丰富的资料和数据，在国际主流杂志上发表了一些有重要影响的学术论文。例如，2009 年 11 月在欧洲微生物联合会的 *FEMS Microbiology Ecology* 出版了 "中国微生物生态学专刊"，较系统地报道了土壤、河湖沉积物和污染环境中微生物的多样性特征及其分布特点等（贺纪正等，2013）；为进一步展示我国微生物多样性研究领域的成果，促进微生物多样性研究的发展，《生物多样性》期刊在 2013 年出版了 "微生物多样性专刊"，从不同角度综述了微生物多样性研究的主要进展。

1.2.1 微生物的物种多样性研究

我国已开展了大量的微生物多样性研究，并证实了我国多样的生境蕴藏着丰富的微生物物种多样性。目前我国已报道的真核微生物（菌物）约 14700 种，其中包括真菌约 14060 种、卵菌约 300 种、黏菌约 340 种，而真菌中有药用菌 473 种、食用菌 966 个分类单元（郭良栋，2012）。我国在古菌多样性研究方面取得了重要进展，如在 ISI Web of Knowledge 数据库中检索结果表明，自 1999 年以来我国学者在国际微生物分类学界公认的权威期刊 *International Journal of Systematic and Evolutionary Microbiolgoy*（IJSEM）和 *Extremophiles* 上发表了超过 50 篇的古菌分类文章，总共报道了 61 种可培养的古菌新种（郭良栋，2012）。Cao 等（2012）分析北京、天津、山东、河南和湖南 5 省（直辖市）的 4 种土壤类型中 16*S* rRNA 基因序列表明，红壤中的古菌类型以 Crenarchaeota group 1.3 和 1.1c 为主，而其他 3 种土壤类型中的古菌以 Crenarchaeota group 1.1b 和 1.1a 为主。据不完全统计，目前世界已报道的细菌约 11010 种，据估算我国报道的细菌种数约为世界已报道种数的 10%。自 1990 年以来，我国学者对放线菌、双歧杆菌、嗜热杆菌、

草酸杆菌以及根瘤菌等分类和多样性的研究成果引起了国际同行的高度关注（郭良栋，2012）。

1.2.2 微生物多样性资源保藏现状

微生物作为国家战略资源，一方面需要开发新的菌种分离培养技术，获得更多的可培养微生物菌种资源，另一方面要做好微生物资源的收集和保藏。目前，我国各微生物菌种保藏机构已收集保藏了大量微生物菌种资源，如中国普通微生物菌种保藏管理中心（CGMCC）保藏约1220属4610种41000株，中国林业微生物菌种保藏管理中心保藏约603属2078种15000株，中国农业微生物菌种保藏管理中心（ACCC）保藏约725属2426种15000株，中国工业微生物菌种保藏管理中心（CICC）保藏约223属879种10300株，中国药学微生物菌种保藏管理中心保藏约232属639株35000株（郭良栋，2012）。

1.2.3 森林土壤微生物的分布特征研究

土壤微生物的分布及其活动是森林生态环境综合评价的主要依据之一，因为在森林生态系统中，微生物在土壤中的分布与活动既反映了土壤各因素对微生物的生态分布、生化特性的影响和作用，同时也反映了微生物对植物和土壤肥力的影响和作用。在不同的森林类型土壤中，三大类微生物的数量不尽相同，但数量结构大致都呈现出细菌>放线菌>真菌的特点。森林土壤微生物生物量的垂直分布特征已经研究得较为清楚和准确，根据多方研究分析，认为森林土壤微生物生物量随着土壤深度加深而减少（徐文煦等，2009）。

1.2.4 微生物多样性的分布格局和对环境变化的响应研究

随着环境微生物研究技术的发展，我国科学家在森林土壤微生物多样性的分布格局和对环境变化的响应等方面开展了大量的研究。近年来，陆续有研究者以我国典型的森林样带和森林生态定位站相结合，从植物–土壤–微生物的相互关系等角度开展研究，以及进行海拔梯度、纬度梯度、土壤覆盖变化等环境变化对土壤微生物的影响和响应研究。Zhang 等（2014）和 Shen（2013）等分别以神农架和长白山等典型山地为研究对象，探讨了垂直梯度的森林土壤微生物分布格局和形成机制。Zhang 等（2014）以神农架的天然成熟落叶阔叶林和天然中熟落叶阔叶林为研究对象，结合高通量测序和微生物功能基因芯片技术，研究了土壤微生物的群落结构和功能微生物对植被类型变化的影响和响应，结果表明土壤微生物的群落结构发展了显著的变化，微生物的功能基因也存在明显的差异。

1.3 国内外差距分析

1.3.1 对学科不够重视，研究广度和深度不够

微生物生态学是生态学的重要分支学科，但是形成较晚，长期以来没有得到足够的重视，相关研究还远未引起科学界和管理部门的重视，其研究的深度、广度、规模和影响远不能与宏观生态学研究相提并论，多数研究尚停留在描述为主的层面，没有将微生物多样性与生态系统过程和功能之间建立理论联系，阻碍和限制了生态学科相关理论和应用的发展。目前，有关森林土壤微生物生态学的研究虽有不少报道，但整体研究水平还有待提高。因此，广泛开展基础性研究仍需加强，尤其是在探究土壤微生物与环境之间的相互关系，特别是在全球变化、环境污染等对土壤微生物多样性和生态功能的影响及其响应方面。

1.3.2 生物信息学等相关学科发展较慢

生物信息学分析是基于宏基因组学的微生物生态学的重要组成，若分析不好，得到的海量

数据则毫无用处。随着科学技术的飞速发展，大数据时代已经到来。如何进行有效的数据挖掘成为绝大多数科研领域的核心问题。虽然基于生物信息学来构建模型和网络等方法都已应用于微生物宏基因组学数据分析中，并取得了一定成果，但随着技术的进步，数据量会越来越大。如何更快捷、更深入、更有效地挖掘数据，获得尽可能准确和丰富的信息，是当前面临的巨大挑战。

1.3.3　研究资金投入不够，缺少可持续性

微生物生态学研究资金投入有限，较少有专门的科研资金项目支持。同时，受到科研机制体制的限制，相关的研究也缺少可持续性。近年来，这种现象有一定的改观，针对微生物生态学方面的研究相对薄弱的现象，2013 年和 2014 年的国家自然科学基金项目指南中明确提出今后将加强对微生物生态学的支持，鼓励研究微生物群落动态、微生物与动植物相互关系、微生物在生态系统中的作用，加强对全球变化及区域生态学研究的支持。在资金投入的可持续性方面，仍需加强。

1.3.4　研究人员和学科的团队合作不够

土壤微生物生态学是生态学的重要分支学科，同时也是微生物学和土壤学的重要组成部分，因此，学科的发展涉及多个不同的学科领域，需要这些学科领域的团队合作。近年来，随着宏基因组学等新技术的发展，微生物生态学已逐步从生物学领域延伸到包括生物、环境、地理、统计、计算机、自动化等在内的多个学科。因此，需要多学科领域的研究人员展开更广泛、更深入的合作；同时，也需要科研人员具有多种学科的相关知识，这对研究人员来说既是珍贵的机遇，也是巨大的挑战。

2　发展战略、需求与目标

2.1　发展战略

森林土壤微生物生态学是土壤学、微生物学、林学和生态学等学科的新兴交叉学科，在探索自然生命机制、开发生物资源、应对全球环境变化、维持生态服务功能及促进土壤持续利用等方面具有重要意义。我国森林土壤微生物生态学的研究长期落后于国外和国内的医学、农业等领域的相关研究，土壤微生物研究技术的发展、国际学术交流的加强和国家经费的投入，将给森林土壤微生物生态学科的发展带来极大的机遇。森林土壤微生物生态学科应结合森林生态学科的研究平台，紧紧抓住本学科的关键科学问题，满足国家生态文明建设和可持续发展的需求。

2.2　发展需求

土壤微生物是生物多样性的重要组成部分，在生态系统过程和生物地球化学循环中具有重要的作用。由于森林土壤微生物的高度多样性和复杂性，以及相关研究的滞后，明显阻碍和影响了森林生态学等相关领域和科学问题的解决，因此揭示森林土壤微生物的多样性、分布格局和形成机制、结构和功能的关系等，对于推动和促进森林生态学等相关学科建设和发展具有举足轻重的作用。土壤微生物多样性与土壤生态功能的整合是认识生态系统结构和功能的必然，也是土壤微生物学学科发展和应用技术进步的内在要求。

2.3 发展目标

21 世纪以来，分子技术发生了革命式的突破，为开展森林土壤微生物的相关研究提供了新的机遇和条件。森林土壤微生物生态学需要结合传统的分离培养方法和现代分子生物学及组学等新技术，以长期生态定位监测和森林生态学发展的关键科学问题为目标，在微生物多样性的测度及时空演变特征、微生物多样性与微生物资源开发、微生物多样性及其支撑的生态系统功能与生态服务功能、微生物多样性及其对全球变化的响应与反馈等方面开展系统工作，为揭示微生物多样性形成的机理和发挥微生物多样性的功能提供科学依据。

3 重点领域和发展方向

3.1 重点领域

在微生物基因数据呈指数增长的基础上，未来研究应更加注重基因功能的发掘及其调控手段的构建，特别是针对自然环境中大量难培养微生物的基因，需要将大量生物地理学与高通量基因组学信息耦合分析，破译这些基因的生态功能，并应用到生态模型以及大尺度下土壤微生物功能的研究中。

3.2 发展方向

3.2.1 土壤微生物群落组成、多样性和空间分异规律

微生物群落组成和多样性一直是微生物生态学的研究重点。首先，微生物群落组成决定了生态功能的特征和强弱；其次，微生物群落多样性-稳定性是研究生态系统动态变化和功能关系的重要途径；再次，微生物群落组成变化是标记环境变化的重要方面（曹鹏等，2015）。通过对微生物群落组成和多样性及其动态变化的研究，可以了解群落结构、功能和发现新的重要功能微生物类群，使生态环境变化研究从微观角度得以体现。微生物的空间分异规律研究包括微生物群落的空间分异规律（水平和垂直）究竟如何，是否存在一个（或几个）可以指示微生物群落的空间分异的环境变量，是否可以像动植物一样对微生物的分布进行地理定位。

3.2.2 土壤微生物地理格局的形成和维持机制

生物多样性的形成和维持机制是生态学研究的重要内容之一。迁移、扩散、分化、灭绝等历史过程和当代的环境异质性及环境扰动对当前土壤微生物地理格局的形成和维持机制究竟如何？对这些机制的认识将帮助人们更好地预测微生物群落结构和多样性对各种环境变化的可能响应，进而制定更有效的管理措施和对策。

3.2.3 土壤微生物群落结构与功能之间的关系

微生物群落是生态系统的基础和核心组成部分，与生态系统功能息息相关。耦合土壤微生物多样性与生态服务功能是当前土壤微生物学面临的最大挑战，也是土壤微生物生态学向前发展的必由之路。我国森林土壤微生物的相关研究，应该结合长期监测的森林样带、样地和森林生态定位观测数据进行，包括不同生态系统土壤微生物多样性表现如何，它们的作用过程和生态行为受哪些因素控制，如何影响生态系统的稳定性和生产力，如何受全球变化影响、如何影

响全球变化，造成不同生态系统功能和过程差异的主要的微生物类群（如参与碳氮生物地球化学循环的功能类群）是什么，多大程度的微生物多样性变化可以引起生态系统过程及功能的显著变化等。

3.2.4 新的研究方法和技术

针对土壤微生物的高度多样性和复杂性，森林土壤微生物生态学应在现有研究技术的基础上，进一步发展和引进新的研究方法，进行群落结构和功能的耦合。高通量测序和基因芯片等高通量宏基因组学技术为微生物研究提供了海量的数据，如何从这些海量数据中挖掘有效信息，成为宏基因组学研究的一大难题。特别是随着高通量测序和基因芯片技术成本不断下降、通量逐渐提高、准确度越来越有保障，生物信息学的发展将成为制约微生物研究的瓶颈。因此，需要从硬件和软件等不同的角度促进和加快生物信息学等相关学科的发展。

参考文献

蔡元锋，贾仲君. 2013. 基于新一代高通量测序的环境微生物转录组学研究进展 [J]. 生物多样性，21（4）：401-410.

曹鹏，贺纪正. 2015. 微生物生态学理论框架初探 [J]. 生态学报，35（22）：1-10.

陈声明，林海萍，张立钦. 2007. 微生物生态学导论 [M]. 北京：高等教育出版社.

陈士林，庞晓慧，罗焜，等. 2013. 生物资源的 DNA 条形码 [J]. 生命科学，25：458-466.

郭良栋. 2012. 中国微生物物种多样性研究进展 [J]. 生物多样性，20（5）：572-580.

贺纪正，郭良栋. 2013. 微生物多样性研究进展与展望 [J]. 生物多样性，21（4）：391-392.

贺纪正，李晶，郑袁明. 2013. 土壤生态系统微生物多样性-稳定性关系的思考 [J]. 生物多样性，21（4）：411-420.

贺纪正，袁超磊，沈菊培，等. 2012. 土壤宏基因组学研究方法与进展 [J]. 土壤学报，49（1）：155-164.

林先贵，陈瑞蕊，胡君利. 2010. 土壤微生物资源管理、应用技术与学科展望 [J]. 生态学报，30（24）：7029-7037.

裴男才，陈步峰. 2013. 生物 DNA 条形码：十年发展历程、研究尺度和功能 [J]. 生物多样性，21（5）：616-627.

沈菊培，贺纪正. 2011. 微生物介导的碳氮循环过程对全球气候变化的响应 [J]. 生态学报，31（11）：2957-2967.

孙良杰，齐玉春，董云社，等. 2012. 全球变化对草地土壤微生物群落多样性的影响研究进展 [J]. 地理科学进展，31（12）：1715-1723.

孙欣，高莹，杨云峰. 2013. 环境微生物的宏基因组学研究进展 [J]. 生物多样性，21（4）：393-400.

王绍祥，杨洲祥，孙真，等. 2014. 高通量测序技术在水环境微生物群落多样性中的应用 [J]. 化学通报，77（3）：196-203.

邢婉丽，程京. 2004. 生物芯片技术 [M]. 北京：清华大学出版社.

徐文煦，王继华，张雪萍. 2009. 我国森林土壤微生物生态学研究现状及展望 [J]. 哈尔滨师范大学自然科学学报，25（3）：96-100.

杨钙仁，童成立，张文菊，等. 2005. 陆地碳循环中的微生物分解作用及其影响因素 [J]. 土壤通报，36（4）：605-609.

印蕾，高向东，顾觉奋. 2012. 宏基因组学技术研究进展 [J]. 中国医药生物技术，7（3）：216-220.

袁志辉，王健，杨文蛟，等. 2014. 土壤微生物分离新技术的研究进展 [J]. 土壤学报，51（6）：1183-1191.

张宇，郭良栋. 2012. 真菌 DNA 条形码进展 [J]. 菌物学报，31：809-820.

Allison S D, Treseder K K. 2008. Warming and drying suppress microbial activity and carbon cycling in boreal forest soils [J]. Global Change Biology, 14 (12): 2898-2909.

Arneth A, Niinemets U. 2010. Induced BVOCs: how to bug our models? [J]. Trends in Plant Science, 15 (3): 118-125.

Austin E E, Castro H F, Sides K E, et al. 2009. Assessment of 10 years of CO_2 fumigation on soil microbial communities and function in a sweetgum plantation [J]. Soil Biology and Biochemistry, 41: 514-520.

Cao P, Zhang L M, Shen J P, et al. 2012. Distribution and diversity of archaeal communities in selected Chinese soils [J]. FEMS Microbiology Ecology, 80: 146-158.

Carney K M, Hungate B A, Drake B G, et al. 2007. Altered soil microbial community at elevated CO_2 leads to loss of soil carbon [J]. Proceedings of the National Academy of Sciences of the United States of America, 104 (12): 4990-4995.

Castro H F, Classen A T, Austin E E, et al. 2010. Soil microbial community responses to multiple experimental climate change drivers [J]. Applied and Environmental Microbiology, 76 (4): 999-1007.

Daniel R. 2005. The metagenomic of soil [J]. Nat Rev Microbiol, 3 (6): 470-478.

Deng Y, Jiang Y H, Yang Y, et al. 2012. Molecular ecological network analyses [J]. BMC Bioinformatics, 13: 113.

de Menezes A, Clipson N, Doyle E. 2012. Comparative metatranscriptomics reveals widespread community responses during phenanthrene degradation in soil [J]. Environmental Microbiology, 14: 2577-2588.

Fierer N, Jackson R B. 2006. The diversity and biogeography of soil bacterial communities [J]. PNAS, 103 (3): 626-631.

Fierer N, Strickland M S, Liptzin D, et al. 2009. Global patterns in belowground communities [J]. Ecology Letters, 12 (11): 1238-1249.

Handelsman J, Rondon M R, Brady S F, et al. 1998. Molecular biological access to the chemistry of unknown soil microbes: a new frontier for natural products [J]. Chemistry & Biology, 5: 245-249.

He Z, Gentry T J, Schadt C W, et al. 2009. GeoChip-based analysis of functional microbial communities during the reoxidation of a bioreduced uranium-contaminated aquifer [J]. Environmental Microbiology, 11: 2611-2626.

He Z L, Piceno Y, Deng Y, et al. 2012. The phylogenetic composition and structure of soil microbial communities shifts in responses to elevated carbon dioxide [J]. The ISME Journal, 6: 259-272.

He Z L, Xu M Y, Deng Y, et al. 2010. Metagenomic analysis reveals a marked divergence in the structure of belowground microbial communities at elevated CO_2 [J]. Ecology Letters, 13: 564-575.

Horz H P, Rich V, Avahami S, et al. 2005. Methane-oxidizing bacteria in a California upland grassland soil: diversity and response to simulated global change [J]. Applied and Environmental Microbiology, 71 (5): 2642-2652.

Kirk J L, Beaudette L A, Hart M, et al. 2004. Methods of studying soil microbial diversity [J]. Journal of Microbiological Methods, 58 (2): 169-188.

Liu Z F, Klatt C G, Wood J M, et al. 2011. Metatranscriptomic analyses of chlorophototrophs of a hot-spring microbial mat [J]. The ISME Journal, 5: 1297-1290.

Logares R, Haverkamp T H A, Kumar S, et al. 2012. Environmental microbiology through the lens of high-throughput DNA sequencing: synopsis of current platforms and bioinformatics approaches [J]. Journal of Microbiological Methods, 91: 106-113.

McLain J E T, Kepler T B, Almann D M. 2002. Belowground factors mediating changes in methane consumption in a forest soil under elevated CO_2 [J]. Global Biogeochemical Cycles, 16: 1050.

Melillo J M, Steudler P A, Aber J D, et al. 2002. Soil warming and carbon cycle feedbacks to the climate system [J]. Science, 298 (5601): 2173-2176.

Mills H J, Reese B K, Shepard A K, et al. 2012. Characterization of metabolically active bacterial populations in subseafloor Nankai through sediments above, within, and below the sulfate-methane transition zone [J]. Frontiers in

Microbiology, 3: 113.

Morales S E, Cosart T, Holben W E. 2010. Bacterial gene abundances as indicators of greenhouse gas emission in soils [J]. The ISME Journal, 4 (6): 799-808.

Phillips R L, Whalen S C, Schlesinger W H. 2001. Influence of atmospheric CO_2 enrichment on methane consumption in a temperate forest soil [J]. Global Change Biology, 7 (5): 557-563.

Reeve J R, Schadt C W, Carpenter-Boggs L, et al. 2010. Effects of soil type and farm management on soil ecological functional genes and microbial activities [J]. The ISME Journal, 4 (9): 1099-1107.

Rinnan R, Michelsen A, Baath E, et al. 2007. Fifteen years of climate change manipulations alter soil microbial communities in a subarctic heath ecosystem [J]. Global Change Biology, 13 (1): 28-39.

Salles J F, Ploy F, Schmid B, et al. 2009. Community niche predicts the functioning of denitrifying bacterial assemblages [J]. Ecology, 90 (12): 3324-3332.

Shen C, Xiong J, Zhang H, et al. 2012. Soil pH drives the spatial distribution of bacterial communities along elevation on Changbai Mountain [J]. Soil Biology & Biochemistry, 57: 204-211.

Stewart F J, Sharma A K, Bryant J A, et al. 2011. Community transcriptomics reveals universal patterns of protein sequence conservation in natural microbial communities [J]. Genome Biology, 12: 26.

Szukics U, Abell G C J, Hodl V, et al. 2010. Nitrifiers and denitrifiers respond rapidly to changed moisture and increasing temperature in a pristine forest soil [J]. FEMS Microbiology Ecology, 72 (3): 395-406.

Talbot J M, Bruns T D, Taylor J W, et al. 2014. Endemism and functional convergence across the North American soil mycobiome [J]. PNAS, 111 (17): 6341-6346.

Tedersoo L, Bahram M, Poime S, et al. 2014. Global diversity and geography of soil fungi [J]. Science, 346 (6213): 1-10.

Van der Heijden M G A, Bardgett R D, van Straalen N M. 2008. The unseen majority: soil microbes as drivers of plant diversity and productivity in terrestrial ecosystem [J]. Ecology Letters, 11 (3): 296-310.

Waldron P J, Wu L, Van Nostrand J D, et al. 2009. Functional gene array-based analysis of microbial community structure in groundwaters with a gradient of contaminant levels [J]. Environmental Science & Technology, 43: 3529-2534.

Wrage N, van Groenigen J W, Oenema O, et al. 2005. A novel dual-isotope labelling method for distinguishing between soil sources of N_2O [J]. Rapid communications in Mass Spectrometry, 19 (22): 3298-3306.

Zengler K, Palsson B O. 2012. A road map for the development of community systems (CoSy) biology [J]. Nature Reviews. Microbiology, 10: 366-372.

Zhang Y, Cong J, Lu H, et al. 2014. Community structure and elevational diversity patterns of soil Acidobacteria [J]. Journal of environmental sciences, 26 (8): 1717-1724.

Zhang Y, Cong J, Lu H, et al. 2014. An Integrated Study to Analyze soil Microbial Community Structure and Metabolic Potential in Two Forest Types [J]. PLOS One, 9 (4): e93773.

Zhou J. 2007. GeoChip: a comprehensive microarray for investigating biogeochemical, ecological and environmental processes [J]. The ISME Journal, 1: 67-77.

Zhou J, Deng Y, Luo F, et al. 2011. Phylogenetic molecular ecological network of soil microbial communities in response to elevated CO_2 [J]. MBio, 2: e00122-11.

Zhou J Z, Sanghoon K, Christopher W, et al. 2008. Spatial Scaling of Functional Gene Diversity across Various Microbial Taxa [J]. PNAS, 105: 7768-7773.

Zhu W, Cai X, Liu X, et al. 2010. Soil microbial population dynamics along a chronosequence of moist evergreen broad-leaved forest succession in southwestern China [J]. Journal of Mountain Science, 7 (4): 327-338.

第 6 章
防护林生态学

虞木奎，吴统贵（中国林业科学研究院亚热带林业研究所，浙江富阳，311400）

为了满足国家生态文明建设的战略需求，随着林业的地位和作用获得广泛认同，森林经营目标和功能定位的进一步明确，防护林必将成为生态建设的最重要林种，防护林生态学必将成为森林生态学的重点和热点。

防护林是以发挥防护效应为基本经营目的的森林的总称，既包括人工林，也包括天然林。从生态学角度出发，防护林可以理解为利用森林具有影响环境的生态功能，保护生态脆弱地区的土地资源、农牧业生产、建筑设施、人居环境，使之免遭或减轻自然灾害，或避免不利环境因素危害和威胁的森林。防护林生态学是一门应用性极强的学科，防护林建设与工程的需求是防护林生态学研究的依托和服务归宿。随着世界范围内防护林建设的发展，防护林生态学逐渐发展与完善。

防护林生态学必须以防护林生态系统为研究对象，要包含防护林本身和防护对象，研究目标要分别按主体功能区定位，明确以主导功能目标为重点兼顾多目标的原则；研究方法要传统经典方法与现代先进方法相结合，野外工程、实验监测与室内模型、模拟分析相结合，点上长期定位跟踪监测与面上"3S"技术、多源大数据相结合，生态学、林学、生态工程学等防护林相关学科方法相结合；研究重点要形成防护林生态学理论和技术体系，重点研究防护林生态系统宏观格局、过程机理、更新演替等基础理论，以及不同主导功能防护林空间配置、结构优化、系统经营、监测评价等技术体系，构建结构稳定、功能高效、系统持续的防护林体系。

1 现状与发展趋势

1.1 国际进展

早在 1843 年，苏联（欧洲部分）针对严重影响俄罗斯和乌克兰草原地区农业生产的干旱风害、土壤侵蚀等，在卡明草原（Cumming prairie）营建了农田防护试验林，但直至 1931 年后才成立了"全苏农林土壤改良科学研究所"，并建成世界上第一个防护林试验站。基于此，积累了防护林研究的众多成果，成为防护林学发展的起始点。因此，防护林学的发展历史距今约有 170 年。防护林是以发挥森林的防护功能为目的的林种，其最初概念的形成源于人们对天然森林加速消失的意识。随着 19 世纪工业革命的兴起，对自然资源特别是对天然林的无度开发，加剧了生态环境的恶化。19 世纪中期，俄罗斯和乌克兰草原区域由于过度垦伐，"黑风暴"频繁出现。19 世纪后期至 20 世纪 30 年代，美国大平原地区（密西西比河以西和洛杉矶以东），为获取耕地，人们进行了大范围开发，1934 年发生了大范围、长时间的"黑风暴"。人们在遇到自然灾害时，逐渐认识到保护和合理开发利用森林资源的重要性，并开始有规划、有目的地营造森林，以发挥森林的防护功能（如防治土地风蚀、沙化、水土流失、泥石流，降低强风危害，净化大气、土壤、水体，减少噪声、酸雨等），这便形成了防护林的初始概念。由于防护林学是伴随着防护林工程建设而发展起来的，其发展史基本上是沿着国内外重大防护林工程的发展轨迹而展开。以国家形式运作的重大防护林工程主要包括：1935—1942 年美国大平原各州林业工程（罗斯福工程），1949—1965 年苏联斯大林改造大自然计划，1950—1978 年中国东北西部内蒙古东部防护林建设为代表的防护林工程，1954—1983 年日本治山治水防护林工程，1970—1986 年北非五国"绿色坝"跨国防护林工程，1978—2050 年中国三北防护林工程。这些防护林工程的实施，极大地促进了防护林学的发展。

1.2 国内进展

中国营造防护林的历史距今已有 100 多年，开展大规模的防护林建设则是从中华人民共和国成立开始。自 20 世纪 50 年代初，我国防护林建设一直没有间断过，先后启动了东北西部、内蒙古东部、河北、陕西等地的防护林建设，之后逐渐扩大至西北、豫东防护林（17 县）、陕北防护林（6 县）、永定河下游防护林网（4 县）、冀西防护林网（8 县），以及新疆河西走廊垦区的绿洲防护林营造。20 世纪六七十年代后，以农田防护林为主的建设由北部、西部风沙低产区，扩展到华北、中原高产区及江南水网区，与此同时，黄河中、上游各省（自治区、直辖市）水土保持林、水源涵养林，以及中国北方防沙治沙林、黄土高原水土保持林综合防护林建设一直持续发展。该时期防护林建设对防护林学理论和技术应用均做出了重大贡献：①防护林营建基础——从灾害种类（风、沙、水等）存在与发生规律、危害程度及防护林所处立地、对应树种适应性，到提出因害设防、因地制宜的防护林工程建设原则等开展研究；②防护林营建技术——主要借鉴了前苏联时期防护林规划设计、造林技术及抚育技术等成果和经验，结合中国防护林建设历史，提出了适合中国防护林建设的规划设计方案；③防护林防护效益——特别是对农田防护林（林带）改善农田小气候、提高产量以及生态效益，防风固沙林防沙固沙，水土保持林保持水土的机理等进行了系统研究，为防护林规划设计、结构调控等防护林构建与经营提供了基础支撑，为1978年三北防护林工程启动奠定了良好基础。

中国东北西部、华北北部和西北大部分地区（简称三北）植被稀少，气候恶劣，风沙危害和水土流失十分严重，木料、燃料、肥料、饲料非常缺乏，农牧业产量低而不稳，人民生活长期处于较低水平。为从根本上改变三北地区的生态环境和区域生产、生活条件，1978年11月国务院正式批准了为期73年（1978—2050年）的三北防护林工程建设。三北防护林工程是世界上最大的人工造林工程，是我国以国家运作方式实施的第一个重大林业生态工程，包括中国13个省（自治区、直辖市），551个县（旗、区），涵盖面积达407亿hm^2（占国土面积42.4%，包括中国95%以上风沙危害区和40%水土流失区，遥感监测面积为399亿hm^2）。工程分3个阶段、8期工程，计划造林0.377亿hm^2，成为人类历史上规模最大、持续建设时间最长、环境梯度最大的林业生态建设工程。三北防护林工程主要防护林类型：农田防护林、水土保持林、水源涵养林、防风固沙林等。在三北防护林工程建设的昭示下，中国在近20余年里相继启动了沿海防护林工程、珠江流域综合治理防护林工程、长江中上游防护林工程、辽河流域防护林工程、黄河中游防护林工程等17项林业生态工程，标志着防护林工程进入了全新时代。三北等防护林工程建设实施40年来，对防护林学的深刻影响主要涉及如下三个方面：①充实了防护林构建基础理论与技术的研究内容。由于三北地区具有普遍干旱的特点，属于困难造林区，三北防护林工程建设提出了高效、持续、可操作的径流林业配套技术措施。②提出生态经济型防护林体系建设理念，并基于此进行防护林系统效益评价。对三北地区主要防护林类型的综合防护林效益进行了科学监测，明确了主要类型防护林的生态效益。③认识到防护林经营理论与技术研究不足，开展了相关研究并取得一定成果。以农田防护林、水土保持林和防风固沙林为对象，提出了防护林防护成熟与阶段定向经营理论并给出各个经营阶段促进或维持防护成熟状态的经营技术。

1.3 国内外差距分析

综观国内外防护林学的发展历史，均与防护林工程建设息息相关。特别是最近40多年来，中国规模宏大的防护林建设为防护林学研究与发展提供了重要的物质基础，紧紧围绕防护林建设与经营的理论和技术关键问题开展了大量的防护林研究，并使防护林学成为颇具特色的综合研究领域。但由于我国防护林学研究起步晚、基础差、技术落后，至今与国外存在相当大的差距，主要表现在：

1.3.1 研究内容发展不均衡

我国防护林研究大多仍然以植物材料选择、防护林建设和防护林幼龄林经营管理为主要内容，即重视防护林用什么建、如何建，而忽略了防护林建设前期规划、建成后经营管理及效益监测与评价。

1.3.2 研究方法落后

当前我国落后的研究方法已严重制约防护林学研究水平的发展，如防护林效益监测仍然采取大田野外监测，与发达国家的长期定位监测、实时跟踪监测以及计算机模拟监测等存在较大的差距。

1.3.3 研究成果转化率低

受研究方法等限制，我国防护林学研究成果难以在防护林工程建设中加以应用。如植物材料选择研究、防护林生态效益研究等很难为防护林建设提供有效的技术支撑。

2 发展战略、需求与目标

2.1 发展战略

将防护林学理论创新和防护林建设技术体系构建紧密结合，优化学科布局，完善人才梯队，完成一批突破性的重大项目，加快成果推广应用，支撑我国防护林建设工程科学有序发展。

2.2 发展需求

（1）人才需求：在现有研究人员的基础上，下一步重点引进 1~2 名学科带头人，重点配备一批防护林规划设计、防护林气象学等方面的急需人才，逐步完善防护林学研究团队。

（2）条件需求：建立一批不同立地类型的防护林生态系统定位观测研究站或长期试验示范基地；获得基础性工作专项、国家自然科学基金等基础性研究项目和行业专项等应用性研究项目的支持。

2.3 发展目标

以林学、生态学等理论基础为依据，重点开展防护林建设、防护林经营和防护林效益监测与评价方面的基础理论、技术方法等方面的研究，全面提升防护林学研究水平，逐步完善防护林学研究理论与方法，并为我国防护林重点生态工程建设提供理论基础和技术支撑。

整体上，经过 10 年左右的发展，中国林科院防护林学主要实现以下目标：在防护林结构优化、过程机理、更新演替等基础理论研究领域取得重要突破；在防护林建设技术、经营管理技术和效益监测与评价技术等应用技术领域集成多项适用于不同立地类型的防护林建设技术体系。

3 重点领域和发展方向

3.1 重点领域

3.1.1 防护林构建技术及其生态学理论基础

（1）规划设计：防护林的规划设计重点在人工造林，如何在没有森林的地区构建具有多样性和稳定性的防护林生态系统，并使其防护功能高效、稳定与可持续，是防护林规划设计中最重要的研究主题，主要包括规划设计原则和主要参数研究。随着防护林建设的发展与扩大，现代防护林规划设计中主要考虑如何突破单一配置模式，实行（林）带、片（林）、（林）网相结合的防护林体系。另外，防护林的规划设计已逐渐实现了计算机模拟化，也应考虑到如何应用计算机模拟技术优化防护林建设规划设计。防护林设计时，除考虑因害设防外，也考虑到应对全球气候变化、系统稳定性以及生物多样性保护等生态学理论。

（2）树种选择与配置："适地适树"是国内外防护林树种选择中普遍认同的原则，树种配置不仅应考虑树种生物学特征，更要涉及种间关系、生活型、生物多样性、植被演替规律等生态学理论。同时，随着世界范围内森林经营方向由木材生产为主转向利用森林生态系统其他生态服务功能，防护林的稳定性或抗逆性、持久性和自然更新能力等也是树种选择时应考虑的要素。另外，随着生态经济型防护林体系建设的发展，树种选择时将生态指标与经济指标相结合也成为需要考虑的要素。

（3）空间配置：依据防护林防护目标，遵循因地制宜、因害设防、适地适树和乔灌草结合等原则进行多尺度空间配置，重点考虑防护林带、林网、片林、防护林体系及其他林型的空间配置模式，如林带宽度与长度、林网规格与角度、防护林体系组成结构等，还要充分考虑廊道、斑块、基质等生态学理论基础，达到防护效益的最大化。

（4）培育经营技术：主要包括特困立地、造林整地、造林密度、株穴配置、幼林抚育、系统经营等。

3.1.2　防护林经营技术及其生态学理论基础

3.1.2.1　结构优化与调控

防护林结构是指林分内树木干、枝、叶的密集程度和分布状态，由树种组成、林分密度、林分分层（乔木、灌木、草等）、林木胸径、树高、林龄等众多因子综合决定。防护林结构是发挥防护林效益的决定性要素，既是防护林规划设计的关键参数，同时也是防护林经营过程指示防护状态的依据。为实现防护、经济和社会效益最大化并永续利用，防护林体系必须具有在空间上布局的合理性及树种、林分的多样性和稳定性特征。结构优化是选择最佳结构并加以保持的过程，因此，防护林结构研究一直是该领域的热点与难点。由于防护林的种类不同，各防护林种的结构表达也不同。如农田防护林及其他以防御害风为主的带状防护林通常用疏透度（optical porosity）表征其结构，其确定方法则多用数字图像处理法；防风固沙林和水土保持林等多以片状形态出现，其结构的表达同天然林一样，主要以林分的成层性、郁闭度等指标表达。无论是带状林的疏透度，还是片状林的成层性、郁闭度，均为林分水平的结构特征，主要通过防护效益对比优选出结构模式和参数，以达到结构优化的目的。关于农田防护林结构与防风效益的研究文献最为丰富，多数认为最佳结构是疏透型，如杨树疏透度为 0.25 左右。

防护林的总体防护效益不仅仅由林分尺度的结构决定，同时也受到防护林体系（景观尺度）、配置（空间布局形式）的影响。对于带状防护林或防护林体系，其配置布局形式主要包括林带方向、树木配置、带间距离和林网空间布局及其连续性等指标；对于非带状防护林（片状），空间配置则尽可能以增加系统物种、林种多样性，提高系统稳定性，达到多层次、多空间利用的合理生态位结构，使各组分在时空位置各得其所。防护林结构调控在林分尺度上，就是要保证每个林分的结构处于最佳防护状态，对于偏离最佳结构状态的林分进行人为调控，如：对于带状防护林，可进行树木分级、抚育间伐、修枝、增加边行灌木等；对于固沙林，主要依据水量平衡原理采取密度调控技术，以保障防护林树种正常生长发育所需的水分营养面积，维持固沙林生态系统的稳定性；对于水土保持林或水源涵养林，则重点调控林分郁闭度，使林冠既能有效地降低降水的冲击，又可使林下植被层得到良好发育。

3.1.2.2　衰退机制与更新改造

实现防护林功能高效必须以健康、稳定为前提，然而，由于种种原因，各类防护林在生长发育过程中会出现生理机能下降，生长发育滞缓或死亡，生产力、地力下降，林分结构不合理等，导致防护效能下降等衰退现象。关于防护林衰退的原因，宋立宁等（2009）总结认为：树种选择不当，没有充分考虑树种与当地气候相适应的规律，所选防护林造林树种不能适应当地的气候条件造成林木生长不良或死亡；防护林结构不合理导致树体生长不良，尤其是树种结构单一、生物多样性降低、病虫害大面积爆发等导致防护林衰退发生；缺乏应有的经营管理，造

林后不及时抚育，或抚育过于粗放，造林密度不合理，树木生长受到影响且易导致病虫害，极易形成衰退林分；频繁的人为与自然干扰，尤其是不合理的人为干扰导致防护林生态系统结构遭到破坏，引起功能降低甚至丧失；全球变化对防护林树木带来的高温、水分胁迫，导致树木代谢和调节过程失调，抑制植物生长，促进衰老、枯萎和落叶等。对衰退防护林的早期诊断是防治衰退的重要措施，通过生态、生物因子衰退早期诊断法，即以单因素实验，判别分析主要土层厚度、有机质含量、氮含量、含水率、微生物总量等生态要素，建立判别函数。同时，对防护林系统各个水平［群落水平（密度、结构、叶面积指数）、个体水平（树木生长过程）、器官水平（叶面积、叶绿素、叶养分、水分等）］进行监测，以此对防护林衰退的可能性进行预测。

应对防护林衰退、维持防护林稳定状态的主要措施是对现有防护林进行更新改造。根据防护林衰退的原因，应最大限度地遵从适地适树原则，以采用乡土树种为主替代衰退树种；在单一树种防护林中则需考虑增加适宜树种数量，如中国东北单一杨树带状防护林，用榆树、樟子松、油松等树种更替杨树林带增加了树种多样性；对于片带状防护林的衰退，应重点考虑近自然更新技术。

3.1.3 防护林生态效益监测与评价

防护林生态效益监测与评价对于反馈指导防护林学的各项研究内容具有非常重要的作用。可以说，生态效益监测与评价可以贯穿防护林学研究的整个生态过程，是评价各项内容的最佳指标。

依据不同立地类型的生态需求，防护林生态效益监测与效益评价指标应有所不同，如沿海防护林主要侧重防风、防浪、固沙、固土等，而长江流域防护林则主要侧重涵养水源、保持水土等。因此，编制合理的防护林生态效益监测与评价指标体系和技术方法是生态效益监测与评价的基础性工作。

生态效益监测与评价应及时反馈指导防护林学研究的其他内容，加大其推广应用力度，今后重点阐明防护林群落结构、防护林经营技术与防护功能的关系，为防护林工程建设提供强有力的科学依据。

3.2 发展方向

3.2.1 防护林构建研究

传统的防护林构建研究多从林分尺度入手。随着防护林建设规模的不断扩大与成果积累，需开展基于生态系统多样性与稳定性原理和景观生态学原理的防护林体系建设研究，即从生态学观点出发开展防护林多样性与稳定性研究，并与防护林规划设计等构建内容相结合，这是防护林学今后的主要研究内容。另外，在防护林构建中，防护林结构及其与防护效益关系的研究是防护林学研究的永恒主题，仍是今后防护林学研究的核心。

3.2.2 防护林经营研究

在防护林建设实践中，因经营管理不当或疏于管理而造成衰退者屡见不鲜。现有防护林衰退现象严重，需要对其形成机制进行系统研究，为衰退防护林的重建与恢复奠定理论基础。以往关于带状防护林经营的研究较为详尽，而对片状防护林经营的研究相对薄弱，因此，需开展片状防护林近自然经营研究，包括不间断（连续覆盖）更新、近自然更新经营机理研究，防护林更新障碍要素研究及解除更新障碍的技术措施等，保障防护效益连续发挥。另外，随着生态公益林或防护性森林尤其是许多天然林纳入防护林经营范畴后，势必导致传统的防护林概念彻底变革，其经营理念应与防护林相一致。

3.2.3　防护林效益监测与评价研究

防护林生态环境效益评价是保证防护林构建与经营科学合理的基础，因此，效益评价仍是防护林学研究的重点。由于防护林建设已经到了从规模建设转向内涵建设的新阶段，防护林效益评价研究应紧紧围绕高效、稳定、可持续的建设目标，不仅仅从林分尺度上开展效益评价，而且应加强探索防护林体系的生态环境效益评价，尤其是利用现代遥感技术与生态学相结合的理念，对大尺度防护林效益进行综合评估，在此基础上提出适合防护林特点的构建与经营理念和观点，完善防护林学的基础理论与技术体系。

4　存在的问题和对策

4.1　存在的主要问题

4.1.1　研究对象

传统的防护林学研究主要集中在防护林带或者防护林网，而忽略了整个防护林体系，也未将防护林的防护对象加以充分考虑。研究对象的片面性，导致防护林学研究难以在大尺度上推绎，更难以在生产实践中应用。

4.1.2　研究方法

当前防护林学研究主要以实地跟踪监测为主，其研究结果只能在区域尺度上应用，而无法在时间上、空间上加以推导。同时，监测时间短、监测数据少，无法满足建立防护林监测评价的需求。

4.1.3　研究结论

受防护林本身的特点和研究对象、研究方法的局限，研究结果只能反映某一特定区域、特定时间的真实现象。同时，研究数据量偏少，研究方法落后，导致研究结果的可靠性、推广性大大降低。

4.2　对策

4.2.1　研究对象

目前，防护林学主要以狭义防护林（如水源涵养林、农田防护林、水土保持林、防风固沙林等人工防护林）为研究对象。而实际上，所有森林生态系统均具有防护功能，只是在经营过程中人们赋予的关注程度不同而已。因此，随着林业地位的转变，广义的防护林——生态公益林（non-commercial forest）或防护性森林（发挥森林防护效能或生态功能）应成为未来该领域的主要研究对象。

4.2.2　研究方法

在研究方式、方法上，应从定性研究向定量研究方向发展，建立野外定位监测与实验模拟相结合的研究方法体系，由以林分尺度为主向更微观和更宏观两个方向拓展，由以地面监测为

主向地面与遥感有机结合方向发展，把防护林学研究从单一的林学观点转变成为生态学和林学交叉学科的观点，以适应防护林学的发展。

参考文献

柏方敏，戴成栋，陈朝祖，等. 2010. 国内外防护林研究综述 [J]. 湖南林业科技，37（5）：8-14.

曹新孙. 1983. 农田防护林学 [M]. 北京：中国林业出版社.

曹新孙，陶玉英. 1981. 农田防护林国外研究概况（一）[J]. 中国科学院林业土壤研究所集刊，5：177-190.

姜凤岐，朱教君. 2002. 防护林阶段定向经营研究（Ⅰ）：理论基础 [J]. 应用生态学报，13：1352-1355.

姜凤岐，朱教君，曾德慧，等. 2003. 防护林经营学 [M]. 北京：中国林业出版社.

姜凤岐，朱教君，周新华，等. 1994. 林带的防护成熟与更新 [J]. 应用生态学报，5：337-341.

宋立宁，朱教君，闫巧玲. 2009. 防护林衰退研究进展 [J]. 生态学杂志，28：1684-1690.

朱教君，姜凤岐，范志平，等. 2003. 林带空间配置与布局优化研究 [J]. 应用生态学报，14：1205-1212.

朱教君，姜凤岐，曾德慧. 2002. 防护林阶段定向经营研究（Ⅱ）：典型防护林种——农田防护林 [J]. 应用生态学报，13：1273-1277.

Baer N W. 1989. Shelterbelts and windbreaks on the Great Plains [J]. Journal of Forestry, 87 (4)：32-36.

Bagley W T. 1988. Agroforestry and windbreaks [J]. Agriculture Ecosystems and Environment, 22-23：583-592.

Baldwin C S. 1988. The influence of field windbreaks on vegetable and specialty crops [J]. Agriculture Ecosystems and Environment, 22-23：191-204.

Bean A, Alperi R W, Federer C A. 1975. A method for categorizing shelterbelt porosity [J]. Agricultural Meteorology, 14：417-429.

Benton T G, Vickery J A, Wilson J D. 2003. Farmland biodiversity：Is habitat heterogeneity the key? [J]. Trends in Ecology and Evolution, 18：182-188.

Bentrup G, Leininger T. 2002. Agroforestry：mapping the way with GIS [J]. Journal of Soil and Water Conservation, 57：148-153.

Bitog J P, Lee I B, Hwang H S, et al. 2012. Numerical simulation study of a tree windbreak [J]. Biosystems Engineering, 111：40-48.

Bourdin P, Wilson J D. 2008. Windbreak aerodynamics：Is computational fluid dynamics reliable? [J]. Boundary-Layer Meteorology, 126：181-208.

Brandle J R, Hintz D L. 1988. Windbreaks for the future [J]. Agriculture Ecosystems and Environment, 22-23：593-596.

Brandle J R, Hodges L, Zhou X H. 2004. Windbreaks in North American agricultural systems [J]. Agroforestry Systems, 61-62：65-78.

Caborn J M. 1965. Shelterbelts and Microclimate [M]. Faber and Faber Ltd, London.

Campi P, Palumbo A D, Mastrorilli M. 2009. Effects of tree windbreak on microclimate and wheat productivity in a Mediterranean environment [J]. European Journal of Agronomy, 30：220-227.

Dzybov D S. 2007. Steppe field shelterbelts：a new factor in ecological stabilization and sustainable development of agro-landscapes [J]. Russian Agricultural Sciences, 33：133-135.

Wu T G, Yu M K, Wang G, et al. 2013. Effects of stand structure on wind speed reduction in a Metasequoia glyptostroboides shelterbelt [J]. Agroforestry Systems, 87：251-257.

第7章
森林群落学与生物多样性
——从物种到功能的生态恢复

丁易，臧润国（中国林业科学研究院森林生态环境与保护研究所，北京，100091）

生物多样性不仅是森林群落的重要组成部分，同时也是生态系统功能维持和恢复的基础。人类长期活动导致的土地利用和土地覆盖变化，已对当前森林生物多样性造成了严重威胁，从而进一步影响基于生态系统功能的森林群落恢复。本章首先强调了生物多样性在森林群落退化和恢复过程中的作用，介绍了植物功能及其群落构建规则的基本概念；然后综述了基于功能性状的研究进展、发展趋势、主要成果和研究方法，阐明了森林恢复过程中，植物功能特征的变化规律及其生态学机制；最后针对我国在森林恢复生态学的研究现状，结合我国当前重大林业生态工程的科技需求，提出重点研究领域和发展方向，并对可能面临的问题提出了相应对策。

1 现状与发展趋势

1.1 国际进展

1.1.1 生物多样性对生态系统功能的影响

森林群落是地球生物多样性的重要载体，也是最终影响生态系统功能的主要生物因素。随着社会经济发展水平的不断提高，人类对森林生态系统的认识已经提升到一个新的高度，森林生态系统的保护与可持续经营已经成为当今全球共同关注的焦点。然而随着全球人口的急剧增加，人类过度地利用资源导致森林生态系统正在经历前所未有的退化（Harris 等，2012；Brienen 等，2015；Newbold 等，2015）。生态系统退化不仅降低了森林本身在保护生物多样性等方面的作用，同时也增加了温室气体排放量（Miles and Kapos，2008）。森林群落是缓解全球变暖的调节器和保护生物多样性的重要载体，因此迫切需要加强森林群落恢复过程中的生物多样性变化规律及其恢复机制的研究（Jackson and Hobbs，2009；Palmer and Filoso，2009；Trumbore 等，2015）。

全球生物多样性减少和丧失对生态系统功能的影响是当前生态学关注的领域之一。生态系统功能主要包括三个方面的内容，即反映碳积累、养分循环等内容的生态系统过程（processes），反映稳定性和抵抗力的生态系统特征（properties）以及时空变化中的生态系统过程和特征的维持（maintenance）（Reiss 等，2009）。大量理论研究表明，生物多样性在影响生态系统功能方面具有决定性作用。系统理解生物多样性与生态系统功能调控机制是我们进行生物多样性保护、生境恢复与生态系统经营实践的科学基础。物种多样性是生物多样性研究的核心内容，物种组成和丰富度的变化深刻影响着生态系统功能（Tilman 等，2014）。物种多样性与生态系统功能的关系是近年来生态学研究中的一个热点。有许多物种多样性调控生态系统过程的生态学机制值得人们继续深入探索（Hooper 等，2005；Cardinale 等，2006；Isbell 等，2011）。

1.1.2 森林群落的退化与恢复过程

干扰是导致森林生态系统退化的主要驱动力。与自然干扰相比，人类干扰是造成森林生态系统退化的最重要因素。人类干扰包括森林采伐、刀耕火种、樵采、放牧和非木质林产品采集等。这些干扰不仅直接导致森林的退化或消失，而且间接改变生物地球化学循环进而影响整个地球环境。随着全球森林变化趋势的进一步加剧，现存森林生态系统正面临着受多种因素驱动而继续退化的风险（Suding，2011；Chazdon，2014）。

森林生态系统的退化过程包含了物种数量减少、种间功能关系瓦解、食物链网和营养级结构破坏、立地环境恶化等一系列生物和非生物因子的变化。干扰本身具备的复杂特性也导致森林生态系统的退化方向和恢复途径存在多种不确定性。森林生态系统的退化不仅表现在干扰后次生林的逐步退化，原始林的小规模人为破坏也能够导致森林的退化，并诱发新一轮的森林干扰和相应的退化过程（Laurance 等，2009）。事实上，如果没有干扰持续性地影响，森林退化过程中也伴随着恢复过程，并且存在一个从能够自我恢复的阶段到需要重构新系统的阶段（Hobbs and Cramer，2008）。森林本身对干扰的抵抗力、森林环境的异质性和生物群落的恢复力决定了森林生态系统退化的可能性，同时环境条件、区域物种库、景观格局等其他因素也会进一步决定森林生态系统退化的速度和方向，进而影响森林生态系统的恢复过程和途径（Chazdon，2003；

Chazdon，2014）。

在制定退化生态系统的恢复目标之前，首先必须了解森林生态系统退化的原因和蕴藏在退化过程中的生态学机制，并以此为基础探讨退化生态系统恢复过程中的重构机制，从而为合理高效的生态恢复提供科学依据。与温带地区的简单森林生态系统恢复比较，热带和亚热带地区干扰类型、物种数量、环境条件更加复杂和多样化。确定性因素和随机性因素均有可能影响复杂森林生态系统的恢复过程（Chazdon，2008b）。一方面，热带和亚热带地区拥有巨大的区域物种库，物种扩散等随机因素可能导致恢复过程中森林生态系统物种组成和群落结构的不可预测性（Vandermeer 等，2004；Chazdon 等，2007）。另一方面，良好的水热条件和极高的物种多样性使热带和亚热带森林生态系统恢复具有一定的方向性和规律性，因而在一定的干扰强度下具有较高的恢复能力（Norden 等，2009）。系统地了解和探讨恢复速度、方向和可能性等，不仅有助于增加我们对退化森林生态系统恢复基本规律的认识，而且也便于我们针对不同干扰方式和恢复阶段的森林生态系统采取相应的经营管理措施，从而更加科学合理地保护和利用森林资源（Young 等，2005；Suding，2011）。

演替理论是指导受损生态系统恢复最重要的理论基础，受损生态系统恢复的动力学机制与演替理论有非常密切的关系。到目前为止，有关演替机理已有一些相对成熟的理论（Peterson and Carson，2008）。特别是有关生物的生活史特性和干扰体系相互作用机制的研究，使生态学家们能够更加清楚地认识森林生态系统的动态变化规律。在生态系统恢复过程中，地下与地上部分的相互关系能够显著地改变退化生态系统的恢复方向和速度，地下微生物群落通过养分分解过程为地上植被的生长和繁殖提供了重要的养分来源（Wardle 等，2004）。例如，最新的研究表明，通过那些具备固氮能力的树种能够显著加快生态系统的氮循环过程，从而增加次生林的碳储量（Batterman 等，2013）。

1.1.3　基于功能性状的群落重构

生态系统功能的恢复主要依靠生物群落的重构（reassmbly）过程，因此研究群落构建规则（assembly rules）是开展生态系统功能恢复研究的基础和核心内容之一。在研究生物群落构建的过程中，采用物种丰富度的研究方法无法量化物种在生态策略和生态功能等方面的差异，而且也缺少生物多样性应包含的其他重要信息（Hillebrand and Matthiessen，2009）。近年来，基于功能性状（functional trait）及功能多样性（functional diversity）的研究方法已成为探索物种共存与生物多样性维持机制的一个新的突破口（Díaz 等，2007；Lavorel，2013），并有力地推动了生物群落构建规则和恢复机理的研究（Funk 等，2008）。生物的功能性状通常指影响生物存活、生长、繁殖速率和最终适合度的基本特征，如植物的生长型、最大高度、木材密度、比叶面积（SLA）、光合能力、固氮能力、叶片养分含量、果实类型、种子大小和散布方式等植物形态、生理和物候等特征（Pérez-Harguindeguy 等，2013），动物个体大小、取食方式（Zhang 等，2013），微生物酶活性、潜在硝化速度等（Grigulis 等，2013）。不同的功能性状通常存在相关性，并通过相互之间的权衡（trade off）来实现整体功能。例如，植物投入光合产物和矿质元素生产叶片，而叶片则通过光合作用为树木生长提供必需的糖类，因此这个类似经济学中的投入和产出过程实际上反映了植物的生态策略，最终将影响植物的整个生活史过程。生态学家将通过功能性状差异表现出来的不同的生态策略轴（axis of ecological strategy）称为经济谱（economics spectrum）（Wright 等，2004；Chave 等，2009）。因此，通过比较功能性状谱可以量

化分析不同群落对环境条件的适应性，从而预测土地利用和气候变化等对生态系统的影响。

基于功能性状的群落构建规则主要包括环境筛（environmental filtering）、生物竞争（competition）、促进作用（facilitation）等（Kraft 等，2008；Weiher 等，2011；Götzenberger 等，2012）。虽然生物竞争和环境筛可同时作用于同一群落，但它们对共存种的生态策略及生态功能往往具有不同的效应。一方面，生物竞争过程形成的限制相似性（limiting similarity）会导致共存物种性状存在一定的差异（Kraft 等，2008），而另一方面，环境筛作用又会导致在一定空间尺度下共存物种呈现某些生态策略的趋同性。在某些生态系统中，物种通常也能够通过促进作用实现多个物种的共存（Spasojevic and Suding，2012）。在自然群落中，不同的群落构建规则并不一定相互排斥，通常随着研究尺度、环境异质性、物种和群落类型等而发生相应的变化（Götzenberger 等，2012；Conti and Díaz，2013；Lavorel，2013）。了解这些不同群落构建规则的相对作用有助于我们对生态系统恢复过程中物种组成变化动态规律的认识，从而提高对生态系统恢复规律的深入理解（Kraft and Ackerly，2014）

1.1.4　植物功能性状与生态系统功能恢复

干扰后退化森林植被中不同功能性状的组成和数量变化对群落结构与生态功能的恢复具有重要影响（Pakeman，2011）。由于某些功能性状对生态系统过程和功能的巨大作用，这些功能性状的丢失或恢复将会从根本上改变恢复群落的更新机制及其生态系统功能的发挥（Flynn 等，2009；Laliberté 等，2010），因此，可以将这些功能性状称为关键功能性状（key functional traits）。许多研究表明，部分关键功能性状能够直接反映生态系统在养分循环、生物量积累等方面的作用（De Deyn 等，2008）。如 Garnier 等（2004）的研究表明，比叶面积、干物质量和氮含量 3 个简易的植物叶片功能性状能够与群落次生演替过程中的初级生产力、凋落物分解速度、土壤碳氮含量之间存在很好的相关性。除叶片性状外，木材密度和种子大小通常与其群落演替地位和更新生态位相关，因而能够有效地反映生态系统的环境现状和干扰历史（Ter Steege 等，2006）。功能性状同时也能够显著地影响凋落物及其土壤微生物的分解效率，从而影响生态系统中养分循环过程（Freschet 等，2011；Jackson 等，2013）。由于不同的物种拥有不同的功能性状，从而在森林生态系统中发挥着不同的生态功能，因此，了解干扰后退化森林中不同功能性状的物种组成和数量变化对生态系统的恢复具有重要的作用（Mouillot 等，2013）。

生态系统存在地上生产者系统和地下分解者系统的紧密联系（Wardle 等，2004）。地下部分特别是分解者系统中的土壤微生物对生态系统功能具有重要的意义（de Deyn and van der Putten，2005）。作为地下分解者系统，土壤微生物将地上的植物群落和生态系统的养分循环更加紧密地联系起来，从而显著地影响着生态系统功能（Batterman 等，2013；Grigulis 等，2013）。然而多数研究主要集中在地上部分对生态系统功能的作用机制，而对自然生态系统中植物功能性状如何通过分解者系统影响碳氮循环过程的研究还较少。最近的研究表明，83%～95%的地上生产者的生态系统功能（生物量、凋落物分解）与植物功能性状（植物高度、比叶面积、叶干物质含量）相关，而地下分解者系统中土壤微生物性状解释了 75%～84%的氮元素循环（如矿化、淋溶）的变异（Grigulis 等，2013）。因此研究生态系统功能的恢复过程，必须将地上生产者系统植物功能性状和地下分解者系统微生物性状同时结合起来，才能够更加全面地了解生态系统恢复的变化规律及其影响因素。

生态系统功能的实现均依赖功能性群落结构（functional community structure）或功能组成

（functional composition）（Conti and Díaz，2013），即在功能空间中物种的分布及其多度（Mouillot 等，2013）。群落功能性结构与生态系统的多个功能特征直接相关，因此可以作为判断生态系统功能的指标，也可以作为量化生态系统功能驱动力的重要指标（Conti and Díaz，2013）。功能多样性是指那些影响生态系统功能的物种或有机体性状的数值、范围、分布及其相对多度（Díaz 等，2007）。功能多样性与生态系统的多个功能特征直接相关，因此可以作为判断生态系统退化等级和恢复阶段的功能性指标，也可以作为量化生态系统功能驱动力的重要指标（Conti and Díaz，2013）。基于群落水平的功能性状均值（community weighted mean，CWM）变化只是在一个方面表明恢复过程中部分生态系统功能（如生物量、固碳等）的变化规律，而基于性状的功能多样性则可以进一步探讨群落的恢复力和物种在生态系统功能上的冗余程度（Lohbeck 等，2013；Spasojevic 等，2014），从而可以用于比较生物量和固碳潜力等生态系统功能（Ruiz-Jaen and Potvin，2011；Fortunel 等，2014）。一些研究证据表明，生态系统功能主要受优势种（多度高的物种）的功能性状影响，即生物量比例假说（biomass ratio hypothesis），但在某些情形下，群落较大的功能性状差异也是影响生态系统功能发挥的重要因素（Conti and Díaz，2013）。

根据对环境因子的反应和对生态系统功能的作用差异，生物功能性状通常被分为反应性状（response traits）和效应性状（effect traits）（Lavorel and Garnier，2002）。由于群落和环境因子的相关性常常是动态的，某些性状既响应于环境因子又作用于生态系统特征，因而可以作为调解器（mediator）来预测环境变化对群落在生态系统层次上的影响（Suding 等，2008）。反应性状与效应性状的相关性对于理解生物多样性与生态系统功能的相互关系具有重要作用（Hillebrand and Matthiessen，2009）。生态系统的退化过程往往是它们的逆境逐渐增加的过程，其反应性状会随退化过程而发生明显的变化。相反，生态系统的恢复过程往往是许多物种的有利环境逐渐增加的过程，同时也是它们通过效应功能性状对生态系统功能逐渐发挥影响的过程。由此可以看出，通过反应与效应功能性状的变化可以了解生态系统的退化与恢复机制（Suding 等，2008），从而开展有针对性的生态功能修复措施。

如何预测物种组成变化（即功能性状分布格局改变）后对生态系统功能的影响一直是生态学面临的挑战之一。Enquist 等（2007）运用与植物个体生长相关的功能性状（如相对生长速度、叶片经济谱、木材密度、碳利用效率、生长时间），结合代谢理论（metabolic theory）构建了基于植物性状的植物生长模型，该模型为解释不同生态系统之间物质循环和能量流动的差异提供了一个理论框架。Díaz 等（2007）则明确提出"两阶段六步骤"的研究程序，通过逐步分析植物功能性状、环境因子及其之间的复杂关系对生态系统属性（ecosystem properties）的影响，从而最终建立基于植物功能性状的生态系统服务研究框架（肖玉等，2012）。随着以功能性状为基础的生态学的迅速发展，一些基于功能性状的动态模型也逐渐发展起来。许多研究采用最大熵（Max Ent，maximum entropy）结合功能性状来预测植物群落在现实或未来环境条件下的组成与结构（Shipley 等，2006）。然而，基于最大熵的模型没有考虑到物种个体水平上功能性状的差异，因而其预测能力受到一定的影响。Laughlin 等（2012）利用等级贝叶斯模型（hierarchical Bayesian model），在充分整合个体水平上的功能性状差异数据后，成功地预测环境筛和生物竞争对群落优势种的影响，而且进一步预测了未来气候变化条件下的群落功能型结构（Laughlin，2014）。Frenette-Dussault 等（2013）则利用基于性状选择的群落构建模型（CATS model，community assembly by trait-based selection model），成功地应用于森林或草原群落的组成与结构预测。而最新的 STEPCAM 则克服了传统零模型在不同群落构建机制过程中的不足，能够区分不同构建

机制在影响群落组成的相对作用（van der Plas 等，2015）。随着新技术和新算法的不断涌现，这些模型的不断运用将开创基于生物性状预测环境变化和生态系统功能动态的新篇章。

1.1.5 人工林与天然林的退化

面对退化的生态系统，许多国家主要采用营造人工林的方法来应对森林退化，因而近年来人工林面积不断增加（FAO，2010）。然而，人工林在生态恢复目标、生物多样性保护、生态系统的多功能性（multifunctionality）等方面都无法与天然林相比（Chazdon，2008a）。关于森林植被退化与恢复机制的研究，全球范围内大都以各种因素引起的天然林的退化及其恢复机制为主，关于人工林的研究相对较少（Evans and Turnbull，2004；Baraloto 等，2010）。然而，全球各地的不同类型的人工林经过一段时期（数十年乃至上百年）后都会表现出不同程度的退化现象，如常常会出现地力和生产力衰退、生长变慢、病虫害蔓延、火灾频发、生物多样性锐减、外来物种侵入和生态系统的整体服务功能下降等天然林中相对较少出现的问题。我国是目前世界最大的人工林拥有国，大多数的人工林（特别是经过多代连栽后的人工林）生态系统的退化现象非常严重，我国老一辈林学家、生态学家和土壤学家等针对其地力衰退、生产力下降和长期生产力维持机制的研究已取得较大进展（盛炜彤，1992；田大伦，2005）。人工林的整体衰退现象在天然林生态系统中一般很少发生，究其机理是由这两种植被类型的内在固有特征和生态系统过程所决定的。天然林植被是由多种生物在当地的气候和土壤等环境下经过漫长的系统发育过程演变而来的，因而它们都具有维持长期生产力和生态系统功能的内在调节机制和对外在干扰力量的抵御与恢复机制，能够克服人工林存在的种种弊端。因此，深入探究天然森林植被的退化过程和恢复机制，不仅有利于我们认识天然林生物多样性维持与生态系统服务功能发挥的基本原理，揭示其内在的科学机制，使其发挥更大的生态、经济和社会效益，而且对于我们在未来培育高效人工林、改造已退化的人工林以及构建可持续的近自然人工林生态系统，都具有非常重要的科学指导意义（Chazdon 等，2009；Hector 等，2011）。

1.2 国内进展

我国在 20 世纪 80 年代已经在热带和亚热带退化生态系统的恢复方面开展了基础理论和技术方面的研究工作（彭少麟，2007；曾庆波等，1997）。例如，基于前期森林植被演替研究的理论成果，广东鹤山、小良人工林实践证明退化植被在人为干预下可以恢复（彭少麟等，2007）；中国林科院森林生态环境与保护研究所对海南岛尖峰岭和霸王岭次生林的演替规律进行了研究（臧润国等，2004，2010）。但这些工作主要还是基于物种或者物种组合（功能群）来探讨群落的恢复过程和机制。随着植物功能性状和功能多样性的引入，国内多个单位都开展了有关森林功能性群落结构、功能多样性与群落构建和生态系统功能恢复的基础理论研究，并取得了一系列创新性成果（Yan 等，2006；Yan 等，2007；Liu 等，2012；Wei and Jiang，2012；Liu 等，2013；Zhou 等，2014；Gao 等，2015；Jiang 等，2015；Li 等，2015）。但是这些工作主要集中在老龄林中，而对干扰后的退化森林生态系统恢复动态的研究还比较缺乏（Zhou 等，2007；Bruelheide 等，2011；Ding 等，2012；Gao 等，2015；Li 等，2015）。

1.3 国内外差距分析

到目前为止，我们对森林生态系统功能的受损过程、适应对策与恢复的动力学机制研究还不足。另外，目前的研究多是以物种多样性为核心来探讨森林恢复过程中的植物群落组成以及结构的动态变化，很少考虑生态系统其他营养级（如分解者）的作用及不同营养级功能群之间的关系，这种仅停留在物种多样性或单一营养级层次上的恢复过程难以有效地指导退化森林生态系统功能恢复的实践（Funk 等，2008；Suding，2011）。由于许多功能性状与干扰方式、强度和频度存在较大的相关性，通过植物功能性状能够更好地理解植被恢复与生态系统功能恢复之间的相关性。因此，加强森林生态系统退化和恢复过程中的多层次、多尺度生态作用机理的研究，构建以功能多样性和生态系统功能为核心的生态恢复研究体系，才能为区域生态系统功能维持和环境安全设计提供科学决策的理论依据，最终实现基于生态系统服务的生态系统经营和管理（刘世荣等，2015）。

2 发展战略、需求与目标

2.1 发展战略

中国林科院拥有跨越多个气候区域的研究平台和野外实验站点，包含了多个森林植被及不同的退化群落类型，而且均有较长的基础研究基础。因而中国林科院需要建立以生态站和野外实验平台为依托，在长期森林植被动态监测的基础上，以森林植物功能性状为突破口，重点解决不同干扰体系下的森林群落物种多样性维持机制、功能性群落结构和功能多样性恢复模式、生物多样性对生态系统功能恢复的调控机理、气候变化背景下的群落功能结构变化对生态系统功能的影响机制等。

2.2 发展需求

随着我国天然林保护工程的持续性推进和中幼林抚育工程的开始，目前森林植被恢复已经成为林学和生态学研究的重要内容。如何快速恢复和保护受到干扰的森林成为当前社会各界关注的重点内容，这些干扰后的次生林或者中幼林虽然目前在群落结构、物种组成方面与老龄林存在显著的差异，但是依然具有重要的生态学价值和恢复潜力（Chazdon，2014），这些森林类型也是今后我国重要的天然林保护和抚育经营对象。因此加强森林群落恢复机制的研究，建立基于植物功能性状为基础的研究途径，将有助于提高对群落恢复过程的理解。

2.3 发展目标

中国林科院具备强大的科研实力和野外实验基地，长期从事与森林群落和生物多样性相关的基础应用研究。通过基于植物功能性状的研究，将提升对森林群落生物多样性和生态系统功能的理解，推动群落生态学理论的进一步发展，实现从物种到功能研究范式的转变，实现基于生态系统功能为目标的群落生态学和恢复生态学理论。

3 重点领域和发展方向

3.1 重点领域

（1）构建功能生物地理学研究平台，建立不同生物气候带（如温带、亚热带和热带）主要

植被类型的生物多样性监测样地，开展森林群落长期监测，探讨不同环境和干扰条件下的森林动态格局和生物多样性维持机制。

（2）植物功能性状是连接物种到功能的主要途径，建立不同区域下物种功能性状数据库，完成基础平台建设任务，分析不同森林群落类型生物多样性机制、干扰条件下的群落构建规则和生态系统功能恢复模式等，探讨生物多样性对生态系统功能的调控机理。

（3）开展不同干扰体系下对天然次生林和人工林恢复动态的监测与评价，研究不同天然次生林和人工林恢复格局及过程，确立基于生态系统功能恢复为目标的森林可持续经营模式，开展相应的技术示范。

3.2 发展方向

（1）依托典型地区森林动态监测样地平台，研究典型森林的种群和群落结构特征、功能性状变化规律和组配原理，明确森林群落恢复过程和途径，设定不同气候区的森林群落恢复和生物多样性保育目标。

（2）通过长期的野外观测和实验模拟，了解森林物种多样性形成、维持机制及其对生态系统功能的作用机制，研发以生态系统功能为恢复目标的群落恢复技术。

（3）针对重大林业生态工程，开展示范研究，确定主要技术规程和实践方案，指导退化森林群落的生态系统功能恢复。

4 存在的问题和对策

森林群落的形成和动态过程是一个长期阶段，因而森林群落学的研究必须依赖长期的定位观测。土地覆盖和土地利用的改变、外来种入侵、环境富营养化、气候变化等外界条件的变化正在不断改变森林类型的物种组成、生长动态、更新状况和生境条件。然而，目前对不同植被的恢复过程和主要干扰体系还缺乏必要的了解，特别是对这些恢复群落还没有进行长期定位观测和研究。建议中国林科院进一步加强野外试验站点建设，特别是需要建立长效项目资助机制，对相关研究团队实现长期连续滚动资助。森林群落生态学研究主要依靠野外长期的实地调查，不仅条件艰苦，而且要依靠大量的人力资源来完成相应的监测、观察和维护任务，因此这些项目需要提供更多的人员劳务经费比例。

随着植物功能多样性与生态系统功能相关性研究的不断深入，基于物种水平上的植物功能性状在小尺度的物种多样性共存机制研究方面有时候会产生误导，原因是由于遗传差异和形态可塑性等，物种内个体之间存在显著的差异。而且在群落生态学中，同物种的不同个体相互影响，因此考虑个体差异将是今后基于功能性状群落生态学研究的最新发展方向。

基于植物功能性状的研究将有助于更加深入地了解每个树种的生理生态特征、更新繁殖模式、潜在生态功能等。随着这些工作的进一步深入，将能够更加准确地把握森林恢复方向、了解生态系统变化规律，从而为实现多目标的森林生态系统经营提供强大的理论支持。

参考文献

蒋有绪，王伯荪，臧润国，等. 2002. 海南岛热带林生物多样性及其形成机制［M］. 北京：科学出版社.

刘世荣, 代力民, 温远光, 等. 2015. 面向生态系统服务的森林生态系统经营: 现状、挑战与展望 [J]. 生态学报, 35: 1-9.

彭少麟. 2007. 恢复生态学 [M]. 北京: 气象出版社.

盛炜彤. 1992. 人工林地力衰退研究 [M]. 北京: 中国科学技术出版社.

田大伦. 2005. 杉木林生态系统功能过程 [M]. 北京: 科学出版社.

肖玉, 谢高地, 安凯, 等. 2012. 基于功能性状的生态系统服务研究框架 [J]. 植物生态学报, 36: 353-362.

臧润国, 丁易, 张志东, 等. 2010. 海南岛热带天然林主要功能群保护与恢复的生态学基础 [M]. 北京: 科学出版社.

曾庆波, 李意德, 陈步峰, 等. 1997. 热带林生态系统研究与管理 [M]. 北京: 中国林业出版社.

Baraloto C, Marcon E, Morneau F, et al. 2010. Integrating functional diversity into tropical forest plantation designs to study ecosystem processes [J]. Annals of Forest Science, 67: 303.

Batterman S A, Hedin L O, van Breugel M, et al. 2013. Key role of symbiotic dinitrogen fixation in tropical forest secondary succession [J]. Nature, 502: 224-227.

Brienen R J W, Phillips O L, Feldpausch T R, 2015. Long-term decline of the Amazon carbon sink [J]. Nature, 519: 344-348.

Bruelheide H, Böhnke M, Both S, et al. 2011. Community assembly during secondary forest succession in a Chinese subtropical forest [J]. Ecological Monographs, 81: 25-41.

Cardinale B J, Srivastava D S, Emmett Duffy J, et al. 2006. Effects of biodiversity on the functioning of trophic groups and ecosystems [J]. Nature, 443: 989-992.

Chave J, Coomes D, Jansen S, et al. 2009. Towards a worldwide wood economics spectrum [J]. Ecology Letters, 12: 351-366.

Chazdon R, Letcher S, van Breugel M, et al. 2007. Rates of change in tree communities of secondary neotropical forests following major disturbances [J]. Philosophical Transactions of the Royal Society B: Biological Sciences, 362: 273-289.

Chazdon R L. 2003. Tropical forest recovery: legacies of human impact and natural disturbances [J]. Perspectives in Plant Ecology, Evolution and Systematics, 6: 51-71.

Chazdon R L. 2008a. Beyond deforestation: restoring forests and ecosystem services on degraded lands [J]. Science, 320: 1458-1460.

Chazdon R L. 2008b. Chance and determinism in tropical forest succession [M]. In: Tropical Forest Community Ecology (eds. Carson W P & Schnitzer S A. Wiley-Blackwell Oxford.

Chazdon R L. 2014. Second Growth: The Promise of Tropical Forest Regeneration in an Age of Deforestation [M]. University of Chicago Press, Chicago.

Chazdon R L, Peres C A, Dent D, et al. 2009. The potential for species conservation in tropical secondary forests [J]. Conservation Biology, 23: 1406-1417.

Conti G, Díaz S. 2013. Plant functional diversity and carbon storage-an empirical test in semi-arid forest ecosystems [J]. Journal of Ecology, 101: 18-28.

De Deyn G B, Cornelissen J H C, Bardgett R D. 2008. Plant functional traits and soil carbon sequestration in contrasting biomes [J]. Ecology Letters, 11: 516-531.

De Deyn G B, van der Putten W H. 2005. Linking aboveground and belowground diversity [J]. Trends in Ecology and Evolution, 20: 625-633.

Díaz S, Lavorel S, de Bello F, et al. 2007. Incorporating plant functional diversity effects in ecosystem service assessments [J]. Proceedings of the National Academy of Sciences, 104: 20684-20689.

Ding Y, Zang R, Letcher S G, et al. 2012. Disturbance regime changes the trait distribution, phylogenetic structure and community assembly of tropical rain forests [J]. Oikos, 121: 1263-1270.

Enquist B J, Kerkhoff A J, Stark S C, et al. 2007. A general integrative model for scaling plant growth, carbon flux, and functional trait spectra [J]. Nature, 449: 218-222.

Evans J, Turnbull J W. 2004. Plantation Forestry in the Tropics [M]. 3ed. Oxford University Press, Oxford.

Flynn D F B, Gogol-Prokurat M, Nogeire T, et al. 2009. Loss of functional diversity under land use intensification across multiple taxa [J]. Ecology Letters, 12: 22-33.

Fortunel C, Paine C E T, Fine P V A, et al. 2014. Environmental factors predict community functional composition in Amazonian forests [J]. Journal of Ecology, 102: 145-155.

Frenette-Dussault C, Shipley B, Meziane D, et al. 2013. Trait-based climate change predictions of plant community structure in arid steppes [J]. Journal of Ecology, 101: 484-492.

Freschet G T, Dias A T C, Ackerly D D, et al. 2011. Global to community scale differences in the prevalence of convergent over divergent leaf trait distributions in plant assemblages [J]. Global Ecology and Biogeography, 20: 755-765.

Funk J L, Cleland E E, Suding K N, et al. 2008. Restoration through reassembly: plant traits and invasion resistance [J]. Trends in Ecology and Evolution, 23: 695-703.

Gao C, Zhang Y, Shi N-N, et al. 2015. Community assembly of ectomycorrhizal fungi along a subtropical secondary forest succession [J]. New Phytologist, 205: 771-785.

Garnier E, Cortez J, Billès G, et al. 2004. Plant functional markers capture ecosystem properties during secondary succession [J]. Ecology, 85: 2630-2637.

Götzenberger L, de Bello F, Bråthen K A, et al. 2012. Ecological assembly rules in plant communities-approaches, patterns and prospects [J]. Biological Reviews, 87: 111-127.

Grigulis K, Lavorel S, Krainer U, et al. 2013. Relative contributions of plant traits and soil microbial properties to mountain grassland ecosystem services [J]. Journal of Ecology, 101: 47-57.

Harris N L, Brown S, Hagen S C, et al. 2012. Baseline map of carbon emissions from deforestation in tropical regions [J]. Science, 336: 1573-1576.

Hector A, Philipson C, Saner P, et al. 2011. The Sabah Biodiversity Experiment: a long-term test of the role of tree diversity in restoring tropical forest structure and functioning [J]. Philosophical Transactions of the Royal Society B: Biological Sciences, 366: 3303-3315.

Hillebrand H, Matthiessen B. 2009. Biodiversity in a complex world: consolidation and progress in functional biodiversity research [J]. Ecology Letters, 12: 1405-1419.

Hobbs R J, Cramer V A. 2008. Restoration ecology: interventionist approaches forrestoring and maintaining ecosystem function in the face of rapid environmental change [J]. Annual Review of Environment and Resources, 33: 39-61.

Hooper D U, Chapin I I I F S, Ewel J J, et al. 2005. Effects of biodiversity on ecosystem functioning: a consensus of current knowledge [J]. Ecological Monographs, 75: 3-35.

Isbell F, Calcagno V, Hector A, et al. 2011. High plant diversity is needed to maintain ecosystem services [J]. Nature, 477: 199-202.

Jackson B G, Peltzer D A, Wardle D A. 2013. The within-species leaf economic spectrum does not predict leaf litter decomposability at either the within-species or whole community levels [J]. Journal of Ecology, 101: 1409-1419.

Jackson S T, Hobbs R J. 2009. Ecological restoration in the light of ecological history [J]. Science, 325: 567-569.

Jiang Y, Zang R, Lu X, et al. 2015. Effects of soil and microclimatic conditions on the community-level plant functional traits across different tropical forest types [J]. Plant and Soil, 390: 351-367.

Kraft N，Ackerly D D. 2014. The assembly of plant communities［M］. In：The Plant Sciences-Ecology and the Environment ed. Monson R）. Springer-Verlag Berlin.

Kraft N J B，Valencia R，Ackerly D D. 2008. Functional traits and niche-based tree community assembly in an Amazonian forest［J］. Science，322：580-582.

Laliberté E，Wells J A，DeClerck F，et al. 2010. Land-use intensification reduces functional redundancy and response diversity in plant communities［J］. Ecology Letters，13：76-86.

Laughlin D C. 2014. Applying trait-based models to achieve functional targets for theory-driven ecological restoration［J］. Ecology Letters，17：771-784.

Laughlin D C，Joshi C，van Bodegom P M，et al. 2012. A predictive model of community assembly that incorporates intraspecific trait variation［J］. Ecology Letters，15：1291-1299.

Laurance W F，Goosem M，Laurance S G W. 2009. Impacts of roads and linear clearings on tropical forests［J］. Trends in Ecology and Evolution，24：659-669.

Lavorel S. 2013. Plant functional effects on ecosystem services［J］. Journal of Ecology，101：4-8.

Lavorel S，Garnier E. 2002. Predicting changes in community composition and ecosystem functioning from plant traits：revisiting the Holy Grail［J］. Functional Ecology，16：545-556.

Li S-P，Cadotte M W，Meiners S J，et al. 2015. Species colonisation，not competitive exclusion，drives community overdispersion over long-term succession［J］. Ecology Letters，18：964-973.

Liu X，Liang M，Etienne R S，et al. 2012. Experimental evidence for a phylogenetic Janzen-Connell effect in a subtropical forest［J］. Ecology Letters，15：111-118.

Liu X，Swenson N G，Zhang J，et al. 2013. The environment and space，not phylogeny，determine trait dispersion in a subtropical forest［J］. Functional Ecology，27：264-272.

Lohbeck M，Poorter L，Lebrija-Trejos E，et al. 2013. Successional changes in functional composition contrast for dry and wet tropical forest［J］. Ecology，94：1211-1216.

Miles L，Kapos V. 2008. Reducing greenhouse gas emissions from deforestation and forest degradation：global land-use implications［J］. Science，320：1454-1455.

Mouillot D，Graham N A J，Villéger S，et al. 2013. A functional approach reveals community responses to disturbances［J］. Trends in Ecology and Evolution，28：167-177.

Newbold T，Hudson L N，Hill S L L，et al. 2015. Global effects of land use on local terrestrial biodiversity［J］. Nature，520：45-50.

Norden N，Chazdon R L，Chao A，et al. 2009. Resilience of tropical rain forests：tree community reassembly in secondary forests［J］. Ecology Letters，12：385-394.

Pakeman R J. 2011. Functional diversity indices reveal the impacts of land use intensification on plant community assembly［J］. Journal of Ecology，99：1143-1151.

Palmer M A，Filoso S. 2009. Restoration of ecosystem services for environmental markets［J］. Science，325：575-576.

Pérez-Harguindeguy N，Díaz S，Garnier E，et al. 2013. New handbook for standardised measurement of plant functional traits worldwide［J］. Australian Journal of Botany，61：167-234.

Peterson C J，Carson W P. 2008. Processes constraining woody species succession on abandoned pastures in the tropical：on the relevance of temperate models of succession［M］. In：Tropical Forest Community Ecology（eds. Carson WP & Schnitzer SA）. Wiley-Blackwell Oxford.

Reiss J，Bridle J R，Montoya J M，et al. 2009. Emerging horizons in biodiversity and ecosystem functioning research［J］. Trends in Ecology and Evolution，24：505-514.

Ruiz-Jaen M C, Potvin C. 2011. Can we predict carbon stocks in tropical ecosystems from tree diversity? Comparing species and functional diversity in a plantation and a natural forest [J]. New Phytologist, 189: 978-987.

Shipley B, Vile D, Garnier E. 2006. From plant traits to plant communities: a statistical mechanistic approach to biodiversity [J]. Science, 314: 812-814.

Spasojevic M J, Grace J B, Harrison S, et al. 2014. Functional diversity supports the physiological tolerance hypothesis for plant species richness along climatic gradients [J]. Journal of Ecology, 102: 447-455.

Spasojevic M J, Suding K N. 2012. Inferring community assembly mechanisms from functional diversity patterns: the importance of multiple assembly processes [J]. Journal of Ecology, 100: 652-661.

Suding K N. 2011. Toward an era of restoration in ecology: successes, failures, and opportunities ahead [J]. Annual Review of Ecology, Evolution, and Systematics, 42: 465-487.

Suding K N, Lavorel S, Chapin F S, et al. 2008. Scaling environmental change through the community-level: a trait-based response-and-effect framework for plants [J]. Global Change Biology, 14: 1125-1140.

Ter Steege H, Pitman N C A, Phillips O L, et al. 2006. Continental-scale patterns of canopy tree composition and function across Amazonia [J]. Nature, 443: 444-447.

Tilman D, Isbell F, Cowles J M. 2014. Biodiversity and ecosystem functioning [J]. Annual Review of Ecology, Evolution, and Systematics, 45: 471-493.

Trumbore S, Brando P, Hartmann H. 2015. Forest health and global change [J]. Science, 349: 814-818.

van der Plas F, Janzen T, Ordonez A, et al. 2015. A new modeling approach estimates the relative importance of different community assembly processes [J]. Ecology, 96: 1502-1515.

Vandermeer J, Granzow de la Cerda I, Perfecto I, et al. 2004. Multiple basins of attraction in a tropical forest: evidence for a nonequilibrium community structure [J]. Ecology, 85: 575-579.

Wardle D A, Bardgett R D, Klironomos J N, et al. 2004. Ecological linkages between aboveground and belowground biota [J]. Science, 304: 1629-1633.

Wei X, Jiang M. 2012. Contrasting relationships between species diversity and genetic diversity in natural and disturbed forest tree communities [J]. New Phytologist, 193: 779-786.

Weiher E, Freund D, Bunton T, et al. 2011. Advances, challenges and a developing synthesis of ecological community assembly theory [J]. Philosophical Transactions of the Royal Society B: Biological Sciences, 366: 2403-2413.

Wright I J, Reich P B, Westoby M, et al. 2004. The worldwide leaf economics spectrum [J]. Nature, 428: 821-827.

Yan E-R, Wang X-H, Huang J-J, et al. 2007. Long-lasting legacy of forest succession and forest management: Characteristics of coarse woody debris in an evergreen broad-leaved forest of Eastern China [J]. Forest Ecology and Management, 252: 98-107.

Yan J, Wang Y, Zhou G, et al. 2006. Estimates of soil respiration and net primary production of three forests at different succession stages in South China [J]. Global Change Biology, 12: 810-821.

Young T P, Petersen D A, Clary J J. 2005. The ecology of restoration: historical links, emerging issues and unexplored realms [J]. Ecology Letters, 8: 662-673.

Zhang J, Kissling W D, He F. 2013. Local forest structure, climate and human disturbance determine regional distribution of boreal bird species richness in Alberta, Canada [J]. Journal of Biogeography, 40: 1131-1142.

Zhou G, Guan L, Wei X, et al. 2007. Litterfall production along successional and altitudinal gradients of subtropical monsoon evergreen broadleaved forests in Guangdong, China [J]. Plant Ecology, 188: 77-89.

Zhou G, Houlton B Z, Wang W, et al. 2014. Substantial reorganization of China′s tropical and subtropical forests: based on the permanent plots [J]. Global Change Biology, 20: 240-250.

第 8 章
自然保护区学

李迪强，刘芳，张于光（中国林业科学研究院森林生态环境与保护研究所，北京，100091）

建立自然保护区是生物多样性保护的根本途径，在我国生物多样性保护与生态保护中发挥了核心作用。自然保护区学发展时间短，急需发展完善的理论体系和方法学。本章针对我国在保护区体系建立、管理技术、资金投入和法制建设等方面存在问题，提出了我国自然保护区学发展应优先开展如下行动：构建中国特色的保护区学科理论体系，发展基于生物多样性和生态系统服务保护区系统保护规划途径、濒危物种和生态系统保护技术、极濒物种拯救技术，发展基于物联网的保护区监测技术，综合吸收社会科学、经济科学等多学科成果服务于中国自然保护区的建设和管理，为生态文明建设服务。急需增强创新能力，发展科学研究机构和拓展保护区学科研究领域。

森林生态学学科发展报告

1 现状与发展趋势

　　自然保护区指对有代表性的自然生态系统、珍稀濒危野生动植物物种的集中分布区及有特殊意义的自然遗迹等保护对象所在的陆地、陆地水体或者海域，依法划出一定面积予以特殊保护和管理的区域（蒋志刚和马克平，2014）。建立自然保护区是为了拯救某些濒于灭绝的生物物种，监测人为活动对自然界的影响，研究保持人类生存环境的条件和生态系统的自然演替规律，找出合理利用资源的科学方法（Brooks，2006；Jenkins and Joppa，2009；Ibisch 等，2016）。

　　自然保护区为森林生态系统和生物多样性保护的根本方式，森林生态学是自然保护区学的基础学科。随着自然保护区的建设和发展，自然保护区学学科也得到长足的发展。随着自然保护区的快速发展，2013 年底，全国共建立各种类型、不同级别的自然保护区 2697 个，总面积 14631 万 hm²。其中国家级自然保护区 407 个，面积 9404 万 hm²；地方级自然保护区 2290 个，面积 5227 万 hm²。森林生态系统类型自然保护区数量最多，达 1397 个，其余依次为野生动物类型、内陆湿地和水域生态系统类型、野生植物类型、地质遗迹类型、海洋与海岸生态系统类型、草原与草甸生态系统类型、荒漠生态系统类型、古生物遗迹类型。目前，自然保护区陆地面积占我国陆地面积的 14.8%，已超过 12.7% 的世界同期平均水平，在全国范围内基本形成类型多样、功能比较健全、区域分布趋于合理的自然保护区体系（环境保护部，2014）。自然保护区的建设使我国大多数自然生态系统类型、珍稀濒危野生动植物得到了有效的就地保护。我国生态系统质量最好、最原始的森林、草地、湿地大多数分布在自然保护区内，在我国生物多样性保护与生态保护中发挥了核心作用。全国 85% 的陆地自然生态系统类型、65% 的高等植物群落类型，特别是 85% 以上的国家重点保护野生动植物物种均在自然保护区内得到了保护。大多数珍稀濒危物种种群数量得到恢复和增长，如大熊猫、朱鹮、金丝猴、扭角羚、亚洲象、水杉、银杉、珙桐等。重引进物种麋鹿、普氏野马在自然保护区进行繁育、野化和回归自然试验，也取得了较好的成效。

　　2013 年底，全国已有 1839 个自然保护区建立管理机构，占总数的 68%，共有管理人员 4.34 万人，每个有管理机构的自然保护区平均 24 人。管理人员中，专业技术人员 1.3 万人，占人员总数的 30%。99% 的国家级和 71% 省级自然保护区已建立专门管理机构。"全国自然保护区调查与评价"结果表明，目前国家级自然保护区平均有办公用房 1170 平方米，72% 的保护区建有专门的宣传教育用房，均建有保护管理站点，布设了数量不等的界碑、界桩。通过开展基础设施建设、能力建设、人员培训等工作，自然保护区巡护保护、资源调查、宣传教育、监督检查、设施设备等都得到了加强。经过多年努力，自然保护区科研监测和宣传教育等多重功能得到充分发挥，已经成为开展生态教育，探索自然科学、宣传人与自然和谐相处的天然教学、科研、宣传教育基地。自然保护区积极与大专院校和科研机构合作，共同开展科学研究和调查监测，提升了自然保护区管理的科技水平。有关部门开展了自然保护区调查与评价、生物物种资源调查等项目，初步建立了全国自然保护区数据库和信息管理系统。同时，已有近 200 处自然保护区被列为科普教育基地、生态教育基地和爱国主义教育基地，每年接待的参观考察人数已超过了 3000 万人次。多数自然保护区建有标本馆、展览厅、博物馆等宣传教育设施，常年开展形式多样、丰富多彩的宣传教育活动，普及自然保护科学知识，展示生态保护和建设成就，提高公众

118

保护意识（环境保护部，2014）。

　　近10年来，全国自然保护区总数量仍呈增长趋势，但总面积保持基本稳定，个别年份由于调整等原因总面积甚至出现了负增长的现象，自然保护区事业已经走过了抢救性建立、快速增长的发展阶段，正处于由数量规模型向质量效益型转变的关键时期。与此同时，随着我国工业化和城镇化的快速发展，土地资源紧缺，粮食价格上涨等因素，造成保护与开发的矛盾日益突出，一些自然保护区频繁进行调整或被非法侵占，湿地滩涂被大规模开发围垦，部分物种的栖息地受到威胁，生态环境遭到破坏，自然保护区发展面临的压力不断加大（生物多样性保护战略与行动计划编制组，2011）。

　　党和国家高度重视自然保护区建设，党的十八大将生态文明建设提高到"五位一体"的高度，要求树立尊重自然、顺应自然、保护自然的生态文明理念，加强生物多样性保护，十八届三中全会提出建立自然资源产权制度和用途管制制度、生态环境损害责任终身追究制、资源有偿使用制度、国家公园体制和生态补偿等制度，自然保护区事业发展面临新的机遇和更高的要求。

　　自然保护区学目前存在的主要问题是学科体系有待建立，自然保护区主要研究内容与自然保护区建设工程的需求不相匹配。自然保护区学科的发展从历史上看，时期很短，不很成熟，急需发展完善的理论体系和研究方法学。

1.1　国际进展

1.1.1　保护区建设方面

　　随着单个保护区的发展，人们更多关注到保护区系统的建立。在理论方面，提出了热点地区分析、空缺分析、生态区保护规划、系统保护规划以及生物多样性保护优先地区和关键区域选择的研究。

　　热点地区分析（hotspot analysis）就是探讨怎样以最小的代价，最大限度地保护区域的生物多样性。20世纪80年代，Myers首次提出"生物多样性热点地区"（biodiversity hotspots）的概念。认为优先关注这25个热点地区，并将大量用于自然保护的经费重点放在这25个"生物多样性热点地区"上，可以降低全球物种灭绝率，是一个"银子弹"策略。一些地区特别关注其特有物种的问题，因为这些特有物种正在遭受栖息地被严重破坏的威胁。科学家们通过分析各地区维管植物和四大类脊椎动物（鸟类、哺乳类、爬行类和两栖类）的物种特殊性，最终确定出全球的"生物多样性热点地区"。可以说，这些地区是生物比较丰富或者比较特有的地区，中国在这25个热点地区里占了2个地区，一个是横断山脉，另外一个是中国的热带地区（海南和西双版纳、云南和广东广西最南部），也就是说，中国的生物多样性是非常丰富的（Rodrigues等，1999；Fjeldsa等，2004；Orme 2005）。

　　空缺分析（a geographic approach to protect biological diversity，GAP分析）即保护生物多样性的地理学方法（Rodrigues，2004）。GAP分析是综合考虑区域植被、重要濒危物种适宜生境的分布、土地所有权和保护区等方面的空间信息，利用地理信息系统进行空间分析，找出不同植被类型、单个重要物种分布或物种富集区与保护区之间的间隙，在较大空间尺度上快速评估一个地区的生物多样性组成、分布与保护状态的概况，找出在生物多样性保护区网中，植被型和濒危物种没有被保护的空白地区，通过土地利用规划或新建保护区来填补这些空白。在保护实践

中力求达到既保护濒危物种，又保育一个地区的生物多样性的双重目标，从而保证有代表性的植被类型、重要物种、生物多样性高的生态系统都得到保护。

生态区保护规划是以生态区作为生物多样性保护规划单元的保护方法，通过设计重点保护区域系统，采取保护行动来保证一个生态区内物种和生态群落的长期生存（Margules and Pressey，2000；Fajardo，2014）。生态区是相对大的陆地或水体区域，它包含独特的具有相似物种组成、动态特征和环境条件的自然群落集合。该方法具有以下优点：①生态区是根据生物地理特征的一致性划定的，将生态区作为一个整体开展生物多样性保护规划和保护行动，可以不受行政边界的限制。②生态区保护方法关注的是整个生态区的而不仅仅是某些特殊地点的具有重要意义的种群、生态过程和威胁，它制定的生态区保护目标对生物多样性保护更加具有战略意义。③对生态区的保护需要广泛的利益相关者的参与来提出生态区生物多样性保护的远景规划。在规划过程中，对社会经济因素也应加以充分考虑。

生态区保护规划程序由4个相互联系的部分组成：生态区保护规划——选择和设计重点保护区域系统，以保护生态区内的物种、群落及生态系统的多样性；重点保护地区保护规划——在生态区中，利用"5S"方法（系统、压迫、来源、对策和成功）确定重点保护区域的优先保护顺序，制定相应的保护对策，以及实施相应的保护行动；保护行动——在重点保护区域内，采取相应的对策来消除威胁因素，从而达到保护生物多样性的目的；判断保护行动的有效性——利用生物多样性的健康程度、受威胁程度以及威胁减轻程度来评估生物多样性保护对策和保护行动的有效性。

系统保护规划（systematic conservation planning）是根据生物多样性属性特征，确定保护目标，利用多学科技术对一个地区生物多样性进行优先保护和保护区规划设计。这是侧重于保护区选址和设计的一种综合的保护规划途径。系统保护的目的是保护整个地区生物多样性特征，其中包括物种、生态系统和景观。生态区保护规划与系统保护规划相比较而言，前者更多的是从生物地理特征的角度来确定保护优先区，而后者则侧重于从生物多样性特征来确定保护优先区。

系统保护规划最重要的是要选择出规划区域内具有指示作用的物种和生态系统。通常选择区域内具有代表性的珍稀濒危物种和具有重要生态功能且脆弱的生态系统作为指标，因为这些物种和生态系统是整个自然生态系统的重要组成部分，具有其他所不可替代的服务功能，也是生态系统健康的重要指标。通过对地区濒危物种和生态系统的保护可使整个区域生态系统和其他物种同时得到保护。

系统保护区域生物多样性是保护国家战略资源的需要，同时具有重要的经济价值。系统保护主要包括以下七个步骤（Margules and Pressey，2000）：①确定区域宏观保护规划目标；②收集区域生物多样性数据及其威胁因子；③分析生物多样性特征和保护目标，找出优先保护区域；④分析已建立保护区，评估保护成效，找出保护空缺；⑤提出新的保护规划，增选新的保护区；⑥实施新的保护规划；⑦监测保护规划实施的成效。

通过以上步骤，在实地调查基础上，将空间分析与数量统计分析相结合，利用图形分析（遥感图、生境图等）和计算机软件（如C-PLAN等）分析方法，找出保护区网络中存在的主要问题和解决方法，确定需要优先保护和需改善的地区和保护区，使区域保护区网络系统在生物多样性保护方面得以优化。将系统保护方法应用于区域生物多样性保护规划和保护区网络建设研究，对保护区的宏观规划和保护政策的制定具有积极意义。通过上述方法，对区域生物多样性保护和保护区建设进行定量化分析，增加了研究方法的可信度，完善了系统保护理论。

1.1.2 自然保护区管理方面

无论保护区采取哪种管理结构，管理的核心任务基本是一样的，虽然任务的相对重要性和实施的方法可能在各地有所不同。财政资源对是否可以彻底执行这些不同责任也有很大影响（栾晓峰等，2011；权佳等，2009）。一般来讲，如果已经编制和批准了保护区管理计划，保护区管理者需开展的主要任务通常包括：①执行管理计划。管理应至少表明保护区的存在以证明该地点的具体地位。如果由于资金或其他限制无法建立基础设施和人员配置，那么至少要树立标识并发布保护区建立的消息。②保护区边界的划分。有形的勘查和标示保护区及有些情况下标示保护区内部的分界很重要，但保护区需要得到当地利益相关者理解、认同和尊重的"有生命的边界"。这一进程通常需要谈判和建立共识，而不是只进行勘查和树立边界标识就可以做到的。③建立和维护基础设施和设备（如办公楼、车辆、研究设施和设备、道路、水源供给、通信设备、武器和供来访者使用的一些生活必需品）。④人事、财务和行政管理，包括诸如招聘员工和日常管理活动、财务责任制、能力建设和其他行政管理任务。⑤对构成保护区的保护目标或对该目标有影响的主要生物或其他组成部分进行监测、评估和趋势分析。⑥实施适应性管理。

用于系统评估管理目标和活动并根据经验和不断变化的情况进行调整的方法已经得到开发并被广泛应用（Margoluis and Salafsky，1998；Oglethorpe，2002）。①管理游客、研究人员和生物调查者，其中包括确定许可进入保护区的条件和费用，通过地图、情况介绍会和展览提供信息，监测来访者的行动以确保他们遵守规则，并满足员工和来访者的医疗需求；②维护与居住在保护区或相邻区域的当地和土著社区的良好关系；③解决保护区当局和其他利益相关者如当地社区、商业利益或政府部门之间的冲突和争端，酌情进行监督和执法；④推广保护区的价值观和成功经验。

随着人们更多地预期让保护区为国家发展目标做出贡献并为附近的人民和社区带来社会和经济效益，保护区系统管理者与发展行业的其他对应部门联系和合作的能力成为有效管理的必要前提。保护区管理的重点在于确保保护区和保护区网络正在实现所确定的目的和目标。这要求对长期管理的效果进行评估并采用适应性管理。实现保护区有效管理的主要因素包括战略规划、执行管理计划、良好的治理、利益相关者的参与、清晰的法律或习惯框架以避免破坏性活动，有效的遵纪守法和执法，控制影响保护区的外部活动的能力、具有所需的人力和机构能力及可持续的资金供给。

目前，世界上12%的陆地面积处于某种形式的保护之内，而且还有一个广泛的并在不断扩大的海洋保护区网，尽管划为用于内陆水域保护的地区还相对滞后。因此，人们越来越关注监测和评估保护区的效果以支持改进管理并使保护区实现设立的目的（Jenkins and Joppa，2009）。

1998—2000年，IUCN通过其下属的6个专业委员会所荟萃的各方面专家，编写了一套有关自然保护区体系规划、经济价值、财政、居民等方面管理的丛书，作为自然保护区最佳实践指南。其中，《保护区的管理效果评估》一书是IUCN下属的世界保护区委员会专门成立的管理效果工作小组组织世界各国专家经过三年共同努力的结果。该书通过采用当前最优的实践策略，为保护区的管理效果评估提供了一个框架和指导，希望借此能帮助从事保护区管理评估的专业人员和其他人员，根据实际情况的差异做出相应的修改，制定出一套最适合的评估方法和监测体系，以提高保护区的管理效果。

参与式管理所强调的不是单一的政府或正式的组织与管理，也重视各种非正式的组织；它强调的不是政府对权力的一元化或垄断，而是强调社会管理的权力中心的多元性，各种公私团体、组织和个人均参与管理过程；它否定社会管理及权力运用的自上而下的单一性和单向性，而是强调政府与社会各种权力的互动性；它不否认政府权力的命令与强制，但同时也强调权力与组织间协商与合作；它承认政府的管理必要性和必然性，但同时更强调社会的自主和自治。总之，参与式管理强调社会组织和公众个人的参与社会和社区的管理过程，发展政府、企业、社会组织及公民各主体间的多元参与、合作、协商和伙伴关系，建立政府主导，社会、企业、公众多元主体参与的现代管理体制。

通常认为，共管是参与式管理的一种具体形式，参与的范畴较大，而共管的范畴相对较小。共管要求有共管的机构，有计划、实施及检查评估的过程，在共管中参与的各方要有明确的责、权、利关系。

许多保护区有规划和程序，它们确保了潜在的威胁和威胁影响的最小化。其中最重要的是管理规划、风险规划和影响评估、监测和评价的程序。

在谈到威胁时，有效的判断是基于专业培训和经验方法，同时也包括有效的咨询和研究。降低威胁对保护区生物多样性影响的原则首要的就是采用预防的原则，例如，缺乏完整的科学依据，不能用来作为推迟利用经济可行的策略来阻止环境退化。必须在全面的、正式的科学证据前采取预防措施。这些预防措施要求不能给环境带来消极的影响。

单个保护区管理规划主要使用了一系列的分级规划工具、模型和技术，使保护区威胁最小化。

基于保护区不同的管理目标，分区计划提供了空间的不同。分区能确保传统利用方式在合适地点得到保留，在保护区内阻止大的自然区域破碎化，在保护区内提供发展的限制空间，为选择区域帮助提供特定的保护措施。分区计划（加强每一个区域之间的管理目标）能向保护区工作许多年的管理者传输一个持续威胁管理的信息。

中国自然保护区的管理一直在借鉴国外自然保护区的管理理念和方法。国际上发达国家自然保护区的建设主要是在土地所有权解决的基础上进行的，不存在土地争端。而发展中国家的自然保护区主要是在个人或者集体土地上建设的，参与式管理成为保护区管理新的理念。

1.2　国内进展

随着野生动物和自然保护区工程的开始，国家对自然保护区建设的投入加大，自然保护区发展迅速。自然保护区体系布局更加科学合理，保护区数量和面积持续增加，保护管理质量总体呈现出稳步提高的可喜态势。

一是进一步完善自然保护区布局，着重填补保护空缺，新建自然保护区336处，新增面积超过364万 hm²，全国林业系统建立和管理的自然保护区总数达到2035处，其中，国家级自然保护区达到247处，总面积达到1.23亿 hm²，占国土面积的12.87%，纳入林业自然保护区保护管理的野生动物种群和高等植物群落的比例分别提高到85%和65%。

二是自然保护区建设管理水平全面提升。我国自然保护区管理坚持走"量、质"并重的发展道路，制定了《国家级自然保护区建设标准》、《自然保护区功能区划标准》等规范性文件，推动了自然保护区建设与管理的专业化、规范化、标准化。建立中央财政专项资金，用于国家级自然保护区能力建设补助，继续加大国家级自然保护区基础设施建设投入，保护管理条件明显改善。强化保护管理监督，通过开展自然保护区管理有效性评估和建立全国管理信息数据库等措施，促进自然保护区健全管理制度，落实保护管理措施，提高管理质量和水平。以总体规划为规范管理基础，以创建国家级示范自然保护区为龙头，强化确权定界、机构建设等基础性工作，树立了保护监测、生态旅游、集体林改、公共教育等多方面的典型，不断提高自然保护区总体管理水平。

三是自然保护区的发展推动着自然保护区学的发展。1987年宋朝枢首次提出"自然保护区学"的概念，提出自然保护区学是将自然科学和社会科学当作一个整体来研究的新的学科（宋朝枢等，1988）。1991年金鉴明等在《自然保护区概论》中提出了自然保护区学的含义、内容和研究方法等，提出自然保护区学是研究关于保护自然、优化自然，不断满足人类社会发展过程中发生的自然保护问题，揭示存在于这些问题之中的客观运动规律及其机理的科学。1992年马建章院士的《自然保护区学》出版，推动了自然保护区学的基本内容发展，提出自然保护区学是新兴的边缘科学，是研究自然保护区的性质、职能、规划设计、管理及物种恢复、保护的理论和实践的应用科学，崔国发（2004）等提出了自然保护区学的基本框架和关注的主要问题。自然保护区规划设计的理论与方法，自然保护区管理的理论与方法，自然保护区自然资本的评估与管理，生物多样性的保护与利用，生态旅游资源的开发与管理等方面，都是自然保护区学研究的主要内容。自然保护区学研究的热点问题，如生境岛屿种群恢复与调控、自然保护区规划设计的适宜面积的确定、功能区划技术、生境廊道设计的理论与技术、生态产品的生产和生态功能的发挥、自然资本的运作和价值管理等，是急需加强研究的。

我国有32处自然保护区加入联合国教科文组织"人与生物圈"保护区网络，有44处自然保护区列入国际重要湿地名录，有32处自然保护区成为世界自然遗产地，28处自然保护区列入世界地质公园网络。我国与全球环境基金（GEF）、世界自然基金会（WWF）、世界自然保护联盟（IUCN）等国际组织建立了良好的合作关系，积极履行《生物多样性公约》。成立了中俄总理定期会晤委员会环保分委会跨界自然保护区和生物多样性保护工作组，已召开七次工作组会议，推进跨界自然保护国际合作。各地、各自然保护区通过开展国际合作项目、建立姊妹保护区、跨界保护区等多种形式，加强国际合作与交流，学习借鉴先进理念和管理模式，加强自然保护区能力建设，提高管理质量和水平。近年来，随着国际组织和全球环境基项目的实施，国际自然保护区设计和管理理念不断进入中国，自然保护区选址、设计、管理等方面的理论也得到不断发展，自然保护区学也在科学地不断结合中国自然保护区实践，发展自然保护区学科理论，将新技术应用于自然保护区管理，实现保护区主要保护对象的可持续保护，周边社区和保护区的协调发展，自然保护区生态系统、生物多样性得到健康可持续的发展（蒋志刚和马克平，2012）。

1.3　国内外差距分析

相对于国外保护区的研究，我国对自然保护区学在法律、保护方法、保护意识等方面存在明显差距。

（1）缺少关于保护区法律的系统研究，法规约束力欠缺，投入机制不健全。我国现行的《中华人民共和国自然保护区条例》立法位阶低，约束力欠缺，部分条款已不能适应新形势下自然保护区发展的需求。政策方面，自然保护区分类管理、土地用途管制、筹资机制、生态补偿、机构性质、社区发展、自然资源资产权等方面的制度政策还不够完善，规范化建设管理的相关

技术标准和规范比较缺乏。现行自然保护区资金投入机制尚不健全，存在着资金使用不合理，重设施建设投资、轻管护投入，管理运行经费缺乏保障等问题，制约了自然保护区功能的充分发挥。尤其是地方级自然保护区资金投入严重缺乏，导致机构不健全，日常工作难以开展。同时，自然保护区投入渠道单一，尚未建立社会资金机制，不能充分吸收社会各界参与自然保护区的建设与管理。

（2）保护区规划方法有待进一步发展，生物多样性保护存在空缺，孤岛化现象严重。一些需要予以重点保护的生物多样性丰富地区未能建立自然保护区，部分自然保护区按照行政区界划建，系统性保护不够，生态廊道缺乏，自然保护区"孤岛化"现象严重。各类生态系统受保护的程度仍不均衡，类型布局存在空缺，全国应当优先保护的120多种陆地生态系统类型中，有约20种尚未得到有效保护，同时一些濒危物种和小种群物种也存在保护空缺。自然保护区保护的海域面积仅占我国管辖海域总面积的1.5%，且以近岸海域为主。距《生物多样性公约》提出的2020年目标，我国自然保护区发展仍存在差距。

（3）由于保护意识不强，保护与开发矛盾日益突出，保护教育体系有待完善。少数地方政府对自然保护区重要性认识不足，重视不够，未能正确处理保护与地方经济发展的关系。个别地方甚至认为保护区会影响和限制地方发展，不愿建立自然保护区。一些自然保护区存在重开发、轻保护，或看护式管理思想。这直接影响了我国自然保护区管理质量的提升。同时，随着我国经济建设的快速发展，能源、资源、交通、旅游等开发建设活动对自然保护区的影响日益突出。"国家级自然保护区人类活动遥感监测与实地核查"结果表明，所有国家级自然保护区均有人类活动，人类活动类型多样，共6万余处，总面积224万 hm^2，占保护区总面积的2.36%。一些未经科学论证和审批的开发建设活动不断蚕食和占用自然保护区，削弱了保护功能，降低了保护价值。

（4）社区共管有待进一步系统研究，部分自然保护区边界范围不明，土地纠纷突出。我国早期的自然保护区大多属于抢救性划建，范围勘定等管理工作未能及时跟上，约46%的地方级自然保护区界线不清或根本未划界，甚至少数国家级自然保护区也存在边界不明的问题，各类保护域交叉重叠，影响了自然保护区的日常管理和监督执法。同时也加剧了自然保护区与社区的土地权属纠纷，导致侵占自然保护区土地的情况日趋严重。

（5）保护区人员素质较低，专业人员缺乏，自然保护区本底不清，科研监测能力薄弱。我国近3/4的地方级自然保护区未开展过自然资源及生物多样性本底调查，部分国家级自然保护区也仅在早期开展了科考工作，导致保护对象不明确、管理措施不到位。同时，自然保护区科研监测能力普遍较弱，对一些特殊物种和栖息地的保护成效缺乏监测，信息化、数字化等技术尚未普及，全国没有形成统一的监测体系，与目前自然保护区管理的实际需要不相适应。

2 发展战略、需求与目标

自然保护区学学科的发展必将为自然保护区建设和管理提供理论指导和示范。需要构建具有中国特色的自然保护区理论体系，为使自然保护区可持续发展、科学保护自然保护区森林资源和生态功能、促进生物多样性的持续保护提供人力资源和技术保障。对自然保护区建设管理第一线的科技与管理人员介绍保护生物学知识，促进自然保护区知识的普及，将有力推动自然保护区的研究与应用。

2.1　发展战略

自然保护区作为保护自然最重要的途径，是落实生态保护红线、优化国土空间格局的有力抓手，是推进生态文明建设、建设美丽中国的有效措施。党和国家高度重视自然保护区建设，党的十八大将生态文明建设提高到"五位一体"整体推进中国特色社会主义建设的高度来认识，要求树立尊重自然、顺应自然、保护自然的生态文明理念，党的十一届三中全会提出建立国家公园体制，这为自然保护区事业的发展提供了新的机遇。

自然保护区学学科需要按照国家需求来进行科学研究和人才培养，发展自然保护区网络和保护区群，生物多样性保护优先区加强生物多样性保护服务。提高保护区的管理有效性，促进保护区从数量扩张型到质量效益型、从简单边界控制型到适应性管理型、从简单的守护管理到巡护管理、从巡护管理到数字化管理的转变。从生态旅游发展、生态产品开发和生态服务监管、建立保护区监管平台等发展出中国特色的自然保护区学学科，促进保护区的规划化保护、数字化管理和保护区与周边社区社会经济的可持续发展（龚明昊等，2001；李迪强等，2012）。

2.2　发展需求

自然保护区学学科的发展需求需要为中国野生动植物保护和自然保护区建设工程、天然林保护工程、湿地保护工程、极濒物种保护工程等中国生物多样性保护工程服务，构建中国生物多样性就地保护网络服务。具体包括：

（1）发展具有中国特色的系统保护规划方法，为自然保护区系统构建提供技术支持。建立起具有中国特色的系统保护规范方法，针对保护区建设的尚未纳入保护监管范围的极度濒危野生动物及其栖息地、极小种群野生植物及其天然集中分布区、生态脆弱或独特典型的自然生态系统类型及区域等，尽快纳入保护范围，形成重点突出、网络清晰的保护格局，尽一切努力防止野生动植物种群和自然生态系统受损。

（2）发展和引进新的技术手段，提高保护区管理能力，构建保护区生物多样性及其管理成效监管平台。为全面提高保护区管理成效，急需提供保护区管理水平，从理念、思路和最佳技术设备入手，改进手段、规范管理、完善机制等，改变长期粗放管理的状况。积极引进新技术，提高巡护、监测效率及准确性，走保护实践与科技创新相结合之路，突破科技瓶颈，切实提高保护管理的科学性、有效性，提高保护区保护工作质量。

（3）加强保护生物多样性研究，针对珍稀濒危物种进行解濒技术研究，以国家级自然保护区和科学价值高的自然保护区作为监控体系的基本骨架，其他自然保护区作为补充，建立多部门参与、相互协调、相互补充的全国自然保护区统一监控体系。其中急需加强相关珍稀濒危物种的研究，如在遗传特性、环境因素和种群自身的随机变化存在的情况下，能够以99%的概率存活1000年的最小种群数量的估计，最小生存种群生存力分析是保护区濒危物种管理的理论基础。

（4）加强保护区法律、政策和标准方法研究，为自然保护区立法、体制建设和标准化管理技术发展提供技术支撑。

（5）坚持立足国情，借鉴国际经验，创新保护机制。要从我国社会主义初级阶段和社会经济发展水平的实际出发，积极学习借鉴各国的保护管理经验和做法，提升我国保护管理水平。

同时，把创新贯穿于野生动植物保护与自然保护区管理全过程，为推进保护事业发展、生态文明建设提供新动力。

（6）开展保护区生物多样性保护和利用的基础研究，科学生产保护区重要生态产品，维持自然保护区生态服务，保护自然保护区内重要种质资源，研究保护区内重要中草药等植物资源的创新性利用研究，开展生态旅游模式研究，促进保护区的可持续发展。坚持生态优先，合理利用。在经济社会发展中优先考虑生物多样性保护，采取积极措施，对重要生态系统、生物物种及遗传资源实施有效保护，保障生态安全。禁止掠夺性开发生物资源，促进生物资源可持续利用技术的研发与推广，科学、合理和有序地利用生物资源。要对野生动植物资源人工繁育加强政策指导和扶持，早日实现用人工繁育资源满足经济发展需求的目标。

2.3 发展目标

建立具有中国特色的自然保护区学研究体系，针对森林生物多样性保护和珍稀濒危物种保护，系统研究保护区建设和管理体系，为我国保护区濒危物种、生态服务监管等提供技术支撑，从保护区构建、主要保护对象管理、生态系统服务、保护区社区共管、生态旅游管理方面发展具有中国特色的保护区规划技术，建立森林类型保护区监管平台，提升保护区管理能力，为天然林保护区建设项目影响评价、气候变化和生态系统变化条件下的保护区管理提供科学研究和人才培养，在国家保护工程支撑等方面有长足的发展。

3 重点领域和发展方向

3.1 重点领域

3.1.1 构建自然保护区学科理论体系

在自然保护区体系构建方面，需要发展保护空缺填补技术，逐步消除保护空缺。在极度濒危野生动物、极小种群野生植物、生态脆弱或独特典型自然生态系统的保护盲区，建立保护机制。加强自然保护小区等就地保护形式的培育。要建立激励机制，通过乡规民约等协议保护形式，划定自然保护小区，明确保护责任，维护好对物种保存和乡俗文化有重要影响的自然生境。

3.1.2 构建极濒种群保护的保护生物学体系

急需建立濒危种群保护理论体系，开展极濒物种生态学、遗传学、行为学和社会学等方面濒危机制研究，提出关键物种种群生存力分析技术和最小存活面积及保护区网络构建技术，以及相关的管理技术。

3.1.3 构建自然保护区监管平台建设技术体系

把加强野外保护体系建设和管理作为第一要务，以完善就地保护体系为主线，强化野外资源的保护管理，通过健全机构、完善和创新保护机制、改进设施装备、培训人员、建章立制、社区共管、信息化建设等措施，全面提升一线保护管理能力和水平。有关主管部门实施国家级自然保护区管理评估，建立建设项目审查制度，定期实施专项执法检查，构建"天地一体化"的自然保护区人类活动遥感监测体系，国家监管能力得到大幅度提高。关键技术体系包括保护区管理技术规范的出台基于互联网+的监管和能力建设平台，提高自然保护区建设管理水平。自然保护区是区域生态系统的核心，也是就地保护体系的重点，保护了大批物种和自然生态系统类型，要完善、创新保护机制，扎实提高保护成效。

3.1.4 构建社区管理的社会学体系

研究社区管理与保护区公平治理是保护区提升管理有效性的关键内容，坚持正确处理保护资源与改善民生的关系，建立包容性保护理念。充分认识争取当地人民群众支持保护、参与保护的重要意义，并理解和支持他们发展生产、改善生活的合理愿望。注重从政策和制度层面解决好生态受保护、农民得实惠的问题，探索形成共同保护、共同受益的长效机制。

3.1.5 自然保护区政策研究

我国政府将环境保护作为一项基本国策，先后制定和实施了一系列相关的法律、法规。有关自然保护区的专门法规或法规性文件有《中华人民共和国自然保护区条例》、《森林和野生动物类型自然保护区管理办法》和《国家级自然保护区调整管理规定》等。全国有24个省（自治区、直辖市）制定了自然保护区管理法规，200多个自然保护区制定了专门的管理办法。国务院相继印发了《关于做好自然保护区管理有关工作的通知》、《关于进一步加强自然保护区管理工作的通知》等文件，有关部门根据各自的职责，制定了《国家级自然保护区监督检查办法》、《自然保护区生态监察指南》、《自然保护区土地管理办法》等规章制度以及与自然保护区管理相关的标准规范。这些法规、规范的颁布实施，使自然保护区工作有法可依、有章可循，有力促进了自然保护区的建设和管理。

以完善保护法律法规体系为主线，为推进保护工作提供有力的制度保障。一是系统规划保护制度建设，提高制度建设质量。在系统梳理现有法律法规和制度缺陷、空缺等问题的基础上，确定野生动植物保护与自然保护区管理制度建设的战略布局，坚持系统、有序推进落实。二是坚持改革创新，立、改、废并进。对法律法规的空白或现行法律规定与实际情况不适应的，争取以修改完善法律法规的方式进行填补。对法律法规修改存在困难或条件不成熟的，要先行研究制定部门规章，确保工作有所遵循。对制约保护事业发展、违背改革发展要求的，要进行清理废止。三是注重建立与法律法规体系相配套的完善的政策体系。四是密切关注相关法律法规的研究制定进程，维护林业部门的保护管理职能，避免引发保护管理工作混乱。五是深化行政许可和审批制度改革，科学合理细化、量化行政裁量权，强化服务意识。

3.2 发展方向

鉴于自然保护区学的研究对象的特殊性和学科自身的发展规律，以及国家生态文明建设和林业生态建设的要求，预期自然保护区的发展方向有以下四个方面：

3.2.1 森林生物多样性和生态系统服务的系统保护规划

我国自然保护区学学科建设提出比较晚，在自然保护区建设方面主要是采用抢救式的模式建立的，在20世纪80年代，改革开放刚刚开始，大规模的经济建设背景下，抢救式地建设自然保护区是我国自然保护区建设的现实需要，一般研究尺度都比较大。中国森林生态系统与全球相比，类型复杂，管理难度大，所有制多样，现有保护区构建体系缺少建设前的协调和参与性过程，如何解决历史遗留问题，成为保护区建设和管理的老大难问题。保护和发展矛盾突出，保护区调整成为近年来最突出的问题，需要补上系统保护一课。

借鉴国际上自然保护区系统保护技术和方法，考虑国家公园体制试点和国家生物多样性保

护战略及行动计划的要求，自然保护区学学科需要关注自然保护的区域保护、区域生物多样性保护和生态服务功能的提供，关注生态服务和生态产品的供给。基于此，需要以现有自然保护区体系为基础，考虑气候和生态系统变化，建立自然保护区群、自然保护区网络和在国家生物多样性保护优先区建立自然保护区体系。需要开展以物种、生态系统和生态服务为保护对象的区域自然保护区规划，服务于生态文明建设。在禁止开发区重点地区突出生物多样性和生态服务的保护（Rodrigues，2004）。

3.2.2 濒危物种和生态系统保护技术

濒危物种是生态系统健康与否的指示，我国自然保护区的建设都是在抢救性理念下进行的，濒危物种的保护是保护区建立的主要目标之一。应该针对这些珍稀濒危物种开展系统研究，从遗传、物种、生态系统和景观水平进行濒危物种的管理，找出恢复和保护行动的关键区域，减少人为活动，提高这些物种的种群生存力。全球生态系统红色名录的提出，为保护区生态系统的保护提出了新的行动指导，也将成为保护管理的重点。

3.2.3 保护区管理方面

近年来自然保护区数字化管理技术得到强调，自然保护区的森林防火、野生动植物资源监管、生态旅游管理、生态环境和生态服务的监测等自动化手段得到迅速发展。全球资源环境的高分卫星发射和服务的提供，广泛应用于保护区环境和资源的监控。保护区人为活动特别是保护区建设项目的卫星监控成为环保部门监管保护区的重要手段。无人机近年来也广泛应用于保护区野生动物调查、资源环境调查和人为活动监控工作。

我国自然保护区由于体制和机制的原因，基础设施投入有相关渠道，国家级自然保护区的办公基础设施得到解决。但是相关的野外管护活动缺少基本的投入，保护区社区共管、监测和巡护等缺少系统标准的方法，与国外的自然保护区相比存在明显差距，有待进行进一步加强研究，成为标准化方法，进行人才培养，提高保护区管理水平。

大量新技术将应用于自然保护区管理，如物联网技术应用于保护区的监测，信息和通信技术应用于保护区的日常巡护监测和执法，遥感信息应用于保护区管理成效评估等，保护区数字化管理与建设技术日益成为保护区管理的关键技术。在此方面需要加强研究和人才培养。

3.2.4 社会科学、人文科学对于解决保护区问题越来越重要

自然保护区学将是以生物多样性保护和生态功能保护为重点，促进生态服务和生态产品生产，发展生态旅游，协调保护与发展的典范。管理学、经济学和社会科学一起为自然保护区学提供新的理念。

4 存在的问题和对策

4.1 存在问题

4.1.1 原始创新能力有待加强

我国生态系统类型多样，生物多样性丰富，自然保护区建设和发展处于全球领先水平。但是缺少保护区建设和规划的理论指导，在保护区建设过程中，科研参与度低，社会科学和自然科学的参与度都低，导致自然保护区建立和发展过程中面临的诸多问题也与保护区建设和管理

理论方面的原始创新缺乏有关。近年来保护区数字化管理理论对保护区管理有很大促进，但是缺少相关理论提升和系统总结，不能及时指出发展方向。

4.1.2　研究力量有限

自然保护区学学科是一个综合发展学科，需要为保护区的建设和管理提供全面的支持。中国林科院森林生态学力量分散，不利于保护区专家型人才的发展和领军人才的脱颖而出。人才培养和科学研究工作没有形成合力。不同研究所研究人员甚至同一个研究所的研究人员没有联合起来发挥综合优势。在国家林业局层面，保护区方面科研项目支持远远少于其他方面的项目支持，专门研究保护区建设和管理的项目很少，影响了自然保护区学学科的发展。

4.1.3　保护区方面研究项目没有得到系统支持

主管部门和科学技术研究支持部门没有得到持续的科学研究项目支持，影响了自然保护区学科的发展。

4.2　对策建议

自然保护区是保护森林生物多样性和生态系统服务的关键场所，自然保护区应该成为森林生态学研究的关键场地，自然保护区学学科应该建立自己的研究基地，针对自然保护区生态站，统一制定相关的研究调查内容和数据要求，将生态系统管理、主要保护对象的管理纳入生态站建设的基本要求。主要对策如下：

（1）增强创新能力，加强自然保护区学学科的理论体系建设，服务国家自然保护区建设科技需求主战场，以国家生态建设工程和自然保护区发展要求进行学科建设。按照国家生态建设的要求，国家公园建设是社会主义生态文明的重要载体，自然保护区是生态文明建设的主体，是国家林业生态工程天然林保护工程的重要区域，是国家野生动植物与自然保护区建设工程的核心区域。自然保护区学学科要为关注自然保护区划建、管理和可持续发展提供科技支撑，为自然保护区生物多样性保护、生态功能维持和减少贫困、保护区和周边地区共同发展建立新的模式，为保护区自然资源管理、生态旅游管理和保护区建设项目管理提供立法、政策和技术、科学的支撑。

（2）加强学术队伍建设和机构建设。学术队伍建设是学科建设的核心，培养和造就一支不仅具有一定数量，而且年龄结构、职称、学历、知识结构合理，具有强烈的创新思想和创新精神，充满活力、团结合作的学术梯队是学科建设的基础。造就和形成一批学术思想活跃、学术造诣较深、在国内和国际上具有一定影响力的学术带头人和学术骨干是学科建设关键。

加强自然保护区建设的技术研究，建立自然保护区监管信息技术国家工程中心，建立保护生态学国家林业局重点实验室服务于自然保护区国家重点工程。

（3）拓展自然保护区学的研究领域，加强保护区的经济和政策研究，建立保护区政策研究中心，针对保护区在生态补偿、社区共管、生态旅游等方面的研究，为自然保护区学的多学科融合和创新提供空间。

参考文献

崔国发. 2004. 自然保护区学当前应该解决的几个科学问题 [J]. 北京林业大学学报, 26 (6): 102-105.

龚明昊, 高作锋, 侯盟. 2011. 基于野生动物适宜栖息地的保护区网络规划——以秦岭大熊猫保护区为例 [J]. 林业资源管理 (1): 49-54.

蒋志刚, 马克平. 2014. 保护生物学原理 [M]. 北京: 科学出版社.

金鉴明, 王礼嫱, 薛达元. 1991. 自然保护概论 [M]. 北京: 中国环境科学出版社.

环境保护部. 2014. 自然保护区名录 [M]. 北京: 中国环境科学出版社.

栾晓峰, 习妍, 陈晨, 等. 2011. 东北自然保护区压力威胁影响因子及趋势 [J]. 自然资源学报 (5): 725-732.

马建章. 1992. 自然保护区学 [M]. 哈尔滨: 东北林业大学出版社.

权佳, 欧阳志云, 徐卫华. 2009. 自然保护区管理快速评价和优先性确定方法及应用 [J]. 生态学杂志 (6): 1206-1212.

生物多样性保护国家战略与行动计划编制组. 2011. 中国生物多样性保护国家战略与行动计划 [M]. 北京: 中国环境科学出版社.

宋朝枢, 张清华, 徐荣章. 1988. 自然保护区工作手册 [M]. 北京: 中国林业出版社.

唐小平. 2005. 中国自然保护区网络现状分析与优化设想 [J]. 生物多样性, 13 (1): 81-88.

Brooks T M, Bakarr M I, Boucher T, et al. 2004. Coverage provided by the global protected-area system: is it enough? [J] BioScience, 54: 1081-1091.

Brooks T M, Mittermeier R A, Fonseca G A B, et al. 2006. Global biodiversity conservation priorities [J]. Science, 313: 58-61.

Carvalho S B, Brito J C, Pressey R L, et al. 2010. Simulating the effects of using different types of species distribution data in reserve selection [J]. Biological Conservation, 143: 426-438.

Fajardo J, Lessmann J, Bonaccorso E, et al. 2014. Combined Use of Systematic Conservation Planning, Species Distribution Modelling, and Connectivity Analysis Reveals Severe Conservation Gaps in a Megadiverse Country (Peru) [J]. PLoS ONE, 9 (12): e114367.

Fjeldsa J, Burgess N D, Blyth S, et al. 2004. Where are the major gaps in the reserve network for Africa's mammals? [J] Oryx, 38: 17-25.

Ibisch P L, Hoffmann M T, Kreft S, et al. 2016. A global map of roadless areas and their conservation status [J]. Science, 354 (6318): 1423-1427.

Jenkins C N, Joppa L. 2009. Expansion of the global terrestrial protected area system [J]. Biol Conserv, 142: 2166-2174.

Margules C R, Pressey R L. 2000. Systematic Conservation Planning [J]. Nature, 405: 243-253.

Myers N, Mittermeier R A, Mittermeier C G, et al. 2000. Biodiversity hotspots for conservation priorities [J]. Nature, 403: 853-858.

Orme C D L, Davies R G, Burgess M, et al. 2005. Global hotspots of species richness are not congruent with endemism or threat [J]. Nature, 436: 1016-1019.

Rodrigues A S L, Akçakaya H R, Andelman S J, et al. 2004. Global gap analysis: Priority regions for expanding the global protected-area network [J]. BioScience, 54: 1092-1100.

Rodrigues A S L, Tratt R, Wheeler B D, et al. 1999. The performance of existing networks of conservation areas in representing biodiversity [J]. Proceedings of the Royal Society of London. Series B, Biological Sciences, 266: 1453-1460.

第9章
农林复合系统调控水热与固碳功能

张劲松，陆森，何春霞，孙守家，孟平（中国林业科学研究院林业研究所，北京，100091）

　　农林复合系统也称复合农林业，是一种动态的、以生态学为基础的自然资源管理系统，通过在农地及牧地上种植树木达到生产的多样性和可持续发展，从而使不同层次的土地利用者获得更高的社会、经济和环境方面的效益（Leakey，1997），为农业和林业可持续发展提供了新的思维和新的领域。水热调控与碳汇功能一直是农林复合系统的热点研究内容。准确计量农林复合系统水热调控与碳汇效应，揭示影响机制，对进一步深入评价生态效应及计量综合效益、优化复合系统结构配置、实施调控管理等具有重要的理论指导作用。本章简述了农林复合系统发展的历史背景，概述了调控水热及固碳功能的研究进展，并从应对水资源紧缺、应对气候变化等需求角度，表述了进一步深入研究复合农林调控水热和固碳特征及其影响机制的必要性。从研究手段、方法和内容等角度，提出了展望，指出要注重试验研究和模拟研究相结合，要重点加强研究农林复合系统水热传输及其耦合过程、种间水分关系动态变化及其影响机制、碳素循环过程、区域尺度水热调控及碳汇能力等内容，以期深入揭示农林复合系统的生态特征，促进复合农林业及森林生态学等相关学科发展。

1 国内外研究进展

1.1 历史背景与动态概述

农林复合系统也称复合农林业，是一种传统的土地利用和经营方式，其实践历史与古代农业基本平行，但实践意义和理论价值长期以来未能得到足够的重视。直至20世纪70年代，由于人口剧增、粮食短缺、资源危机、环境恶化等全球性问题的出现，促使人们愈来愈深刻地意识到森林与21世纪可持续发展休戚相关的重大意义，以及拯救森林的紧迫性。由于在短时期内完全恢复森林状态，特别是在农区，既不可能也无必要，从而促使人们真正从科学的角度重视农林复合系统。因此，国内外农林界学者大力提倡发展以防护林为主体结构的农林复合系统，以增加森林覆盖率，从而使得农林复合系统受到世界上众多国家和地区的普遍关注和广泛重视。"Agroforestry"一词最早出现于1977年由IDRC完成的《树木、粮食和人类》项目文件中。该词的出现引起了世界各国农林业专家的广泛关注，并予以各种各样的定义（King，1979；Nair，1985；Lundgren，1990；蒋建平，1990；李肇齐，1991；熊文愈，1991；谢京湘等，1988；娄安如，1994；Leakey，1997）。为更好地适应资源与环境持续管理的复杂性，国际农林复合系统研究中心（International Centre for Research in Agroforestry，ICRAF）主任Leakey于1996年对农林复合系统又做了如下解释：Agroforestry是一种动态的、以生态学为基础的自然资源管理系统，通过在农地及牧地上种植树木达到生产的多样性和持续发展，从而使不同层次的土地利用者获得更高的社会、经济和环境方面的效益（Leakey，1997）。

为促进各国实践经验和理论研究的交流，推动农林复合系统的发展，ICRAF于1976年在加拿大国际发展研究中心（IDRC）的资助下得到成立，并于1992年加入国际农业研究磋商小组，总部设立在肯尼亚首都奈洛比。2004年改名为世界农林复合系统中心（World Agroforestry Centre）。ICRAF于1983年创办了刊物 *Agroforestry*，后改名为 *Agroforestry Systems*。1980年联合国粮农组织（FAO）林业委员会提出：林业的发展应与农业、牧业结合起来，与解决贫困化结合起来（袁玉欣，1994）。在这种思想的指导下，农林复合系统的研究引起了世界各国的高度重视（李文华，1994）。为了促进复合农林业发展，FAO于2013年出版了《农林业新编法规》指南，并指出：如果各国把更多的精力放在促进农林复合系统发展，即通过林业与农作物种植或牲畜养殖相结合的综合发展方式，可使数以百万计的人摆脱贫困、饥饿，同时避免环境退化。只不过各国家或地区之间由于经济、社会、自然条件等方面存在差异，使其在农林复合系统研究和实施方面侧重点有所不同，地域特色明显。最近几年来，不仅仅是亚洲、非洲发展中国家，而且欧美一些发达国家对农林复合的研究也十分重视。正是在上述背景下，农林复合系统备受世界上众多国家和地区的重视，并得到迅速发展。农林复合系统现已成为一门新型的边缘性学科，出现在农业科学和林业科学的交叉领域，并呈现出蓬勃的生机和巨大的潜力（李文华，1994），为农业和林业可持续发展提供了新的思维和新的领域。

生态特征与功能是农林复合系统的重要研究内容。水分是植物生长的基础物质，在水资源紧缺地区，种间水分关系对农林复合系生产力效应及碳汇潜力具有决定性的影响作用。热量是复合系统小气候形成及水分运移的重要驱动力，也是决定植物光合能力与生物质形成的主要影响因子。在全球气候变化的大背景下，农林复合系统由于其自身独特的固碳能力优势，更是愈来愈受到重视，营造农林复合系统已被政府间气候变化委员会（IPCC）推荐为冲抵碳排放的有效土地利用方式之一（Matthias 等，2006）。因此，水热调控与碳汇功能一直是农林复合系统研究的热点内容。准确计量农林复合系统水热调控与碳汇效应，揭示影响机制，对进一步深入评价生态效应及计量综合效益、优化复合系统结构配置、实施调控管理等具有重要的理论指导作用。

1.2　研究进展概述

1.2.1　调控热力功能

农林复合系统热力特征是一个复杂的物理学与生理生态学过程，是水分运移的驱动力。林木首先会影响附近太阳辐射，包括直接辐射与散射、反射辐射；同时会影响热量平衡各分量，包括净辐射量、感热通量、潜热通量与土壤热通量等，潜热通量直接用于蒸散耗水，影响土壤水分。而各平衡分量之间又相互影响，且不仅与辐射状况有关，并与复合系统的动力效应有关，最终会影响空气温度与土壤温度，而这种影响又反馈影响到各热量分量及反射辐射。

1.2.1.1　影响辐射

研究农林复合系统中太阳辐射状况及传输规律，对于定量分析群体光合效率及优化复合系统结构配置等问题具有十分重要的理论指导意义。农林复合系统内太阳辐射强度不仅取决于太阳视运动轨迹，而且还与株行距及栽植方向等空间结构和树高、冠幅、冠长以及作物或牧草植株高度等形态结构有关。一般认为：农林复合系统中因树木具有拦截太阳辐射等作用，降低了林缘附近太阳总辐射及光合有效辐射，这种降低效应可被称为光胁地效应。随着林木株行距的增加或林下植物与林带距离的增加，林木光胁地效应会降低。也有研究认为：由于林带反射的补充，从而使得林缘附近太阳辐射强度大于旷野（朱廷曜等，2001），即不总是存在光胁地效应。如：宋兆明（1981）的研究表明，在无云天气条件下，林带可反射33.9%的太阳辐射强度，从而增加林网内总辐射；陆光明等（1986）、徐祝龄等（1987，1990）的研究表明，晴天时，农田林网内小麦冠层所吸收的总辐射要高于旷野小麦（CK）5%～10%以上；曹新孙（1983）认为，由于林带反射作用，使得林带向阳面10～15时接收的太阳辐射比旷野大5%～9%。林带光胁地效应主要由于林木对直接辐射的遮蔽或阻挡而产生，但在晴天条件下，因树冠的反射作用，林带附近散射辐射有时还有所增加（王述礼等，1989；朱廷曜等，2001）。

上述对象几乎集中于太阳辐射或光合有效辐射（PAR），对其他波段光谱或光质的影响研究鲜有详尽文献报道。虽有部分研究认为林木遮蔽不会影响林下植物产量（Singh 等，1989；Gillespie 等，2000；Wanvestraut 等，2004；Zamora 等，2008；Pouliot 等，2012），甚至具有正效应作用（Newman 等，1997；Pinto 等，2000；张劲松等，2001；Thevathasan 等，2004；Li 等，2010；Pouliot，2012），但未从光质或光谱成分等角度，结合植物感光性机理及类型，进一步分析这些研究的机理问题，即需要加强复合系统对光质或光谱成分的影响效应等方面的研究。

1.2.1.2　影响热量平衡分量

冠层净辐射（Rn）、显热（H）、潜热（LE）及土壤热通量（Gs）等热量因子是温度及湿度效应的驱动力。其中，潜热通量既是热量平衡也是水量平衡的重要组成部分，受植物、土壤、大气等因素的综合影响。研究农林复合系统热量平衡效应，对进一步解释其对水文及温度的影响机制具有重要意义。但除 LE 外，其他方面的研究比较零星，主要原因在于：农林复合系统比

较复杂，各因子都存在空间变异性，长期定位观测研究需要布置一定数量传感器，受观测技术及经费等条件的限制，影响研究（结果）深度与广度。总结已有研究结果（康斯坦季诺夫，1974；陆光明等，1986；周厚德等，1986；高素华等，1990），可以认为：林网内农田 Rn 及 Gs 均高于林网外旷野农田（CK），只是由于林网类型及天气条件的不同，林网内外的差异程度有所不同，但 H 要低于对照，主要原因是林网内的辐射量更多的用于蒸散耗热。有关农林间作系统对 Rn、H 和 Gs 的影响研究，除张劲松等（2002）外，未见其他详尽文献报道。

1.2.1.3 调节空气温度

在农田防护林系统中，林带改变气流结构和降低风速作用的结果必然会改变林带附近的热量收支，从而引起温度的变化，但这种过程十分复杂。影响防护农田内气温的因素不仅包括林带结构、下垫面性状，而且还涉及风速、湍流交换强弱、昼夜时相、季节、天气类型、地域气候背景等。在白天，防护林对气温的影响随着地区气候的不同而不同（赵宗哲，1989）。一般情况下，在实际蒸散和潜在蒸散接近的湿润地区，防护农田内影响温度的主要因素为风速，在风速降低区内，气温会有所增加。在实际蒸散小于潜在蒸散的半湿润地区，由于叶面气孔的调节作用开始产生影响，一部分能量没有被用于土壤蒸发和植物蒸腾而使气温降低，因此，这一地区的防护林对农田气温的影响具有正、负两种可能性。在半湿润易干旱或比较干旱地区，由于植物蒸腾作用而引起的降温作用比因风速降低而引起的增温作用程度相对显著，因此，这一地区防护林具有降低农田气温的作用。我国华北平原属于干旱半干旱季风气候区，这一地区的农田防护林对温度影响的总体趋势是夏秋季节和白天具有降温作用，在春冬季节和夜间气温具有升温及气温变幅减小作用。据河南林业科学研究所测定（樊巍等，2000a）：豫北平原地区农田林网内夏季日平均气温比空旷地低 0.5~2.6℃，在冬季比空旷地高 0.5~0.7℃；在严重干旱的地区，防护林对农田实际蒸散的影响较小，这时风速的降低成为影响气温的决定因素，防护林可导致农田气温升高。在夜间，防护林对气温的影响主要取决于风速、水汽凝结和有效辐射。防护林农田内风速的降低和湍流交换程度的减弱，会导致气温下降，在有效辐射强的夜间、紧密结构林带的防护范围内，气温日较差会加大。但夜间又因水汽凝结，释放热量，会缓解降温作用。此外，在林带防护范围内，空气绝对湿度高，露点出现时间较早，而防护林本身的辐射在一定程度上缓和林缘附近的降温作用。总之，农田防护林对气温的影响过程及机理比较复杂，要根据具体情况具体分析。

对比防护林带，农林（果）间作系统因防风效能的提高、树冠遮阴面积和时间的增多，使得系统对空气温度的调节作用更为明显。如：李增嘉等（1994）对山东平原县 3m×15m 的桃－麦、梨－麦、苹－麦间作系统的小气候效应观测研究表明，小麦乳熟期间，麦－桃、麦－梨系统日平均气温低于单作麦田，平均约低 0.8℃和 0.5℃；据高椿翔等（2000）研究，株行距 3m×15m 的枣－粮间作系统、4m×25m 的桐－粮间作系统、3m×20m 的杨－粮系统在小麦灌浆期，对比单作麦田，可分别降低气温 1.2~5℃、0.4~2.3℃和 1~2℃；吴刚（1994）对黄淮海平原株行距 5m×10m 的苹果－小麦间作系统内的小气候特征研究表明，由于间作系统防风降温和增加湿度的作用，1990 年小麦生长期内高温危害天数和干热风危害天数分别减少 68.9% 和 88.2%；Kong 等（2001）研究报道，果－草复合系统夏季地表以上 15~50cm 处气温可比清耕果园降低 1.9~2.2℃，有利于减少土壤水分蒸发和减轻高温对林木的危害。

上述研究主要集中于生态系统尺度。在区域尺度上，康斯坦季诺夫（1974）、刘乃壮等

（1989）、高素华等（1990）、金昌杰等（1991）、朱廷曜等（1992）、宣德望等（1994）、王述礼（1994）等也曾开展了研究，研究结论基本一致：农田防护林体系夏季具有降温作用，冬季具有增温作用。

我国是较早开展农林复合系统热力特征及效应研究的国家之一，有关农田防护林对辐射及空气温湿度的研究成果比较系统和全面。但已有农林复合系统热力特征相关研究数据几乎来自于野外实测，国外此方面研究情况也基本相同。由于农林复合系统时空变异比较复杂，各辐射及热量参数时空异质性强，无论人工还是自动观测研究，实际均较难准确描述和有效评估复合系统的空间分布特征，亟待加强辐射与热量传输的模拟研究。

1.2.2　调控水分

农林复合系统种间水分竞争是造成作物或牧草减产的主要原因，在干旱半干旱地区或无灌溉条件下，水分竞争问题尤为突出（Kowalchuk，1995；Mcintyre 等，1997；Smith 等，1998）。了解农林复合系统水分调控效应及其影响机制，是优化配置农林复合系统结构、实施科学管理的必要理论依据。研究内容包括水分生态效应、种间水分利用关系以及二者的影响机制，水分因子涉及蒸散或蒸腾、土壤水分、根系吸水、水分利用效率（张劲松等，2003）。

1.2.2.1　水分生态效应及其影响机制

（1）蒸散效应及其影响机制。有关农林复合系统中作物或牧草的蒸散效应的正负问题，至今还未形成完全统一的认识。目前，大致存在两种结论。一种认为（Brown and Rosenberg，1971；Miller，1973；Lynch 等，1980，Brenner 等，1996；Cleugh 等，1998），由于林木的防护作用，导致作物或牧草的冠层温度升高和气孔导度增加，从而会增加作物（牧草）的蒸腾耗水量。风速降低，只有在水分充足的情况下，才有可能起到降低蒸散的作用。另一种则认为（陆光明等，1992；张劲松等，2004b；Ong 等，2007；Verchot 等，2007；Lott 等，2009；Lin 等，2010；Siriri 等，2010，2013；Karki and Goodman，2013），在农林复合系统中，由于林木的遮阴、风速及湍流交换作用的减弱等原因，将具有降低作物或牧草蒸腾、土壤蒸发强度的作用。降低的幅度还与作物生长季节以及天气类型有关。

目前农林复合系统对植物蒸散的影响作用及其机理问题仍需继续探讨。Brenner（1996）和 Bird（1998）指出：防护林对农田蒸散的影响是一个十分复杂的过程，起降低作用还是起增加作用不能一概而论，需要具体分析。Nuberg（1998）为更清楚地阐明防护林影响农田蒸散的机制，对 Penman-Monteith 公式进行剖析，他认为，影响蒸散的关键因子是植被冠层导度（ga），它同时出现在蒸散的能量驱动项（energy driven component）和扩散驱动项（ediffussion driven component），而又制约于风速。风速减少使能量驱动项降低的同时，也增加扩散驱动项。因此，防护林对蒸散的最终影响结果则取决于能量驱动项和扩散驱动项的相对变化程度。

目前，大多数研究结论是在短时期内的个别典型天气条件下研究得到的，往往不能全面地、动态地评价较长时期内的蒸散效应及其变化规律。而且，孤立地开展复合系统中作物或牧草的蒸腾耗水效应问题的研究相对普遍，而同时进行林木耗水及其与作物耗水的测算研究，除张劲松（2004b）、陈平（2014）、何春霞（2012）外，鲜有其他详尽文献报道。总体而言，研究内容缺少整体性和系统性，致使相关结论难以形成统一的认识。

另外，研究手段和方法有待进一步改进和完善。目前，农林复合系统的蒸散量大都是利用实测法或经典的 Penman-Monteith 公式计算得到的。实测法不仅需要大量人力和物力，且结果难以清楚地解释蒸散的影响机制；Penman-Monteith 公式只有在地面完全覆盖、低矮植被且下垫面均一的条件才有较高的计算精度，而应用于农林复合系统时，因下垫面物理属性的非均一性，故误差可能较大。虽然 Shuttleworth 和 Wallace（1995）、Lawson（1995）、Mcintyre（1997）、Tournebize（1996）、Irvine（1998）和 Mobbs（1998）等在农林复合系统蒸散的模拟计算方面做了很有意义的工作，为蒸散计算方法的研究提供了重要的思路，但也存在着某些局限性。如 Shuttleworth 和 Wallace（1995）、Lawson（1995）和 Mobbs（1998）等模型局限在于：①假设复合系统中不同植被类型的温度、湿度相等；②只考虑植被覆盖度和植株高度对光截留的影响，而未将林木与其下层植被之间相对高度差、林木行带走向（方位）以及太阳的日运动轨迹结合起来，综合考虑林木对其下层植被的遮阴时间和遮阴范围的影响，因此，太阳辐射截留分配模型过于简单；③只能得到下层植被蒸散平均值，而不能了解其水平变化规律；Irvine（1998）模型只能用以计算复合系统的总蒸散量，而不能单独计算不同植被组分的蒸散量；Tournebize 等（1996）和 Mcintyre 等（1996）的辐射传输概念模型虽比较完善，但因传输过程复杂而涉及的物理参数较多，故其蒸散模型不便于在实际工作中应用；张劲松（2004a）建立苹果-小麦复合系统分层水量平衡模型，并基于有限差分数值法，可求解得到林木及作物蒸腾、根系吸水及土壤水分时空动态值，但林木与作物根系、叶面积模型为经验统计模型，限制了普遍适用性；世界复合农林中心（World Agroforestry Centre，WAC）所研发的 WaNuLCAS 模型（Van 等，1999）相对最为完善，但输入参数较多，普遍适用性仍然不足。总之，有关农林复合系统蒸散问题研究目前以试验研究为主，模拟研究相对较少，模拟模型仍需继续探索。

（2）土壤水分效应及其影响机制。土壤水分是植物需水直接来源，也是农林复合系统中林木与作物水分竞争的直接对象。只有当林木与作物在所需水分、养分资源上达到互补时，通过复合经营才有可能增加收获量（Cannell，1996）。在水分资源紧缺的地区，有利于改善土壤水分状况（即农林复合系统土壤水分效应为正值）是开展农林复合经营的先决条件。充分了解农林复合系统中农田土壤水分时空分布特征及其机理，对于优化复合模式及制定灌溉决策将具有更加重要的现实意义。但目前有关这方面的研究有待进一步深入。

一方面，至今还不能完全肯定农林复合系统具有改善农田土壤水分状况的作用。虽然已有许多研究表明，因农林复合系统降低作物蒸腾的作用，提高了农田土壤含水量（王正非，1985；任勇等，1993；Eastam，1988；游有林，1991；Pank，1998）。但由于农林复合系统中作物蒸腾的影响机理以及蒸散效应的正负问题，至今还未形成完全统一的认识，所以同样也不能完全肯定农林复合系统具有改善农田土壤水分状况等作用。因此，有关农林复合系统土壤水分正负效应的问题，由此而涉及的林木水分胁地问题，至今仍是水分资源紧缺地区水分生态特征研究的主要焦点内容。

另一方面，有关土壤水分效应与时空分布的机理研究，大多数结论是针对复合系统中作物区的土壤水分效应及其与作物自身蒸腾耗水的关系而得到的，而从林木和作物对土壤水分共同作用的角度，定量地分析复合系统土壤水分问题的研究工作极为少见。因此，亟待加强林木蒸腾及根系吸水对农田土壤水分的作用机理等方面的研究工作。

另外，有关农林复合系统土壤水分效应的研究手段或方法，目前大多为实测法，有待进一步改进与完善。实测值虽具有研究结果的真实性等优点，但由于土壤本身就是一个"黑箱"，其物理化学属性的空间变异性很大，为了提高精确度，往往需要设置大量的观测点，这不仅需要大量经费，而且还难以避免因破坏土壤本身的物理结构而影响其精度。因此，理想的研究手段就是进行农林复合系统土壤水分运移的动态模拟研究。但是这方面的工作，至今未曾有人系统地做过。虽然 Lawson（1995）、Mobbs（1998）曾利用 PARCH 模型对非洲热带地区农林复合系统土壤水分运移进行模拟研究，但是该研究在土壤水分充足的条件下进行，并假设根系分布及根系吸水在水平方向上是均一的，这在现实中是不可能的。另外，张劲松（2004a）所提出的分层水量平衡模型、WAC 所研发的 WaNuLCAS（van Noordwijk and Lusiana，1999）的普遍适用性均仍然不足。总之，农林复合系统中土壤水分运移的模拟研究工作还有待进一步深入。

（3）根系吸水效应及其影响机制。根系吸水不仅与根系的分布特征有关，而且还与土壤水分状况及植物本身的蒸腾耗水强度互为耦合，因此，要系统地研究农林复合系统水分生态特征，必须定量分析根系吸水的时空变化特征。在水资源紧缺地区，定量研究林木根系吸水及其对农田土壤水分的影响范围、影响程度，对于清楚地解释林木与作物的水分竞争及其机理、全面评价复合系统土壤水分效应，以及水分调控措施的制定则尤为重要，但至今有关这方面的研究结论大都为定性描述，仅有个别研究（张劲松等，2004b；马秀玲等，1997）对其进行定量分析。尽管 Khan（1996）、Howard（1997）、Ong（1999）等通过测定根部液流量研究了林木根系吸水，但受技术条件的限制，无法分析根系吸水的空间分布特征及其对土壤水分的影响程度。因此，加强农林复合系统根系吸水的动态模拟研究十分必要。

（4）水分利用效率效应及其影响机制。农林复合系统中浅根作物和深根木本植物以互补的方式利用土壤中的水分，可以提高水分利用率（Schroth，1999）。植物根系分布具有一定的可塑性，在农林复合系统中，利用植物根系的可塑性及木本植物和农作物的根系在空间上的垂直分布，有效地形成生态位的互补关系，避免了种间强烈竞争，促进了水分利用效率的提高（Gillespie，2000；Jose，2006）。陆光明等（1992）、孟平等（1999）、樊巍（2000b）、张劲松等（2002）、孟平等（2004）在黄淮海平原农区研究证实了杨树–小麦、银杏–小麦、梨树–小麦复合系统具有提高作物水分利用效率等功能；何春霞等（2012）、陈平（2014）在太行山低山丘陵区研究证实了果树–小麦复合系统、果树–菘蓝/决明子复合系统具有提高小麦与药草叶片水分利用效率等作用；代巍等（2009）在晋西黄土区研究表明，果树–绿豆复合系统具有提高果树叶片水分利用效率等功能。上述这些研究结果是基于 1~2 个生长季节内叶片尺度的观测数据而得到的，缺少多年份、冠层或群体水平上的相关数据，影响了结果的代表性价值，即需要加强研究农林复合系统对冠层乃至区域尺度水分利用效率的动态调控作用及其影响机制。

1.2.2.2　种间水分利用关系

植物生长及新陈代谢均离不开水分，水分的任何限制都会影响植物全部的生理功能（Onillon，1995），当竞争关系与胁迫因子相结合时，会影响或改变当前的竞争关系状态（Grime，1993）。在干旱半干旱地区，水分是制约植物生长的主要因素，尤其是对于干旱或贫瘠的立地，种间水分竞争问题尤为突出。因此，研究种间水分关系尤为必要，是深入解释水分效应变化特征及其影响机制的必要工作，对合理构建农林复合系统、实施高效调控与可持续管理具有重要的理论指导作用。土壤水分是植物根系吸水和植株耗水的直接来源，蒸腾是植物耗水的最主要方式，因此，以土壤水分、蒸腾耗水为指标，分析不同组分之间水分利用的来源、过程/强度的异同特征及其影响机制，全面研究种间水分关系，则更有针对性。

（1）基于土壤水分变化的种间水分利用关系。土壤水分分布状况及土壤水分效应在一定程度反映了种间竞争与互补的一种重要结果。在干旱和半干旱地区，尽管很难把地下部分对水分

和养分的竞争区分开来，但许多研究仍表明（Nissen 等，1999；Singh 等，1989；Miller and Pallardy，2001；Odhiambo，2001），种间土壤水分竞争是农林复合系统中作物产量下降的主要原因。因此，研究了解种间对土壤水分的利用来源和利用策略，有助于明确农林复合系统水分互利和竞争关系。

根系分布决定了系统对土壤水分利用主要是竞争还是互利关系（Jose，2000）。目前，已有种间水分互补或竞争的研究几乎都侧重于分析土壤水分分布特征或及其与根系分布的关系（Singh，1989；Hauser，2005；Douglas，2006；George，2007；云雷，2008；Jackson，2000；Broadbread，2003；Hou，2003；Pollock，2009；Donald，2010；Cannavo，2011 Lehmann，1998；Imo，2000；Moreno，2007；陈平，2014；Zhang 等，2013；wang 等，2014），并初步分析了种间竞争与互补作用的界面。但农林复合系统因种间根系相互交错，难以清楚地区分不同组分（如林木与作物）细根（Gregory，1996），使得长期性试验研究各组分根系分布特征更加费时、费力，限制了根系研究工作的开展。20 世纪 90 年代以后，虽然有部分研究者进行过这方面的研究，但绝大多数仅涉及林木的根系，如通过挖掘法分析林木的根系分布状况（游有林，1992；Schrolth，1995；胡海波，1996；Bugress，1997；Akinnifesi，1999）或建立根系分枝模型（Van，1995；Ong，1999；Reffye，1995），或利用同位素示踪根系分布深度（Jamaludheen，1997），而有关根量动态变化特征的定量研究内容并不很多（Gregory，1996）。仅有个别研究者同时开展作物和林木的试验研究（张劲松等，1995；马秀玲等，1997；沈言琍，1996；张劲松，2002a，2002b；何春霞等，2013；Zhang 等，2013；wang 等，2014）。总之，有关农林复合系统中不同组分根系及其动态的研究资料至今十分匮乏，在一定程度上影响了种间水分利用关系的研究深度。

氢氧稳定同位素示踪技术具有较高的灵敏度与准确性，有助于深入研究种间水分利用来源。Fernández 等（2008）、孙守家（2010）、Sun（2011）、陈平（2014）曾基于该技术分析种间水分利用来源与策略，并表明：农林复合系统中树木在干旱时期均具有"水力提升"作用，将深层土壤水分吸收并在浅层释放，供间作作物使用。但目前，除上述研究案例外，尚未见其他报道。

种间土壤水分竞争界面因物候期、小气候条件的改变，会转化/转移。即：如要以土壤水分为指标，开展种间竞争与互补界面或角色转化/转移过程的研究，则需要了解种间土壤水分来源的差异及其运移过程的动态差异特征。但目前尚未见有关界面或角色转化/转移过程及其影响机制的研究。

总体而言，现有研究因观测技术的限制或因主要研究目标/目的的不同，更侧重于效应的定量评价，对种间竞争与互补过程及其控制机制的研究，仅起到了提供基础工作等作用。在研究、了解种间水分相互作用结果的表现形式（如土壤水分分布状况及土壤水分效应等）的同时，更应深入研究种间互作变化过程及其影响机制。

（2）基于不同组分蒸腾耗水比例的种间水分关系。蒸腾是植物耗水的主要方式，在土壤-植物-大气连续体（SPAC）水分运移过程占有极为重要的地位，蒸腾强度与根系吸水密切相关。种间根系竞争能力，不仅与细根根长、密度有关，还取决于谁先利用资源的能力（Schroth，1999），这种能力除与植被自身的遗传特性有关外，还与当时植物的需水/耗水强度等有关。在无灌溉条件下，蒸腾强度与复合系统内不同组分种植区有效降水量密切相关。因此，种间蒸腾耗水比例及降水分配格局的季节变化特征，是深入研究农林复合系统种间水分关系的重要内容。以往的研究表明（Anderson，1993；Rao，1997），在干旱和半干旱地区，如果不进行必要的根系或水分管理，林木和作物对水分消耗的竞争是不可避免的。但孟平等（1996）、陆光明等（1997）及张劲松等（2004b）针对农田杨树防护林系统和苹果-作物复合系统，研究认为：相对于作物，林木耗水只占系统耗水的一小部分，就种间耗水比例而言，林木与作物的水分竞争并不激烈。但这只是个别案例，可能会因气候、农林复合系统物种与时间结构的差异，而导致研究结论多样化。但目前同步测算不同组分耗水量的研究工作极为少见，即此方面研究进展比较缓慢。

长期以来，人们虽一直强调种间水分关系研究，但基于水分来源和消耗2个方面，从不同组分之间土壤水分利用来源及运移过程、水分消耗过程及强度的差异特征等角度，综合研究种间水分关系，全面揭示竞争与互补的时空变化格局及其调控机制，尚未取得重要进展。

我国是较系统、深入地研究水分生态特征的国家之一，主要研究单位是中国林科院林业研究所、北京林业大学等，尤其是中国林科院林业研究所、北京林业大学等单位在黄淮海平原农区、太行山低山丘陵区及西北黄土区，已开展了20年多年的研究工作，比较系统地分析了水分效应及其影响机制，对我国复合农林业学学科发展、当地林业生态工程建设及农业产业结构优化具有重要的促进作用。其中，中国林科院林业研究所在种间水分关系等方面的研究水平居国际先进水平。

1.2.3 固碳与减少温室气体排放功能

由人类活动引起的土地利用/土地覆盖变化是影响土壤碳库和碳循环的最直接因子。精确估计土地利用变化对全球碳循环与碳平衡的影响是当前全球碳变化研究的重点内容。所以，全面、系统地研究各种陆地生态系统或各土地利用方式条件下固碳与减少温室气体排放（功能）及其影响机制等工作正日益受到重视。农林复合系统是一种传统而新兴的土地利用方式，在碳循环上的独特作用越来越受到关注。

一般认为，一些农林复合系统如农林间作系统可以从大气中吸收 CO_2 并固定到系统中，而其他的一些复合系统如林牧系统则可能是 CH_4 的排放源。在低纬度地区，耕作、火烧、施肥、经常性的扰动等措施可能导致土壤和植被中的 CO_2、CH_4 及 N_2O 等温室气体的排放。如采取不恰当的农林复合系统模式或管理措施，可加剧土壤温室气体的排放。此外，不可持续性类型的农林复合系统，通常可导致系统的快速退化，且内部的木本和草本植被可能变成温室气体的显著排放源（Dixon，1995）。如林牧复合系统，不恰当的管理措施经常可导致土壤板结和侵蚀，与之伴随的是可溶性碳氮化合物的显著流失。而包含反刍动物的林牧复合系统和水稻农林复合系统，则有可能是全球 CH_4 排放的显著来源之一。一般认为，经过合理配置的农林复合模式，通常在温室气体固碳上具有独特优势。这种作用主要包括两点：一是树木和土壤的直接碳汇作用；二是营造农林复合系统可显著抵消由于毁林和开荒等引起的温室气体排放。在热带地区，据估算，$1hm^2$ 具可持续性的农林复合系统，可冲抵 $5\sim20hm^2$ 毁林的物质和生态服务功能。在全球尺度上看，农林复合系统可潜在建立在 $585\times10^6\sim1275\times10^6hm^2$ 的适宜土地上，在当前的气候与土壤条件下，这些系统约可存储 $12\sim228$ Mg C/hm^2（Dixon，1995）。

1.2.3.1 农林复合系统碳储量的组成

农林复合系统碳储量包括植被碳储量与土壤碳储量。

植被碳储量指农林复合系统中的树木与草、作物等植被将大气中的 CO_2 通过光合作用固定成自身生物量的过程，这个过程显然受植被种植密度、气候带、树龄等各种因素的影响。一方

面，气候和种植模式、管理制度等影响农林复合系统的碳输入水平，如不同树种的生长速度和凋落物产量差异极大，生长较快的树种在营造初期一般具有更高的固碳潜力，而慢生长树种可能在长时间尺度上积累更多的碳。另一方面，复合系统的碳输出过程也显著受到气候与管理方法的影响，如不同树种的植被在生长固碳的同时也在呼吸排放碳，生长快慢不同的树种在自养呼吸上速率差异极大。同时，树木根系及根周微生物群落的差异也会显著影响着地下根生物量水平。以上各种因素共同作用并控制着整个复合系统的植被碳储量。

土壤碳储量是农林复合系统碳储量的主要组成部分之一。任何影响土壤碳循环与碳周转的因素都将显著影响着土壤碳库的水平。农林复合系统通过增加凋落物生物量、减少土壤养分淋溶、促进根系生长等措施来增加土壤碳储量水平。比如，树木和非树木生物量的输入水平和质量可显著影响土壤碳周转，而土壤质地与土壤碳储存能力大小更是紧密相关。同时，不同树种伴随的根系微生物群落差异极大，树木-作物的共同存在必然会对土壤微生物群落组成、吸收分解土壤养分库、土壤碳氮库固定等过程产生重要影响。

农林复合系统碳排放也是复合系统碳循环的重要研究内容之一。但是长期以来，国内外对农林复合系统碳循环的研究主要集中在地上植被和土壤固碳上，关于温室气体排放的研究相对较少（Tufekcioglu，等，2001；Lee 和 Jose，2003；Carvalho 等，2014；刘惠等，2006a，2006b；Love，2005；Peichl 等，2006；Bailey，2009；高东等，2010，2011；莫琼，2011；郭忠录等，2012；刘文娟等，2012；Lu 等，2012；Bae，2013；Ramesh，2013；Wang，2014；孟平等，2014；Medinski，2014），其中：Tufekcioglu 等（2001）首先使用碱液吸收法对美国艾奥瓦州河滨防护林及其附近农田的土壤呼吸进行了定量研究，发现杨树防护林的土壤呼吸数值显著高于大豆和玉米农田。Lee 和 Jose（2003）测定了位于美国佛罗里达州的山核桃-棉花间作系统、山核桃果园、棉花农田三种土地利用类型的土壤呼吸，他们发现棉花单作农田的土壤呼吸速率低于 47 年树龄的山核桃-棉花间作系统，但是大于 3 年树龄的山核桃-棉花间作系统和果园。此外，他们的研究还发现农林复合系统土壤呼吸与地温之间的关系为直线关系。Peichl 等（2006）对加拿大南安大略地区的杨树-大麦间作系统的潜在固碳能力进行了测定和计算，他们发现杨树-大麦间作系统的土壤呼吸速率高于大麦农田单作系统。Bailey 等（2009）在美国密苏里州的测定结果表明，树-草复合系统的土壤呼吸速率大于周边农田。Lu 等（2012）对我国华北南部核桃间作系统、核桃单作果园、对照农田三种土地利用类型的土壤呼吸进行了测定，研究发现，核桃间作系统的土壤呼吸速率低于传统单作农田，这可能与树龄较短有关；同时，研究还发现，核桃间作系统和核桃果园具有较高的温度敏感度，均显著大于农田单作系统。从以上这些仅有的少量研究报道可以看出，当前对农林复合系统土壤呼吸的研究仍很初步，仅有的少量研究也只是偏重于农林复合系统与单作系统呼吸速率大小的比较，对复合系统内部的土壤呼吸机理进行系统深入地研究仍是匮乏的。农林复合系统土壤呼吸过程的一些关键机制研究仍需要进一步开展，比如，距离树行不同位置处的土壤呼吸空间变异及其驱动机制、农林复合系统土壤呼吸的温度感应度及其对全球气温变化的响应、树龄增长对农林复合系统土壤呼吸碳排放的影响、土壤微生物群落动态及其与土壤呼吸的动态响应关系等。CH_4 是大气中仅次于 CO_2 的一种重要温室气体，但只有极个别研究者初步分析了农林复合系统土壤 CH_4 通量（刘惠，2006b；Verchot，2008）。

1.2.3.2 影响农林复合系统碳储存的环境因素

农林复合系统的碳储存包括植物的光合作用和固定的碳在长期碳库中的储存两个过程（解

婷婷等，2014）。因此，任何影响植物光合作用、微生物分解作用和碳库动态的因素，如系统类型、系统内物种组成、组分的年龄结构、气候因子、土壤条件和管理措施等，都会对农林复合系统的固碳潜力产生影响（解婷婷等，2014）。农林复合系统固碳潜力的高低取决于其分布面积和固碳速率，当前对不同类型农林复合系统的分布面积还没有准确估算，这是由于农林复合系统中木本植物的分布很不规则，因此很难准确地描述木本植物的影响边界（平晓燕等，2013）。不同区域、不同类型农林复合系统的固碳速率相差很大 $[0.22 \sim 16.1 \mathrm{Mg\ C/} (\mathrm{hm}^2 \cdot \mathrm{a})]$，全球农林复合系统未来50年的固碳潜力为 $1.2 \sim 2.2 \mathrm{Pg\ C/a}$（Watson 等，2000；Dixon，1995）。温带农林复合系统中林草复合型的固碳潜力较高，Udawatta 和 Jose（2011）的研究表明，美国林草复合系统的固碳速率为 $6.1 \mathrm{Mg\ C/} (\mathrm{hm}^2 \cdot \mathrm{a})$，固碳潜力为474Tg C/a，占农林复合系统总固碳潜力的86%（平晓燕等，2013）。印度建植9年林草复合系统的固碳速率为 $1.96 \mathrm{Mg\ C/} (\mathrm{hm}^2 \cdot \mathrm{a})$，相比其他类型也具有较高的固碳优势（Yadava，2010）。平晓燕等（2013）认为，我国农林复合系统未来30年的固碳潜力为37.95Tg C/a，平均固碳速率为 $0.5 \mathrm{Mg\ C/} (\mathrm{hm}^2 \cdot \mathrm{a})$，相比全球平均值 $[0.72 \mathrm{Mg\ C/} (\mathrm{hm}^2 \cdot \mathrm{a})]$ 或其他国家和地区还处于较低的水平。

农林复合系统的固碳潜力受不同纬度和气候带的影响，在不同区域差异较大。在热带地区的研究表明，$10 \sim 20$ 年砍伐轮回的农林复合系统的固碳能力一般在 $21 \sim 240 \mathrm{t\ C/hm}^2$，具体数值依赖于树种与种植密度的变化（Swisher，1991）。而在温带地区，研究发现农林复合系统的固碳潜力一般在 $10 \sim 208 \mathrm{t\ C/hm}^2$，但是，这个数值来自于较长时间的砍伐轮回，一般为 $20 \sim 50$ 年（Dixon 等，1994；Montagnini 和 Nair，2004）。当前的实地监测农林复合系统固碳潜力研究极少，Thevathasan 和 Gordon（2004）对温带地区的农林间作系统固碳潜力进行了系统研究。他们在加拿大南安大略地区的13年树龄杨树间作系统监测数据表明，杂交杨间作系统每年的碳固定约是传统农田单作系统的4倍。这个结果随后也得到了一些其他研究者的支持，如 Zhou 和 Wang（1997）在我国华东平原的研究结果表明，泡桐-冬小麦间作系统固碳潜力显著高于农田单作。

1.2.3.3 我国农林复合系统碳储量

与国外类似，我国当前的农林复合系统碳储量研究也较少。已有的一些报道对我国一些典型农林复合模式下的碳储量进行了初步定量研究，如万猛等（2009）在豫东平原设置不同树龄农林间作与不同树龄农田林网两种模式，通过测定农林复合系统不同层次土壤碳库的时空特征，量化我国河南地区农林复合系统的土壤固碳能力。李海琳等（2010）对苏北地区的三种典型杨农复合经营模式的土壤有机碳与全氮分布进行了系统研究，并计算了不同经营模式下的土壤碳氮储量，探讨了引起碳氮分布规律变化的可能环境因素。樊星等（2014）对黄淮海平原20种主要农林复合树种不同器官的含碳率和10种典型树种生物量进行了测定，并计算了平均含碳率和平均加权含碳，以评价我国黄淮海平原地区农林复合系统的碳汇功能，并指导固碳树种的选择。李庆云等（2010）对豫东平原农区4个林龄阶段的杨树农作物复合生态系统中的林木、农作物、凋落物和土壤4个子系统的碳储量进行研究，认为农林复合生态系统具有很强的吸收和固定碳的能力。但是，到目前为止，农林复合系统固碳系统性研究仍是匮乏的，大部分研究仍局限于生物量的估计或者模型方法，很少考虑不同系统的砍伐轮回差异，或者忽略了通过土壤呼吸和碳淋洗引起的碳损失，而这些因素如考虑入内将显著影响系统净碳存储的水平（Peichl 等，2006）。因而，系统地考虑不同复合系统模式下的各个碳通量分量，并分别测定各个碳组成部分及其在整个碳循环系统的分量，对当前的农林复合系统研究仍是亟待解决的重点问题

（Peichl 等，2006）。

随着全球气候变化产生的各种环境问题日益凸显，农林复合系统在生态系统固碳上的优势也越来越受到重视。通过合理配置和管理措施提高农林复合系统的碳储量水平，对缓解气候变化影响和提高经济收入都具有重要意义。对此，平晓燕等（2013）提出以下几点建议以增加农林复合系统的固碳潜力：一是扩大农林复合系统的面积，将生产效率较低的中低产田、退化农地或者草地转化为农林复合系统模式，不仅可增加固碳能力、提高生态效益，还可以显著提高当地居民的生活水平；二是在充分考虑自然气候条件下，针对当地适宜的动植物种类，因地制宜地设计配置好最优农林复合系统模式；三是通过合理选择配置，在空间和时间上达到最优设计，充分增加种间互利，降低物种间竞争，增加整体效益；四是合理确定农林复合系统的经营主次关系与物种密度，建立水平结构、垂直结构、营养结构、时间结构合理高效的群体结构，充分利用自然资源，提高生态系统的生产力和固碳潜力；五是加强培训指导，提高管理水平，使得营造者掌握基本的耕作、灌溉、施肥、修剪等农林草管理措施，最大限度地提高农林复合系统的固碳能力和潜力。

2 研究需求和目标

2.1 研究需求

2.1.1 应对水资源紧缺的需求

农业水资源日益紧缺是制约我国农业、林业可持续发展的最主要生态问题。科学发展与调控管理农林复合系统，应以改善土壤水分状况、协调种间水分利用关系、提高水分利用效率为前提。因此，深入研究农林复合系统水热调控特征及其影响机制极有必要。

2.1.2 应对气候变化的需求

农林复合系统作为一种传统而新兴的土地利用方式，在生态系统碳循环上的独特作用越来越受到关注。将农田转化为农林复合系统已被政府间气候变化委员会（IPCC）推荐为增加碳固定的有效举措之一（Matthias 等，2006）。但是，长期以来农林复合系统的碳汇功能并没有得到充分的研究，当前关于人工营造农林复合系统碳汇的少量研究并没有区分不同复合模式下的碳汇功能（Peichl 等，2006）。此外，关于农林复合系统的碳汇研究往往是掺杂在有关森林的研究中，专门地、系统地研究农林复合系统碳汇功能仍是欠缺的（Dixon 等，1994；Peichl 等，2006）。正如 Peichl 等（2006）指出的，分别测定不同复合模式下的农林复合系统碳汇能力，分别测定农林复合系统碳循环内部过程中的各个分量，分别测定不同树龄下农林复合系统的碳汇能力和演变规律，都是当前农林复合系统碳循环研究亟待解决的关键问题之一。考虑到农林复合系统在碳汇功能上的独特优势，这在全球气候变化背景下显得更为必要。

2.2 研究目标

深入揭示农林复合系统水热调控及碳汇特征及其影响机制，准确计量水热调控效应及碳汇能力，以进一步提高复合农林业研究水平，促进学科发展。

3 研究展望

3.1 研究尺度

空间尺度应注重微观和宏观的结合。微观上，要进一步加强农林复合系统种间水分竞争机制的定量研究，为复合系统的物种选择及模式优化提供必要的理论依据；宏观上，要加强农林复合系统区域性水热调控效应与碳汇能力的测算研究，以深入、科学评价农林复合系统生态与社会效应；时间尺度上，应注重长期性和动态性。由于林木生长周期长，而各类农作物、林木及牧草等均存在物候期，并有一定的差异性，其生育过程不仅受气候因素的影响，而且还具有地域性，因此，长期性与动态性研究工作对全面揭示复合农林业的功能特征及其影响机制十分必要，建立长期性试验研究基地则是有效的途径之一。

3.2 研究手段和方法

在理论分析的基础上，需注重试验研究和模拟研究相结合。试验研究具有数据的真实性等优点，模拟研究则可克服田间试验难以长期、连续、多点采集数据的局限性。目前农林复合系统究手段总体而言仍停留在田间试验水平上，许多试验观测结果受地域和气候条件的局限，影响了试验数据的时空连续性，降低了研究成果的推广应用价值。如要深入了解水热传输、种间水分关系、生产力形成及固碳能力的变化过程，在开展试（实）验工作的同时，必须要加强模拟研究。

3.3 研究内容

为适应国内农业及林业发展的新形势，以及研究尺度、手段及方式发展趋势，结合国际复合农林业的发展趋势，在水热调控及碳汇功能研究方面，需进一步加强和完善，主要包括：①农林复合系统水热传输及其耦合过程试验与模拟；②农林复合系统碳素循环的试验与模拟；③农林复合系统冠层结构的动态模拟；④种间水分关系动态变化及其影响机制；⑤农林复合系统区域尺度水热调控及碳汇能力的计量与评价。

参考文献

曹新孙，朱廷曜，姜凤歧. 1983. 农田防护林学 [M]. 北京：中国林业出版社.

陈怀亮，邹春辉，付祥建，等. 2001. 河南省小麦干热风发生规律分析 [J]. 自然资源学报，16（1）：59-64.

陈平，孟平，张劲松，等. 2014. 华北低丘山区2种林药复合模式的水分利用 [J]. 东北林业大学学报，42（8）：52-56.

陈平. 2014. 桃-菘蓝/决明子复合系统种间水分关系研究 [D]. 北京：中国林业科学研究院.

代巍，郭小平，毕华兴，等. 2009. 晋西地区果树-农作物复合模式的光合特点 [J]. 吉林农业大学学报，31（6）：688-693.

樊巍，李芳东，孟平. 2000. 河南平原复合农林业研究 [J]. 郑州：黄河水利出版社：25.

樊巍. 2000. 农林复合系统的林网对冬小麦水分利用效率影响的研究 [J]. 林业科学，36（4）：16-20.

樊星，田大伦，樊巍，等. 2014. 黄淮海平原主要农林复合树种的含碳率研究 [J]. 中南林业科技大学学报

（06）：85-87.

方升佐，徐锡增，余相，等. 2004. 杨-小麦复合经营模式的立地生产力及生态经济效益评价 [J]. 林业科学，40（3）：88-95.

高椿翔，高杰，邓国胜，等. 2000. 林粮间作生态效果分析 [J]. 防护林科技，44（3）：97-98.

高东，鲁绍伟，饶良懿，等. 2010. 华北平原杨树人工林 5 种植被类型土壤 CO_2 通量研究 [J]. 水土保持学报（4）：203-207.

高东，鲁绍伟，饶良懿，等. 2011. 淮北平原四种土地利用类型非生长季土壤呼吸速率 [J]. 农业工程学报，27（4）：94-99.

高国治，王明珠，张斌. 2004. 低丘红壤南酸枣-花生复合系统物种间水肥光竞争的研究——Ⅱ. 南酸枣与花生利用光能分析 [J]. 中国生态农业学报，12（2）：92-94.

高路博，毕华兴，许华森，等. 2014. 晋西苹果-大豆间作土壤水分的时空分布特征 [J]. 水土保持通报，34（006）：327-331.

高素华，叶一舫，宋兆民. 1990. 利用 NOAA 卫星资料对综合防护林体系温度效应的研究 [M] //宋兆民. 黄淮海平原综合防护林体系生态经济效益的研究. 北京：北京农业大学出版社：123-127.

郭忠录，郑珉娇，丁树文. 2012. 农田改为农林（草）复合系统对红壤 CO_2 和 N_2O 排放的影响 [J]. 中国生态农业学报，20（9）：1191-1196.

何春霞，孟平，张劲松，等. 2012. 基于稳定碳同位素技术的华北石质山区 2 种果农复合模式水分利用研究 [J]. 林业科学，48（5）：1-7.

何春霞，孟平，张劲松，等. 2013. 华北低丘山区核桃-决明子复合模式的根系分布 [J]. 林业科学研究. 26（6）：715-721.

何春霞，孟平，张劲松，等. 2012. 基于稳定碳同位素技术的华北低丘山区核桃-小麦复合系统种间水分利用研究 [J]. 生态学报，32（7）：2047-2055.

蒋建平. 1990. 农林业系统工程与农桐间做的结构模式 [J]. 世界林业研究，3（1）：32-38.

解婷婷，苏培玺，周紫鹃，等. 2014. 气候变化背景下农林复合系统碳汇功能研究进展 [J]. 应用生态学报，25（10）：3039-3046.

金昌杰，徐吉炎，朱廷曜. 1991. 农安农田防护林体系热效应遥感研究初探 [M] //虞宪法，贺红士. 生态与环境遥感研究. 北京：科学出版社：230-239.

康斯坦季诺夫 [苏]. 1974. 林带与农作物产量 [M]. 闻大中（译）. 1983. 北京：中国林业出版社.

孔繁智，朱廷曜，王述礼. 1992. 农田林网地区辐射平衡研究，防护林体系生态效益及边界层物理特征研究 [M]. 北京：气象出版社：233-238.

李海玲. 2010. 平原地区杨农复合系统碳储量和碳平衡研究研究 [D]. 南京：南京林业大学.

李庆云，樊巍，余新晓，等. 2010. 豫东平原农区杨树-农作物复合生态系统的碳贮量 [J]. 应用生态学报（3）：613-618.

李文华，赖世登. 1994. 中国农林复合经营 [M]. 北京：科学出版社.

李增嘉，张明亮，李凤超，等. 1994. 粮果间作复合群体地上部分生态因子变化动态的研究 [J]. 作物杂志（2）：13-15.

李肇齐. 1991. 农林系统经济评价方法的探讨 [J]. 世界林业研究，4（2）：75-80.

廖文超，毕华兴，高路博. 2014. 苹果-大豆间作系统光照分布及其对作物的影响 [J]. 西北林学院学报，29（1）：25-29.

刘惠，赵平，林永标，等. 2006b. 华南丘陵区农林复合生态系统早稻田 CH_4 和 N_2O 排放通量的时间变异 [J]. 生态环境，15（1）：58-64.

刘惠，赵平，王跃思，等. 2006a. 华南丘陵区农林复合生态系统稻田二氧化碳排放及其影响因素 [J]. 生态学杂志，25（5）：471-476.

刘乃壮，刘长民，宋兆民，等. 1989. 农田防护林体系对地方气候影响的研究［C］//中国林业气象文集. 北京：气象出版社.

刘文娟，李春友，张劲松. 2012. 华北低山丘陵区石榴-小麦间作系统的土壤呼吸特征——以河南省济源市试验点为例［J］. 西北林学院学报，27（3）：17-22.

刘兴宇，曾德慧. 2007. 农林复合系统种间关系研究进展［J］. 生态学杂志，26（9）：464-470.

娄安如. 1994. 生物多样性与我国的农林业的复合经营［J］. 生态农业研究，2（4）：14-17.

陆光明，孟平，马秀玲，等. 1996. 林-果-农复合系统中植物蒸腾及系统蒸散的研究［J］. 中国农业大学学报，1（5）：103-109.

陆光明，周厚德，洪声沧，等. 1986. 农田林网热量平衡的初步研究［J］. 北京农业大学学报，12（4）：401-406.

陆光明，马秀玲，周厚德，等. 1992. 农林复合系统中农田蒸散及作物水分利用率的研究［J］. 北京农业大学学报，19（4）：409-415.

孟平，李春友，张劲松，等. 2014. 石榴-绿豆间作系统土壤呼吸及其影响因子研究［J］. 西北林学院学报，29（2）：66-70.

孟平，樊巍，宋兆民，等. 1999. 农林复合系统水热资源利用率的研究［J］. 林业科学研究，12（3）：256-261.

孟平，张劲松，宋兆民，等. 1996. 农林复合模式蒸散耗水的研究［J］. 林业科学研究，9（3）：221-226.

孟平，张劲松，宋兆民，等. 2004. 梨麦间作系统水分效应与土地利用效应的研究［J］. 林业科学研究，17（2）：167-171.

莫琼，郭忠录，蔡崇法，等. 2011. 高绿篱-坡地农业复合系统土壤 CO_2 排放特征［J］. 土壤通报，42（4）：967-972.

彭方仁，黄宝龙，李杰. 1999. 海岸带复合农林系统植物蒸腾耗水规律研究［J］. 南京林业大学学报，6（23）：19-22.

彭晓邦，蔡靖，姜在民，等. 2008. 渭北黄土区农林复合系统光能竞争与生产应用［J］. 生态学报，19（11）：2414-2419.

彭晓邦，张硕新. 2012. 商洛低山丘陵区农林复合生态系统光能竞争与生产力［J］. 生态学报，32（9）：2691-2698.

平晓燕，王铁梅，卢欣石. 2013. 农林复合系统固碳潜力研究进展［J］. 植物生态学报，37（1）：80-92.

任勇，王佑民. 1993. 道路农田防护林系统水分关系研究［J］. 生态学杂志，12（4）：1-6.

沈言琍. 1996. 林带耗水条件下土壤水动力学模型［J］. 北京林业大学学报，18（2）：8-13.

史晓丽，郭小平，毕华兴，等. 2009. 晋西果农间作光竞争及产量研究［J］. 北京林业大学学报，31（2 增）：181-186.

宋兆民，卫林. 1981. 河北深县农田林网防护效益的研究［J］. 林业科学，17（1）：8-9.

宋兆民. 1990. 黄淮海平原综合防护林体系生态经济效益的研究［M］. 北京：北京农业大学出版.

孙守家，孟平，张劲松，等. 2010. 华北石质山区核桃-绿豆复合系统氘同位素变化及其水分利用［J］. 生态学报，30（14）：3717-3726.

田世艳. 2012. 中国平原地区农田防护林碳储量研究［D］. 北京：北京林业大学.

吴刚，冯宗炜，秦宜哲. 1994. 果粮间作生态系统功能特征研究［J］. 植物生态学报，18（3）：243-252.

万猛，田大伦，樊巍. 2009. 豫东平原农林复合系统土壤有机碳时空特征［J］. 中南林业科技大学学报，29（2）：1-5.

王来，仲崇高，蔡靖，等. 2011. 核桃-小麦复合系统中细根的分布及形态变异研究［J］. 西北农林科技大学学报：自然科学版，39（7）：64-70.

王述礼, 金昌杰. 1994. 沿海防护林体系热效应的遥感分析 [M] //康立新, 等. 沿海防护林体系功能及其效益. 北京: 科学文献出版社: 50-54.

王述礼, 朱廷曜, 孔繁智. 1989. 宝力地区农田防护林气象效应分析 [M] //向开馥. 东北西部内蒙古东部防护林体研究. 哈尔滨: 东北林业大学出版社: 195-211.

王兴祥, 何园球, 张桃林, 等. 2003. 低丘红壤花生南酸枣间作系统研究. Ⅳ. 光能竞争与剪枝作用 [J]. 土壤, 35 (4): 320-324.

王正非. 1985. 森林气象学 [M]. 北京: 中国林业出版社.

谢京湘. 1988. 农林复合生态系统研究概况 [J]. 北京林业大学学报, 10 (1): 104-108.

熊文愈. 1991. 混农林业: 一条发展林业的有效途径 [J]. 世界林业研究, 4 (2): 27-33.

徐祝龄, 周厚德, 郑曼曼, 等. 1990. 农田林网辐射平衡研究 [M] //黄淮海平原防护林体系生态经济效益的研究. 北京: 北京农业大学出版社: 115-122.

徐祝龄, 周厚德, 郑曼曼, 等. 1987. 林网内林网热量平衡的研究之二 [J]. 北京农业大学学报, 13 (4): 485-491.

许华森, 云雷, 毕华兴. 2012. 核桃-大豆间作系统细根分布及地下竞争 [J]. 生态学杂志, 31 (7): 1612-1616.

宣德旺, 田盛培. 1995. 苏北沿海防护林区域温度效应的研究农村 [J]. 生态环境, 11 (4): 1-4.

云雷, 毕华兴, 任怡, 等. 2008. 黄土区果农复合系统种间水分关系研究 [J]. 水土保持通报, 28 (6): 110-114.

云雷, 毕华兴, 任怡, 等. 2009. 晋西黄土区果农间作界面土壤水分分布 [J]. 东北林业大学学报, 37 (9): 70-73.

云雷, 毕华兴, 田晓玲, 等. 2011. 晋西黄土区果农间作的种间主要竞争关系及土地生产力 [J]. 应用生态学报, 22 (5): 1225-1232.

游年林. 1991. 华北平原旱化农区防护林网土壤水分效应的研究 [D]. 北京: 中国科学院.

袁玉欣. 1994. 生存与发展的结合——混农林业的崛起 [J]. 生态农业研究, 2 (2): 20-24.

张劲松, 孟平. 2004a. 农林复合系统水分生态特征的模拟研究 [J]. 生态学报, 24 (6): 1172-1177.

张劲松, 孟平. 2004b. 农林复合系统SPAC水分运移模拟模型 [J]. 林业科学, 40 (4): 1-8.

张劲松, 孟平, 尹昌君, 等. 2003. 农林复合系统的水分生态特征研究述评 [J]. 世界林业研究, 16 (1): 10-14.

张劲松, 孟平, 尹昌君, 等. 2002a. 苹果-小麦复合系统中作物根系时空分布特征 [J]. 林业科学研究, 15 (5): 537-541.

张劲松, 孟平, 尹昌君. 2002b. 果农复合系统中果树根系空间分布特征 [J]. 林业科学, 38 (4): 30-33.

张劲松, 孟平, 辛学兵, 等. 2001. 太行山低山丘陵区苹果生姜系统间作系统综合效应研究 [J]. 林业科学, 37 (2): 74-78.

张劲松, 宋兆民, 孟平, 等. 2002. 银杏-小麦间作系统水热效应的研究 [J]. 林业科学研究, 15 (4): 457-462.

张均营, 刘亚民, 吴炳奇, 等. 1998. 河南平原农区农林复合生态系统对生态环境的影响 [J]. 河北林业科技, 增刊: 40-42.

赵英, 张斌. 2012. 低丘红壤区农林间作系统水分利用竞争性评价 [J]. 土壤, 44 (4): 671-679.

赵宗哲. 1989. 农业防护林学 [M]. 北京: 中国林业出版社.

周厚德, 徐祝龄, 宋兆民, 等. 1990. 农田林网热量平衡研究 (2) [M] //宋兆民. 黄淮海平原防护林体系生态经济效益的研究. 北京: 北京农业大学出版社: 107-114.

朱廷曜, 金昌杰, 徐吉炎. 1992. 区域性防护林体系总体热效应的遥感分析 [J]. 应用生态学报, 3 (2): 126-130.

朱廷曜，关德新，周广胜，等. 2001. 农田防护林生态工程学 [M]. 北京：中国林业出版社.

Albrecht A, Kandji S T. 2003. Carbon sequestration in tropical Agroforestry Systems [J]. Agriculture, Ecosystems & Environment, 99 (3)：15-27.

Anderson L S. 1993. Ecological interaction in Agroforestry Systems [J]. Agroforestry Abstracts, 6 (2)：57-91.

Bae K, Lee D K, Fahey T J. 2013. Seasonal variation of soil respiration rates in a secondary forest and Agroforestry Systems [J]. Agroforestry Systems, 87：131-139.

Bailey N J, Motavalli P P, Udawatta R P, et al. 2009. Soil CO_2 emissions in agricultural watersheds with Agroforestry and grass contour buffer strips [J]. Agroforestry Systems, 77：143-158.

Bird P R. 1998. Tree windbreaks and shelter benefits to pasture in temperature grazing systems [J]. Agroforestry Systems, 41：35-54.

Brenner A J. 1996. Microclimatic modifications in agroforestry [J]. Tree-Crop Interactions：A Physiological Approach. CAB International (in association with ICRAF), Wallingford, UK：159-187.

Broadhead J S, Ong C K, Black C R. 2003. Tree phenology and water availability in semi-arid Agroforestry Systems [J]. Forest Ecology and Management, 180：61-73.

Brown K W, Rosenberg N J. 1971. Turbulent transport and energy balance as affected by a windbreak in an irrigated sugar beet field [J]. Agron. Journal, 63：351-355.

Cannavo P, Sansoulet J, Harmand J M, et al. 2011. Agroforestry associating coffee and Inga densiflora results in complementarity for water uptake and decreases deep drainage in Costa [J]. Agriculture, Ecosystems and Environment, 140：1-13.

Cannell M G R. 1996. The central agroforestry hypothesis：the tree must acquire resources that the crop would not otherwise acquire [J]. Agroforestry Systems, 34 (1)：27-31.

Carvalho W R, Vasconcelos S S, Kato O R, et al. 2014. Short-term changes in the soil carbon stocks of young oil palm-based Agroforestry Systems in the eastern Amazon [J]. Agroforestry Systems, 88：357-368.

Cleugh H A. 1998. Effects of windbreaks on airflow, microclimatesand crop yields [J]. Agroforestry Systems, 41：55-84.

Dixon R K. 1995. Agroforestry Systems：Sources or sinks of greenhouse gases? [J]. Agroforestry Systems, 31：99-116.

Donald J M, John T S, Scott X, et al. 2010. Using vector analysis to understand temporal changes in understorey-tree competition in Agroforestry Systems [J]. Forest Ecology and Management, 259：1200-1211.

Douglas G B, Walcroft A S, Hurst S E. 2006. Interactions between widely spaced young poplars (Populus spp.) and the understorey environment [J]. Agroforestry Systems, 67：177-186.

Droppel mann K J, Ephrath J E, Berliner P R. 2000. Tree / crop complementarity in an arid zone run off Agroforestry Systems in northern Kenya [J]. Agroforestry Systems, 50：1-16.

Eastam J. 1988. The effect of tree spacing on evaporation from an agroforestry experiment [J]. Agric. For. Meteorol, 42 (4)：355-368.

Fang S, Li H, Sun Q, et al. 2010. Biomass production and carbon stocks in poplar-crop intercropping systems：a case study in northwestern Jiangsu, China [J]. Agroforestry Systems, 79 (2)：213-222.

Fangdong L, Ping M, Dali F, et al. 2008. Light distribution, photosynthetic rate and yield in a Paulownia-wheat intercropping system in China [J]. Agroforestry Systems, 74：163-172.

Fernández M E, Gyenge J, Licata J, et al. 2008. Belowground interactions for water between trees and grasses in a temperate semiarid Agroforestry Systems [J]. Agroforestry Systems, 74 (2)：185-197.

Friday J B, Fownes J H. 2002. Competition for light between hedgerows and maize in an alley cropping system in Hawaii, USA [J]. Agroforestry Systems, 55：125-137.

George W P, Edward W B. 2007. Effects of aspen canopy removal and root trenching on understory microenvironment and soil moisture [J]. Agroforestry Systems, 70: 113-124.

Gillespie A R, Jose S, Mengel D B, et al. 2000. Defining competition vectors in a temperate alley cropping system in the Midwestern USA: 1. Production physiology [J]. Agroforestry Systems, 48: 25-40.

Gregory P J. 1996. Approaches to modeling the uptake of water and nutrients in Agroforestry Systems [J]. Agroforestry Systems, 34: 51-56.

Grime J P. 1993. Stress, competition, resource dynamics and vegetation processes [M] //Fowden L, Mansfield T, Stoddart J, eds. Plant Adaptation To Environmental Stress. London: James and James Ltd: 351-377.

Haile S G, Nair P K, Nair V D. 2008. Carbon storage of different soil-size fractions in Florida silvopastoral systems [J]. Journal of environmental quality, 37 (5): 1789-1797.

Hauser S, Norgrove l L, Duguma B, et al. 2005. Soil water regime under rotational fallow and alternating 25. hedgerows on an Ultisol in southern Cameroon [J]. Agroforestry Systems, 64: 73-82.

Horton J L, Hart S C. 1998. Hydraulic lift: A potentially important ecosystem process [J]. Trends in Ecology & Evolution, 13 (6): 232-235.

Hou Q, Brandle J, Hubbard K, et al. 2003. Alteration of soil water content consequent to root-pruning at a windbreak/crop interface in Nebraska, USA [J]. Agroforestry Systems, 57: 137-147

Howard S. 1997. Using sap flow gauges to quantify water uptake by tree roots from beneath the crop rooting zone in Agroforestry Systems [J]. Agroforestry Systems, 35: 15-29.

Imo M, Timmer V R. 2000. Vector competition analysis of a Leucaena-maize alley cropping system in western Kenya [J]. Forest Ecology and Management, 126: 255-268.

IPCC. 2001. Climate change 2001: Mitigation [EB/OL]. URL: http: //www. grida. no/climate/ipcc_ tar/wg3/pdf/TAR-total. pdf.

Irvine M R, Gardiner B A, Morse A P. 1998. Energy partition influenced by tree spacing [J]. Agroforestry Systems, 39: 211-224.

Jackson N A, Wallace J S, Ong C K. 2000. Tree pruning as a means of controlling water use in an Agroforestry Systems in Kenya [J]. Forest Ecology and Management, 126: 133-148.

Jamaludheen V L. 1997. Root distribution pattern of wild jack tree (artocarpus hirsutus lamts) as studied by 32P soil injection method [J]. Agroforestry Systems, 35 (3): 329-336.

Jose S, Gillespie A R, Seifert J R, et al. 2000. Defining competition vectors in a temperate alley cropping system in the Midwestern USA: 2. Competition for water [J]. Agroforestry Systems, 48: 41-59.

Jose S, Williams R, Zamora D. 2006. Belowground ecological interactions in mixedspecies forest plantations [J]. Forest Ecology and Management, 233: 231-239.

Karki U, Goodman M S. 2013. Microclimatic differences between young longleaf-pine silvopasture and open-pasture [J]. Agroforestry Systems, 87: 303-310.

Khan A. 1996. A low cost heat pulse technique for measuring tree root water uptake [J]. Agroforestry Forum, 7 (2): 157-165.

Kinama J M, Stigter C J, Ong C K, et al. 2005. Evaporation from soils below sparse crops in contour hedgerow agroforestry in semi-arid Kenya [J]. Agric For Meteorol, 130: 149-162.

King K F S. 1979. Agroforestry and the utilization of fragile ecosystems [J]. Forest Ecology Management, 3: 161-168.

Kong J, Wang H Y, Zhao B G, et al. 2001. Study on ecological regulation system of the pest control in apple orchard [J]. Acta Ecologica Sinica, 21 (5): 790-794.

Kowalchuk T E. 1995. Shelterbelts the their effect on crop yield [J]. Canada Journal of Soil Science, 75 (4): 543-550.

Lawson G J, Crout N M J, Levy P E. 1995. The tree-crop interface: representation by coupling of forest and crop process-models [J]. Agroforestry Systems, 30: 199-221.

Leakey R. 1997. Redefining agroforestry and opening Panora's box [J]. Agroforestry Today, 9 (1): 5.

Lee K H, Jose S. 2003. Soil respiration and microbial biomass in a pecan-cotton alley cropping system in Southern USA [J]. Agroforestry Systems, 58 (1): 45-54.

Lehmann J, Peter I, Steglich C, et al. 1998. Below-ground interactions in dryland agroforestry [J]. Forest Ecology and Management, 111: 157-169.

Leihner D E, Schaeben R E, Akondé T P, et al. 1996. Alley cropping on an Ultisol in subhumid Benin. Part 2: Changes in crop physiology and tree crop competition [J]. Agroforestry Systems, 34: 13-25.

Li Fangdong, Meng Ping M, Fu Dali F, et al. 2008. Light distribution, photosynthetic rate and yield in a Paulownia-wheat intercropping system in China [J]. Agroforestry Systems, 74: 163-172.

Lin B B. 2010. The role of agroforestry in reducing water loss through soil evaporation and crop transpiration in coffee agro-ecosystems [J]. Agricultural and Forest Meteorology, 150 (4): 510-518.

Lin C H, McGraw R L, George M F, et al. 1998. Shade effects on forage crops with potential in temperate agroforestry practices [J]. Agroforestry Systems, 44 (2-3): 109-119.

Lott J E, Khan A A H, Black C R, et al. 2003. Water use in a Grevillea robusta-maize overstorey Agroforestry Systems in semi-arid Kenya [J]. Forest Ecology and Management, 180 (1): 45-59.

Lott J E, Ong C K, Black C R. 2009. Understorey microclimate and crop performance in a Grevillea robusta-based Agroforestry Systems in semi-arid Kenya [J]. Agricultural and forest meteorology, 149 (6): 1140-1151.

Love A. 2005. Cold winter climate and the effects it has on soil respiration in an agroforestry field. Guelph, Ontario [D]. Senior Undergraduate Thesis. Dept. Env. Biol, University of Guelph.

Lu Sen, Jinsong Zhang, Ping Meng, et al. 2012. Soil respiration and its temperature sensitivity for walnut intercropping, walnut orchard and cropland systems in North China [J]. J. Food, Agric. Environ, 10 (2): 1204-1208.

Lundgren B O. 1990. ICRAF into 1990s [J]. Agroforestry Today, 2 (4): 14-16.

Lynch J J. 1980. The influence of artificial windbreaks on loss of soil water from a continuously grazed pasture during a dry period [J]. Aust J EXP Agri. Anim. Husb., 20: 170-174.

Matthias P, Naresh V, Andrew M, et al. 2006. Carbon sequestration sequestration potentials in temperate tree-based intercropping systems, sputhern Ontario, Canada [J]. Agroforestry Systems, 66 (3): 243-257.

Mcintyre R D, Riha S J, Ong C K. 1996. Light interception and evapotranspiration in hedgerow Agroforestry Systems [J]. Agric. For. Meteorol, 81: 31-40.

Mcintyre R D, Riha S J, Ong C K. 1997. Competition for water in a hedge 2/intercrop system [J]. Field Crops Research, 52 (1-20): 151-160.

Medinski T V, Freese D, Böhm C, et al. 2014. Soil carbon fractions in short rotation poplar and black locust coppices, Germany [J]. Agroforestry Systems, 88 (3): 505-515.

Miller A W, Pallardy S G. 2001. Resource competition across the crop-tree interface in a maize-silver maple temperate alley cropping stand in Missouri [J]. Agroforestry Systems, 53: 247-259.

Miller D B, Rosenberg N J. 1973. Soybean water use in the shelter of a slat fence windbreak [J]. Agro. Meteorol, 11: 405-418.

Mobbs D C, Cannell M G R, Crout N M J, et al. 1988. Complementarity of light and water use in tropical agroforestrysI: Theoretical model outline, performance and sensitivity [J]. Forest and Management, 102: 259-274.

Montagnini F, Nair P K R. 2004. Carbon sequestration: an underexploited environmental benefit of Agroforestry Systems [J]. Agroforestry Systems, 61: 281-298.

Moreno M G, Obrador J J, Garcıa E, et al. 2007. Driving competitive and facilitative interactions in oak dehesas through management practices [J]. Agroforestry Systems, 70: 25-40.

Nair P K R, Kumar B M, Nair V D. 2009. Agroforestry as a strategy for carbon sequestration [J]. J Plant Nutr Soil Sci, 172 (1): 10-23.

Nair P K R. 1985. Classification of Agroforestry Systems [J]. Agroforestry Systems, 3 (2): 383-394.

Newman S M, Bennett K, Wu Y. 1997. Performance of maize, beans and ginger as intercrops in Paulownia plantations in China [J]. Agroforestry Systems, 39 (1): 23-30.

Nissen T M, Midmore D J, Cabrera M L. 1999. Aboveground and belowground competition between intercropped cabbage and young Eucalyptus torelliana [J]. Agroforestry Systems, 46 (1): 83-93.

Nissen T M, Midmore D J, Cabrera M L. 1999. Aboveground and belowground competition between intercropped cabbage and young Eucalyptus torelliana [J]. Agroforestry Systems, 46 (1): 83-93.

Nuberg I K. 1998. Effect of shelter on temperature crops: a review to define research for Australian conditions [J]. Agroforestry Systems, 41: 3-34.

Odhiambo H O, Ong C K, Deans J D, et al. 2001. Roots, soil water and crop yield : Tree crop interactions in aemi-Arid Agroforestry Systems in Kenya [J]. Plant and Soil, 235: 221-233.

Ong C K, Anyango S, Muthuri C W, et al. 2007. Water use and water productivity of Agroforestry Systems in the semi-arid tropics [J]. Ann Arid Zone, 46: 84-255.

Onillon B, Durand J L, Gastel F, et al. 1995. Drought effects on growth and carbon partitioning in a tall fescue sward grown at different rates of nitrogen fertilization. European Journal ofAgronomy, 4: 91-99.

Osman M, Emmingham W H, Sharrow S H. 1998. Growth and yield of sorghum or cowpea in an agrisilviculture system in semiarid India [J]. Agroforestry Systems, 42: 91-105.

Palma N, Paulo J, Tome M. 2004. Carbon sequestration of modern *Quercus suber* L. silvoarable Agroforestry Systems in Portugal: a YieldSAFE based estimation [J]. Agroforestry Systems, 88: 791-801.

Pank A K. 1998. Water table and soil moisture distribution below some agroforestry tree species [J]. Indian Journal of Forestry, 21 (20): 119-123.

Peichl M Thevathasan N V, Gordon A M, et al. 2006. Carbon sequestration potentials in temperate tree-based intercropping systems, southern Ontario, Canada [J]. Agroforestry Systems, 66: 243-257.

Pinto L S, Perfecto I, Hernandez J C, et al. 2000. Shade effect on coffee production at the northern Tzeltal zone of the state of Chiapas, Mexico [J]. Agriculture, Ecosystems & Environment, 80: 61-69.

Pollock K M, Donald J, Mead B A, et al. 2009. Soil moisture and water use by pastures and silvopastures in a sub-humid temperate climate in New Zealand [J]. Agroforestry Systems, 75: 223-238.

Pouliot M, Bayala J, Ræbild A. 2012. Testing the shade tolerance of selected crops under Parkia biglobosa (Jacq.) Benth. in an agroforestry parkland in Burkina Faso, West Africa [J]. Agroforestry Systems, 85: 477-488.

Radersma S, Ong C K. 2004. Spatial distribution of root length density and soil water of linear Agroforestry Systems in sub-humid Kenya: implications for agroforestry models [J]. Forest Ecology and Management, 188: 77-89.

Ramesh T, Manjaiah K M, Tomar J M S. 2013. Effect of multipurpose tree species on soil fertility and CO_2 efflux under hilly ecosystems of Northeast India [J]. Agroforestry Systems, 87: 1377-1388.

Rao M R, Nair P K R, Ong C K. 1997. Biophysical interactions in tropical Agroforestry Systems [J]. Agroforestry Systems, 38: 3-50.

Rao M R, Nair P K R, Ong C K. 1998. Biophysical interactions in tropical Agroforestry Systems [M] //Directions in Tropical Agroforestry Research. Springer Netherlands: 3-50.

Schroth G. 1999. A review of belowground interactions in agroforestry, focusing on mechanisms and management options

［J］. Agroforestry Systems, 43: 5-34.

Shuttleworth W J, Wallace J S. 1985. Evaporation from crops-an energy combination theory ［J］. Q. J. R. Meteorol. Soc, 111: 839-855.

Singh R P, Ong C K, Saharan N. 1989. Above and below ground interactions in alley-cropping in semiarid India ［J］. Agroforestry Systems, 9: 259-274.

Siriri D, Ong C K, Wilson J, et al. Tree species and pruning regime affect crop yield on bench terraces in SW Uganda ［J］. Agroforestry Systems, 78: 65-77.

Siriri D, Wilson J, Coe R, et al. 2013. Trees improve water storage and reduce soil evaporation in Agroforestry Systems on bench terraces in SW Uganda ［J］. Agroforestry Systems, 87: 45-58.

Smith D M, Jarvis P G. 1998. Physiological and environmental control of transpiration by trees in windbreaks ［J］. Forest Ecology and Management, 105 (1): 159-173.

Sudmeyer R A, Speijers J. 2007. Influence of windbreak orientation, shade and rainfall interception on wheat and lupin growth in the absence of below-ground competition ［J］. Agroforestry Systems, 71: 201-214.

Sun Shou-Jia, Meng Ping, Zhang Jin-Song, et al. 2011. Variation in soil water uptake and its effect on plant water statusin Juglans regia L. during dry and wet seasons ［J］. Tree Physiology, 31: 1-12.

Swisher J N. 1991. Cost and performance of CO_2 storage in forestry projects ［J］. Biomass Bioenergy, 1: 317-328.

Takimoto A, Nair P K R, Nair V D. 2008. Carbon stock and sequestration potential of traditional and improved Agroforestry Systems in the West African Sahel ［J］. Agric Ecosyst Environ, 125: 159-166.

Thevathasan N V, Gordon A M. 2004. Ecology of tree intercrop-ping systems in the north temperate region: Experiences from southern Ontario, Canada ［J］. Agroforestry Systems, 61: 257-268.

Tournebize R, Sinoquet H, Bussiere F. 1996. Modelling evapotranspriation partitioning in a shrub/grass alley crop ［J］. Agric. For. Meteorol, 81: 255-272.

Tufekcioglu A, Raich J W, Isenhart T M, et al. 2001. Soil respiration within riparian buffers and adjacent crop fields ［J］. Plant and Soil, 229: 117-124.

Udawatta R P, Jose S. 2001. Carbon sequestration potential of agroforestry practices in temperate North America ［M］// Carbon Sequestration Potential of Agroforestry Systems. Springer Netherlands: 17-42.

Van Noordwijk M, Lusiana B. 1999. WaNuLCAS, a model of water, nutrient and light capture in Agroforestry Systems ［M］//Agroforestry for Sustainable Land-Use Fundamental Research and Modelling with Emphasis on Temperate and Mediterranean Applications. Springer Netherlands: 217-242.

Van Noordwijk. 1995. Root architecture in relation to tree-soil-crop interactions and shoot pruning in agroforestry ［J］. Agroforestry Systems, 30 (1): 161-173.

Verchot L V, Júnior S B, Oliveira V C D. 2008. Fluxes of CH_4, CO_2, NO, and N_2O in an improved fallow Agroforestry Systems in eastern Amazonia ［J］. Agriculture, Ecosystems and Environment, 126: 113-121.

Verchot L V, Van Noordwijk M, Kandji S, et al. 2007. Climate change: linking adaptation and mitigation through agroforestry ［J］. Mitigation and adaptation strategies for global change, 12 (5): 901-918.

Wallace J S, Jackson N A, Ong C K. 1999. Modelling soil evaporation in an Agroforestry Systems in Kenya ［J］. Agricultural and Forest meteorology, 94 (3): 189-202.

Wang B J, Zhang W, Ahanbieke P. 2014. Interspecific interactions alter root length density, root diameter and specific root length in jujube/wheat Agroforestry Systems ［J］. Agroforestry Systems, 88: 835-850.

Wang Yikuen, Fang Shengzuo, Chang Scott X, et al. 2014. Non-additive effects of litter-mixing on soil carbon dioxide efflux from poplar-based Agroforestry Systems in the warm temperate region of China ［J］. Agroforestry Systems, 88: 193-203.

Wanvestraut R H, Jose S, Nair P K R, et al. 2004. Competition for water in a pecan (Carya illinoensis K. Koch)-cot-

ton (*Gossypium hirsutum* L.) alley cropping system in the southern United States [J]. Groforestry Systems, 60: 167-179.

Watson R T, Noble I R, Bolin B, et al. 2000. Land use, land-use change and forestry: a special report of the Intergovernmental Panel on Climate Change [M]. Cambridge University Press.

Yadava A K. 2010. Carbon sequestration: underexploited environmental benefits of Tarai Agroforestry Systems [J]. Indian Journal of Soil Conservation, 38 (2): 125-131.

Zamora D S, Jose S, Nair P K R, et al. 2008. Interspecific competition in a pecan-cotton alley-cropping system in the southern United States: Is light the limiting factor? [M] //Toward Agroforestry Design. Springer Netherlands: 81-95.

Zhang W, Ahanbieke P, Wang B J, et al. 2013. Root distribution and interactions in jujube tree/wheat Agroforestry Systems[J]. Agroforestry Systems, 87 (4): 929-939.

Zhou L, Wang H. 1997. A simulation study on CO_2 assimilation and crop growth in agroforest ecosystems in the East China Plain [J]. J. Environ. Sci, 9: 463-471.

第 10 章
困难立地与生态恢复

李昆（中国林业科学研究院资源昆虫研究所，云南昆明，650224）

困难立地通常指造林困难的立地类型，包括高陡荒坡、风沙侵蚀土地、石漠化山地、滨海滩涂、干热河谷、干旱贫瘠石质山地、砾石戈壁、盐碱地、崩塌滑坡泥石流堆积地、水岸涨落带、重污染土地、采矿迹地、尾矿堆积场、道路高陡边坡和弃渣场等类型，或是地形复杂需要投入大量人力、物力改良的土壤，以及一定的工程措施辅助才能常规造林的立地。在这些地方，如果不采用新材料、新技术，树木很难生长，而且这些地区大多植被稀疏、侵蚀强烈，交通和基础设施较差，生态条件脆弱，因此治理恢复的投入大、见效慢。目前，困难立地的生态恢复，已经成为全世界最关注的问题。西南干热干旱河谷（包括干热河谷、干暖河谷、干温河谷）、南方岩溶石漠化地区（包括高湿区、半干旱区等）、滇中高原低温高湿区以及地震重灾区山体崩塌滑坡和工矿区等，是我国南方典型的生态恢复极端困难地区。

1 国内外研究进展

1.1 国际进展

1.1.1 困难立地生态恢复研究基本概况

国外困难立地生态系统的类型主要包括干旱裸地、森林采伐迹地、弃耕地、沙漠、采矿废弃地、垃圾堆放场。有关困难立地生态恢复研究主要包括生态恢复试验研究、大规模生态工程实践和生态恢复的基础理论研究三个方面。其生态恢复研究的历史发展也是围绕着这三个方面展开，并分成三个阶段。首先是人们发现人类活动造成了小规模的生态破坏和生态系统退化，需要进行生态恢复，于是开始小规模或局部的生态恢复试验研究，即早期生态恢复试验研究阶段。其目的是通过试验恢复受损的生态系统。指导生态恢复试验的理论来自于植物生态学、林学、气象学、土壤学等学科。这一阶段突出人类向未受干扰的自然生态系统学习，把学习中获得的自然生态法则应用到生态系统恢复中。如20世纪30年代美国对温带高草草原沙化的恢复试验研究，六七十年代对北方阔叶林、混交林等采伐迹地生态系统的恢复试验研究，在90年代开始的世界著名的佛罗里达大沼泽的生态恢复研究；英国对工业革命以来留下的大面积采矿地以及欧洲石楠灌丛地的生态恢复研究，澳大利亚干旱退化土地及其人工重建研究等。近30年来，大规模的生态破坏和生态退化，已危及人类的可持续发展，为了回答地球各类生态系统受损和退化的特征、机制及恢复的机理，生态恢复的基本理论研究在实际需要的推动下得到了较快的发展。如1975年3月各国科学家在各类生态系统恢复初步试验的基础上，为了总结不同生态恢复过程，召开了具有里程碑意义的"受损生态系统的恢复"国际会议，对受损生态系统的恢复和重建及许多重要的生态学问题，生态恢复过程中的原理、概念和特征等进行了讨论；1980年，Cairns主编了《受损生态系统的恢复过程》，8位科学家从不同角度探讨受损生态系统恢复过程中的重要生态学理论和应用问题；20世纪80年代"干扰与生态系统"、"恢复生态学"研讨会的召开及一系列恢复生态学杂志的创刊和有关组织的成立，为困难立地生态恢复理论研究建立了展示的平台。

1.1.2 困难立地生态恢复理论与模式

目前，国外学者在困难立地生态恢复的研究上，已达成广泛共识的理论成果主要包括以下几方面：

（1）不利干扰是生态系统退化的动力。不利干扰可分自然力和人类力。不利干扰的强度和频率决定了生态系统的退化程度。消除不利干扰是困难立地生态恢复的最基本条件。

（2）生态恢复包括生态系统自然恢复和人工恢复。生态系统自然恢复是利用生态系统的系统自然恢复特性，恢复受损生态系统的结构和功能的过程。生态系统自然恢复强调在人类不投入物质能量的条件下，受损生态系统从初始的土壤环境条件、系统内和系统间的物种组成条件和小气候条件开始，向着生态系统结构和功能不断完善方向发展，逐步恢复到生态系统的初始状态，并使生态系统发挥增益功能。人工恢复强调人类在生态恢复中的作用，但恢复的目标和自然恢复是一致的。

（3）生态系统自然恢复的初始条件不同，恢复过程将具有明显的差异。生态系统自然恢复的初始条件是由生态系统演替过程决定的。演替包括进展演替和逆行演替。进展演替是生态系统向着地带性顶级生态系统类型发展和更替的过程，而逆行演替是生态系统从高的演替阶段向低的演替阶段发展和更替的过程。进展演替其实就是生态系统自然恢复过程。生态系统自然恢复的具体表现就是生态系统逆行演替的某一阶段转变到进展演替的阶段。

（4）生态系统自然恢复的演替过程决定于一系列演替的初始条件和后续条件。①弃除或减轻干扰。生态系统自然恢复是使逆行演替阶段转向进展演替。要实现这一转变，首要的措施是消除生态系统逆行演替的外界条件，包括各种人类干扰。②生物种类的存在。种源的存在是生态系统恢复的基础，某一演替阶段的生态系统，在有种源的条件下，才有自然恢复的生命力。在生态系统没有种源的情况下，种源通过风力、动物和水流等外界因子可以获得扩散和迁移，在有必要的情况下，人工措施也是获得种源的方式。③定居。定居是生物种源在初始演替的生态系统获得资源和生长的过程。人工辅助植物种子或繁殖体定居有许多方式，譬如表土耕作、局部土壤改良、使用覆盖物、利用庇护种等。④营养成分。能够定居成功的先决条件为满足生长发育所需的养分条件，小气候和土壤条件是营养条件实现的初始因子。生态系统中的植物种如固氮的植物，是自然生态系统获取营养成分的生物条件。⑤元素循环。土壤生物是另一种重要的因素，蚯蚓、蚂蚁等对于植物群落的形成有非常重要的作用。这部分土壤动物是易移动的，通过它们的生活过程，使营养物质释放成可用状态，使生态系统开始演替并自然恢复。⑥去除毒性。土壤中某些物质的存在常常抑制某些物种的生长发育，阻碍生态系统的演替。如土壤酸性和重金属物质可以通过施加石灰石去除，或者利用对这些物质有抗性的植物种类，有时将这两种方法综合，效果更有效。

（5）演替的初始条件应该实现很好的人工组合，组合得当会显著促进自然恢复过程。生态理论揭示演替过程中生态因子间的相互可补偿性是值得重视的。但是，我们不能被动地等待某种促进过程或抑制过程发生。经验证明虽然这些因素是很重要的，但没有理由成为限制生态恢复的最终因素，只要我们确定了生态恢复的目标，可在一定程度上合理调控某些因子的效应。

（6）借助自然力量进行生态恢复与人工恢复相比具有显著的优越性。①进行生态恢复的工作量可大大减少。因为自然恢复主要依靠自然力，依靠生态系统在去除干扰的条件下的进展演替能力，实现生态系统的结构和功能恢复，对生态系统的管理主要是封山育林、必要种源的配置等，生态恢复工作量小，便于大规模实施。②生态系统自然恢复通过系统自我组织、自我调控、自我更新过程，系统结构恢复能最大限度协调各物种间的关系和物种与资源利用的关系，使物种间和物种与环境间的关系协调共生，达到相应阶段的生态系统稳定状态，能最大限度发挥相应演替阶段的功能。③生态系统自然恢复过程在资源利用最优化、物种组合最协调、功能实现最大化的条件下，生物多样性是稳步增加的，保持了生态系统自然恢复的种源条件。④生态系统自然恢复过程促进了生态系统的复杂性、稳定性、持续性，丰富了生态系统结构，改善了景观特征，提高了生态系统的美学价值。这些特征与人工恢复的生态系统具有显著的区别。

（7）困难生态系统恢复和重建的原则一般包括自然原则、社会经济技术原则和美学原则。自然原则包括了能够指导生态系统恢复的一切自然科学法则的集合。社会经济技术原则包括了人的心理、意识、经济基础、上层建筑、生产关系等一系列相互作用、相互影响的原则的集合。美学原则是以满足人类心理需要并改善人类的精神状态为前提的一系列原则的集合。

1.1.3　取得的经验

1.1.3.1　用法律和政策促进困难立地生态恢复

北欧国家，如瑞典、芬兰、丹麦等国家是世界上最先倡导对自然环境进行保护的国家，如

瑞典在18世纪末、19世纪初即制定了水资源、森林等环境保护的相关法律。对于自愿开展荒溪治理和矿山恢复的，由政府和欧盟各出资50%予以支持。在土地复垦生产中，规定开展生态农业粮食生产的，政府给予产量成本50%的补贴。对私有林业主的补助有两种：一是对某些具体林业活动的补贴，如荒地造林，补助50%；严重的病虫害防治，业主可得到100%的补贴；对其他林地排水和营林计划也有不同程度的补贴。二是私有林区的道路建设，国家负担50%以上的费用。首先国家资助林场主将低价、低产林改造为高价、高产林，对诺尔兰地区（北部地区）实行特殊林业补贴，鼓励企业在当地发展林业生产；设立大批各种类型的国家公园和自然保护区，其面积约占全国森林总面积的10%，由国家财政全额拨款进行管理和保护。其次是国家出资支持各项防治工程。瑞典可持续发展部1997年制定了一项包括水资源保护、工业污染治理、林业建设等在内的环保计划，由290个地方政府实施，国家予以6.2亿瑞士法郎的资金支持，占总投资的1/3，其余由地方政府承担，其中用于干旱区水资源保护、工矿区生态恢复建设和农村面源污染治理的项目就达150多个，约占总项目的10%。

1.1.3.2 建立适合本国国情的管理体制和运行机制

在欧美国家，各类开发建设项目在开工之前都要进行严格的环境保护论证，同时还要广泛征求项目区群众对保护环境的意见，若大多数群众不同意，则项目就不能实施。随着时代的进步和建设业主保护环境意识的提高，开发建设项目业主都能自觉遵守法律的规定，在建设中为避免破坏环境，即使是增加成本，也要采用架设桥梁和打隧道的方案。如欧洲的瑞典，为保护山体的完整性和自然景观，打隧道建设环城公路。同时，公路等开发建设项目也尽量绕开森林等保护区，若无法避免，即使是很低的山丘，也会选择隧道方案而不破坏郊野森林公园的完整性；对穿行于山势复杂山区的道路，也尽量避免大挖、大填，开挖边坡高差一般不会大于20m；对开挖和填土边坡也是采用乔灌草结合绿化，基本上难以见到浆砌石护坡工程。石质边坡施工并不要求光平坡面，重视在粗糙坡面上进行近自然的生态恢复，实行乔、灌结合。如有边坡失稳危险，则大部分在坡外缘跨路面采用钢筋混凝土框架支护。填土护坡基本上没有格栅式填土护坡，采用乔、灌、草合理配置，近自然恢复，就连路边排水沟也很少用浆砌石。在保证森林资源的永续利用和保护方面，瑞典通过制定林业法律、法规进行引导和规范。明文规定，林场主采伐自有林木，必须事先向当地林业管理部门提出申请，同时还要附上具体的森林再造计划等。林业部门在收到申请后6周内进行调查核实，然后发放许可证，并跟踪监督林场主采伐后的再造情况。如发现5年内没有再造，将提出警告；10年内没有再造的，给予相应的行政处罚，罚款金额高出伐林收入的几倍甚至十几倍不等。对于执意不再造林的，由林业管理部门向司法机关提起对林场主的刑事诉讼，最高刑期可达半年。

1.1.3.3 工程措施与生物措施相结合

目前，困难立地生态恢复与治理主要采取工程措施和生物措施相结合的方法控制水土流失。生物措施与工程措施密切配合，可以相互取长补短，有效地起到控制水土流失的作用，在此基础上再进行植被的重建。在生物措施中，首先是植物措施。植物在受损害生态系统恢复与重建中的基本作用是：①利用多层次、多物种的人工植物群落的整体结构，通过林冠的截留、凋落物增厚产生的地面下垫面的改变，以减缓雨滴溅蚀力和地表径流量，控制水土流失；②利用植物的有机残体和根系穿透力以及分泌物的物理化学作用，促进生态系统土壤的发育形成和熟化，改善局部环境，并在水平和垂直空间上形成多格局和多层次，造成生境的多样性，促进生态系统生物多样性的形成；③利用植物群落根系错落交叉的整体网络结构，增加固土防止水土流失的能力，为其他生物提供稳定的生境，逐步恢复业已退化的生态系统。

1.1.3.4　尊重自然，实行近自然治理

欧美国家在困难立地生态恢复的工程建设方面注重保护环境已有较长的历史。保护环境的观念最早出现在河道整治中，随后被引入荒溪治理和其他各种困难立地生态恢复。在荒溪治理中发展了荒溪治理的新体系——近自然治理。近自然治理，即通过生态治理创造出一个具有各种各样水流断面、不同水深及不同流速的河溪，河岸植被是具有多种小生境的多级结构。近自然治理注重工程治理与自然景观的和谐性：施工工地仅仅用带石块的原状土或用纯石块覆盖，在一般意义上不再进行腐殖质化或剖面化处理；河岸植被是由自然下种形成的，而其他一切促进植被恢复和改良土壤的措施如撒种、栽植、喷水、施肥等应该停止。如瑞典伊萨河的治理：伊萨河 8km 的河道，原来在治理中采用的是顺直河道、浆砌石护坡，但随着人们对环境要求的提高和观念的改变，自然河道成为人们向往的地方，为此政府从 1999 年出资 2800 万欧元，对此河道陆续进行近自然治理，目前治理好的 6km 近自然河道已成为人们接近大自然、休闲娱乐的好去处。

1.2　国内进展

1.2.1　困难立地生态恢复相关研究

当国外开始进行困难立地生态恢复试验研究时，我国除少数人外，大部分国民还对生态恢复一无所知。近 30 年来，在国内，随着全民生态意识的觉醒，由国家资助开展了一系列研究工作，如"华南侵蚀地的植被恢复研究"、"石漠化地区生态系统结构和功能及恢复研究"、"红壤丘陵坡耕地土壤退化防治研究"、"西部亚高山退化森林恢复与重建的生态学过程及调控研究"等。由于我国地域差异大，不同地区形成了各自的研究重点。在东北地区注重研究自然植被演替和生产力形成机制，如对红松林、杉木林的地力衰退与生产力的关系研究；在西南地区，注重石漠化的生态过程、干热河谷植被恢复生态学研究；在华北地区以及北方地区，注重研究生物多样性和草地生产力恢复过程，如对毛乌素沙地的恢复研究；在华南地区，注重研究以花岗岩土壤侵蚀和控制为特色的南亚热带森林植被恢复和重建；在西北地区，注重以草地改良和鼠害防治为特色的退化高寒草地恢复重建；在南方丘陵区，注重特色资源保护和开发与地方社会经济发展的研究等。这些生态恢复研究，提出了许多切实可行的生态恢复与重建技术及模式，先后发表了大量有关困难立地生态系统退化和人工恢复重建的论文、报告和论著。这一阶段，尽管还存在很多问题需要解决，但生态恢复的有关理论体系已基本形成，已开始应用生态恢复基础理论研究成果于大规模困难立地生态恢复实践。

1.2.2　困难立地生态恢复的主要技术措施

国内在困难立地植被恢复和生态重建研究及实践中强调了适宜树种筛选、苗木处理、整地方式选择、保水保墒等应用技术对困难立地植被恢复的重要作用。

造林树种选择是困难立地生态恢复最重要的一步。由于不同树种在生长速度、根系发达程度、各种抗性等方面差异较大，为了推动困难立地生态快速恢复，应该尽可能地选择对不同生境具有较高合适性的树种。适宜的树种大致可由顺利成活、生长正常、稳定性强、不早衰这 4 种现象来判断。要了解树种和困难立地的相互关系，作为落实"适地适树"的重要依据，必须

从林木成活和生长发育特征 2 个方面进行研究。

在苗圃内对苗木进行耐旱驯化有望提高造林成活率。一是在不移植苗木的前提下，调控环境与困难立地相似；二是喷施植物生长调节剂，从而驯化苗木处于耐旱生理状态，延长其在干旱胁迫生境中的存活期限。经耐旱驯化的苗木多存活一天，就会增加一点天降喜雨的机会。结合使用圃内耐旱驯化、平衡根系容器育苗、植物抗蒸腾剂等技术，可以摆脱造林的季节限制，实现雨季造林，有望解决大部分困难立地造林的问题。

坡面困难立地造林必须整地，其目的在于改变小地形，把径流截留下来供植物生长之用。与传统整地不同，困难立地营造生态公益林，其本质是增加植被盖度，因此要尽量保留原生植被。整地也不要求整齐划一，应该因形就势，尽量避开原生灌木和大型草本植物。困难立地上每一株植物都是一个生命奇迹，尊重生命奇迹就是尊重自然。生草表土也应就近原样覆于平缓小地形中，尽量保证其草存活。保留原生植被可保持地表粗糙度，减缓地表风速，甚至可以为新植幼苗提供遮阴环境，有助于幼苗保持水分。

调节土壤水分状况是与干旱作斗争的重要手段。在应用多种方法来减轻和克服干旱的措施中，用农业技术的方法来抑制土壤水分散失是最为普遍的手段。其主要作用是改变土壤结构，调整土壤气候，抑制土壤水分蒸发。中耕松土，用疏松表土来抑制毛细管水上升，可达到防止气态水扩散的目的。

1.2.3 重要区域生态恢复技术与模式

1.2.3.1 干热干旱河谷区治理

干热干旱河谷区自然条件复杂，垂直分异显著，各种灾害频繁，是典型的生态环境脆弱带。以中国西南干热干旱河谷为例，历史上由于乱砍滥伐、无休止樵采、放牧和烧垦，加之受地形、地貌、大气环流的综合影响，森林植被产生逆向演替，生态环境不断恶化，形成干旱、半干热干旱河谷，部分地段出现荒漠、半荒漠景观，土壤极度贫瘠，环境极度恶劣。森林植被的破坏，使森林涵养水源、保持水土功能减弱，导致风沙大，塌方、滑坡、泥石流等自然灾害特别严重。而以全球气候变暖为主要特征的全球气候变化及极端气候事件、强烈的人类干扰、地震等生态破坏叠加效应正在加剧干热干旱河谷环境的恶化，如何遏制这种趋势成为当前亟待解决的科学问题。

针对干热干旱河谷地区干旱化加剧、土壤凋萎湿度长达 7~8 个月、山坡地水土流失呈明显增加趋势和冲沟溯源侵蚀速度加快、裸岩化和石漠化劣地不断扩大等由植被生态系统的退化引起的严重环境问题，该地区的生态建设根据不同的立地类型采取了不同的恢复途径，提出在极强度退化类型区采取彻底封禁的自然恢复途径，中强度退化类型区采取自然恢复为主，辅以一定工程措施的途径，重度退化类型区采取封禁条件下的草被自然恢复，坡度较缓和土壤较厚坡地采用人工种植的途径，中度退化类型区采取封禁与人工改造、引种相结合的途径，轻度退化类型区引种高经济价值的经济林木和作物，建立雨养加灌溉的人工经济型植物群落的恢复植被途径。

而在干热河谷亚区，由于气候干热及土壤严重退化是该地区的两个主要特点，有人据此提出了建立以乔木树种为主的林带，在林带内进行"胡同"式农业耕作的复合农林系统的建设，也取得了一定成效。另外，根据干热河谷现存的植被状况以及该地区的水资源供给情况，有人认为必须依靠减少群落植株密度和生物量，以维持脆弱的生态平衡，提出了干热河谷人工植被恢复应采用"适度"造林技术设想，即仿照自然植被特征，建立"适度"的乔木层密度、"适度"的灌草层结构，而且技术经济条件也"适度"的植被恢复模式。同时，在干热河谷植被恢复的过程中，人们逐渐认识到，干热河谷近半个世纪的植被破坏与生态环境加速退化中，人为干扰影响最大。生态治理只有与经济建设紧密结合，才会具有强大的生命力，才可能有群众参与，生态环境也才可能得到最终改善。因此，在进行植被恢复与生态治理规划设计时，尽量求得生态、经济和社会效益的统一。应注意协调人与自然的关系，将植被恢复、水土保持同开发利用有机地结合起来。在河谷农区建立一定的以乔木树种为主的防护林，以促进农业的高产、稳产；山坡培育和开发热带亚热带林果、饲料植物、纤维植物、香料植物、油脂植物和饮料植物等资源，以开发促进环境保护和植被恢复；通过营建薪炭林，解决干热河谷区群众生活燃料问题，保护现有植被，促进自然更新恢复。

1.2.3.2 喀斯特石漠化生态恢复

喀斯特石漠化山地也是中国西南严重的困难立地之一。石漠化的发展不仅影响到经济和社会的可持续发展，而且因其发生地位于长江和珠江上游，对两江流域的生态建设造成了极大隐患。

针对喀斯特石漠化极度退化生态系统的重建及综合研究，分阶段进行综合治理和研究是很必要的。早期适宜的先锋植物种类对退化生态系统的生境治理具有重要的作用。在后期进行多种群的生态系统构建时，更要注意构建种类的选取。研究表明，利用豆科树种与乡土树种混交，是一种有效的造林途径。坡改梯工程是实施水土保持的主要内容之一，在喀斯特石漠化地区，坡改梯项目显得尤为重要。它不仅能有效防止水土流失，达到保水、保土、保肥效果，且能改善耕地质量，提高土地附加值。其主要原则有：因地制宜，大弯顺向，小弯取直，做到平顺美观；基槽开挖后要进行核验，主要对基础开挖深度、宽度、高度进行现场确认；选择好石料，防止崩塌，确保挡土墙基础牢固稳定，讲究砌筑工艺，控制好坡比及墙顶高程，确保立面平顺整齐。

土地整理也是解决喀斯特石漠化土壤稀薄、干旱和贫瘠的关键措施之一。一般采用局部整地，主要是针对石漠化严重区域、荒地等进行整理、复垦、开发，辅助进行客土、换土、增施改良剂等。其特点是：蓄水保墒，改善水分状况；改变光照条件，调节土壤温度；提高土壤肥力，改变土壤现有结构；最终目的为提高造林成活率及促进林木生长。

1.2.3.3 废矿地生态系统的恢复

采矿地的生态重建应以恢复生态学作为理论基础。先用物理法或化学法对废矿地生态系统进行处理，消除或减缓尾矿、废矿对生态系统恢复或重建的物理化学影响，再铺上一定厚度的土壤。若矿物具有毒性，还需有隔离层再铺土，然后种上植物。对废矿地或其他污染造成的退化生态系统的植被恢复，还要注意采用如下两方面的技术。

（1）化学改良。化学改良主要是指化学肥料、EDTA 酸碱调节物质及某些离子的应用。速效的化学肥料易于淋溶，收效不大，缓效肥料往往能取得较好的效果。在管理方便的情况下可以少量多次地施用化学肥料。EDTA 主要被用来络合含量高的重金属离子使之对植物的毒害有所减轻。研究发现，金属阳离子的毒性可由 Ca^{2+} 的作用而趋于缓和，富钙废弃物中许多金属的毒性是属于低强度的。钙离子的存在也会减轻铬酸盐的毒性，这种作用不依附于 pH 值变化和可溶性现象。酸性较高的基质，可以施放大量石灰石渣滓（熟石灰或含白云石的石炭等）予以中和，

这样往往能取得满意的效果，碱性废物如发电站灰渣可用于改良酸废土。对于碱性基质，可以施用硫黄、硫酸亚铁及稀硫酸等。近期的一些研究还发现，磷酸盐能有效地控制伴硫矿物酸的形成，因而，磷矿废物亦可用于改良含酸废弃地。

（2）有机废物的应用。污水、污泥、泥炭、垃圾及动物粪便等富含 N、P 有机质，它们被广泛地应用于改良矿业废弃地并起到多方面的作用。首先是它们富含养分，可以改善基质的营养状况；其次是它们含有大量的有机质，可以螯合部分重金属离子缓解其毒性；再次是这些改良物质与基质本身便是一类固体废弃物，这种以废治废的做法具有很好的综合效益。试验证明，污水、污泥等往往比化学肥料的改良效果要好。

2 国内外差距分析

2.1 政策与法律及其执行情况——以矿区生态恢复为例

20 世纪 90 年代以来，重建矿区生态环境，实现可持续发展，得到世界各采煤大国的重视。例如，德国有丰富的煤炭资源，矿区生态恢复是德国长期所追求的目标。由于德国土地复垦、生态恢复的历史悠久，因此在这方面的立法比较完善，涉及土地复垦、生态恢复的专门的立法如《废弃地利用条例》、《土地整理法》、《矿山采石场堆放条例》和《矿山采石场堆放法规》等。而且在法律法规中就土地复垦、生态恢复的程序、内容、操作步骤等都进行了详尽的规定，同时规定了矿业主的法律责任，使土地复垦有了法律保障。在我国，国务院于1988 年就颁布实施了《土地复垦规定》。《土地复垦规定》颁布实施以来，在促进矿区生态恢复方面起到了积极的作用，但由于该规定是在计划经济条件下制定的，加上有关条文过于原则，可操作性较差，执行的效果不太好。

2.2 管理体制情况

控制土壤侵蚀，促进困难立地生态恢复，仅靠单项措施是难以奏效的。为达到总体目标，需要各有关部门的共同努力。美国 1935 年在农业部设立水土保持局负责全美非联邦土地与土壤侵蚀有关的所有活动的协调和监督。美国农业部林业局负责国有土地困难立地生态恢复和水土保持工作，分工明确。在我国台湾也有水土保持和生态恢复的明确分工部门。相比较，我国大陆目前对各部门的水土流失治理和生态环境建设职责分工不明确，缺乏地域分工，彼此之间职责重复很多，协调难度大。多数专家认为目前从事水土保持和困难立地生态恢复工作的多个部门存在彼此之间职能重叠多、协调差的问题。

2.3 公众参与情况

困难立地生态恢复属于公益事业，光靠国家的投入是不行的，必须调动大众和方方面面的投资与治理的积极性，这样，就需要有经济利益来驱动。美国非常重视各方力量的参与，国家重视、大众参与。1936—1951 年，根据水土保持和生态恢复修正案要求对私有土地进行补偿。联邦政府共投资 82.7 亿美元用于补偿私人水土保持和生态恢复投资，占美国困难立地生态恢复投资的很大比例。农民开展水土保持和困难立地生态恢复可享受政府补贴，免费得到技术人员的支持。困难立地生态恢复的费用由国家负担 50%～75%，如果是困难立地生态恢复新措施则负担90%。为鼓励更多农民参与，规定每个农户申请经费不超过 3500 美元，通过签订 3~10 年合同来实施。到 1977 年，美国 90% 的农场主签订了合同，在 39% 的土地上采用了困难立地生态恢复措施。我国前期水土保持和困难立地生态恢复是通过国家投资和农民义务劳动完成的，且参与困难立地生态恢复的农户比例很低，没有完善的法律和经济利益驱动机制。

3 发展战略、需求与目标

3.1 发展战略

3.1.1 困难立地生态可持续与生态恢复

生态系统可持续是困难立地生态恢复的新方法和新目标，生态可持续性意味着生态系统功能正常发挥、结构不断优化，生态系统正常的物质循环、能量流动和信息传递得以维持。一个可持续的生态系统应该是稳定的和健康的，是正常演替的，在时间上能够维持自身的组织结构，在功能上具有应对胁迫的恢复力。生态可持续主张人是自然的一员，人类的生产、生活活动应遵循生态学原理，不随意破坏自然生态系统的正常演化，实现人与自然和谐相处、协调发展。生态可持续发展重视生态系统的自然演替，把问题放在一个大的人类与环境系统来考察，以维持整个大系统的正常演化和可持续性。生态可持续发展强调发展的生态环境成本，认为人类社会的发展是包含了自然成本在内的发展，而不是不计自然成本的发展。自然成本的过度丧失也许是难以弥补的，那种不计自然成本和生态环境承载力的发展不是真正意义的发展，是不可持续的发展，是暂时的。

3.1.2 区域发展与区域自然条件相协调

困难立地生态恢复与治理既不是掠夺式开发，也不是被动地适应。从人类的活动与自然环境的生态过程之间的关系出发，追求区域总体关系的和谐、功能的协调，包括区域内、区域间、部门间、社会与经济、资源与环境、生产与生活的协调。

3.1.3 生态系统管理与生态恢复

生态系统管理作为一种新的管理资源环境的整体论方法，通过调节生态系统内部结构与功能以及系统内外的输入与输出，发展与保护生态并举，目的是实现一个地区（或生态系统）的长期可持续性，即生态系统健康。困难立地生态恢复与治理研究生态系统退化的原因、退化生态系统恢复与重建的技术与方法、生态学过程与机理，其目的也是通过一定的生物或工程措施，对生态系统施加一定的影响，实现生态系统的可持续发展。可以看出，困难立地生态系统管理与生态恢复的概念既有一致的方面，也有差别的地方。一致性是都要对生态系统进行程度不同的调控，目的都是为了生态系统的健康与可持续发展。差异性在于二者的着重点不同，生态系统管理着重于生态系统的管理，范围较为宽泛，包含演化、退化、恢复等生态系统过程和结构、功能的调控；而生态恢复则仅是针对退化生态系统，在把握退化机理的基础上，通过生物的、工程的措施，使生态系统演化由退化状态改为向健康状态演替。只有二者有机结合起来，才能达到困难立地生态恢复的可持续性。

3.2 发展需求

在全球气候变化的大背景下，不同类型的极端困难立地迅猛出现，对生态恢复及重建提出

了新的挑战，以往以自然恢复为主的治理模式已难以达到理想效果，先进的工程治理技术结合植被恢复等措施，必然大大提高困难立地类型的生态恢复及其治理成效。同时，在土地资源日趋紧张的情况下，完善土地复垦立法，搞好土地整理立法，为改善和保护生态环境，改善农业生产条件和人们居住环境，以及土地资源可持续利用提供有力的法律保证。

3.3 发展目标

不同立地类型下，困难立地生态恢复的最终形式可能存在一定差异，但其最终目标都是生态系统的稳定性和可持续性。常常表现为 4 种形式：同质状态，即生态系统的组成要素（非生物组分和生物物种类型、数量）、结构和功能可以恢复到与退化前原初状态相同或相似的水平；同型状态，即生态系统的结构和功能恢复到与退化前原初状态相同或相似的水平，而组成可以与原初状态不同；同功状态，即生态系统功能恢复到与退化前原初状态相同或相似的水平，而其组成、结构可以发生变化；异质状态，即生态系统的组成、结构和功能在其恢复过程中都发生变化，最终所达到的状态与退化前的原初状态本质上不同。

4 重点领域和发展方向

4.1 人工促进自然恢复

对于困难立地生态系统的恢复，以往多重视人的努力，忽视自然潜力，但效果并不理想。在生态退化系统没有达到阈值的前提下，生态系统依靠其自然恢复潜力可以实现自我恢复。但有效的治理措施必须建立在成功的科学实验基础之上。目前，虽然对困难立地退化生态系统自然恢复重建的理论和方法已有过一些研究和探索，但其理论体系和技术体系尚未最终形成，还存在很多生态学理论问题需要做出合乎逻辑的解释，如恢复中的生态系统的稳定性及其变化、物种对系统退化环境的响应与适应、生态系统退化和恢复重建的内在作用机制等，从而导致在人工促进自然恢复重建技术方法应用上的盲目性和不确定性。因此，加大困难立地科研投入，在开展人工恢复严重退化的生态系统和人工启动生态系统自然恢复的同时，维持已恢复生态系统和原有的自然生态系统的稳定性以及促进其可持续恢复的理论和相关技术，是困难立地生态恢复中的一个重要发展方向。

4.2 不同尺度的定位试验与对比研究

应加强不同区域困难立地生态恢复的案例对比研究，使不同区域困难立地生态恢复过程的物质循环、能量流动、信息传递功能、生物量、生产力、生物多样性、土壤保持、微生物群落、食物链关系的模式对比有长期积累数据，用少量的定位试验、长期的研究说明生态学过程，实现中国困难立地生态恢复研究工作与国际接轨。另外，以往的研究受人力、物力、财力和行政管辖权等因素的限制，主要是局部小区域的试验示范，跨区域大尺度的研究几乎没有，其技术成果在面对大范围实际应用以及国家大工程需求时，往往呈现出难以满足需求的明显差距。进行不同尺度尤其是大尺度的生态恢复定位试验和对比研究，也是困难立地生态恢复中的另一个重要发展方向。

4.3　评价模式和指标体系

　　研究建立科学合理的评价体系，也是困难立地生态恢复中的一个重要发展方向。困难立地生态恢复中的一个生态过程是前一个生态过程对后一个生态过程的累积效应。判断生态恢复工程措施体系的优劣不能靠描述和短期的简单量化指标来评价，尤其对人工促进恢复的生态系统，更需要研究建立一套由科学合理的评价模式和指标体系组成的评价体系，通过恢复过程中积累的众多指标数据分析，利用成熟有效的数学模式评价其恢复的程度及其恢复过程、与初始生态系统的距离以及距当初基于各种认识了解而设计的恢复路线和目的的距离，从而科学指导植被恢复或生态恢复，以逐步达成各种服务价值目标的实现。

5　存在的问题

5.1　自然因素对生态恢复的障碍

　　以西南干热河谷地区为例。干热河谷的自然地理属性，对生态恢复存在一定的障碍。首先是气候障碍，干热河谷大部分地区热量充足，降水不足，且季节性干旱极为明显。其次是土壤障碍，区域内主要土壤类型为燥红土，其重要特征通俗地讲为"天干一块砖，下雨一摊泥"。燥红土风化程度低，层次分化不明显，质地黏重，保水性能差。整个干热河谷荒漠化程度较高，水土流失严重，地表沟壑纵横，土地质量严重下降，"土林"面积分布较广。同时，近年来由于西南山区经济开发力度的加大，人为干扰对困难立地生态恢复的影响更为严重，从而造成了植被逆向演替加快，而植被一旦被破坏，自然恢复难度极大，以至于恢复到原来的顶级状态是不可能的。以喀斯特石漠化区为例，该类型地区通常人多地少，贫困化普遍，农民对耕地的依赖性大，故易造成更为严重的植被破坏，导致人类与环境相互关系的严重失调，这都给该地区的生态恢复带来很大的困难，在短时间内不可能解决。

5.2　生态恢复目标的偏离

　　生态恢复是一项重大的、复杂的生态建设工程，涉及生态利益和经济利益、当前利益和长远利益、局部利益和全局利益的协调问题。目前由于生态环境是公共利益，基本上不能成为农民追求的目标，特别是在经济利益与生态利益发生冲突时，农民往往是追求经济利益，因此在植被恢复中，有些地区经济林的比重明显过大，有的地区甚至出现为了经济利益而破坏植被的现象。

　　另外，从理论上讲，生态恢复是恢复该地区原有的植被，但事实上这是做不到的。因为原有植被生存的条件早已失去，许多乡土植物（包括乔、灌、草）根本不可能在严重退化的自然气候土壤环境下生长发育，不引入生态适应性强的先锋树种，通过各种人为措施先行种植的话，许多地段根本不可能恢复植被，更不要说恢复乔木林。

5.3　生态恢复试验的局限性

　　南方困难立地大多都位于我国西南高山峡谷区域，受地理环境尤其是局地小环境的影响较大，局部区域的研究和示范很难大范围推广。目前，该区域困难立地生态恢复与重建试验示范

研究还停留在一些小的、局部的区域范围内，缺乏系统水平的区域性综合研究与示范，也缺少对已有模式随着时间的推移和经济发展的需求而变化的优化调控研究，同时，研究工作部门及工作者间缺少更多的横向交流，而横向交流研究可以使理论与技术更好地在实践中得到补充和验证。

6 对策

6.1 贯彻生态恢复优先方针，完善社会化服务体系

困难立地生态恢复具有长远的利益，在保证生态效益的同时必须兼顾农民利益以及地方经济发展，即要坚持生态效益、经济效益和社会效益有机的结合，这样生态恢复才有立足之地。同时，在出现一些资源开采的矛盾时，要合理地通过国家有关部门的协调，努力达到生态恢复和资源开采双赢的局面，并加强法制建设和执法的力度，以保障生态恢复的生态效益，防止人为破坏生态，继续恶化生境，促进社会经济的持续发展。

6.2 科学技术是解决问题的根本途径

困难立地生态恢复具有植树难、造林难的特点，依靠自然条件人为地进行植被恢复或者植树造林往往成效不明显且进展缓慢。根据立地条件，利用平衡根系容器育苗、圃内耐旱驯化、种子包衣与新型直播造林等先进的科学造林技术，简化植被恢复操作工序，提高造林成活率，可以达到事半功倍的效果，也是保障植被恢复成果的最根本的要求。同时，困难立地造林成功后要有科学的管理方式。在环境恶劣地区，因为管理成本过高，往往会出现植树积极、管理落后的现象。进行周期性巡查，通过电子设备监控幼苗的成长，在出现问题时及时复种，并通过与气象部门的沟通，尽可能避免恶劣天气对幼苗造成的影响，实时监控、处处防护，确保科技在植树造林中起到重要作用。

6.3 观念决定解决问题的技术方案

基于生态恢复观念，困难立地造林技术方案由乡土树种选择、耐旱苗木培育、整地和补植等组成，其中整地的目的是在确保坡面稳定的前提下截留径流，而不是汇集径流。生态造林的根本目的是启动自然力重建稳定、盖度最大化的植物群落，造林树种并非目标植物，而是通过造林树种的生态位构建作用，为其他适宜的乡土树种植物回归入居创造条件，即"种树引树引草"。目前，困难立地生态造林观念混杂，既有用材林或经济林观念，也有景观美化观念，造成研究和实践的混乱不清。例如，立地质量评价和分类多以土壤养分含量和含水量为关键指标，这些指标主要影响活立木的生长速度，而对苗木成活影响最明显的指标是土壤田间持水量、降水入渗率和持水下降速率等，其原因在于没有摆脱用材林或经济林观念的束缚。观念混杂导致研究工作茫然无绪，甚至连学术交流也难以深入，有时看似在讨论技术问题，其实讨论双方观念各异，各持己见，不但无法深入讨论寻求问题解决之道，更会把问题复杂化。因此，解决困难立地生态恢复问题首先要转变观念，厘清思路，否则困难立地将永远困难下去。

参考文献

方向京，王伟，张洪江，等. 2009. 云南省个旧锡矿山废弃地植被恢复技术 [J]. 中国水土保持科学，7 (6)：40-45.

费世民，彭镇华，周金星，等. 2004. 我国封山育林研究进展 [J]. 世界林业研究，17 (5)：29-33.

冯长红，贺康宁，任宝俊，等. 2009. 河北省京津风沙源区困难立地植被恢复主要模式与技术 [J]. 辽宁林业科技，(1)：52-56.

侯锐，李昆，刘方炎，等. 2013. 土壤重金属污染与植物吸收累积效应研究进展 [J]. 云南地理环境研究，25 (5)：104-109, 111.

胡聃，奚增均. 2002. 生态恢复工程系统集成原理的一些理论分析 [J]. 生态学，22 (6)：866-877.

胡振琪，赵艳玲，毕银丽，等. 2001. 美国矿区土地复垦 [J]. 中国土地 (6)：43-44.

贾忠奎，徐程扬，马履一，等. 2004. 干旱半干旱石质山地困难立地植被恢复技术 [J]. 江西农业大学学报，26 (4)：559-565.

解天. 2007. 浅谈贵州喀斯特石漠化形成、危害及防治 [J]. 中国国土资源经济，20 (8)：26-28.

金丹，卞正富. 2009. 国内外土地复垦政策法规比较与借鉴 [J]. 中国土地科学，23 (10)：66-73.

蓝楠，杨朝琦. 2010. 美国矿山土地复垦制度对我国的启示 [J]. 安全与环境工，17 (4)：101-104.

李国平，刘涛，曾金菊，等. 2010. 土地复垦制度的国际比较与启示 [J]. 青海社会科学 (4)：24-29.

李洪远，孟伟庆，马春，等. 2008. 碱渣堆场废弃地的生态恢复与景观重建途径探索 [J]. 环境科学研究，21 (4)：76-80.

李昆，崔永忠，张春华，等. 2003. 金沙江干热河谷退耕还林区造林树种的育苗技术 [J]. 南京林业大学学报：自然科学版，27 (6)：89-92.

李昆，刘方炎，杨振寅，等. 2011. 中国西南干热河谷植被恢复研究现状与发展趋势 [J]. 世界林业研究，24 (4)：55-60.

李昆，孙永玉，张春华，等. 2011. 金沙江干热河谷区 8 个造林树种的生态适应性变化 [J]. 林业科学研究，24 (4)：488-494.

李昆，张昌顺，马姜明，等. 2006. 元谋干热河谷不同人工林土壤肥力比较研究 [J]. 林业科学研究，19 (5)：574-579.

李昆，张春华，崔永忠，等. 2004. 金沙江干热河谷区退耕还林适宜造林树种筛选研究 [J]. 林业科学研究，17 (5)：555-563.

李永庚，蒋高明. 2004. 矿山废弃地生态重建研究进展 [J]. 生态学报，24 (1)：95-100.

梁留科，常江，吴次芳，等. 2002. 德国煤矿区景观生态重建/土地复垦及对中国的启示 [J]. 经济地理，22 (6)：711-715.

刘方炎，李昆，马姜明，等. 2008. 金沙江干热河谷几种引进树种人工植被的生态学研究 [J]. 长江流域资源与环境，17 (3)：468-474.

刘方炎，李昆，孙永玉，等. 2010. 横断山区干热河谷气候及其对植被恢复的影响 [J]. 长江流域资源与环境，19 (12)：1386-1391.

刘方炎，李昆，王小庆，等. 2014. 扭黄茅竞争对金沙江干热河谷区滇榄仁幼苗早期生长的影响 [J]. 林业科学研究，27 (4)：536-541.

刘方炎，李昆，张春华，等. 2007. 金沙江干热河谷植被恢复初期的群落特征 [J]. 南京林业大学学报：自然科学版，31 (6)：129-132.

刘方炎，王小庆，李昆，等. 2012. 金沙江干热河谷锥连栎群落物种组成与多样性特征 [J]. 广西植物，32 (1)：56-62.

刘方炎，张志翔，王小庆，等. 2012. 金沙江干热河谷滇榄仁种子扩散与种子库特征研究 ［J］. 热带亚热带植物学报，20（4）：333-340.

刘方炎，朱华. 2005. 元江干热河谷植被数量分类及其多样性分析 ［J］. 广西植物，25（1）：22-25，92.

刘苑秋，王平启，杜天真，等. 2005. 南方山丘区困难立地植被恢复与重建研究 ［J］. 江西林业科技（6）：43-45.

刘中亮，郝岩松，万福绪，等. 2010. 我国石质困难地植被恢复与重建 ［J］. 南京林业大学学报：自然科学版，34（2）：137-141.

龙健，李娟，江新荣，等. 2006. 喀斯特石漠化地区不同恢复和重建措施对土壤质量的影响 ［J］. 应用生态学报，17（4）：615-619.

潘红丽，刘兴良，李君成，等. 2013. 困难地带生态恢复技术研究进展 ［J］. 四川林业科技，34（3）：21-25.

潘明才. 2002. 德国土地复垦和整理的经验与启示 ［J］. 国土资源（1）：50-51.

彭少麟，陆宏芳. 2003. 恢复生态学焦点问题 ［J］. 生态学报，23（7）：1249-1257.

任海，彭少麟，陆宏芳，等. 2004. 退化生态系统恢复与恢复生态学 ［J］. 生态学报，24（8）：1756-1764.

孙婧. 2014. 发达国家矿区土地复垦对我国的借鉴与启示 ［J］. 中国国土资源经济（7）：42-44.

王兵，赵广东，苏铁成，等. 2006. 极端困难立地植被综合恢复技术研究 ［J］. 水土保持学报，20（1）：151-154，180.

王俊杰，赵亚萍. 2014. 困难立地造林难点与对策 ［J］. 甘肃林业科技，39（2）：23-25.

王震洪，朱晓柯. 2006. 国内外生态恢复研究综述 ［C］//发展水土保持科技实现人与自然和谐中国水土保持学会第三次全国会员代表大会学术论文集：25-31.

温久川. 2012. 矿区生态环境问题及生态恢复研究 ［D］. 呼和浩特：内蒙古大学.

吴历勇. 2012. 煤矿区生态恢复理论与技术研究进展 ［J］. 矿产保护与利用（4）：54-58.

薛建辉，吴永波，方升佐，等. 2003. 退耕还林工程区困难立地植被恢复与生态重建 ［J］. 南京林业大学学报：自然科学版，27（6）：84-88.

张斌，张清明. 2009. 国内生态恢复效益评价研究简评 ［J］. 中国水土保持（6）：8-9，54.

张鸿龄，孙丽娜，孙铁珩，等. 2012. 矿山废弃地生态恢复过程中基质改良与植被重建研究进展 ［J］. 生态学杂志，31（2）：460-467.

张伟，汪建飞，肖新，等. 2014. 中美两国采煤塌陷地整治法规政策比较与启示 ［J］. 国土资源科技管理（4）：119-124.

张新时. 2010. 关于生态重建和生态恢复的思辨及其科学涵义与发展途径 ［J］. 植物生态学报，34（1）：112-118.

Huxel G R, Hastings A. 1999. Habitat loss, fragmentation, and restoration ［J］. Restoration Ecology, 7（3）：309-315.

Meyer P B, Williams R H, Yount K R. 1995. Contaminated Land-Reclamation, Redevelopment and Reuse in the United States and the European Union ［M］. Edward Elgar.

Nicolau J M. 2003. Trends in relief design and construction in opencast mining reclamation ［J］. Land Degrade & Development, 14：215-226.

Warhurst A. 1994. The Limitations of Environmental Regulation in Mining, in Mining and the environment-International Perspectives on Public Policy ［M］//R. G. Eggert ed, Resources for the Future, Washington D. C.

第11章
濒危植物保护

郭泉水，秦爱丽，马凡强（中国林业科学研究院森林生态环境与保护研究所，北京，100091）

濒危植物是指那些已经处于灭绝危险状态，或者其生存受到严重威胁，在可以预见的将来很可能走向灭绝的植物种类。濒危植物保护研究是我国野生动植物保护与利用学科（二级学科）下的一个分支学科，植物濒危的机理和保育是其主要研究内容。物种的濒危机理通常被人为划分为濒危的机制和濒危的原因两部分，前者是指特定物种的种群动态及其自身的生物学与生态学特性对种群的作用，后者是指环境和人为干扰对种群的影响。保育是指人类对生物资源持续发展的各种管理行为。

物种是地球上生物存在的基本形式。物种既是遗传多样性的载体，又是生态系统重要的组成部分。在研究生态系统功能与生物多样性的关系时，物种是基本的考察单元。物种濒危的机理和保育是生物多样性保护的重大问题，也是保护生物学要解决的核心问题之一。

野生植物是自然生态系统的重要组成部分，是十分宝贵的自然资源和战略资源，具有很高的生态、经济、文化和社会价值，在保护生物多样性、维持生态平衡、满足人类物质文化需求等方面发挥着重要作用。在当今人力、物力投入有限的情况下，以濒危植物为研究对象，揭示其濒危的机理，进而探索有效的保育途径，以最大限度地实现对濒危植物的拯救保护，是世界上植物学界和政府部门普遍关注的热点。我国是世界上植物种类丰富的国家之一，有高等植物30000余种，仅次于世界上植物最丰富的马来西亚和巴西，而且50%以上为我国特有。同时，我国也是世界上野生植物受威胁最为严重的国家之一。在全国高等植物中，已有4000多种面临着严重威胁，其中，有1000多种处于濒危状态。受威胁的种类占全部植物种类的15%~20%，高于10%的世界平均水平。因此，我国的濒危植物保护与研究所面临的形势十分严峻。

本章回顾了国内外濒危植物保护研究现状，分析了我国在濒危植物保护研究方面与国外存在的差距，提出了濒危植物保护学科的发展战略、方向、需求和目标及重点领域，并在分析濒危植物保护学学科发展能力和制约因素的基础上，提出了学科发展对策。

1 现状与发展趋势

1.1 国际进展

1.1.1 濒危植物濒危的机理研究

濒危植物濒危的机理研究是一个综合性很强的研究领域，突出反映在以下几个方面：

1.1.1.1 濒危植物生态学研究

在自然界，任何物种都是以居群（种群）方式存在，并受环境所制约。濒危植物生态学重点研究的内容是时空环境变化与植物濒危的关系。时空环境主要包括：物理和化学环境（气候、土壤、生境破碎化、生境质量等）、时间环境（地质和进化历史）、生物环境（互助、伴生、竞争等）及人类活动的干扰等。

已有研究表明，许多稀有种生长在短期性生境和先锋生境，或出现在生境片段化以及所谓的生态学岛屿（ecological islands）中，而这些"岛屿"与周围的生态因子有明显不同（Mason，1946；Stebbins，1980）。如热带的许多附生兰花、天南星科的植物，都是适应局部气候的典型类群，而一些"岛屿"特有种则是地形、土壤等因素不连续的产物（Kruckeberg，1985；Fiedler等，1992）。Wild等（1977）发现，在津巴布韦Great Dyke就有约20种仅生长在蛇纹岩土壤上的特有植物。据估计，物种的平均寿命短于1000万年（Raup，1988）。在生物进化史上，物种灭绝是一种自然现象。一个原有物种的消失，往往伴随着一个或几个新物种的诞生，这是宇宙新陈代谢的规律，但这一进化过程是相当漫长的，可能需千百万年，而因人类活动和生态环境破坏导致的物种灭绝，大多是在几百年或更短的时间内发生的，新物种产生的速度远远落后于其灭绝的速度。人类活动对物种的主要威胁来自栖息地破坏、过度利用、环境污染、外来物种引入以及疾病流行等，大多数物种的濒危是上述一个或多个因素协同作用的结果（WCMC，1992）。在全球和较大的区域尺度上，气候是决定植物分布的最主要因素（Debabrata等，2016），伴随着全球气候变暖，植物会向高海拔和高纬度地区迁移（Lenoir等，2008；Bertrand等，2011），但受人类活动而导致的生境破碎化影响，许多植物可能因无法迁移到其适宜分布的地区而出现濒危（Root等，2003）。濒危植物与其他生物之间普遍存在着互助和对抗关系。濒危植物的竞争能力较弱，也会成为某些类群的植物出现濒危的重要原因之一（Drury，1980）。

濒危植物生态学是植物濒危机理研究中最为活跃的一个研究领域，近年来，有一些新的理论还在不断介入。20世纪末诞生的集合种群（metapoputation）理论就是其中之一。该理论是从生境质量、种群间内在的不稳定的相互作用及其空间动态角度来探讨物种濒危和灭绝的机理，并从生物多样性演化的生态与进化过程中寻找保护珍稀濒危物种的策略（Levins，1969；Hanski等，1999）。目前，该理论已成为生态学尤其是空间生态学、保护生物学研究的前沿和支柱领域。该理论在濒危植物生态学研究中的应用，将会极大增强濒危植物濒危机理研究的活力。

1.1.1.2 濒危植物繁殖生物学研究

繁殖是所有物种（居群）得以持续生存的最基本条件，也是植物生活周期中最为关键和相对脆弱的一个特殊环节。植物繁殖生物学重点研究的内容是繁育系统和传粉生物学（Dafni，1992），研究范畴涉及开花生物学、传粉生物学、种子和幼苗以及自然更新，同时包括各种形式的营养体无性繁殖以及孢子生殖过程。繁殖生物学与植物的亲缘关系、进化、生态等学科结合紧密，并已成为相关学科的核心研究内容之一（何璐等，2010）。

已有研究表明，濒危植物的繁殖障碍主要来自三个方面：一是物种在生殖发育过程中出现异常，导致花粉败育或胚珠败育；二是由于交配系统存在差异而引起的自交衰退和远交衰退；三是繁殖阶段受到传粉媒介的影响以及养分和光照等资源的胁迫（李典谟等，2005）。

Maâtaoui 与 Pichot（2001）从细胞学角度，对生长在地中海地区的一种处于高度濒危的针叶树种——阿尔及利亚柏木（*Cupressus drupreziana*）研究发现，该树种大量败育花粉产生的原因在于其小孢子母细胞进行减数分裂的前期 I 至前期 II 阶段，出现了一系列异常行为（如不形成纺锤体等）。在交配系统研究中，近交和远交衰退最受关注。近交多发生在规模较小的濒危物种的居群中（Charlesworth 等，1987），其后果是后代的适合度下降。远交通常是指发生在居群水平上正处于分离阶段的物种（separating species）之间或者不同亚种（subspecies）之间的交配事件。远交后代的适合度较之同一亚种或物种内个体交配所产生的后代也会有所下降。Svensson（1988）对石竹科一年生自交草本植物 *Scleranthus annuus* 的研究为此提供了典型的范例；Johnson 与 Bond（1997）对花粉限制研究发现，在南非开普地区（Cape）不同的兰花种群中普遍存在着花粉限制。花粉限制发生的主要原因是传粉媒介的缺失。Carlsen 等（2000）的研究发现，当濒危植物 *Amsinckia grandiflora* 存在与其他植物的光照竞争时，其花序数目和花粉量就会减少，果实质量也会发生变化。

种子是植物居群中一个潜在新成员，他对居群发展的实际贡献还取决于其萌发情况以及萌发后的幼苗成活率。近年来，人们在关注种子产出的同时，对种子向幼苗乃至成熟植株的转换也给予了重视（李典谟等，2005）。

1.1.1.3　濒危植物的保护遗传学研究

保护遗传学是运用遗传学的原理和研究手段，以生物多样性尤其是遗传多样性的研究和保护为核心的一门新兴学科。核心研究内容是居群内遗传变异的水平、个体间的亲缘关系式样、居群的群体遗传结构和居群间的进化关系、种间界限和杂交、物种或更高级别类群间的系统发育，还包括物种的进化历史、适应潜力和濒危的机制、交配系统及其进化机制、外来种入侵的遗传后果、栽培群体经济性状衰退等。

早在 20 世纪初，一些学者就发现稀有或特有种（这些种很多是濒危种）往往出现遗传上的衰退，即遗传变异下降。Hamrick 等（1989）对 653 篇涉及 449 种植物的研究报道进行过统计分析，Karron（1991）对 11 群同属种进行过对比研究，都证实确有这种现象存在。其产生原因被归结为濒危物种数量有限，在后代繁殖中容易出现近交衰退以及遗传漂变等（Frankham 等，2002；Setsuko 等，2007；Semaan 等，2008）。但也有研究发现，不同的类群表现不一，研究认为"稀有或特有种的遗传变异下降"只能作为一般规律，因为遗传变异的高低还会受到其他因素的影响，如类群的起源、进化历史、生殖特点和生物学特性、环境条件等诸多因素的影响（Gitzendanner 等，2000）。

通过保护遗传学研究，可以查明濒危物种的遗传学现状（如遗传多样性水平、居群的分化程度等），这对于濒危物种保护单元的确定，以及据此确定实施何种保育策略具有重要意义。Hogbin 等（1999）对澳大利亚芸香科 *Zieria prostrata* 的研究以及在保护行动中的应用提供了很好的范例。*Zieria prostrata* 在澳大利亚仅分布于沿海岸 3km 的范围内，Hogbin 等采用 RAPD 分析技术发现，该物种的遗传变异在居群间所占比例很高（37%），结合其他遗传学研究结果，针对该

物种的保护行动提出了 4 点意见：①任何一个居群的丢失都会对遗传变异造成很大损失；②迁地保护必须考虑分布范围内的所有居群；③如果要进一步实施迁移计划，应考虑进行居群间混合繁殖；④对一个曾被认为是取自现已灭绝居群的个体分析发现，该个体在遗传上与现有居群个体十分相近，从而放弃了将其迁移到原地的保护计划。

1.1.1.4 濒危植物的谱系生物地理学研究

谱系生物地理学（phylogeography）又称分子亲缘地理学（molecular phylogegraphy），主要研究物种及种内不同群体现有分布格局形成的历史原因及其演化过程，侧重点是亲缘物种或种内居群间的谱系重建。它是通过分子标记揭示现有种群的遗传结构，运用系统的思想探究种群间和种内基因谱系的形成过程及机制。谱系生物地理学最重要的理论基础是溯祖理论（coalescent theory），即运用数学和统计学，依据现存居群中的遗传变异，反推出此变异产生的原因和过程。通过对濒危植物谱系地理学研究，可以从遗传多样性的分布水平、分布格局上探讨植物濒危的内部机制，从基因谱系的进化关系和等位基因在种群内的分布式样追溯种群的进化历史和建立过程，探讨生物类群对地质事件和气候变迁的响应，理解现有生物类群地理分布式样的成因，进而提出相应的保护策略。

谱系生物地理学概念的正式提出源于 Avise 等（1987）在 1987 年对动物种群线粒体 DNA 研究的一篇报道。早期研究的主要对象是动物类群，对植物谱系地理学研究较少。近 20 年来，由于实验技术和对溯祖理论数学模拟分析的进步（Schaal 等，2000；Soltis 等，2006），谱系生物地理学有了较快发展，研究范围和类群也随之扩大。

濒危植物的谱系生物地理学在欧洲和北美地区开展较早，涉及的类群也较多。研究热点在欧洲大陆、北美西北部、环北极地区及澳大利亚东北的热带雨林。Hewitt 等对欧洲大多数植物类群研究发现，众多植物的遗传格局具有相似性。在南部的伊比利亚、意大利和巴尔干半岛等避难所中，植物的遗传多样性较高且分化较明显，而冰川覆盖过的区域则遗传多样性较低（Hewitt，1996，2000；Comes 等，1998；Petit 等，2002，2003）；在北美被冰川覆盖过的地区，多数植物的分布区在末次盛冰期时收缩到了冰盖以南的地区，也有部分植物退缩到西北部太平洋沿岸地区的避难所，而极地植物和寒温带的针叶树种，仍然生长在未被冰盖覆盖的东白令地区。冰期结束后，植物又重新回到了冰川极地上（Soltis 等，1997；Abbott 等，2000；Avise，2000；Hewitt，2000，2004；Anderson 等，2006）。近年来，植物谱系生物地理学研究与物种生态位模型模拟分析、古化石数据分析相结合的研究逐渐增多，并在检验由遗传数据得出的物种在冰期时避难所位置的正确性、群体分化、收缩和扩张发生时期及迁移路线、物种的群体建立过程等方面发挥了重要作用。

1.1.2 濒危物种的保育

野生生物的繁衍发展、物种的濒危和灭绝受制于自然与社会两个因素。在科技和社会生产力高度发展、人类活动更加广泛的今天，社会因素的影响显得更加迅猛和强烈。目前对濒危植物的研究与保育，已发展成为各种国际组织、机构共同合作与协作的事业，并逐步建立了以自然科学、社会科学（管理学、经济学等）的理论和方法为指导的具有广泛社会基础的管理体系。

自 1933 年世界上第一个保护野生生物的国际公约《保护自然环境中动植物公约》问世以来，签署的野生生物保护的公约已有几十个。1972 年斯德哥尔摩联合国人类与环境大会召开后，世界自然保护联盟（IUCN）出版了植物红皮书，此后，大多数经济发达国家和很多发展中国家

（包括中国）相继出版了本国的植物红皮书。许多国家还以法律法规的形式，规定了对珍稀濒危物种的保护措施。2002 年 4 月《生物多样性公约》缔约方大会第六届会议正式通过了《全球植物保护战略（GSPC）》，此后，欧盟、英国等国家或组织（包括我国）也做出了积极响应，并分别制订了本国的行动计划。

就地保护、迁地保护和野外回归是世界各国保护濒危植物采用的最为普遍的方式。针对濒危植物野外回归，欧洲理事会、IUCN 等多个国际组织编制了回归指南，以期规范濒危植物野外回归工作（Akeroyd 等，1995；IUCN，1998；Emslie 等，2009）。

近年来，将濒危物种按其受威胁和灭绝的危险程度进行分级归类，并将保护成本、技术可行性、相关支持措施、社会文化以及物种的分类地位或特殊代表性等考虑在内的优先保护次序的确定备受关注。多数发达国家和发展中国家参照 IUCN 的标准，确定了本国的濒危植物的优先保护次序。

1.2　国内进展

1.2.1　濒危植物濒危的机理研究

1.2.1.1　濒危植物生态学研究

同世界其他国家一样，我国也是从植物生态学角度对植物濒危的原因探讨较多。主要研究内容可大致概括为 4 个方面：一是濒危植物的种群分布、动态和生存过程与环境的关系。具体包括濒危植物的地理分布、种群年龄结构、空间分布格局、数量变化、天然更新、生物环境（互助、伴生、竞争等）、生态位、资源可利用状况等与环境的关系。二是结合地质时代的气候变迁和物种进化历史，研究植物濒危与环境的关系，以及根据全球气候变化预测的结果，探讨未来气候变化对濒危植物的影响。三是人类活动，包括对森林的乱砍滥伐、过度利用对濒危植物生存的直接干扰，以及社会经济发展与植物濒危的关系等。四是生境破碎化、环境污染、生境丧失、外来物种入侵对濒危植物的影响等。

综合分析已有文献可以发现，结合地质时代的气候变迁及物种进化历史开展植物濒危与环境关系的研究相对较少，对濒危植物种群分布、结构、动态和生存过程与环境关系的研究较多，其中，最受关注的是人类活动与植物濒危的关系。已有研究表明，导致我国植物濒危的最大影响来自森林等生态系统的破坏。目前，我国已有约 70% 的天然林、50% 以上的湿地，因受土地的大片占用及园艺、工业、医药对生物资源需求的不断增加和掠夺式的采挖而消失（张大勇，2002），许多植物如人参、野生牡丹和许多兰花的濒危与此有关（陈灵芝，1993；陈灵芝和王祖望，1999；熊高明等，2003）。目前，银杉、崖柏等很多珍稀濒危树种，多生长在环境条件较差的、人迹罕至的山脊和陡壁上。之所以它们还能够生存下来，主要是因为这种特殊的地形形成了隔世屏障，免遭了人为破坏，使得其消减的速率减缓（祁承经等，1983；郭泉水等，2016）。众多研究确认，人为活动的干扰是导致我国大多数植物濒危的主要因素之一。

1.2.1.2　濒危植物的繁殖生物学研究

我国濒危植物的繁殖生物学研究主要集中在濒危植物花的生物学特性和传粉机制、胚珠败育与濒危的关系、果实及种子生理、生殖周期与环境条件的关系等方面。

较为系统开展过研究的濒危植物有：鹅掌楸（*Liriodendron chinense*）（徐进等，2010）、矮牡丹（*Paeonia suffruticosa* var. *spontanea*）、银杉（*Cathaya argyrophylla*）（王红卫等，2007；贾文庆

等，2012）、木根麦冬（*Ophiopogon xylorrhizus*）（何田华等，1998）、独花兰（*Changnienia amoena*）（熊高明等，2003）、四合木（*Tetraena mongolica*）（徐庆等，2001，2003）、南川升麻（*Cimicifuga nanchuanensis*）等（张英涛等，1997；奇文清等，1998）。尹增芳等（1997）对鹅掌楸的花粉发育过程观察发现，在其花粉发育的各个阶段都出现了一些较为明显的异常现象，如造孢组织的解体、小孢子母细胞的胞质异常分裂等，这些异常直接导致花粉囊中处于正常状态的四分体数量的减少。大量花粉在四分体形成之前，或在四分体形成期间就发生了败育，从而对可育花粉的产量及其可育性的质量产生了直接影响。张寿洲（1997）对矮牡丹的胚胎学研究发现，无活力花粉的形成，与小孢子母细胞的减数分裂过程中出现的异常现象（如多态性倒位、染色体互锁等）有关。大多数濒危植物存在种子产出量小、品质差、萌发率低、成活幼苗数量少等一系列突出问题。生殖周期与环境之间不协调，是造成种子萌发以及幼苗存活率显著下降的主要原因。符近等（1998）对濒危植物南川升麻的研究提供了较为典型的案例。

以濒危植物繁殖生物学理论研究为基础，我国已成功繁育了银杏（*Ginkgo biloba*）、珙桐（*Davidia involucrata*）、金花茶（*Camellia nitidissima*）、银杉（*Cathaya argyrophylla*）、秃杉（*Taiwania cryptomerioides*）、天目铁木（*Ostrya rehderiana*）、百山祖冷杉（*Abies beshanzuensis*）、崖柏（*Thuja sutchuenensis*）、猪血木（*Euryodendron excelsum*）等100多种濒危植物。通过引种栽培，有些濒危植物已拥有了较大的人工种群。

1.2.1.3 濒危植物的遗传学研究

我国开展濒危植物遗传学的研究起步较晚，但发展较快。主要研究内容包括：濒危植物的遗传多样性，一些特有或稀有种与其近缘（同属）广布种遗传变异水平的比较；濒危植物的进化历史、分布范围、生活型、繁育方式、种子散布机制等与濒危植物的遗传变异和群体结构的关系等。

研究较为系统的濒危植物有：银杉（汪小全等，1996；Ge 等，1998；葛颂等，1997）、木根麦冬（何田华等，1999）、独花兰（Li 等，2002）、微齿眼子菜（*Potamogeton maackianus*）（Hollingsworth 等，1995）、四合木（张颖娟等，2000，2001）、野生稻（*Oryza rufipogon*）（高立志，1997）、崖柏（刘建锋等，2008；张仁波等，2007）等。Ge 等（1998）根据12个酶系统25个等位酶位点对8个种群共101个个体的检验发现，银杉在群体水平上的遗传多样性只相当于其他裸子植物的1/3~1/2，而其种间的遗传分化却十分强烈，基因分化系数（GST）高出其他裸子植物平均值的6倍。汪小全等（1996）采用 RADP 技术对该种分析得到的结果与此相同。结合化石资料推测，银杉在进化历史上曾经历严重的瓶颈效应，遗传变异大幅下降的主要原因在于小种群的相互隔离和随之而来的遗传漂变而导致种群间遗传分化的加大（Ge 等，1998，葛颂等，1997）。Ge 等（1997）对我国木根麦冬的研究发现，尽管该物种仅分布在30km² 范围内，但群体的分化和隔离十分强烈，并由此推断该种可能发生了严重的近交或自交，后来的一些研究也证实了这一推断的科学性。另外，根据遗传学资料和数据对濒危植物进行分类也有应用。Ge 等（1999）曾对沙参属（*Adenophora*）的6个种的分类问题进行过探讨，Zhang 等（2003）对五针白皮松（*Pinus squamaia*）与云南松（*Pinus yunnanensis*）和华山松（*Pinus armandii*）的种间关系进行过探讨。

1.2.1.4 濒危植物的谱系生物地理学研究

我国开展谱系生物地理学研究的热点区域在青藏高原及其周边地区（于海彬，2013；孙珊等，2013；Yang 等，2016）。涉及的濒危植物有银杏（*Ginkgo biloba*）（恭维，2007；闫小玲，2010）、金钱槭（*Dipteronia sinensis*）（李珊，2004）、八角莲（*Dysosma versipellis*）（管毕才，2008）、银杉（*Cathaya argyrophylla*）（王红卫，2006）、牛皮杜鹃（*Rhododendron aureum*）（刘雁飞，2013）、黄山梅（*Kirengeshoma palmata*）（孙逸，2012）、珙桐（*Davidia involucrata*）（杜玉娟，2012；张玉梅，2012；吴刚等，2000）、夏蜡梅（*Sinocalycanthus chinensis*）（谈探，2008）、舟山新木姜子（*Neohisea sericea*）（翟胜男，2012）、蛛网萼（*Platycrater arguta*）（陶晓喻，2008）等。

主要研究内容包括濒危植物的地理格局和群体进化史，历史地质事件、地形地貌、气候变化及人为破坏对珍稀物种的形成、迁移和演化的影响等。在推测冰期避难所及群体进化史方面，龚维（2007）通过对银杏的 cpDNA 进行 PCR-RFLP 分析、*trnK* 及 *trnS-G* 基因间隔区序列变异分析以及 AFLP 分析发现，因第四纪冰期的到来，原本连续分布的银杏群体被局限在我国东部、西南部的两个避难所中，冰期后，银杏没有明显的群体扩张过程，仅西南地区的避难所周围存在短距离的扩散。柏国清（2010）研究表明，四川盆地、秦巴山区、神农架是该属植物的避难所。管毕才（2008）研究发现，我国中东黄山八角莲群体、西四川峨眉及都江堰八角莲群体原来是连续分布的，由于冰期气候而分化为两支独立的谱系，后来，中东群体发生了大规模的群体扩张。

在珍稀濒危植物分布格局及其成因研究方面，孙珊等（2013）通过模拟试验，得出小兴安岭至长白山一线，东喜马拉雅沿横断山脉至秦岭，滇南边境至广西南端，湖南、广西、贵州 3省（自治区）交界的雪峰山地区，湖南、湖北和重庆交界处的大巴山，海南岛，台湾岛及黄山向南至武夷山一线是 8 个珍稀濒危植物的分布中心，其总体地理分布格局为 3 层阶梯状，南高北低中部稀。第四纪冰期结束后，幸存于我国南部或低海拔地区的避难所中的珍稀植物也在向北回迁，但是总体上还是生长在气候较温暖的南方地区；吴刚等（2000）对我国地形复杂的西南地区是珍稀濒危植物珙桐的唯一天然分布区进行过论证；闫小玲（2010）综合前人研究得出，孑遗植物银杏分布在中国西南地区的贵州务川、湖北大洪山区、四川金佛山和东部地区的浙江天目山；谈探（2008）研究认为，浙江临安大明山和天台大雷山是夏蜡梅的分布区。此外，利用分子标记手段结合谱系生物地理学理论，推算群体间分化支系及分化时间和杂交物种的形成方面，也取得了较大进展（佀新宇，2013；孙明，2012；杜玉娟，2012；张玉梅，2012；孙逸，2012；Song 等，2002，2003；Gao 等，2012；Zhang 等，2005；Meng 等，2007；Cun and Wang，2010；Opgenoorth 等，2010）。

在近年来研究的方法上，大多加入了双亲遗传的核基因标记，但所采用的分子标记多是随机筛选的二代分子标记，如 RAPD、AFLP、SSR 等，而选择与生态适应性相关的核基因的分子标记较少（Yang 等，2016）。

1.2.2 濒危植物保育研究

中华人民共和国成立以来，我国基本上形成了从国家到地方较为完善的野生植物保护管理体系，濒危植物保护的法律法规也在实践中不断得以完善。1981 年 4 月我国正式成为"濒危野生动植物种国际贸易公约（CITES）"的缔约国，随后颁布了一系列法律法规及规章制度，在控制野生动植物标本的国际贸易，切实保护野生动植物资源方面取得了较大进展。1996 年 10 月，我国加入世界自然保护联盟，使得我国与国际自然保护界的交流与合作进一步得到增强。1996年 9 月 30 日，我国第一部专门保护野生植物的行政法规《中华人民共和国野生植物保护条例》

正式颁布（于永福，1999）。2008年2月6日，《中国植物保护战略（CSPC）》发布，这是我国制定的加强野生植物保护管理的纲领性文件。2012年3月发布了《全国极小种群野生植物拯救保护工程规划》，旨在通过采取工程措施，拯救、保护濒临灭绝的野生植物，推动我国极小种群野生植物的工程化保护。这是我国在濒危物种保护方面做出的重要决策。

1987年我国出版了《中国珍稀濒危保护植物名录（第一册）》（国家环保局等，1987），1989年出版了《中国珍稀濒危植物（354种）》（傅立国，1989），1990年出版了《中国植物红皮书：稀有濒危植物（第一册）》（傅立国，1992）等。1999年8月4日，公布了与《中华人民共和国野生植物保护条例》配套的《国家重点保护野生植物名录（第一批）》（于永福，1999）。2004年8月由中国环境与发展国际合作委员会生物多样性工作组编辑的《中国物种红色名录（第一卷）：红色目录》发布。这是依据IUCN的新标准，对我国的物种现状进行的一次较全面的评估（汪松等，2004）。2008年，环境保护部联合中国科学院启动了《中国生物多样性红色名录》的编制工作。2015年5月22日，环境保护部和中国科学院联合发布了《中国生物物种名录》和《中国生物多样性红色名录》（蒋志刚等，2015）。本次发布的《中国生物多样性红色名录》包括高等植物和脊椎动物两卷。《中国生物多样性红色名录——高等植物卷》覆盖了中国野生高等植物共计34450种，其中，受威胁物种（CR、EN、VU 3个等级）共计3767种，约占物种总数的11%。

自然保护区建设得到较快发展，从1956年建立第一批自然保护区以来，我国已建立了2640个自然保护区，其中，森林生态系统类型自然保护区已达1410个。列入《国家重点保护野生植物名录》中的大多数植物已在自然保护区中得到了就地保护（国家林业局野生动植物保护与自然保护区管理司和中国科学院植物研究所，2013）。

2012年10月22日，国家林业局、住房和城乡建设部及中国科学院联合下发的《关于加强植物园植物种质资源迁地保护工作的指导意见》，在推动我国严重受威胁植物迁地保护工作发挥了积极作用。目前，全国已建立500多处珍稀濒危植物迁地保护繁育基地、种质资源库、植物园和树木园，近1000种珍稀濒危植物在异地得到了保护和繁育。另外，珍稀濒危植物回归也有较快发展，云南金钱槭（*Dipteronia dyeriana*）、馨香玉兰（*Magnolia odoratissima*）、香木莲（*Manglietia aromatica*）、珙桐、虎颜花（*Tigridiopalma magnifica*）、疏花水柏枝（*Myricaria laxiflora*）、崖柏以及部分兰科植物种类等植物的回归试验和回归后的监测工作已相继展开（周翔等，2013；郭泉水，2015）。与此同时，珍稀濒危植物资源的开发利用、人工培育和利用动态监管以及濒危植物保护的公共教育工作也有明显进展（国家环保局，1991）。

1.3 国内外差距分析

最大限度地保护濒危植物，防止物种灭绝，是国际上生物多样性保护的核心问题。随着现代生态学、保护生物学、分子生物学和信息技术等学科的飞速发展，我国对濒危植物濒危机理研究以及保育能力和水平已有大幅度提升，但从整体上分析，与世界同类一流学科相比还存在较大差距。主要表现在以下几个方面。

1.3.1 濒危植物濒危机理研究

我国对濒危植物濒危机理的研究总体起步较晚。近年来，虽然吸收了国际上很多相关研究的先进理念、研究方法和先进技术，但大多处于消化、吸收、转化阶段，创新发展较少；虽然多学科渗入濒危植物濒危机理研究的格局已经形成，但各学科的介入程度不均衡。相对而言，从植物种群生态学、保护生物学角度研究的较多，但应用集合种群理论研究濒危机理较少，繁殖生物学和遗传学、谱系生物地理学应用于濒危机理的研究仍有待加强。

虽然各学科都纷纷介入了濒危植物的濒危机理研究，但基本上都是各自为政，缺乏多学科协同开展濒危植物濒危机理的系统研究。对同一研究对象，开展重复研究较多，且研究成果多不成体系，难以在指导濒危植物保护实践中发挥应有的作用。理论研究与实践脱节现象严重。濒危机理研究未得到应有的重视，目前已被列入《全国极小种群野生植物保护工程规划（2010—2015 年）》的大多数濒危植物都未曾系统开展过濒危的机理研究。

影响濒危植物濒危机理研究的因素很多，但最主要的是对相关研究的经费投入少，并缺乏持续支持的经费保障机制，大多数濒危植物濒危机理研究项目都属于短期行为。

1.3.2 濒危植物保育研究

我国已经出台了许多关于濒危植物保育的政策、法律法规，但对实施保育措施后效的监测和研究较少。对实施多年的保育措施未能及时地修订和完善。主要表现是：①对受威胁物种等级的划分，我国主要参考的是 IUCN 制定的受威胁物种等级划分的标准，在应用中发现，该标准存在等级界限不清、操作难度大等问题，缺乏在 IUCN 标准的基础上开展符合我国国情的濒危等级划分标准的研制工作；②现有的法律法规条文原则性规定较多，可操作性的内容较少，缺乏实施细则，在濒危植物保护行政执法的准确性把握上存在一定的难度。此外，在《中华人民共和国野生植物保护条例》中，对有偿使用野生植物资源缺乏明文规定；③我国的濒危植物保护由多部门管理，协调难度大，在十几年前起草完成的《国家重点保护野生植物名录（第二批）》至今仍未正式发布，这对亟待进行有效监管的一些濒危植物无疑会造成不利影响；④虽然我国已广泛开展了就地保护和迁地保护实践，但对之后濒危植物的动态监测以及如何完善保护策略关注不够；⑤缺乏持续支持濒危植物回归后的监测、维护和研究的经费保证，很多濒危植物回归停留在种群建立初期阶段；⑥重濒危动物保护研究轻濒危植物保护研究的问题未能得到根本解决。在各级政府的财政预算中，用于濒危植物保护的经费投入非常有限，这在一定程度上对濒危植物保护管理所需的基础设施建设、行政执法、宣传教育等工作的有效开展起到了制约作用。

2 发展战略、需求和目标

2.1 发展战略

濒危植物濒危的机理研究和实施抢救性保护并重是当前国内外濒危植物保护的重要途径。濒危植物濒危的机理研究是制定有效保护策略和措施的基础，科学的保育措施可为濒危植物保护提供政策上的支持和法律保障。为此，本学科发展的战略定位是：积极引进、消化吸收、发展现代濒危植物保护理论和技术，采用宏观调查与定位监测和微观分子生物学实验技术相结合途径，针对我国急需救护的濒危植物，深入开展濒危的机理研究，在此基础上，积极开展濒危植物遗传资源保存和利用、种质资源保护、扩繁、生境恢复、回归、引种栽培等应用基础和实用技术研究，结合濒危植物保育实践，对濒危植保护的管理政策、法律法规执行情况开展调查和研究，为濒危植物拯救保护策略和措施的制定、濒危植物保护繁育以及保护法律法规的完善提供理论依据和技术支撑。

2.2　发展需求

濒危植物保护研究涉及领域广泛。对濒危植物种子萌发到开花结实整个生活周期的生物学特点的研究需要生殖生物学的理论和手段；揭示濒危植物类群间的关系、进化历史和遗传多样性，离不开植物分类学和遗传学的方法和理论；阐明植物种群的结构、动态以及植物与环境之间的关系需要依靠生态学理论和方法做指导。因此，濒危植物保护研究需要多学科研究工作者的参与和合作。

在国际上，濒危物种的保护和持续利用已发展为政治问题。濒危植物的保护和持续利用需要严格、明确的法律法规做保障。国际上已制定了许多保护公约和利用准则，但总的说来，对动物保护关注较多，对植物保护重视不够。这种倾向已影响到我国对濒危植物的保护研究工作。因此，有必要加强濒危植物保护国际公约和准则的研究，并结合国情制定具体的实施方案，完善我国濒危植物保护的法律法规。

我国濒危植物保护研究起步较晚，研究基础相对薄弱。在濒危植物保护队伍中，科技和管理创新型人才缺乏，开展持续研究的人才梯队尚未形成。支撑濒危植物保护研究的工作平台以及支撑持续研究的资金投入不足。需要国家和行业主管部门加大对濒危植物保护研究多方位的支撑力度。

2.3　发展目标

瞄准濒危植物保护研究的国际前沿，紧密结合"全国野生动植物保护和自然保护区建设工程"、《全国极小种群野生植物保护工程规划（2010—2015年）》以及国家重点研发计划（2016年）中与极小植物种群保护研究的有关的国家重大需求，集多学科理论和现代分析测试技术手段和方法，开展濒危植物濒危的机理和濒危植物保育研究，努力提高学科组承担本领域国内外重大课题的能力。有针对性选择一批国家急需保护的极小种群物种，在系统揭示其濒危机理的基础上，研制其救护繁育技术，建设一批具有一定规模的濒危植物保护示范基地，力争取得一批具有较高影响力的科技成果。在濒危植物保护实践中，对现行的濒危植物保护管理政策法规执行后效进行调研和总结，为国家管理部门制定科学有效的管护策略和措施及国际履约提供科学依据。

3　重点领域与发展方向

3.1　重点研究领域

3.1.1　濒危植物的濒危机理研究

以濒危植物居群（种群）为基本研究单位，选择分类地位明确的类群为研究对象，在摸清其地理分布和资源储量的基础上，开展濒危植物生态学、繁殖生物学、濒危植物的遗传结构和谱系地理学研究。在濒危机理研究中，本着凝练目标、重点突破的原则，选取《全国极小种群野生植物保护工程规划（2010—2015年）》中亟待加强保护的濒危物种，采用多学科协同攻关的方式，开展深入系统研究，为制定科学合理的保育策略提供理论依据。

3.1.2 濒危植物回归和引种栽培研究

在濒危机理、繁殖和栽培技术研究的基础上，开展濒危植物回归和引种栽培试验示范研究。濒危植物回归初期主要研究回归苗木对生境的适应性、回归苗木与其他植物种群的关系，以及必要的调控措施和实施后效的监测等；濒危植物引种栽培主要研究适宜分布区划分，未来气候变化对濒危植物地理分布的影响，对不同引种栽培区濒危植物的适应性监测，并及时调整引种栽培方案，为大规模的引种栽培提供科学依据。

3.1.3 濒危植物保护管理、政策、法律法规研究

主要开展我国濒危植物保护现行管理体制、投入机制、政策、法规执行情况及濒危植物保护国际公约、准则在我国的适用性以及濒危植物保护公共教育的研究，为制定适合国情的濒危植物保护的管理政策、法律法规建设提供科学依据。重点内容：在全面分析 IUCN 受威胁物种等级划分的标准在我国的适用性的基础上，研制适合于我国国情的濒危植物等级划分标准；国内外濒危植物保护政策、法规及行动计划比较分析，我国现行与濒危植物保育有关的政策、法律法规在实施过程中存在的问题；濒危植物国内外贸易动态监测；公众对濒危植物的需求和态度，人与濒危植物科学管理平台构建等。

3.2 发展方向

我国地域辽阔，濒危植物种类繁多，致濒机理复杂多样，濒危植物的有效保护需要在实践中逐步摸索。需及时引进国际相关领域的新技术和新方法，并在研究过程不断创新和发展。鉴于濒危植物濒危机理的复杂性，多学科新的理论、技术、方法的渗入和应用是本学科发展的必然趋势。特别是植物学及分支学科，以及生态学、遗传学、生殖生物学、保护生物学等学科，在解决植物濒危与环境的关系、濒危植物繁殖障碍、濒危植物的遗传结构和谱系地理学等关键性问题时将发挥重要作用。应将濒危植物濒危的机理研究成果与濒危植物拯救保护实践紧密结合，增强濒危植物保育对策制定的针对性和科学性，完善濒危植物保护的法律、行政、舆论等管理体系，并在引导、推进和保障濒危植物保护工作中发挥重要作用。

4 存在的问题与对策

4.1 学科发展能力分析

野生植物是自然生态系统的重要组成部分，具有很高的生态、经济、文化和社会价值，蕴含着人类社会可持续发展的资源潜力，在生态文明建设中具有特殊的作用。植物濒危距灭绝仅一步之遥，如果不及时进行物种的抢救性保护工作，就很有可能在我们尚未了解其生物学特性及基因价值之前而消失。而当灭绝物种达到一定数量时，全球生态系统也必将崩溃。21 世纪是生物多样性保护的关键时期，珍稀濒危物种已被列为优先保护之列。濒危植物在自然界的重要性及抢救保护的迫切性，决定了人们必须对其倍加关注，这是濒危植物保护研究发展的原动力。

我国是《生物多样性公约》等多个国际公约的缔约国和全球生物多样性较丰富的国家之一。2007 完成的《中国植物保护战略（CSPC）》，既是我国政府对全球植物保护战略的积极响应，也是今后一段时期我国野生植物保护管理的行动纲领。近年来，我国从野生植物保护的急迫需求出发，选出了一批在地理分布、生境、致濒原因等相对明确的极小种群野生植物作为优先保

护对象，编制和实施了《全国极小种群野生植物保护工程规划》，并明确指出，当前濒危植物保护研究工作的重要任务在于集中有限资金，有针对性地进行抢救性保护，在确保物种不灭绝的基础上，促进种群恢复。近年来，国家林业局对珍稀濒危物种野外救护与繁育、珍稀濒危物种调查和监管等濒危物种保护给予了高度重视，并多次立项支持应用技术研究工作。为贯彻落实中央《关于加快推进生态文明建设的意见》，2016年科技部会同环境保护部、中国科学院、国家林业局等相关部门及西藏、青海等相关省级科技主管部门，制定了国家重点研发计划"典型脆弱生态修复与保护研究"重点专项实施方案。在第一批项目申报指南中，将"珍稀濒危动物及极小种群植物物种保护技术"列入"国家生态安全保障技术体系"之列，并提出对5种以上极小种群植物的维持机制，评估极小种群植物在关键生态系统中的生态作用，研发极小种群植物种质资源保护与扩繁、生境保护与恢复等技术体系的任务要求。在国际濒危植物保护大环境下，随着国家对濒危植物保护的日益重视，濒危植物保护研究将面临着更多的发展机遇。

我国地域辽阔，濒危植物种类繁多，不同物种濒危的机制和原因复杂多样，从而决定了濒危植物保护研究的复杂性、迫切性和艰巨性。多学科先进理论和方法的介入，为濒危植物保护研究的深入开展提供了理论基础和研究条件。在各相关学科发展的相互促进下，我国的濒危植物保护学科的发展活力将会不断增强。

4.2 发展制约因素分析

与国家在野生动物保护研究方面投入的经费比较，对野生植物保护研究特别是对濒危植物保护研究投入较少，而且缺乏长期、稳定经费支持的体制保障。受科研项目执行年限的限制，研究工作短期行为比较多，限制了濒危机理研究基础的积累和系统研究，同时也影响到国际交流和学术研究队伍的稳定。濒危机理研究成果的完整性较差，难以在濒危保护实践中发挥应有的指导作用。健全的法律法规，可以使保护工作有法可依，实现对破坏资源者的有效监督，但目前有关研究很少，已不能满足濒危植物保护形势发展的迫切需求。

4.3 学科发展对策建议

4.3.1 组织开展重大基础专项研究

维护物种生存是实现社会持续发展的一个重要方面，濒危植物保护是功在当代、利在千秋的公益事业。濒危植物的濒危原因非常复杂，需要多学科协同开展，才可获得指导保护实践的系统的研究成果。重大基础专项的组织实施，可确保相关学科协同研究合力的形成。

4.3.2 加强国际合作与交流

通过多种途径加强濒危植物保护研究领域的国际合作与交流，加快濒危植物保护研究青年科技人才的培养，以确保濒危植物保护学科研究队伍的稳定发展。

4.3.3 加强濒危植物保护研究示范基地建设

以典型的亟待保护的极小种群植物为研究对象，系统开展濒危机理研究和扩繁技术–就地保护–迁地保护–野外回归–引种栽培的系列研究，以点带面，为濒危植物的有效保护起到示范作用。

参考文献

柏国清. 2010. 金钱槭属植物谱系地理学研究 [D]. 西安：西北大学.

陈灵芝，王祖望. 1999. 人类活动对生态系统多样性的影响 [M]. 杭州：浙江科学技术出版社：139-199.

陈灵芝. 1993. 中国的生物多样性——现状及其保护对策 [M]. 北京：科学出版社.

杜玉娟. 2012. 孑遗植物珙桐的群体遗传学和谱系地理学研究 [D]. 杭州：浙江大学.

符近，奇文清，顾增辉，等. 1998. 南川升麻种子休眠与萌发的研究 [J]. 植物学报，40 (4)：303-308.

傅立国. 1989. 中国珍稀濒危植物 [M]. 上海：上海教育出版社.

傅立国. 1992. 中国植物红皮书（第一册）[M]. 北京：科学出版社.

高立志. 1997. 中国野生稻遗传多样性研究 [D]. 北京：中国科学院植物所.

葛颂，王海群，张大明，等. 1997. 八面山银杉林的遗传多样性和群体分化 [J]. 植物学报，39 (3)：266-271.

恭维. 2007. 孑遗植物银杏的分子亲缘地理学研究 [D]. 杭州：浙江大学.

管毕才. 2008. 特有濒危植物八角莲保护遗传学和分子亲缘地理学 [D]. 杭州：浙江大学.

郭泉水，马凡强，秦爱丽，等. 2016. 掀起极危物种崖柏的面纱 [J]. 大自然 (187)：11-17.

郭泉水，秦爱丽，马凡强，等. 2015. 世界极度濒危物种崖柏研究进展 [J]. 世界林业研究，28 (6)：18-21.

国家环保局，中国科学院植物研究所. 1987. 中国珍稀濒危植物名录（第一册）[M]. 北京：科学出版社.

国家环境保护局自然保护司，保护区与物种管理处. 1991. 珍稀濒危植物保护研究 [M]. 北京：中国环境科学出版社.

国家林业局野生动植物保护与自然保护区管理司，中国科学院植物研究所. 2013. 中国珍稀濒危植物图鉴 [M]. 北京：中国林业出版社.

海彬，张镱锂. 2013. 青藏高原及其周边地区高山植物谱系地理学研究进展 [J]. 西北植物学报，33 (6)：1268-1278.

何璐，虞泓，范源洪，等. 2010. 植物繁殖生物学研究进展 [J]. 山地农业生物学报，29 (5)：456-460.

何田华，饶广远，尤瑞麟. 1998. 濒危植物木根麦冬的胚胎学研究 [J]. 植物分类学报，36 (4)：305-309.

何田华，饶广远，尤瑞麟. 1999. 濒危植物木根麦冬保护生物学研究 [J]. 自然科学进展，9 (10)：874-879.

洪德元，葛颂，张大明，等. 1995. 植物濒危机制研究的原理和方法 [M] //中国科学院生物多样性委员会，林业部野生动物和森林植物保护司. 生物多样性研究进展. 北京：中国科学技术出版社：125-133.

贾文庆，尤扬，刘会超，等. 2012. 矮牡丹花粉形态观察与萌发特性研究 [J]. 西北林学院学报，27 (5)：76-79.

蒋志刚，覃海宁，刘忆南，等. 2015. 保护生物多样性，促进可持续发展——纪念《中国生物物种名录》和《中国生物多样性红色名录》发布 [J]. 生物多样性，23 (3)：433-434.

李典谟，徐汝梅，马祖飞. 2005. 物种濒危机制和保育原理 [M]. 北京：科学出版社.

李珊. 2004. 金钱槭属植物保护遗传学与分子亲缘地理学研究 [D]. 西安：西北大学.

刘建锋，肖文发. 2008. 濒危植物崖柏遗传多样性的 RAPD 分析 [J]. 江西农业大学学报，30 (1)：68-72.

刘雁飞. 2013. 长白山牛皮杜鹃的遗传多样性与分子亲缘地理学研究 [D]. 长春：吉林大学.

祁承经，曹铁如，罗仲春. 1983. 湖南省越城岭北部罗汉洞的银杉与长苞铁杉混交林 [J]. 植物生态学与地植物丛刊 (7)：58-66.

奇文清，尤瑞麟，陈晓麟. 1998. 濒危植物南川升麻传粉生物学的研究 [J]. 植物学报，40 (8)：688-694.

佀新宇. 2013. 羽叶点地梅的谱系地理学研究 [D]. 兰州：兰州大学.

孙明. 2012. 黑水银莲、燕子花的遗传结构和银莲花属、鸢尾属的亲缘地理学研究 [D]. 长春：东北师范大学.

孙珊，黄贝，武瑞东，等. 2013. 中国珍稀濒危植物物种丰富度空间分布格局 [J]. 云南地理环境研究，25 (1)：19-24.

孙逸. 2012. 东亚特有濒危植物黄山梅的亲缘地理学与群体遗传学研究 [D]. 杭州：浙江大学.

谈探. 2008. 濒危植物夏蜡梅种群遗传多样性与分子系统地理学研究 [D]. 北京：北京林业大学.

陶晓喻. 2008. 东亚特有濒危植物蛛网萼的遗传多样性与亲缘地理学研究 [D]. 杭州：浙江大学.

汪松, 解焱. 2004. 中国物种红色名录（第一卷：红色名录）[M]. 北京：高等教育出版社.

汪小全, 邹喻苹, 张大明, 等. 1996. 银杉遗传多样性的 RAPD 分析 [J]. 中国科学（C 辑），26（5）：436-441.

王红卫, 邓辉胜, 谭海明, 等. 2007. 银杉花粉生命力及其变异 [J]. 植物生态学报, 31（6）：1199-1204.

王红卫. 2006. 银杉的分子谱系地理学研究 [D]. 北京：中国科学院研究生院（植物研究所）.

吴刚, 肖寒, 李静, 等. 2000. 珍稀濒危植物珙桐的生存与人为活动的关系 [J]. 应用生态学报, 11（4）：493-496.

吴小巧, 黄宝龙, 丁雨龙. 2004. 中国珍稀濒危植物保护研究现状与进展 [J]. 南京林业大学学报：自然科学版, 28（2）：72-76.

熊高明, 谢宗强, 熊小刚, 等. 2003. 神农架南坡珍稀植物独花兰的物候、繁殖及分布的群落特征 [J]. 生态学报, 23（1）：173-179.

徐进, 施季森. 2010. 鹅掌楸花粉母细胞减数分裂进程的研究 [J]. 南京林业大学学报：自然科学版, 34（4）：18-20.

徐庆, 姜春前, 刘世荣, 等. 2003. 濒危植物四合木种群传粉生态学研究 [J]. 林业科学研究, 16（4）：391-397.

徐庆, 刘世荣, 臧润国, 等. 2001. 中国特有植物四合木种群的生殖生态特征 I. 种群生殖值及生殖分配研究 [J]. 林业科学, 37（2）：36-41.

闫小玲. 2010. 基于 cpDNA 单倍型和 SSR 分析的银杏群体遗传结构和谱系地理学研究 [D]. 杭州：浙江大学.

尹增芳, 樊汝汶. 1997. 鹅掌楸花粉败育过程的超微结构观察 [J]. 植物资源与环境, 6（2）：1-7.

于永福. 1999. 中国野生植物保护的里程碑——《国家重点保护野生植物名录（第一批）》出台 [J]. 植物杂志（5）：3-11.

翟胜男. 2012. 东亚岛屿特有濒危植物舟山新木姜子（*Neohisea sericea*）的亲缘地理学研究 [D]. 杭州：浙江大学.

张大勇. 2002. 集合种群与生物多样性保护 [J]. 生物学通报, 37（2）：1-4.

张仁波, 窦全丽, 何平, 等. 2007. 濒危植物崖柏遗传多样性研究 [J]. 广西植物, 27（5）：687-691.

张寿洲, 潘开玉, 张大明, 等. 1997. 矮牡丹小孢子母细胞减数分裂异常现象观察 [J]. 植物学报, 39（5）：397-404.

张新时. 1995. 对生物多样性的几点认识 [M]//中国科学院生物多样性委员会, 林业部野生动物和森林植物保护司. 生物多样性研究进展. 北京：中国科学技术出版社：10-12.

张英涛, 陈朱希昭, 奇文清, 等. 1997. 濒危植物南川升麻的小孢子发生和雄配子体发育 [J]. 北京大学学报：自然科学版, 33（6）：788-791.

张颖娟, 杨持. 2000. 濒危植物四合木与其近源种霸王遗传多样性的比较研究 [J]. 植物生态学报, 24（4）：425-429.

张颖娟, 杨持. 2001. 西鄂尔多斯特有种四合木种群遗传多样性和遗传分化研究 [J]. 生态学报, 21（3）：506-511.

张玉梅. 2012. 珙桐种群遗传多样性分子谱系地理学研究 [D]. 长沙：中南林业大学.

周翔, 高江云. 2011. 珍稀濒危植物的回归：理论和实践 [J]. 生物多样性, 19（1）：97-105.

Abbott R J, Smith L C, Milne R I, et al. 2000. Molecular analysis of plant migration and refugia in the Arctic [J]. Science, 289: 1343-1346.

Akeroyd J, Jackson P W. 1995. A handbook for botanic gardens on the reintroduction of plants to the wild [M]. Botanic

Gardens Conservation International, Richmond Surrey U. K.

Anderson L L, Hu F S, Nelson D M, et al. 2006. Ice-age endurance: DNA evidence of a white spruce refugium in Alaska [J]. Proceeding of the National Academy of Sciences of the USA, 103: 12447-12450.

Avise J C, Arnold J, Ball R M, et al. 1987. Intraspecific phylogeography: the mitochondrial DNA bridge between population genetics and systematic [J]. Annu Rev Ecol Syst, 18: 489-522.

Avise J C. 2000. Phylogeography: the History and Formation of Species [M]. Cambridge, MA: Harvard University Press.

Bertrand R, Lenoir J, Piedallu C, et al. 2011. Changes in plant community composition lag behind climate warming in lowland forests [J]. Nature, 479: 517-520.

Carlsen T M, Menke W J, Pavlik B M. 2000. Reducing competitive suppresssion of a rare annual forb by restoring native California perennial grasslands [J]. Restor Ecol, 8: 18-29.

Comes H P, Kadereit J W. 1998. The effect of Quaternary climatic changes on plant distribution and evolution [J]. Trends in Plant Science, 3: 432-438.

Cun Y Z, Wang X Q. 2010. Plant recolonization in the Himalaya from the southeastern Qinghai-Tibetan Plateau: geographical isolation contributed to high population differentiation [J]. Mol Phylogenet Evol, 56: 972-982.

Dafni A. 1992. Pollination Ecology-A Practical approach [M]. Oxford University Press: 171-181.

Debabrata R, Mukunda D B, James J. 2016. Predicting the distribution of rubber trees (Hevea brasiliensis) through ecological niche modelling with climate, soil, topography and socioeconomic factors [J]. Ecological Research, 31 (1): 75-91.

Drury W H. 1980. Rare species of piants [J]. Rhodora, 82: 3-48.

Emslie R H, Amin R, Kock R. 2009. Guidelines for the in situ Re-introduction and Translocation of African and Asian Rhinoceros [J]. Occasional Paper of the IUCN Species Survival Commission, 39: 1-135.

Fiedler P L, Ahouse J J. 1992. Hierarchies of cause: Toward an understanding of rarity in vascular piant species [M]. In Fiedler P L. and Jain S K.(eds.). Conservation Biology: the Theory and Practice of Nature Conservation Preservation and Management. New York: Chapman and Hall: 23-47.

Gao J, Wang B S, Mao J F, et al. 2012. Demography and speciation history of the homoploid hybrid pine Pinus densata on the Tibetan Plateau [J]. Mol Ecol, 21: 481-482.

Ge S, Hong D Y, Wang H Q, et al. 1998. population genetic structure and congservation of an endangered conifer, Cathaya argyrophlla (Pinaceae) [J]. International Journal of Plant Sciences, 159: 351-357.

Ge S, Wang K Q, Hong D Y, et al. 1999. Comparisons of genetic diversity in the endangered Adenophora lobophylla and its widespread congener, A. potanini [J]. Conservation Biology, 13: 509-513.

Gitzendanner M A, Soltis P S. 2000. Patterns of genetic variation in rare and widespread plant congeners [J]. American Journal of Botany, 87: 783-792.

Hamrick J L, Godt M J W. 1989. Allozyme diversity in plant species [M] //Brown A H D, Clegg M T, Kahler A L, et al, eds. Plant population Genetics, Breeding and Genetic Resources. Sunderland: sinauer Associates, inc: 43-63.

Hanski I. 1999. Metapopulation Ecology [M]. New York: Oxford University Press.

Hewitt G M. 1996. Some genetic consequences of ice ages, and their role in divergence and speciation [J]. Biological Journal of the Linnean Society, 58: 247-276.

Hewitt G M. 2000. The genetic legacy of the Quaternary ice ages [J]. Nature, 405: 907-913.

Hewitt G M. 2004. Genetic consequences of climatic oscillations in the Quaternary [J]. Philos Trans R Soc Lond B Biol Sci, 359: 193-195.

Hogbin P M, Peakall R. 1999. Evaluation of the contribution of genetic research to the management of the endangered piant Zieria prostrata ［J］. Conservation Biology, 13: 514-522.

Hollingsworth P M, Gornall R J, Preston C D. 1995. Genetic variability in British population of potamogeton coloratus (potamogetonaceae) ［J］. Plant Sytematics Evolution, 197: 71-85.

IUCN. 1998. Guidelines for Re – introductions. Prepared by the IUCN/SSC Re – introduction Specialist Group ［M］. Gland Cambridge: nternationa Union for Conservation of Nature.

Johnson S D, Bond W J. 1997. Evidence for widespread pollen limitation of fruiting success in Cape wild flowers ［J］. Oecologia, 109: 530-534.

Karrron J D. 1991. Patterns of genetic variation and breeding systems in rare piant species ［M］ //Falk D A, ed. Holsinger. Geneties and conservation of rare piant. New York: Oxford University Press.

Lenoir J, Gegout J C, Marquet P A, et al. 2008. A significant upward shift in plant species optimum elevation during the 20th century ［J］. Science, 320: 1768-1771.

Levins R. 1969. Some demographic and genetic consequences of environmental hetergeneity for biologcal control ［J］. Bull Entomol Soc Am, 15: 237-240.

Li A, LuoY B, Xiong Z T, et al. 2002. A preliminary study on conservation genetics of three endangered orchid species ［J］. Acta Botanica Sinica, 44: 250-252.

Maâtaoui M E, Pichot C. 2001. Microsporogenesis in the endangered species Cupressus dupreziana A Canus: evidence for meiotic defects yielding unreduced and abortive pollen ［J］. Planta, 213: 543-549.

Mason H L. 1946. The edaphic factor in narrow endemism. I. The nature of environmental influences ［J］. Madrono, 8: 209-226.

Meng L H, Yang R, Abbott R J, et al. 2007. Mitochondrial and chloroplast phylogeography of Picea crassifolia Kom. (Pinaceae) in the Qinghai-Tibetan Plateau and adjacent highlands ［J］. Mol Ecol, 16: 4128-4137.

Opgenoorth L, Vendramin G G, Mao K S, et al. 2010. Tree endurance on the Tibetan Plateau marks the world's highest known tree line of the Last Glacial Maximum ［J］. New Phytol, 185: 332-342.

Petit R J, Brewer S, Bordacs S, et al. 2002. Identification of refugia and post-glacial colonization routes of European white oaks based on chloroplast DNA and fossil pollen evidence ［J］. Forest Ecology and Management, 156: 49-74.

Petit R J, Aguinagalde I, de Beaulieu J L, et al. 2003. Glacial refugia: Hotspots but not melting pots of genetic diversity ［J］. Science, 300: 1563-1565.

Raup D M. 1988. Diversity crises in the geological past ［M］ //Wilson E O, Peter F M. Biodiversity. Washington: National Academy Press: 51-57.

Root T L, Price J T, Hall K R, et al. 2003. Fingerprints of global warming on wild animals and piants ［J］. Nature, 421: 57-60.

Schaal B A, Olsen K M. 2000. Gene genealogies and population variation in plants ［J］. Proceeding of the National Academy of Sciences of the USA, 97: 7024-7029.

Semaan M T, Dodd R S. 2008. Genetic variability and structure of the remnant natural populations of Cedrus libani (Pinaceae) of Lebanon ［J］. Tree Genet. Genomes, 4: 757-766.

Setsuko S, Ishida K, Ueno S, et al. 2007. Population differentiation and gene flow within a metapopulation of a threatened tree, Magnolia stellata (Magnoliaceae) ［J］. Am. J. Bot., 94: 128-136.

Soltis D E, Gizendanner M A, Strenge D D, et al. 1997. Chloroplast DNA intraspecific phylogeography of plants from the pacific Northwest of North America ［J］. Plant Systematics and Evolution, 206: 353-373.

Soltis D E, Morris A B, Lachlan J M, et al. 2006. Comparative phylogeography of unglaciated eastern North America ［J］. Molecular Ecology, 15: 4261-4293.

Song B H, Wang X Q, Wang X R, et al. 2003. Cytoplasmic composition in Pinus densata and population establishment of the diploid hybrid pine ［J］. Molecular Ecology, 12: 2995-3001.

Song B H, Wang X Q, Wang X R, et al. 2002. Maternal lineages of Pinus densata, a diploid hybrid ［J］. Molecular Ecology, 11: 1057-1063.

Stebbins G L. 1980. Rarity of piant species: a synthetic viewpoint ［J］. Rhodora, 82: 77-86.

Svensson L. 1988. Inbreeding, crossing and variation in stamen number in Scleranthus annuu (Caryophyllaceae), a selfing annual ［J］. Evol Trand PI, 2: 31-37.

WCMC (World Conservation Monitoring Centre). 1992. Global Biodiversuty: Status of the Earth's Living Resources ［M］. London: Chapman &Hall.

Wild H, Bradshaw A D. 1977. The evolutionary effects of metalliferous and other anomalous soils in south central Africa ［J］. Evolution, 31: 282-293.

Yang Y X, Wang M L, Liu Z L, et al. 2016. Nucleotide polymorphism and phylogeographic history of an endangered conifer species Pinus bungeana ［J］. Biochemical Systematics and Ecology, 64: 89-96.

Zhang Q, Chiang T Y, George M, et al. 2005. Phylogeography of the Qinghai-Tibetan Plateau endemic Juniperus przewalskii (Cupressaceae) inferred from chloroplast DNA sequence variation ［J］. Mol Ecol, 14: 3513-3524.

Zhang Z Y, Yang J B, Li D Z. 2003. Phylogenetic relationships of the extremely endangered species, pinus squamata (Pinaceae) inferred from four sequencees of the chloroplast genome and ITS of the nuclear genome ［J］. Acta Botanica Sinica, 45 (5): 530-535.

第12章
树木生理生态

史作民，赵广东（中国林业科学研究院森林生态环境与保护研究所，北京，100091）

植物生理生态学是研究生态因子与植物生理现象之间关系的科学，主要从生理机制上探讨植物与环境的关系、物质代谢和能量流动规律以及植物在不同环境条件下的适应性。树木生理生态学则以树木为研究对象，属于植物生理生态学的一个重要分支学科。本章首先从 C_3 植物叶片光合作用生物化学机理模型、叶肉细胞导度、光合氮利用效率和叶片氮分配、树木生理生态对 CO_2 浓度增加及氮沉降增加和干旱胁迫的响应与适应、树木叶片和细根功能性状五个方面阐述了树木生理生态学的国际研究进展，而其在我国的研究进展则主要从光合生理生态、水分生理生态、树木生理生态对气候变化的响应与适应以及树木叶片和细根功能性状四个方面进行了阐述。

据不完全统计，我国约有 8000 种树木。尽管我国树木生理生态学的研究对象丰富多样，但在研究方法、研究尺度、研究内容和研究成果等方面均与国外仍存在较大的差距。今后我国树木生理生态学的发展应通过不同途径和渠道引起科技部、国家自然科学基金委员会、国家林业和草原局等多个相关部门的重视，以争取到长期、稳定、充足的经费支持，建立不同气候带典型森林生态系统树木生理生态长期观测和研究平台，通过完善的人才激励机制，吸引国内更多的专家和学者从事树木生理生态学的相关工作，并坚持理论研究与实践应用同时进行，以多学科融合、多尺度联合、控制试验与野外原位试验并举、微观与宏观并重的原则开展树木生理生态学的理论研究，坚持"走出去、引进来"，不断拓展国际合作的研究领域。

1 现状与发展趋势

1.1 国际进展

1.1.1 C_3植物叶片光合作用生物化学机理模型

光是光合作用中光能的唯一来源，CO_2则是光合作用的基本原料之一。光合作用对光照强度和CO_2浓度的响应模型是植物光合生理生态研究中的重要工具，可为植物光合特性对主要环境因子的响应提供科学依据（叶子飘，2010）。

1980年，澳大利亚国立大学的Farquhar等（1980）在 *Planta* 杂志上发表了C_3植物叶片光合作用生物化学机理模型，后经不同学者修正和完善（Caemmerer等，1981；Farquhar and Wong，1984；Ethier等，2004），经过20多年的应用与发展，其影响远远超出了最先提出者的期望（Farquhar等，2001）。

研究发现，C_3植物叶片光合作用的限制因素主要包括三个方面：①1,5-二磷酸核酮糖羧化酶/氧化酶（Rubisco）的含量和活性；②1,5-二磷酸核酮糖（RuBP）的再生能力；③光合产物磷酸丙糖（TP）的含量（Manter等，2004）。

该模型基于对C_3植物叶片A/C_i曲线（A：净光合速率，C_i：胞间CO_2浓度）的分析，其理论基础可靠（Caemmerer，2000）：①饱和光强和低CO_2浓度条件下时，光反应产生的能量和还原力充足，净光合速率随着胞间CO_2浓度的升高而呈现线性增加。净光合速率主要受Rubisco含量和活性的限制；②随着胞间CO_2浓度的进一步升高，Rubisco被完全激活，净光合速率主要受RuBP再生能力的限制并且随着胞间CO_2浓度升高而增加的幅度逐渐降低；③当净光合速率较高时，叶绿体内形成的大量磷酸丙糖必须通过叶绿体膜上的磷酸转运器运出叶绿体，否则将反馈抑制光合作用。净光合速率主要受磷酸丙糖运输能力的限制。此时的净光合速率A不再随着C_i的升高而增加，反而可能出现下降的趋势（Long等，2003）。

当外界环境条件确定时，可以利用该模型拟合C_3植物叶片的A/C_i响应曲线估算出植物叶片光合作用的Rubisco最大羧化速率（V_{cmax}）、最大电子传递速率（J_{max}）、不包括线粒体呼吸的CO_2补偿点（Γ^*）、磷酸丙糖利用速率（TPU）等多个参数，因此C_3植物叶片Farquhar光合作用生物化学机理模型的应用十分广泛（Cramer等，1999；Gielen等，2005；Farquhar等，2001；Bloomfield等，2014）。1993年，基于对109种C_3植物A/C_i响应曲线的整合分析发现：① V_{cmax}的大小范围为6~194μmol/（$m^2 \cdot s$），平均值为64μmol/（$m^2 \cdot s$）；J_{max}的大小范围为17~372μmol/（$m^2 \cdot s$），平均值为134μmol/（$m^2 \cdot s$）；TPU的大小范围为4.9~20.1μmol/（$m^2 \cdot s$），平均值为10.1μmol/（$m^2 \cdot s$）；② V_{cmax}和J_{max}的相关关系为$J_{max} = 29.1 + 1.64V_{cmax}$（Wullschleger，1993）。2009年，通过综合分析126套气体交换数据表明：$J_{max} = 77.37 \pm 21.00$ μmol/（$m^2 \cdot s$），J_{max}/V_{cmax} = 1.45 ~ 1.67，TPU = 4.69±1.06μmol/（$m^2 \cdot s$）（Zewei Miao等，2009）。

C_3植物叶片Farquhar光合作用生物化学机理模型假设整个叶片的光合特征均一，因此通过应用该模型拟合A/C_i曲线而获取V_{cmax}、J_{max}和TPU（Sharkey等，2007），然而考虑到叶片生长状况的复杂性、环境异质性和病虫害影响等，在自然环境中难以找到完全均质性的叶片，而且研究表明叶片气孔导度的差异性将影响模型参数（Chen等，2008）；同时该模型假设CO_2在细胞内部空间和羧化位置之间的导度无穷大，但研究表明多年生植物叶片细胞内部空间和羧化位置

之间的 CO_2 导度（g_i）却小于 0.2mol/（$m^2 \cdot s$），并与叶片温度、水分胁迫或盐分胁迫等密切相关（Lloyd 等，1992；Centritto 等，2003；Warren 等，2003），2013 年，通过对 7 个国家的大约 130 种 C_3 植物的 A/C_i 响应曲线的分析表明，当假定叶片内部 CO_2 导度（g_i）无穷大时，V_{cmax}、J_{max} 和 TPU 分别被低估了 75%、60% 和 40%（Sun Ying 等，2013）

1.1.2 叶肉细胞导度

叶肉细胞导度指叶片叶肉细胞内部的 CO_2 扩散能力（史作民，2010）。据统计，1986—2000 年该领域内发表的文章总数为 45 篇，平均每年发表 3 篇；而 2001—2007 年发表的文章总数则为 84 篇，平均每年发表 12 篇（Flexas 等，2008）。在过去 20 年，尤其是在最近 10 年内，叶肉细胞导度（g_m）已经成为国际光合作用研究领域的一个重要方面。

Flexas 等（2008）总结了 122 种植物的叶肉细胞导度并将其分类比较，结果发现不同功能群、不同属、不同种之间叶肉细胞导度的差异性大小不同。柑橘属（Citrus）、杨属（Populus）、栎属（Quercus）植物叶肉细胞导度值的范围分别为 0.02~0.42mol CO_2/（$m^2 \cdot s \cdot$ bar）、0.04~0.50mol CO_2/（$m^2 \cdot s \cdot$ bar）和 0.07~0.30mol CO_2/（$m^2 \cdot s \cdot$ bar），差异性较大；冷杉属（Abies）、槭属（Acer）、桤木属（Alnus）、巨桉属（Eucalyptus）和松属（Pinus）植物叶肉细胞导度值的范围分别为 0.02~0.13mol CO_2/（$m^2 \cdot s \cdot$ bar）、0.02~0.09mol CO_2/（$m^2 \cdot s \cdot$ bar）、0.10~0.17mol CO_2/（$m^2 \cdot s \cdot$ bar）、0.11~0.19mol CO_2/（$m^2 \cdot s \cdot$ bar）和 0.04~0.17mol CO_2/（$m^2 \cdot s \cdot$ bar），差异性相对较小。不同葡萄、不同油橄榄叶肉细胞导度值的范围则分别为 0.07~0.30mol CO_2/（$m^2 \cdot s \cdot$ bar）、0.08~0.35mol CO_2/（$m^2 \cdot s \cdot$ bar）。

作为光合扩散过程的一部分，叶肉细胞导度的准确测量十分重要。它的精确程度直接影响到我们对植物光合生理过程及机理的认识，所以是光合生理研究的基础（Warren 等，2004）。1992 年，Loreto 等（1992）提出了叶肉细胞导度测量 ^{13}C 稳定同位素法、基于气体交换和叶绿素荧光同步测定的 J 变量法和 J 常数法。其它测量方法包括胞间与叶绿体内 CO_2 补偿点差异法（Peisker 等，2001）、A/C_i 曲线与 A/C_c 曲线初始斜率差异法（Evans 等，1988）。由于每种方法的原理和计算过程存在一定程度的差异，因此其使用过程中的注意事项也不相同。

作为光合扩散过程的一部分，叶肉细胞导度受诸多因子的影响。其中，既包括外界环境因子，也包括叶片寿命及生理构造等内部因子。研究发现，叶肉细胞导度对外界环境的响应和气孔导度一样敏感，而且不同物种的叶肉细胞导度对于某一因子的响应及适应不尽相同，并随着因子作用时间的变化而变化。目前研究最多的是干旱胁迫（Rancourt 等，2015；Cano 等，2013）、氮素营养（Kitao 等，2015）、温度胁迫（Caemmerer 等，2015；Quentin 等，2015）、光照强度（Peguero-Pina 等，2015）和 CO_2 浓度（Kitao 等，2015）等对树木叶片叶肉细胞导度的影响。

1.1.3 光合氮利用效率和叶片氮分配

氮是植物生长过程中必需的重要大量元素之一（Makino 等，1991）。植物叶片中的氮元素与其光合能力密切相关，叶绿体中参与光合作用的氮通常会超过叶片氮含量的 50% 甚至高达 75%（Warren 等，2006），参与光合作用的氮越多，植物生长越快（Feng 等，2009）。光合氮利用效率（photosynthetic nitrogen-use efficiency，PNUE）指单位叶面积叶片光合能力与单位叶面积叶片氮含量的比值（Feng 等，2009），被看作是叶片的固有属性，是描述植物叶片养分利用效率、生理特征和生存策略的重要指标（Hikosaka，2004）和解释叶片经济型谱及固碳能力的关键因素

（Wright 等，2014）。在自然生态系统中，氮的有效性常常会限制植物生长（Llorens 等，2003），因此，植物提高氮利用效率可能会有利于其对环境的适应性和进化（Aerts 等，2000）。

叶片氮分配指氮在植物叶片细胞各细胞结构以及游离化合物中的分配比例或含量（Niinemets 等，1997；Funk 等，2013）。叶片氮的分配方式决定了叶片光合作用的强弱，影响叶片的坚韧程度以及化学防御强度，因此研究氮在植物叶片内的分配方式具有重要意义。目前，关于叶片氮分配的研究国外已有大量报道，有些研究甚至已经深入到分子水平（史作民，2015）。不同生物学特性的植物叶片氮分配具有差异。光合氮利用效率越高的植物分配到 Rubisco 中的氮越多（Westbeek 等，1999；Ripullone 等，2003）。Wright 等（2004）总结了 2500 种植物的叶片功能性状后得出叶片寿命较长的植物分配到 Rubisco 的氮较少的结论。研究发现，非固氮植物花花柴（*Karelinia caspica*）和骆驼蓬（*Peganum harmala*）分配到叶绿体中的氮要少于固氮植物骆驼刺（*Alhagi sparsifolia*）（Zhu 等，2012）。

叶片氮分配的研究方法分为化学分离法和公式法。化学分离法是利用不同含氮物质的化学特性，使用化学试剂将其从叶片中分离的方法。其优点是结果较为准确，能够直接获取氮含量数据；缺点是操作过程较为烦琐，容易出现人为提取误差，且费用较高。这种方法适合样本较少时叶片氮含量的测定。公式法是利用容易获得的叶片生理生态参数，用经验公式来估算叶绿体中各含氮部分氮含量的方法。其优点是操作简便、节省费用，只需获取部分比较容易获得的叶片生理生态参数就能估算；缺点是误差较大，计算结果不精确，无法获得细胞壁氮含量。这种方法适合样本较多时叶片氮含量的估算。在公式法中，Niinemets 和 Tenhunen（1997）在对糖枫（*Acer saccharum*）的研究中，把参与光合作用的含氮物质分为了羧化系统、生物力能学组分和捕光系统三部分，并建立了一种能分别计算这三部分氮含量的模型，该拟合方法不仅考虑了植物的羧化能力、电子传递能力，而且将单位面积叶片干重、叶绿素含量等作为公式中的变量，考虑比较全面，因此在最近的研究中被广泛应用（Niinemets 等，2015）。

由于大部分叶片氮会分配到叶绿体中参与光合作用，因此影响光合作用的因子如光照强度（Le Roux 等，2001；Takashima 等，2004）、CO_2 浓度（Merilo 等，2009）和土壤养分（Chen 等，2014；Warren 等，2005）等会对氮在叶片中的分配产生影响。

1.1.4 树木生理生态对气候变化的响应与适应

1.1.4.1 CO_2 浓度增加

IPCC 综合报告（2014）指出，温室气体排放以及其他人为驱动因子已成为自 20 世纪中期以来气候变暖的主要原因。2011 年大气中 CO_2 浓度达到了 391μmol/mol，比工业前的 1975 年高了 40%。据预计到 21 世纪末，大气中 CO_2 浓度将达到 700μmol/mol（Aranjuelo 等，2008）。CO_2 是植物光合作用的底物，也是构成植物生境的一种环境因子（路娜等，2011），研究全球日益增加的 CO_2 浓度对植物的影响及植物对气候变化的响应是当代生态学研究的核心问题之一（林舜华等，1997）。空气 CO_2 浓度升高对植物影响的实验研究手段，基本上在控制条件下进行，诸如人工气候室、开顶式气室（Open Top Chambers，OTC）、美国生物圈 2 号（Biosphere 2）和自由 CO_2 气体施肥装置（Free-Air CO_2 Enrichment，FACE）等（蒋高明等，1997）。CO_2 浓度增加对树木生理生态的影响研究主要集中在气体交换特征（Kitao 等，2015）、叶片形态和解剖结构（Murray，1995）、呼吸作用（Tissue，2002）、生长状况（Gielen 等，2005）、抗氧化系统和树木代谢物质（徐胜等，2015）、挥发性有机物（李德文等，2005）、细根性状（Lipson，2014）等多个方面。

1.1.4.2 氮沉降增加

氮是限制陆地生态系统植物生长速率、生长模式和森林生产力的关键因素（Oren，2001；Harpole 等，2011）。预计到 2030 年，全球氮沉降量将达到 105Tg N/a（Zheng 等，2002）。国外对氮沉降方面的研究起步较早。20 世纪 80 年代末逐渐形成了大规模的跨区域性氮沉降研究网络，如美国的国家大气沉降计划（NADP）和清洁空气状况与趋势网（CASTNET）、欧洲的氮沉降跨国研究计划 NITREX（Nitrogen Saturation Experiments）和 EXMAN 项目（Experimental Manipulation of Forest Ecosystems in Europe）（郑世伟等，2014）。研究表明，氮沉降改变了生态系统中的氮循环并影响了生态系统的生产力和物质能量流动，从而间接地影响了生态系统碳循环（Gruber 等，2008）。在氮素缺乏的森林生态系统中，氮沉降能提高叶片光合作用速率，促进植物生物量的积累，进而增加陆地生态系统的植被碳储量；而在氮饱和的生态系统中，外源性氮输入则抑制植物的生长，减少生态系统生产力（Hans-Örjan Nohrstedt，2001；Magill，2004）。大量研究表明，不同物种特别是不同功能性植物对氮沉降的响应存在较大的差异（Xia，2008）。

1.1.4.3 干旱胁迫

干旱是限制植物生长的关键因素（Nobel，1997；Bota 等，2004）。研究发现，若全球温室气体排放量持续增加，到 21 世纪末，全球干旱半干旱区面积占全球陆地表面的比例将由目前的 40% 增加到 50% 以上，其中约 3/4 的干旱半干旱区面积扩张将发生在发展中国家（Huang 等，2015）。在全球气候变化背景下，探讨树木对极端水分胁迫的响应机理以及树木死亡的生理机制，对准确预测和评估未来气候条件下森林的碳水循环及碳汇功能具有重要的理论和现实意义（段洪浪等，2015）。干旱胁迫首先影响植物的光合生理特征（Bota 等，2004），土壤水分状况影响 *Pinus edulis* 的气孔大小，而气孔大小又会影响其对不同土壤水分状况的适应性（Mitton，1998）。2013 年 10 月，*New Phytologist* 出版了 "Featured papers on Drought-induced forest mortality" 专刊，介绍了干旱胁迫导致欧洲、北美和亚马孙河流域不同森林生态系统树木死亡机理的相关研究（https：//issuu. com/wblifesci/docs/drought-induced_ forest_ mortality_ sp）。2015 年，Bonal D 等（2015）通过对 172 篇文献的集成分析，综述了干旱对热带雨林树木死亡、生长和生态系统功能影响的最新进展，指出了热带雨林生态系统对干旱响应的多样性和复杂性。

2016 年，Deslauriers 等（2016）通过研究在不同温度和水分处理下黑云杉幼苗树干形成层每周细胞分裂和木质部形成以及测量形成层和木质部中的非结构碳组分的含量，用混合模型定量了非结构碳、水分和温度与形成层和木质部细胞数量的关系，精细区分了碳和水在木质部形成（包括分生组织活动和细胞分裂）中的交互作用及阐明了干旱抑制树木生长及死亡的生理机制。

1.1.5 树木叶片和细根功能性状

植物功能性状（plant functional traits）是在形态、生理、物候等方面表征植物的生态策略，决定植物如何应对环境因素，并且进一步影响其它营养级和生态系统特性的植物性状（Pérez-Harguindeguy 等，2013）。植物功能性状具有相当的普遍性，并能将环境、植物个体和生态系统结构、过程与功能紧密地联系起来（Clark 等，2012；Cornelissen 等，2003），因此植物功能性状的变化在一定范围内有助于解释许多重要的生态问题（Pérez-Harguindeguy 等，2013）。通过植物功能性状揭示植物与环境间的响应和适应关系已在国外被广泛应用（Wright 等，2004），并已

经成为植物生理生态学领域近年研究中新的突破点（Bernhardt-Römermann 等，2008）。叶功能性状分为结构型性状和功能型性状，与植物的生长对策、植株生物量及植物利用资源的关系最为密切（Westoby，1998）。树木叶片功能性状的研究主要集中在全球、区域、群落和物种尺度上的大量树木多个叶性状的差异分析以及叶性状与环境因子的相关关系等方面（Wright 等，2004；Read 等，2014；Gustafsson 等，2016；Fajardo 等，2016）。细根是根系统中最活跃和最敏感的部分，是植物获得水分和养分的主要器官，是提供植物养分和水分的"源"和消耗碳的"汇"，已经成为生态系统生态学及全球变化研究中备受关注的热点之一（贺金生等，2004；Bardgett 等，2014）。树木细根功能性状的相关研究主要包括：①细根性状的特征（Luke McCormack 等，2012）；②不同树木细根性状的差异性分析（Fortunel 等，2012）；③细根性状对气候变化的响应与适应（Nie 等，2013；Wurzburger 等，2015）；④基于性状指标的细根在生态系统结构与功能中的作用（McCormack 等，2015；Prieto 等，2015）。大量研究表明，植物体同一器官不同功能性状和不同器官同一功能性状间均存在一定的关联。全球尺度上，植物的比叶重、基于单位质量的叶片最大光合速率、暗呼吸以及氮磷含量之间普遍存在显著的正相关关系且随着气象因子的变化而改变（Wright 等，2004）。植物叶片 N 含量与根 N 含量、植物叶片 P 含量与根 P 含量均为正相关；叶片 N 含量与比叶面积正相关，并与叶片组织密度负相关；根 N 含量与比根长正相关，并与根组织密度负相关（Jin-Sheng 等，2006；Andrew 等，2006；Reich 等，1998；Tjoelker 等，2005；Li 等，2015）。

1.2 国内进展

1.2.1 树木光合生理生态

光合作用是制约植物生长发育的最重要的生理过程，研究植物光合特性与环境因子的关系具有重要意义。净光合速率的日变化模式及影响因素是光合生理生态学研究的基础。研究表明，树木净光合速率的日变化模式分为双峰型、单峰型和不规则型（刘巍等，2015；文诗韵等，1991）。净光合速率双峰型曲线中午的低谷即为"午睡"现象，低的空气湿度、气孔的部分关闭和 ABA 浓度升高，可能分别是导致光合"午睡"的重要生态、生理和生化因子（许大全，1990）。国内发表了大量树木净光合速率日变化特征及其影响因素的相关研究结果（柯世省等，2002；付晓萍等，2006；靳甜甜等，2011；刘巍等，2015；高健等，2000；张小全等，2000；肖文发等，2002）。章永江以云南哀牢山中山湿性常绿阔叶林中的主要常绿和落叶树种为研究对象，系统探讨了亚热带树种中午气孔导度的水分决定因子。研究结果表明，叶片中午的气孔导度和叶片中午的水分状况并不相关，但是却和枝条的水分状况显著正相关。因而在中午能维持较好枝条水分状况的树种能够在中午保持较高的气孔导度和光合作用速率。另外，树木中午的气孔导度和枝条而非叶片的水分状况相关，表明日间气孔调节可能是为了保护枝条而非叶片的水分运输系统（Zhang 等，2013）。

光合作用涉及光能的吸收、能量转换、电子传递、ATP 合成、CO_2 固定等一系列复杂的物理和化学反应过程。叶子飘（2010）综述了净光合速率光响应的直角双曲线模型、非直角双曲线模型、指数方程、直角双曲线的修正模型，以及 CO_2 响应的生化模型、直角双曲线模型、Michaelis-Menten 模型、直角双曲线的修正模型的研究进展和存在的有关问题，并在此基础上探讨了其未来可能的发展趋势。2000 年以来，树木叶片净光合速率光响应曲线和 CO_2 曲线的特征逐渐成为了研究的热点（侯智勇等，2009；蒋冬月等，2015；黄丽等，2013；李辉等，2013；张彦敏等，2012）。

史作民等（2010）系统介绍了叶肉细胞导度的发现、发展过程及其研究进展，以及国际上常用的叶肉细胞导度测度方法的原理、计算过程，明确了叶肉细胞导度的定义及分布范围，探讨了不同方法的优缺点及注意事项，同时总结并分析了叶肉细胞导度对不同环境因子的响应，简单概括了叶肉细胞导度的生态学意义。李勇等（2013）首先阐述了叶肉细胞导度的组成及各部分所占的比重，然后通过与气孔导度的比较，分析叶肉细胞导度的大小及其对光合作用的影响，最后论述了叶肉细胞导度对环境变化的响应，并分析了其中可能的原因。2010年后，树木叶肉细胞导度的研究多集中在海拔对其的影响（冯秋红等，2011，2013）、对增温和施氮的响应（王致远，2014）等。

1.2.2 树木水分生理生态

干旱是植物生长与存活主要的限制因子之一，轻度或中度干旱胁迫会抑制树木的光合作用并降低森林生产力，而严重的干旱胁迫则可能造成森林死亡。全球气候变化背景下，干旱频率和强度的增加将对森林生态系统的碳水过程产生重要影响，甚至威胁森林的存活（段洪浪等，2015），而我国干旱区面积约占国土面积的1/3，因此国内学者始终重视树木对干旱胁迫响应与适应规律的研究，以筛选出更适宜于干旱地区造林的树种。

水分亏缺是制约树木生长的重要环境因子，植物通过形态、生理以及分子水平来适应水分亏缺。渗透调节使植物在低水势下维持正常生理活动，是植物忍耐水分亏缺的重要生理机制。段宝利等从形态变化、渗透调节、气穴现象、光合作用、水分利用效率、脱落酸以及分子机理等方面阐述了松科植物对干旱胁迫的响应，并对耐旱指标的筛选进行了讨论，同时指出干旱胁迫下，各耐旱机理相互制约，需要联合各个方面的因素来考虑整个植物对干旱的反应。

目前，我国对树木干旱胁迫生理生态的研究内容主要包括：①光合作用与生长状况（周光良等，2015；罗光宏等，2014；仇云峰等，2015）；②渗透调节物质（王海珍等，2015；尹丽等，2012）；③生物量分配特征（李冬琴等，2016；王淼等，2001）；④叶片解剖结构（吴丽君等，2015；常英俏等，2012；徐茜等，2012）等。

1.2.3 树木生理生态对气候变化的响应与适应

2011年以来，先后有不同学者综述了CO_2浓度升高对植物影响（路娜等，2011）、土壤碳循环影响（曹宏杰等，2013）和树木生理生态影响（徐胜等，2015）的研究进展。我国主要通过将树木幼苗栽植于开顶箱（OTC）中，通过控制设置CO_2浓度升高的不同梯度，探讨树木对CO_2浓度升高的响应与适应规律，研究内容多为净光合速率、暗呼吸速率、RuBP羧化酶活性及叶绿素含量、糖类和氮含量的变化（李青超等，2008；周玉梅等，2001，2002a和2002b）、基于BIOME-BGC模型和树木年轮模拟的华北地区油松林生态系统对气候变化和CO_2浓度升高的响应（彭俊杰等，2012）、树干特征（乔匀周等，2007）。

根据2014年IPCC的综合报告，1880—2012年全球地表平均温度升高了0.85℃，其中北半球高于南半球，冬半年升温高于夏半年（IPCC，2014）。野外自然条件下的生态系统增温实验是研究全球变暖与陆地生态系统关系的主要方法之一（Shen等，2000）。牛书丽等（2007）通过比较几种常见的野外增温装置在模拟全球变暖情形时的优缺点，指出了利用不同增温装置进行全球变暖研究应注意的一些问题，同时探讨了全球变暖控制实验研究中的一些关键性的科学问

题。李义勇通过鼎湖山站的森林生态系统移位实验平台，以针阔叶混交林为研究对象，探究不同植物光合作用以及土壤有机碳累积对温度改变的响应机制。结果表明，增温下木荷（*Schima superba*）、马尾松（*Pinus massoniana*）、短序润楠（*Machilus breviflora*）和山血丹（*Ardisia lindleyana*）的净光合速率显著升高；相反，增温下红锥（*Castanopsis hystrix*）净光合速率显著下降，一方面是源于增温对最大电子传递速率（J_{max}）和最大羧化效率（V_{cmax}）的影响，另一方面是源于叶片蒸气压亏缺（V_{pdL}）改变对气孔导度的影响。增温下针阔叶混交林植物光合速率总体升高使得在生态系统水平上的凋落物产量、地上部分生物量与根系生物量增加，单位微生物量碳的土壤呼吸速率增加，微生物碳利用效率下降，导致增温下土壤呼吸速率增加，表层土壤有机碳累积下降（Li 等，2016a 和 2016b）。为把握森林不同深度的土壤温度对区域气候变暖的响应，评估气候变暖对亚热带森林土壤呼吸的影响，张一平等（2015）利用在哀牢山亚热带常绿阔叶林中设置的土壤增温和土壤呼吸人工控制实验，对 2011—2013 年的对照样地和增温样地不同深度的土壤温度实测数据进行了分析。常晨晖等（2016）则采用原状土柱野外控制试验，利用海拔梯度变化研究了温度增加对川西高山森林土壤溶解性有机碳（DOC）和有机氮（DON）动态的影响。杨兵等（2010）以川西亚高山针叶林优势种岷江冷杉（*Abies faxoniana*）幼苗为研究对象，采用控制环境生长室模拟增温的方法，研究了模拟增温 65 个月后对岷江冷杉幼苗生长、物质积累及其分配格局的影响。徐振峰等（2010）则采用开顶式生长室（OTC）模拟增温对植被影响的研究方法，研究了青藏高原东缘林线交错带糙皮桦（*Betula utilis*）光合特性对模拟增温的短期响应。

1980—2010 年，我国年均氮素沉降量增加约为 8kg N/hm^2，陆地生态系统中植物叶片氮含量平均增加了 32.8%，已经成为继西欧和北美之后的全球第三大氮沉降集中区（Liu 等，2013），而基于 38 个站点的研究数据表明，我国森林生态系统通过降雨的总无机氮达到 21.5kg N/hm^2（Du 等，2014）。国内开展最早的是 1994 年开始的福建杉木人工林氮沉降试验，之后是 2002 年开始的广东鼎湖山南亚热带森林氮添加试验、2006 年开始的长白山阔叶林氮沉降试验和 2007 年开始的华西雨屏区苦竹（*Pleioblastus amurus*）人工林氮沉降试验等（周璋，2013）。北京大学生态学系利用野外长期定位模拟氮沉降法，于 2010 年建立了一个中国典型森林生态系统养分添加实验网络（Nutrient Enrichment Experiments in Chinese Forests，NEECF），包含了 7 个我国东部典型的森林植被类型，从南到北分别为海南尖峰岭（JFL）的热带山地雨林、福建武夷山（WYS）的亚热带常绿阔叶林、安徽牯牛降（GNJ）的亚热带常绿阔叶林、北京东灵山（DLS）的温带落叶阔叶林、河北塞罕坝（SHB）的樟子松人工林、黑龙江五营（WY）的温带针阔混交林和内蒙古根河（GH）的寒温带针叶林（Du 等，2013）。

1.2.4　树木叶片和细根功能性状

刘晓娟和马克平（2015）在《中国科学：生命科学》发表了题为"植物功能性状研究进展"的综述性文章，回顾了植物功能性状研究的发展历程，总结了近 10 年来基于植物功能性状研究的前沿科学问题：①功能性状的全球分布格局和内在关联；②功能性状沿环境梯度的变化规律；③功能多样性的定义及应用；④功能性状与群落物种共存机制和群落动态变化的关系；⑤功能性状与系统发育的关系；⑥功能性状对生态系统功能的影响以及对各类干扰的影响和响应，同时从性状测量和选取、研究方法以及研究方向上对未来基于植物功能性状的研究提出了展望。在植物长期适应环境的过程中，叶片一直有着举足轻重的地位（Tian 等，2016）。一方面，叶片是植物进行光合作用的最主要的营养器官，通过叶片的光合作用，植物将自然界中的光能转化为可被自身利用的化学能；另一方面，叶片是植物与外界环境之间进行物质交换的核心。植物叶片在生长的过程中，受光照强度大小、温度高低、水分状况、海拔高度等环境因子的影响十分显著（陈洁，2015；丁凌子等，2014）。细根是树木根系的重要组成部分（卫星等，2008）。然而，因受到测量方法的限制，细根的周转速率等许多性状却难以直接观测（张小全等，2001）。因此，若植物细根的性状与叶片的性状具有确定的相互关系，则可以利用更加便于测量的叶片性状对细根的性状进行估算，从而加深我们对植物功能性状的理解（徐冰等，2010）。目前，我国对树木叶片功能性状的研究内容主要包括：①处于相同生境中不同树种叶片性状的对比分析（周欣等，2015；赵广东等，2016）；②相同物种叶片性状的环境梯度变化规律（Feng 等，2013；冯秋红等，2010）；③群落优势种叶片的解剖结构（王桂芹等，2012）；④生态系统中关键物种的光合生理特征，如新疆塔里木河上游人工胡杨林异形叶光合作用对光强与 CO_2 浓度的响应，以及将三江平原的湿地植物光合生理特性与叶功能性状进行综合分析的研究（王海珍等，2014）。⑤叶片功能性状对气候变化的响应与适应（王致远等，2014a 和 2014b）。而树木细根功能性状的研究多集中在：①环境和遗传背景对细根功能性状变异的影响（郑颖等，2014）；②不同树种细根功能性状的差异性比较（邹斌等，2015；王韦韦等，2015）；③同一树种细根不同功能性状指标间的关联性（施宇，2011）；④细根性状沿气候梯度的变化特征（施宇等，2012）；⑤细根功能性状对气候变化的响应与适应（涂利华等，2010；郭伟等，2016）。

1.3 国内外差距分析

1898 年，德国植物生态学家 Schimper 在其经典著作《基于生理学的植物地理学》的序言中强调了植物生理生态学研究的必要性，而我国在植物生理生态学方面的研究开始于 20 世纪 20 年代（蒋高明，2004）。1999 年 11 月 14 日，第一届全国植物生理生态学学术研讨会在杭州召开（常杰等，1999）。可见，我国植物生理生态学的起步相对较晚。

植物生理生态学是研究生态因子与植物生理现象之间关系的科学，主要从生理机制上探讨植物与环境的关系、物质代谢和能量流动规律以及植物在不同环境条件下的适应性（Larcher，1995）。树木生理生态学则以树木为研究对象，属于植物生理生态学研究的一个重要方面。据统计，我国约有 8000 种树木。尽管我国树木生理生态学的研究对象丰富多样，但在研究方法、研究内容和研究成果等方面与国外仍存在较大的差距，主要表现在：①多采用国内传统或借鉴国外先进的研究方法，研究内容上涉及树木对环境变化响应与适应的生理学机制解释等方面相对较少；②研究尺度一般在叶片、单株和生态系统水平；③野外控制实验的时间相对较短，基本都在 10 年以下；④缺少不同部门多家单位联合针对树木生理生态学一个或多个科学问题而开展的跨区域全国尺度的协同研究等。

2 发展战略、需求与目标

2.1 发展战略

2000 年前后，以第一届、第二届全国植物生理生态学学术研讨会召开为契机，树木生理生态学的相关成果不断涌现。然而近 10 年来，树木生理生态学的研究基本进入了发展的"瓶颈

期"，受到了资金、人才等多方面因素的影响和限制。

根据国外最新研究进展和国家最新需求，谋划和设计树木生理生态学的研究内容，并通过不同途径和渠道建议科技部、国家自然科学基金委员会、国家林业和草原局等相关部门更加重视树木生理生态学，建立不同气候带典型森林生态系统树木生理生态长期观测和研究平台，通过完善的人才激励机制，吸引国内外更多的专家和学者从事树木生理生态学的相关研究，重视国际交流与合作，及时将国外先进的研究方法等进一步消化、吸收和创新。

2.2 发展需求

植物生理生态学主要研究植物对变化环境的生理代谢响应或适应，现代植物生理生态学的发展和测定仪器的进步同步进行，小型轻便、智能、性能优良和高自动化程度是植物生理生态学仪器发展的必然趋势（张守仁等，2007）。树木生理生态学的发展需要长期稳定的经费支持，以购置观测和研究中所必需的先进仪器设备，同时培养和造就一批树木生理生态学研究领域的领军人才，通过人才引进和激励政策，保持研究队伍结构合理，坚持"走出去、引进来"，不断拓展国际合作的研究领域。

2.3 发展目标

以我国主要树种为研究对象，依托不同气候带典型森林生态系统树木生理生态长期观测和研究平台，综合运用植物解剖学、分子生物学、植物生理生态学等的研究方法，从细胞、叶片、个体、生态系统等不同尺度揭示和探讨树木对 CO_2 浓度升高、氮沉降增加、降水变化、高温等变化环境的生理代谢响应或适应机理，争取在国际主流 SCI 期刊发表一批具有重要影响力的研究成果。

3 重点领域和发展方向

3.1 重点领域

植物生理生态学随着研究手段的不断更新，在国内外都取得了很大的进展，尤其在当今的全球生态学、生物多样性保育、退化生态系统的恢复与重建、生态系统的可持续发展的生态生理学机制方面越来越发挥着重要的作用（常杰等，1999）。树木生理生态学的重点领域应紧跟国家重要需求，同时紧密结合林业行业，为森林质量提升、珍稀濒危树种保育、外交谈判和国际履约等提供基础数据和理论依据。

重点领域主要包括：①主要树种对水、碳、氮、磷、钾及其交互作用的生理生态响应与适应及其机制；②我国主要珍稀濒危树种的生理生态研究；③在收集和整理全国主要树种生理生态数据的基础上，建立其数据库并进行 Meta 分析；④我国主要树种叶片和细根功能性状的空间差异性及其影响机理。

3.2 发展方向

第一届全国植物生理生态学学术研讨会认为，在理论研究方面，植物生理生态学应集中在植物个体水平上，揭示植物乃至生态系统（尤其是特殊生境下）对环境适应和生命进化的机制，所有这些需要非常扎实的植物生理学与生态学基础、完善的实验设计和可验证的数据，研究成果要经得起国际同行的检验；在实践方面，要面对与国计民生有关的重要科学问题，如作物品种改良中的植物生理生态学指标的应用，抗旱、抗涝、抗热、抗寒、抗盐、抗污染、抗病虫害植物的生理生态学基础等（常杰等，1999）。近20年来，我国的植物生理生态学在理论研究和实践应用方面均取得了一定的进展，树木生理生态学的发展方向应坚持理论研究与实践应用同时进行；在理论研究中，多学科融合，多尺度联合，控制试验与野外原位试验并举，微观研究与宏观研究并重。

4 存在的问题和对策

4.1 存在的问题

树木生理生态学是树木生理学与森林生态学的交叉学科，其研究工作的开展需要掌握树木生理学、森林生态学的专业基础理论和相应的研究方法，因此对从事树木生理生态学研究的人员提出了更高的要求。据不完全统计，我国长期从事树木生理生态学相关研究的人员相对不足，每年发表在 *Global Change Biology*、*New Phytologist*、*Plant*, *Cell and Environment*、*Functional Ecology* 和 *Tree Physiology* 等主流 SCI 期刊上的论文数量明显低于美国、英国、德国等发达国家，因缺少一定的原始创新与集成创新，研究成果的国际认可度和影响力相对较低。

尽管通过不同渠道的经费来源，多家单位先后购买了便携式光合仪、叶面积仪、自动气象站、树木根系生长监测系统等与树木生理生态学观测及研究密切相关的仪器设备，但其有效使用率较低。

2000 年以来，不同单位相继投资建立了施氮、施磷、增温、减水等树木生理生态学观测和研究平台，但彼此之间的交流和沟通较少，存在一定的重复建设等问题，而且平台的开放性和数据的共享性较差。

4.2 相关对策

和其他学科一样，树木生理生态学的长久发展与进步需要充足的经费、优秀的人才团队、坚强的物质保障等。充足的经费首先需要科技部、国家自然科学基金委员会、国家林业和草原局等多个相关部门认识到树木生理生态学在揭示森林生态系统结构与功能、国家生态文明建设、森林质量提升、减缓气候变化等多个方面的重要性，争取相关部门能够不断持续加大对树木生理生态学观测与研究的经费支持力度。

建立良好的人才引进和激励政策，吸引树木生理生态学领域知名学者和研究人员回国工作，同时根据实际需要，派出具有培养前途的青年学者出国进修学习，通过加强国际交流与合作，不断提高对国外树木生理生态学先进理论和研究方法的引进、消化和吸收。

从我国实际情况出发，不断加强树木生理生态仪器设备的定期培训，提高观测和研究人员对相关仪器设备设计原理、常见问题等的认识和理解，发挥先进仪器设备在树木生理生态学研究领域的最大功效。

通过多个主管部门等的沟通与协调，加快现有树木生理生态学观测与研究平台的交流与沟通、开放与共享，同时结合国外最新研究进展，多部门联合，建立符合我国树木生理生态学现

实情况并满足国家最新需求的树木生理生态学观测与研究平台，从多个尺度开展树木生理生态学的相关研究工作。

参考文献

曹宏杰，倪红伟. 2013. 大气 CO_2 升高对土壤碳循环影响的研究进展 [J]. 生态环境学报，22 (11)：1846-1852.

常晨晖，苟小林，吴福忠，等. 2016. 利用海拔差异模拟增温对高山森林土壤溶解性有机碳和有机氮含量的影响 [J]. 应用生态学报，27 (3)：663-671.

常杰，蒋高明. 1999. 第一届全国植物生理生态学学术研讨会纪要 [J]. 植物学通报，16 (6)：719.

常英俏，徐文远，穆立蔷，等. 2012. 干旱胁迫对 3 种观赏灌木叶片解剖结构的影响及抗旱性分析 [J]. 东北林业大学学报，40 (3)：36-40.

陈洁，李玉双，庞莉莉，等. 2015. 江苏不同居群狗尾草叶片解剖特征的比较研究 [J]. 植物科学学报，33 (4)：448-457.

仇云峰，李亚光，李青山. 2015. 干旱胁迫对小叶杨幼苗生长的影响 [J]. 水土保持通报，35 (2)：42-45.

丁凌子，陈亚军，张教林. 2014. 热带雨林木质藤本植物叶片性状及其关联 [J]. 植物科学学报，32 (4)：362-370.

段宝利，尹春英，李春阳. 2005. 松科植物对干旱胁迫的反应（英文）[J]. 应用与环境生物学报，11 (1)：115-122.

段洪浪，吴建平，刘文飞，等. 2015. 旱胁迫下树木的碳水过程以及干旱死亡机理 [J]. 林业科学，51 (11)：113-120.

冯秋红，程瑞梅，史作民，等. 2011. 海拔梯度对巴郎山奇花柳叶片 $\delta^{13}C$ 的影响 [J]. 应用生态学报，22 (11)：2841-2848.

冯秋红，程瑞梅，史作民，等. 2013. 巴郎山异型柳叶片功能性状及性状间关系对海拔的响应 [J]. 生态学报，33 (9)：2712-2718.

冯秋红，史作民，董莉莉，等. 2010. 南北样带温带区栎属树种功能性状间的关系及其对气象因子的响应 [J]. 植物生态学报，34 (6)：619-627.

付晓萍，田大伦，闫文德. 2006. 模拟酸雨对樟树光合日变化的影响 [J]. 中南林业科技大学学报，26 (6)：38-43.

高健，彭镇华. 2000. 滩地杨树光合作用生理生态的研究 [J]. 林业科学研究，13 (2)：147-152.

郭伟，宫浩，韩士杰，等. 2016. 氮、水交互对长白山阔叶红松林细根形态及生产量的影响 [J]. 北京林业大学学报，38 (4)：29-35.

贺金生，王政权，方精云. 2004. 全球变化下的地下生态学：问题与展望 [J]. 科学通报，49 (13)：1226-1233.

侯智勇，洪伟，李键，等. 2009. 不同桉树无性系光响应曲线研究 [J]. 福建林学院学报，29 (2)：114-119.

黄丽，王德炉，谭芳林，等. 2013. 4 种红树净光合速率对光和 CO_2 浓度的响应特征 [J]. 防护林科技，9：1-3.

蒋冬月，钱永强，费英杰，等. 2015. 柳属植物光合-光响应曲线模型拟合 [J]. 核农学报，29 (1)：169-177.

蒋高明，韩兴国，林光辉. 1997. 大气 CO_2 浓度升高对植物的直接影响-国外十余年来模拟实验研究主要手段及基本结论 [J]. 植物生态学报，21 (6)：489-502.

蒋高明. 2004. 植物生理生态学的学科起源与发展 [J]. 植物生态学报，28 (2)：278-284.

靳甜甜，傅伯杰，刘国华，等. 2011. 不同坡位沙棘光合日变化及其主要环境因子 [J]. 生态学报，31 (7)：1783-1793.

柯世省，金则新. 2002. 浙江天台山茶树光合日变化及光响应 [J]. 应用与环境生物学报，8 (2)：159-164;.

李德文，史奕，何兴元. 2005. 大气二氧化碳和臭氧浓度升高对植物挥发性有机化合物排放影响的研究进展

[J]．应用生态学报，16（12）：2454-2458．

李冬琴，曾鹏程，陈桂葵，等．2016．干旱胁迫对3种豆科灌木生物量分配和生理特性的影响［J］．中南林业科技大学学报，36（1）：33-39．

李辉，谢会成，姜志林，等．2013．不同土壤水分条件下麻栎盆栽实生苗的光合响应［J］．中国水土保持科学，11（6）：93-97．

李青超，张远彬，王开运，等．2008．大气CO$_2$浓度升高对亚高山红桦碳水化合物含量与分配的影响［J］．西北林学院学报，23（1）：1-5．

李勇，彭少兵，黄见良，等．2013．叶肉导度的组成、大小及其对环境因素的响应［J］．植物生理学报，49（11）：1143-1154．

林舜华，项斌，高雷明，等．1997．辽东栎对大气CO$_2$倍增的响应［J］．植物生态学报，21（4）：297-303．

刘巍，蔄胜军，丁勇，等．2015．5种不同杨树光合指标日变化分析［J］．西南林业大学学报，35（6）：19-25．

刘晓娟，马克平．2015．植物功能性状研究进展［J］．中国科学：生命科学，45（4）：325-339．

路娜，胡维平，邓建才，等．2011．大气CO$_2$浓度升高对植物影响的研究进展［J］．土壤通报，42（2）：477-482．

罗光宏，王进，颜霞，等．2014．干旱胁迫对唐古特白刺（Nitraria tangutorum）种子吸胀萌发和幼苗生长的影响［J］．中国沙漠，34（6）：1537-1543．

牛书丽，韩兴国，马克平，等．2007．全球变暖与陆地生态系统研究中的野外增温装置［J］．植物生态学报，31（2）：262-271．

彭俊杰，何兴元，陈振举，等．2012．华北地区油松林生态系统对气候变化和CO$_2$浓度升高的响应-基于BIOME-BGC模型和树木年轮的模拟［J］．应用生态学报，23（7）：1733-1742．

乔匀周，王开运，张远彬．2007．CO$_2$浓度升高对红桦幼苗树皮和去皮树干特征的影响［J］．西北林学院学报，22（1）：1-4．

施宇，温仲明，龚时慧．2011．黄土丘陵区植物叶片与细根功能性状关系及其变化［J］．生态学报，31（22）：6805-6814．

施宇，温仲明，龚时慧，等．2012．黄土丘陵区植物功能性状沿气候梯度的变化规律［J］．水土保持研究，19（1）：107-111．

史作民，唐敬超，程瑞梅，等．2015．植物叶片氮分配及其影响因子研究进展［J］．生态学报，35（18）：5909-5919．

史作民，冯秋红，程瑞梅，等．2010．叶肉细胞导度研究进展［J］．生态学报，30（17）：4792-4803．

涂利华，胡庭兴，张健，等．2010．模拟氮沉降对华西雨屏区苦竹林细根特性和土壤呼吸的影响［J］．应用生态学报，21（10）：2472-2478．

王桂芹，刘艳然．2012．都支杜鹃茎叶解剖特征与环境的适应性［J］．植物研究，32（5）：532-536．

王海珍，徐雅丽，张翠丽，等．2015．干旱胁迫对胡杨和灰胡杨幼苗渗透调节物质及抗氧化酶活性的影响［J］．干旱区资源与环境，29（12）：125-130．

王海珍，韩路，徐雅丽，等．2014．胡杨异形叶光合作用对光强与CO$_2$浓度的响应［J］．植物生态学报，38（10）：1099-1109．

王森，代力民，姬兰柱，等．2001．长白山阔叶红松林主要树种对干旱胁迫的生态反应及生物量分配的初步研究［J］．应用生态学报，12（4）：496-500．

王韦韦，熊德成，黄锦学，等．2015．亚热带不同演替树种米槠和马尾松细根性状对比研究［J］．生态学报，35（17）：5813-5821．

王致远．2014．丝栗栲、苦槠和青冈幼苗叶片气体交换和功能性状对增温和施氮的响应［D］．北京：中国林业科学研究院．

王致远，赵广东，王兵，等．2014a．丝栗栲、苦槠和青冈幼苗叶片光合生理指标对人工增温和施氮的响应［J］．

水土保持学报, 28 (4)：293-298.

王致远, 赵广东, 王兵, 等. 2014b. 丝栗栲, 苦槠和青冈幼苗叶片功能性状对增温和施氮的响应 [J]. 东北林业大学学报, 42 (12)：43-49.

卫星, 张国珍. 2008. 树木细根主要研究领域及展望 [J]. 中国农学通报, 24 (5)：143-147.

文诗韵, 杨思河, 尹忠馥. 1991. 红松光合作用日进程测定 [J]. 生态学杂志, 10 (6)：30-33.

吴丽君, 李志辉, 杨模华, 等. 2015. 赤皮青冈幼苗叶片解剖结构对干旱胁迫的响应 [J]. 应用生态学报, 26 (12)：3619-3626.

肖文发, 徐德应, 刘世荣, 等. 2002. 杉木人工林针叶光合与蒸腾作用的时空特征 [J]. 林业科学, 38 (5)：38-46.

徐冰, 程雨曦, 甘慧洁, 等. 2010. 内蒙古锡林河流域典型草原植物叶片与细根性状在种间及种内水平上的关联 [J]. 植物生态学报, 34 (1)：29-38.

徐茜, 陈亚宁. 2012. 胡杨茎木质部解剖结构与水力特性对干旱胁迫处理的响应 [J]. 中国生态农业学报, 20 (8)：1059-1065.

徐胜, 陈玮, 何兴元, 等. 2015. 高浓度 CO_2 对树木生理生态的影响研究进展 [J]. 生态学报, 35 (8)：2452-2460.

徐振锋, 胡庭兴, 张力, 等. 2010. 青藏高原东缘林线交错带糙皮桦幼苗光合特性对模拟增温的短期响应 [J]. 植物生态学报, 34 (3)：263-270.

许大全. 1990. 光合作用"午睡"现象的生态、生理与生化 [J]. 植物生理学通讯, 26 (6)：5-10.

杨兵, 王进闯, 张远彬. 2010. 长期模拟增温对岷江冷杉幼苗生长与生物量分配的影响 [J]. 生态学报, 30 (21)：5994-6000.

叶子飘. 2010. 光合作用对光和 CO_2 响应模型的研究进展 [J]. 植物生态学报, 34 (6)：727-740.

尹丽, 刘永安, 谢财永, 等. 2012. 干旱胁迫与施氮对麻疯树幼苗渗透调节物质积累的影响 [J]. 应用生态学报, 23 (3)：632-638.

张守仁, 樊大勇, Reto J Strasser. 2007. 植物生理生态学研究中的控制实验和测定仪器新进展 [J]. 植物生态学报, 31 (5)：982-987.

张小全, 吴可红. 2001. 森林细根生产和周转研究 [J]. 林业科学, 37 (3)：126-138.

张小全, 徐德应. 2000. 杉木中龄林不同部位和叶龄针叶光合特性的日变化和季节变化 [J]. 林业科学, 36 (3)：19-26.

张彦敏, 周广胜. 2012. 植物叶片最大羧化速率对多因子响应的模拟 [J]. 科学通报, 57 (13)：1112-1118.

张一平, 武传胜, 梁乃申, 等. 2015. 哀牢山亚热带常绿阔叶林土壤温度时空分布对模拟增温的响应 [J]. 生态学杂志, 34 (2)：347-351.

赵广东, 李超, 史作民, 等. 2016. 壳斗科五树种幼苗叶片结构型性状及其相关关系 [J]. 广西植物, 36 (5)：507-514.

郑世伟, 江洪. 2014. 氮沉降对森林生态系统影响的研究进展 [J]. 浙江林业科技, 34 (2)：56-64.

郑颖, 温仲明, 宋光, 等. 2014. 环境及遗传背景对延河流域植物叶片和细根功能性状变异的影响 [J]. 生态学报, 34 (10)：2682-2692.

周光良, 罗杰, 胡红玲, 等. 2015. 干旱胁迫对巨桉幼树生长及光合特性的影响 [J]. 生态与农村环境学报, 31 (6)：888-894.

周欣, 左小安, 赵学勇, 等. 2015. 科尔沁沙地中南部 34 种植物叶功能性状及其相互关系 [J]. 中国沙漠, 35 (6)：1489-1495.

周玉梅, 韩士杰, 张军辉, 等. 2001. CO_2 浓度升高对长白山三种树木幼苗光合、呼吸及酶活性的影响（英文）[J]. Journal of Forestry Research, 12 (4)：235-69.

周玉梅，韩士杰，张军辉，等. 2002a. CO₂浓度升高对长白山三种树木幼苗叶碳水化合物和氮含量的影响 [J]. 应用生态学报，13（6）：663-666.

周玉梅，韩士杰，张军辉，等. 2002b. 不同CO₂浓度下长白山3种树木幼苗的光合特性 [J]. 应用生态学报，13（1）：41-44.

周璋. 2013. 氮磷添加对海南热带山地雨林碳循环的影响 [D]. 北京：北京大学.

邹斌，蔡飞，郑景明，等. 2015. 亚热带天然林4种树木细根生物量垂直分布和主要功能性状的差异 [J]. 东北林业大学学报，43（3）：18-22.

Aerts R, Chapin F S I I I. 2000. The mineral nutrition of wild plants revisited：a re-evaluation of processes and patterns [J]. Advances in Ecological Research, 30（8）：1-67.

Andrew J Kerkhoff, William F Fagan, James J Elser, et al. 2006. Phylogenetic and Growth Form Variation in the Scaling of Nitrogen and Phosphorus in the Seed Plants [J]. American Naturalist, 168（4）：E103-E122.

Aranjuelo I, Pardo A, Biel C, et al. 2008. Leaf carbon management in slow-growing plants exposed to elevated CO₂ [J]. Global Change Biology, 15（1）：97-109.

Bardgett R D, Mommer L, De Vries F T. 2014. Going underground：root traits as drivers of ecosystem processes [J]. Trends in Ecology & Evolution, 29（12）：692-699.

Bernhardt-Römermann M, Römermann C, Nuske R, et al. 2008. On the identification of the most suitable traits for plant functional trait analyses [J]. Oikos, 117（10）：1533-1541.

Bloomfield K J, Domingues T F, Saiz G, et al. 2014. Contrasting photosynthetic characteristics of forest vs. savanna species（far North Queensland, Australia）[J]. Biogeosciences Discuss, 11（24）：8969-9011.

Bonal D, Burban B, Stahl C, et al. 2015. The response of tropical rainforests to drought-lessons from recent research and future prospects [J]. Annals of Forest Science, 73（1）：27-44.

Bota J, Medrano H J. 2004. Is photosynthesis limited by decreased Rubisco activity and RuBP content under progressive water stress? [J]. New Phytologist, 162（3）：671-681.

Caemmerer S V, Farquhar G D. 1981. Some relationships between the biochemistry of photosynthesis and the gas exchange of leaves [J]. Planta, 153（4）：376-387.

Caemmerer S V. 2000. Biochemical Models of Leaf Photosynthesis [M] // Techniques in Plant Sciences No.2. CSIRO Publishing, Collingwood, Victoria, Australia：1-165.

Caemmerer S V, Evans J R. 2015. Temperature responses of mesophyll conductance differ greatly between species [J]. Plant, Cell and Environment, 38（4）：629-637.

Cano F J, Sanchez-gomez D, Rodriguez-calcerrada J, et al. 2013. Effects of drought on mesophyll conductance and photosynthetic limitations at different tree canopy layers [J]. Plant, Cell and Environment, 36（11）：1961-1980.

Centritto M, Loreto F, Chartzoulakis K. 2003. The use of low [CO₂] to estimate diffusional and non-diffusional limitations of photosynthetic capacity of salt-stressed olive saplings [J]. Plant, Cell and Environment, 26：585-594.

Chen Charles P, Zhu Xin-Guang, Stephen P Long. 2008. The Effect of Leaf-Level Spatial Variability in Photosynthetic Capacity on Biochemical Parameter Estimates Using the Farquhar Model：A Theoretical Analysis [J]. Plant Physiology, 148（2）：1139-1147.

Chen L, Dong T, Duan B. 2014. Sex-specific carbon and nitrogen partitioning under N deposition in *Populus cathayana* [J]. Trees, 28（3）：793-806.

Clark D L, Wilson M, Roberts R. 2012. Plant traits-a tool for restoration? [J]. Applied Vegetation Science, 15（4）：449-458.

Cornelissen J H C, Lavorel S, Garnier E, et al. 2003. A handbook of protocols for standardised and easy measurement of plant functional traits worldwide [J]. Australian Journal of Botany, 51（4）：335-380.

Cramer W, Kicklighter D W, Bondeau A, et al. 1999. Comparing global models of terrestrial net primary productivity (NPP): Overview and key results [J]. Global Change Biology, 5 (S1): 1-15.

Dawes M A, Hättenschwiler S, Bebi P, et al. 2011. Species-specific tree growth responses to 9 years of CO_2 enrichment at the alpine treeline [J]. Journal of Ecology, 99 (2): 383-394.

Deslauriers A, Huang J G, Balducci L, et al. 2016. The contribution of carbon and water in modulating wood formation in black spruce saplings [J]. Plant Physiology, 170 (4): 2072-2084.

Du E, Jiang Y, Fang J, et al. 2014. Inorganic nitrogen deposition in China's forests: Status and characteristics [J]. Atmospheric Environment, 98 (98): 474-482.

Du E, Zhou Z, Li P, et al. 2013. NEECF: a project of nutrient enrichment experiments in China's forests [J]. Journal of Plant Ecology, 6 (5): 428-435.

Ethier G J, Livingston N J. 2004. On the need to incorporate sensitivity to CO_2 transfer conductance into the Farquhar-von Caemmerer-Berry leaf photosynthesis model [J]. Plant, Cell and Environment, 27 (2): 137-153.

Evans J R, Terashima I. 1988. Photosynthetic characteristics of spinach leaves grown with different nitrogen treatments [J]. Plant, and Cell Physiology, 29 (1): 157-165.

Farquhar G D, von Caemmerer S, Berry J A. 1980. A biochemical model of photosynthetic CO_2 assimilation in leaves of C_3 species [J]. Planta, 149 (1): 78-90.

Farquhar G D, von Caemmerer S, Berry J A. 2001. Models of photosynthesis [J]. Plant Physiology, 125 (1): 42-45.

Farquhar G D, Wong S C. 1984. An Empirical Model of Stomatal Conductance [J]. Australian Journal of Plant Physiology, 11 (3): 191-210.

Fajardo A, Siefert A. 2016. Phenological variation of leaf functional traits within species [J]. Oecologia, 180 (4): 1-9.

Feng Q H, Mauro C, Ruimei C, et al. 2013. Leaf Functional Trait Responses of *Quercus aquifolioides* to High Elevations [J]. International Journal of Agriculture and Biology, 15 (1): 69-75.

Feng Y L, Lei Y B, Wang R F, et al. 2009. Evolutionary tradeoffs for nitrogen allocation to photosynthesis versus cell walls in an invasive plant [J]. PNAS, 106 (6): 1853-1856.

Flexas J, Ribas-Carbó M, Diaz-Espejo A, et al. 2008. Mesophyll conductance to CO_2: current knowledge and future prospects [J]. Plant, Cell and Environment, 31 (5): 602-621.

Fortunel C, Fine P V A, Baraloto C. 2012. Leaf, stem and root tissue strategies across 758 Neotropical tree species [J]. Functional Ecology, 26 (5): 1153-1161.

Funk J L, Glenwinkel L A, Sack L. 2013. Differential allocation to photosynthetic and non-photosynthetic nitrogen fractions among native and invasive species [J]. PloS One, 8 (5): e64502.

Gielen B, Calfapietra C, Lukac M, et al. 2005. Net carbon storage in a poplar plantation (POPFACE) after three years of free-air CO_2 enrichment [J]. Tree Physiology, 25 (11): 1399-1408.

Gruber N, Galloway J N. 2008. An earth-system perspective of the global nitrogen cycle [J]. Nature, 451: 293-296.

Gustafsson M, Gustafsson L, Alloysius D, et al. 2016. Life history traits predict the response to increased light among 33 tropical rainforest tree species [J]. Forest Ecology and Management, 362: 20-28.

Hans-Örjan Nohrstedt. 2001. Response of Coniferous Forest Ecosystems on Mineral Soils to Nutrient Additions: A Review of Swedish Experiences [J]. Scandinavian Journal of Forest Research, 16 (16): 555-573.

Harpole W S, Ngai J T, Cleland E E, et al. 2011. Nutrient co-limitation of primary producer communities [J]. Ecolog Letters, 14 (9): 852-862.

Hikosaka K. 2004. Interspecific difference in the photosynthesis nitrogen relationship: patterns, physiological causes, and ecological importance [J]. Journal of Plant Research, 117 (6): 481-494.

Huang J, Yu H, Guan X, et al. 2015. Accelerated dryland expansion under climate change [J]. Nature Climate Change, DOI: 10. 1038/NCLIMATE2837.

IPCC. 2014. Climate Change 2014: Synthesis Report [C]. Contribution of Working Groups I, II and III to the Fifth Assessment Report of the Intergovernmental Panel on Climate Change (core writing team). IPCC, Geneva, Switzerland.

Jin-Sheng H, Zhiheng W, Xiangping W, et al. 2006. A test of the generality of leaf trait relationships on the Tibetan Plateau [J]. New Phytologist, 170 (4): 835-848.

Kitao M, Yazaki K, Kitaoka S, et al. 2015. Mesophyll conductance in leaves of Japanese white birch (*Betula platyphylla* var. *japonica*) seedlings grown under elevated CO_2 concentration and low N availability [J]. Physiologia Plantarum, 155 (4): 435-445.

Larcher W. 1995. Physiological plant ecology [M]. 3rd ed. Berlin Heidelberg, New York: Springer Press.

Le Roux X, Walcroft A S, Daudet F A, et al. 2001. Photosynthetic light acclimation in peach leaves: importance of changes in mass: area ratio, nitrogen concentration, and leaf nitrogen partitioning [J]. Tree Physiology, 21 (6): 377-386.

Li F L, Bao W K. 2015. New insights into leaf and fine-root trait relationships: implications of resource acquisition among 23 xerophytic woody species [J]. Ecology and Evolution, 5 (22): 5344-5351.

Li Y, Liu J, Zhou G, et al. 2016. Warming effects on photosynthesis of subtropical tree species: a translocation experiment along an altitudinal gradient [J]. Scientific Reports, 6: 24895.

Li Y, Zhou G, Huang W, et al. 2016. Potential effects of warming on soil respiration and carbon sequestration in a subtropical forest [J]. Plant and Soil, 409: 247-257.

Lipson D A, Kuske C R, Gallegos-Graves L V, et al. 2014. Elevated atmospheric CO_2 stimulates soil fungal diversity through increased fine root production in a semiarid shrubland ecosystem [J]. Global Change Biology, 20 (8): 2555-2565.

Liu X, Zhang Y, Han W, et al. 2013. Enhanced nitrogen deposition over China [J]. Nature, 494: 459-462.

Llorens L, Penuelas J, Estiarte M. 2003. Ecophysiological responses of two Mediterranean shrubs, *Erica multiflora* and *Globularia alypum*, to experimentally drier and warmer conditions [J]. Plant Physiology, 119 (2): 231-243.

Lloyd J, Syvertsen J P, Kriedemann P E, et al. 1992. Low conductances for CO_2 diffusion from stomata to the sites of carboxylation in leaves of woody species [J]. Plant, Cell and Environment, 15 (8): 873-899.

Long S P, Bernacchi C J. 2003. Gas exchange measurements, what can they tell us about the underlying limitations to photosynthesis? Procedures and sources of error [J]. Journal of Experimental Botany, 54 (392): 2393-2401.

Loreto F, Harley P C, Di Marco G, et al. 1992. Estimation of mesophyll conductance to CO_2 flux by three different methods [J]. Plant Physiology, 98 (4): 1437-1443.

Luke McCormack M, Adams T S, Smithwick E A H, et al. 2012. Predicting fine root lifespan from plant functional traits in temperate trees [J]. New Phytologist, 195 (4): 823-831.

Magill A H, Aber J D, Currie W S, et al. 2004. Ecosystem response to 15 years of chronic nitrogen additions at the Harvard Forest LTER, Massachusetts, USA [J]. Forest Ecology and Management, 196 (1): 7-28.

Makino A, Osmond B. 1991. Effects of nitrogen nutrition on nitrogen partitioning between choloroplasts and mitochondria in pea and wheat [J]. Plant Physiology, 96 (2): 355-362.

Manter D K, Kerrigan J. 2004. A/Ci curve analysis across a range of woody plant species: influence of regression analysis parameters and mesophyll conductance [J]. Journal of Experimental Botany, 55 (408): 2581-2588.

McCormack M L, Gaines K P, Pastore M, et al. 2015. Early season root production in relation to leaf production among six diverse temperate tree species [J]. Plant and Soil, 389 (1-2): 121-129.

Merilo E, Tulva I, Räim O, et al. 2009. Changes in needle nitrogen partitioning and photosynthesis during 80 years of

tree ontogeny in *Picea abies* [J]. Trees, 23 (5): 951-958.

Miao Zewei, Ming Xu, Richard G Lathrop, et al. 2009. Comparison of the A-C c curve fitting methods in determining maximum ribulose 1, 5-bisphosphate carboxylase/oxygenase carboxylation rate, potential light saturated electron transport rate and leaf dark respiration [J]. Plant, Cell and Environment, 32 (2): 109-122.

Mitton J B, Grant M C, Yoshino A M. 1998. Variation in allozymes and stomatal size in pinyon (*Pinus edulis*, Pinaceae), associated with soil moisture [J]. American Journal of Botany, 85 (9): 1262-1265.

Murray D R. 1995. Plant responses to carbon dioxide [J]. American Journal of Botany, 82 (5): 690-697.

Nie M, Lu M, Bell J, et al. 2013. Altered root traits due to elevated CO_2: a meta-analysis [J]. Global Ecology and Biogeography, 22 (10): 1095-1105.

Niinemets Ü, Tenhunen J D. 1997. A model separating leaf structural and physiological effects on carbon gain along light gradients for the shade-tolerant species *Acer saccharum* [J]. Plant, Cell and Environment, 20 (7): 845-866.

Niinemets Ü, Keenan T F, Hallik L. 2015. A worldwide analysis of within-canopy variations in leaf structural, chemical and physiological traits across plant functional types [J]. New Phytologist, 205 (3): 973-993.

Nobel P. 1997. Root distribution and seasonal production in the northwestern Sonoran Desert for a C_3 subshrub, a C_4 bunchgrass, and a CAM leaf succulent [J]. American Journal of Botany, 84 (7): 949-955.

Oren R, Ellsworth D S, Johnsen K H, et al. 2001. Soil fertility limits carbon sequestration by forest ecosystems in a CO_2-enriched atmosphere [J]. Nature, 411: 469-472.

Pegueropina J J, Sisó S, Fernándezmarín B, et al. 2015. Leaf functional plasticity decreases the water consumption without further consequences for carbon uptake in Quercus coccifera L. under Mediterranean conditions [J]. Tree Physiology, 36 (3): 356-367.

Peisker M, Apel H. 2001. Inhibition by light of CO_2 evolution from dark respiration: comparison of two gas exchange methods [J]. Photosynthesis Research, 70: 291-298.

Pérez-Harguindeguy N, Díaz S, Garnier E, et al. 2013. New handbook for standardised measurement of plant functional traits worldwide [J]. Australian Journal of Botany, 61 (3): 167-234.

Prieto I, Roumet C, Cardinael R, et al. 2015. Root functional parameters along a land-use gradient: evidence of a community-level economics spectrum [J]. Journal of Ecology, 103 (2): 361-373.

Quentin A G, Crous K Y, Barton C V M, et al. 2015. Photosynthetic enhancement by elevated CO_2 depends on seasonal temperatures for warmed and non-warmed *Eucalyptus globulus* trees [J]. Tree physiology, 35 (11): 1249-1263.

Rancourt G T, Éthier G, Pepin S. 2015. Greater efficiency of water use in poplar clones having a delayed response of mesophyll conductance to drought [J]. Tree Physiology, 35 (2): 172-184.

Read Q D, Moorhead L C, Swenson N G, et al. 2014. Convergent effects of elevation on functional leaf traits within and among species [J]. Functional Ecology, 28 (1): 37-45.

Reich P B, Walters M B, Tjoelker M G, et al. 1998. Photosynthesis and respiration rates depend on leaf and root morphology and nitrogen concentration in nine boreal tree species differing in relative growth rate [J]. Functional Ecology, 12 (3): 395-405.

Renyan Duan, Minyi Huang, Xiaoquan Kong, et al. 2015. Ecophysiological responses to different forest patch type of two codominant tree seedlings [J]. Ecology and Evolution, 5 (2): 265-274.

Ripullone F, Grassi G, Lauteri M, et al. 2003. Photosynthesis-nitrogen relationships: interpretation of different patterns between *Pseudotsuga menziesii* and *Populus euroamericana* in a mini-stand experiment [J]. Tree Physiology, 23 (2): 137-144.

Sharkey T D, Bernacchi C J, Farquhar G D, et al. 2007. Fitting photosynthetic carbon dioxide response curves for C_3 leaves [J]. Plant Cell and Environment, 30 (9): 1035-1040.

Shen K P, Harte J. 2000. Ecosystem climate manipulations [M] //In: Sala OE, Jackson RB, Mooney HA, Howarth RW eds. Methodsin Ecosystem Science. Springer–Verlag Press, New York: 353–369.

Sun Ying, Gu Lianhong, Robert E, et al. 2013. Asymmetrical effects of mesophyll conductance on fundamental photosynthetic parameters and their relationships estimated from leaf gas exchange measurements [J]. Plant, Cell and Environment, 37 (4): 978–994.

Sun Z, Niinemets Ü, Hüve K, et al. 2013. Elevated atmospheric CO_2 concentration leads to increased whole–plant isoprene emission in hybrid aspen (*Populus tremula × Populus tremuloides*) [J]. New Phytologist, 198 (3): 788–800.

Takashima T, Hikosaka K, Hirose T. 2004. Photosynthesis or persistence: nitrogen allocation in leaves of evergreen and deciduous *Quercus* species [J]. Plant, Cell and Environment, 27 (8): 1047–1054.

Tian M, Yu G, He N, et al. 2016. Leaf morphological and anatomical traits from tropical to temperate coniferous forests: Mechanisms and influencing factors [J]. Scientific Reports, 6: 19703.

Tissue D T, Lewis J D, Wullschleger S D, et al. 2002. Leaf respiration at different canopy positions in sweetgum (*Liquidambar styraciflua*) grown in ambient and elevated concentrations of carbon dioxide in the field [J]. Tree Physiology,22 (15–16): 1157–1166.

Tjoelker M G, Craine J M, Wedin D, et al. 2005. Linking leaf and root trait syndromes among 39 grassland and savannah species [J]. New Phytologist, 167 (2): 493–508.

Warren C R, Dreyer E, Tausz M, et al. 2006. Ecotype adaptation and acclimation of leaf traits to rainfall in 29 species of 16–year–old Eucalyptus at two common gardens [J]. Functional Ecology, 20 (6): 929–940.

Warren C R, McGrath J F, Adams M A. 2005. Differential effects of N, P and K on photosynthesis and partitioning of N in *Pinus pinaster* needles [J]. Annals of Forest Science, 62 (1): 1–8.

Warren C R, Livingston N J, Turpin D H. 2004. Water stress decreases the transfer conductance of Douglas fir (*Pseudotsuga menziensii*) seedlings [J]. Tree Physiology, 24 (9): 971–979.

Warren C R, Ethier G J, Livingston N J, et al. 2003. Transfer conductance in second growth Douglas–fir (*Pseudotsuga menziesii* (Mirb.) Franco) canopies [J]. Plant, Cell and Environment, 26 (8): 1215–1227.

Westbeek M H M, Pons T L, Cambridge M L, et al. Analysis of differences in photosynthetic nitrogen use efficiency of alpine and lowland Poa species [J]. Oecologia, 120 (1): 19–26.

Westoby M. 1998. A leaf–height–seed (LHS) plant ecology strategy scheme [J]. Plant and Soil, 199 (2): 213–227.

Wright I J, Reich P B, Westoby M, et al. 2004. The worldwide leaf economics spectrum [J]. Nature, 428: 821–827.

Wullschleger S D. 1993. Biochemical limitations to carbon assimilation in C_3 plants–A retrospective analysis of the A/Ci curves from 109 species [J]. Journal of Experimental Botany, 44 (262): 907–920.

Wurzburger N, Wright S J. 2015. Fine–root responses to fertilization reveal multiple nutrient limitation in a lowland tropical forest [J]. Ecology, 96 (8): 2137–2146.

Xia J, Wan S. 2008. Global response patterns of terrestrial plant species to nitrogen addition [J]. New Phytologist, 179 (2): 428–439.

Zhang Yong–Jiang, Meinzer F C, Jin–Hua Q, et al. 2013. Midday stomatal conductance is more related to stem rather than leaf water status in subtropical deciduous and evergreen broadleaf trees [J]. Plant Cell and Environment, 36 (1): 149–158.

Zheng X H, Fu C B, Xu X K, et al. 2002. The Asian nitrogen cycle case study [J]. Ambio, 31 (2): 79–87.

Zhu J T, Li X Y, Zhang X M, et al. 2012. Leaf nitrogen allocation and partitioning in three groundwater–dependent herbaceous species in a hyper–arid desert region of north–western China [J]. Australian Journal of Botany, 60 (1): 61–67.

第13章
森林碳氮循环研究

陈德祥（中国林业科学研究院热带林业研究所，广东广州，510520）

森林作为全球重要的陆地生态系统之一，既承担着全球生物多样性的重要栖息功能，同时也为生物圈物质循环提供重要的载体。但是，近几十年来，由于化石燃料的急剧燃烧、土地利用的改变等人为活动的加剧导致全球气候系统发生了显著的改变，而全球气候变化的加剧又对森林等陆地生态系统产生了重要的反馈影响。因此，为了更好地了解未来气候变化趋势下森林生态系统碳、氮等物质循环可能面对的重要改变及急需开展的重要研究，本章首先对碳氮循环研究的发展进行了简要回顾，并根据森林生态系统的自身特点，对森林碳氮循环的未来发展战略、需求和目标进行了分析，提出了未来气候变化情景下森林碳氮循环的优先发展方向和重要研究内容，尤其是在精细化研究、过程与机制研究以及对气候变化的反馈机理等研究方面需要重点关注的内容。本章内容可为从事森林生态学碳氮循环研究的相关科研工作者提供参考，也可为开展森林生态学碳氮循环研究学习的学生提供学习素材。

1 现状与发展趋势

1.1 国际进展

1.1.1 碳循环研究进展

过去几十年来森林碳循环研究取得了飞速的发展，这其中应归功于联合国气候变化框架公约（United Nations Framework Convention on Climate Change，UNFCCC）在20世纪90年代达成的共识，即意识到CO_2等温室气体的快速增加将对气候系统产生非常危险的影响。这种共识也促使了《京都协议》（Kyoto Protocol）的形成和签订，为全球最富有的38个国家温室气体减排设定了具体目标，以及认识到森林的固碳功能在实现减少碳排放目标中的重要作用。

目前对陆地生态系统碳循环研究中，对于生态系统到底是碳源还是碳库，研究结果并不一致，但是森林生态系统，由于木材持续生长导致大量的碳被存储，使得其是最有可能成为碳库的生态系统之一。

1.1.1.1 全球变化与碳循环

18世纪工业革命以来，人类活动已经并正在对地球生态系统产生深刻的影响。人为活动（氮肥的使用和化石燃料的燃烧）导致地球生态系统的固氮量翻倍，大气CO_2浓度比工业化前增加了40%，且导致近一个世纪来全球平均气温上升了0.72℃（IPCC，2013）。人类以施用磷肥的形式向陆地生态系统输入了大量的磷，但是大部分的磷输入仅仅限于农业生态系统，而且施用的磷在农业土壤中长期固持和积累（Penuelas等，2012）。与磷相比，大气中的氮迁移量较大，生物活性高，这一特征使得陆地自然生态系统的大气氮输入与其他矿质营养元素（尤其是磷）输入严重失衡，导致全球陆地自然生态系统正在发生或已经发生了深刻的营养特征变化（Elser等，2007；Penuelas等，2012）。这种营养特征的变化可能影响陆地生态系统的生产力、生态过程和碳固持潜力（Gruber and Galloway，2008；Elser等，2007；de Vries and Posch，2011）。由于陆地生态系统特别是森林，在全球碳循环中起着非常关键的作用，陆地生态系统碳库的微小变化都将导致大气CO_2浓度的显著波动，从而影响到全球气候的稳定（Friedlingstein等，2006）。

1.1.1.2 森林在碳循环中的作用

森林生物量占全球陆地植被总生物量的85%~90%，每年森林通过光合作用和呼吸作用与大气进行的碳交换量占整个陆地生态系统碳交换量的90%，因此，森林在区域碳循环和全球碳循环中发挥着关键作用（Dixon等，1994；Pacala等，2001；Pan等，2011）。当森林受到干扰时可能成为碳源，但干扰过后，森林的再生长可以固定和储存大量的碳从而成为碳汇（Brown等，1999）。因此，《京都议定书》明确指出了造林和再造林在抵消温室气体排放方面的作用。生物量碳库及其变化是陆地碳循环研究的核心问题之一。Pan等（2011）领衔全球19位碳循环研究方面的科学家对全球森林碳收支进行了一次最全面系统的评估，该研究揭示，过去近20年里，全球森林每年可固碳约40亿t（折合147亿t CO_2），相当于同期化石燃料碳排放的一半。但热带毁林等人为活动导致约29亿t碳排放，因此，全球森林每年实际净固碳约11亿t。全球热带森林的年平均碳汇量由20世纪90年代的1.3亿t，下降到2000—2007年间的1.0亿t。中国森林蕴藏着巨大的碳汇能力。经过20年的发展，其年平均碳汇量已由20世纪90年代的1.3亿t，增加到近期的 1.8 亿 t，平均单位面积的碳汇量也由每年每公顷的 0.96t 增加到 1.22t。

1.1.1.3 碳循环研究的发展过程

陆地生态系统碳循环一方面取决于区域和全球尺度气候及生物分布格局，另一方面受控于微观环境条件、生物个体特征和生理生态过程（曹明奎等，2004）。估计陆地生态系统碳汇的时空变化和揭示其调控机理的关键在于认识、定量表达和预测多尺度过程相互作用对生态系统碳循环的影响。

早期对碳交换的研究主要集中在对野外条件下光合作用的研究上，并且提出了一些理论，在这些理论下人们能够更加全面地了解碳循环（Monteith，1965）。直到 20 世纪 60 年代和 70 年代相关测定仪器的发展才使野外直接测定 CO_2 交换成为了可能（Baumgart，1969；Lemon 等，1970）。但此阶段仍然缺乏长期的、大空间尺度上的碳交换测定的能力，利用样地调查所估算碳收支的变化来研究植被和土壤中碳交换仍然是这一阶段可靠和通用的做法，然而，这种估测并不能揭示短时间尺度上碳交换的变异规律。

随着大量先进 CO_2 测定设备的涌现，研究者可以通过测定相关光合作用和呼吸作用来研究不同的时间和空间尺度上的 CO_2 交换过程。但是，由于费用、测定系统的便携性等问题，这类研究在一定程度上是有限的。随着 20 世纪末对碳循环过程了解的政治需求的增加，以及技术手段的进步，科学家们可以在生态系统尺度上开展更广泛的碳交换过程的测定研究。这种研究的发展也促进了人们对碳循环过程的进一步了解。同时，实验手段上也从单独的野外实验发展到了大尺度上多种实验的组合。随着一些大的多学科综合的项目如 ABLE、HAPEX、FIFE、BORE-AS、LBA 等的出现，碳循环研究开始进入网络化、全面综合的阶段，这些研究可以在不同的时间和空间尺度上开展生态系统碳循环动态的对比和深入研究。从 20 世纪 90 年代中期开始，这些研究拓展形成的网络体系（Euroflux、Ameriflux、Ozflux、Asiaflux 等）逐渐建立（Baldocchi and Vogel，1996；Baldocchi 等，2001），这些网络规模目前已有超过 200 个站点。

尽管生态系统碳循环的相关研究已经得到了快速的发展，但是碳循环过程的研究仍然相对缺乏，仍然有诸多问题未解决（Baldocchi，2001）。碳循环测定的时间和空间扩展问题需要提高测定的准确性。同时，还可以通过采用不同的技术，如模型反演、边界层通量估计、航空通量测定以及遥感，来实现时间和空间的扩展问题。而这些技术需要从微气象学和生物量方法中获得高精度的地面层次的真实值，需要进一步开展下垫面光合作用和呼吸作用的生理学研究，以及对碳循环各个分量进行细致研究（Baldocchi 等，1996）。

1.1.1.4 碳循环研究的国际努力

为了阐明碳汇大小、分布和机制，过去几十年来国际有关机构和学术界做出了巨大的努力。例如，在联合国有关组织的支持下，建立了全球陆地观测系统（GTOS），其核心任务就是实施"陆地碳观测计划"（Terrestrial Carbon Observations panel，TCO）。2001 年建立了"全球碳计划"（Global Carbon Project，GCP）（GCP，2003），该计划将全面、深入理解全球碳循环，包括自然因素、人为因素以及二者间的相互作用对碳循环过程的影响，同时促进区域碳源/碳汇的管理。

在区域和洲际层面，世界上的主要区域也都建立了相关的区域合作研究计划，如"欧洲碳计划"（Euro Carbon）和"北美碳计划"（NA Carbon）。这两个计划的主要目的之一就是阐明各自区域的碳汇大小和动态，从而为履行《京都议定书》提供科学数据。通过合作研究，北美和欧洲已经取得了一些重要成果，他们基本阐明了各自地区的碳汇大小及其分布（Pacala 等，2001）。

1.1.2 氮循环研究进展

1.1.2.1 氮循环研究概述

氮的循环过程（nitrogen cycle）是指氮元素在地球生物圈、土壤圈、水圈和大气圈间进行迁移、转化和周转循环的过程。氮素作为生态系统最为重要的营养物质，不仅是生物有机体蛋白质和核酸的重要组成元素，也是限制生态系统净初级生产力的限制因子。生态系统中的氮最初有三个来源：生物固氮、矿化作用和大气氮沉降。生物固氮作用将新的活性氮化合物带入生态系统，矿化作用是将生态系统中的有机氮化合物转化为无机氮化合物，大气氮沉降则是将含氮化合物由一个系统转移到另一个系统（地表含氮化合物排放到大气中，经混合、扩散、转化、迁移，最终降落回地面）。与非活性氮气（N_2）相比，活性氮化合物包括无机氮化合物（NH_3、NH_4^+）、无机氮氧化物（NO_x、HNO_3、N_2O、NO_3^-）以及有机氮化合物（尿素、胺、蛋白质）。在工业革命以前，大气氮沉降相对较少。在当前世界中，大气氮沉降既是一个重要的氮源，更是一个主要的氮源（Galloway 等，2008）。

氮沉降（nitrogen deposition）指大气中的活性氮化合物通过降水和降尘等方式降落到地表而进入生态系统的过程。根据沉降方式不同，氮沉降又可以分为干沉降（dry deposition）和湿沉降（wet deposition）。干沉降是指通过尘埃或气溶胶的沉降作用或碰撞作用输送化合物的方式，主要包括气态 NO、N_2O、NH_3 和 HNO_3，以及（NH_4）$_2SO_4$ 和 NH_4NO_3 粒子；湿沉降则是通过降水的方式使氮返回到陆地和水体，主要包括 NH_4^+ 和 NO_3^- 和少量可溶性有机氮。氮沉降的主要形式是铵态氮、硝态氮和可溶性有机氮，其中铵态氮来源于土壤、肥料中铵态氮挥发和含氮化合物燃烧，硝态氮主要来源于化石燃料燃烧和氮自然氧化过程。

自 19 世纪 50 年代开始，国外就已经开展了关于氮沉降的研究。英国洛桑试验站于 1843 年开始关注生态系统氮循环，1853 年开始收集并测定雨水中的氮元素（Goulding 等，1998）。1988 年美国在马萨诸塞州中部的哈佛实验林中实施"氮长期改善试验"（CANE），整个监测网络附带了美国全部区域，其中对氮沉降敏感的山地和苔原生态系统如落基山脉、阿帕拉契亚高地和阿拉斯加苔原等已经成为其研究的重点区域（Baron and Campbell，1997；Magill 等，2004）。1991 年挪威为了解氮平衡以及氮沉降对 Bjerkrein 流域以及 Auli 流域的影响而开展"氮——从山地到峡湾"的跨学科研究项目（曹军，1997）。瑞典于 1999 年进行了"瑞典最适森林营养试验"（SFONE）（Gunna 等，1994），研究氮沉降的增加对森林生态系统产生的长期影响。1990 开始欧共体开展氮饱和试验（NTREX）（Wright 等，1995），在 7 个国家和 8 个试验点研究影响生态系统氮饱和因素及过程，特别是对针叶林生态系统的研究。另外，在 4 个国家的 6 个站点开展了欧洲森林生态系统实验操作（EXMAN），通过实验手段改变周边大气氮沉降状况，近而研究其对森林生态系统造成的影响（Galloway 等，1995；Wright 等，1995）。

1.1.2.2 氮循环研究现状

人为排放到大气中的活性氮化合物主要是 NO_x、NH_3 和有机氮化合物（Dentener 等，2006；Galloway 等，2004）。化石燃料和生物量是主要的氮氧化物（NO_x、HNO_3、N_2O、NO_3^-）来源；化学肥料和粪肥是主要的 NH_3 来源；而有机氮化合物更多来自于未知的来源，包括自然和人为来源。1860 年，自然过程仍然是活性氮的主要来源（120Tg N/a），此时人为产生的活性氮较少（16Tg N/a），活性氮几乎全部来自生物固氮。到 1995 年，由于土地利用方式改变，自然过程减弱，而人类活动产生的活性氮达到了 210Tg N/a（Galloway 等，2008）。其中，北美、欧洲和东亚（含中国）已成为全球三大氮沉降热点地区，氮沉降速率分别为 0.28g N/（hm² · a）、0.21g N/（hm² · a）、0.16g N/（hm² · a）（Dentener 等，2006）。Lamarque 等（2005）利用模型估算出未来 100 年内（2000—2100 年）全球森林区域氮沉降速率将达到 0.15~0.42g N/（hm² · a）。

19 世纪中期以来，北美及欧洲非城市地区的降雨中硝态氮沉降量显著增加，而铵态氮沉降量则相对稳定。目前，欧洲大部分地区的森林大气氮沉降量超过 10kg N/（hm² · a），而欧洲边远地区则减至 1kg N/（hm² · a），中欧则为 25~60kg N/（hm² · a），大大超过了森林对氮的需求量；在北美，森林地区大气氮沉降量一般为 2~40kg N/（hm² · a）（Brimblecombe and Stedman，1982）。

1.2　国内进展

1.2.1　碳循环研究进展

在我国，目前已有不少学者就不同生态系统的碳汇功能问题开展了相关研究。特别是土地利用、土地覆盖变化对区域陆地生态系统碳循环影响的研究已经取得一些重要成果，其中不乏一些影响较大的成果，但工作主要限于碳储量的估算（王绍强等，1999；李克让等，2002；Wang 等，2001；Wu 等，2003；Ni，2001，2002；Zhou 等，2002，2006；Zhao 等，2005）。例如，方精云等（1996）利用第三次森林资源清查数据直接估算出我国森林植被碳储存总量；又利用不同时期中国森林资源清查资料阐明了近半个世纪以来中国森林植被的碳汇功能及其动态变化（Fang 等，2001）。这一结果得到卫星遥感数据研究的进一步证实（Piao 等，2005）。李克让等（2002）借鉴国外科学家模拟南亚和东南亚森林潜在生物量密度的方法，综合气候指数、年降水量、土壤状况和海拔高度四个因子，构建了我国森林植被潜在碳密度的时空分布格局。王绍强等（2003）初步研究过中国陆地土壤碳库及东北地区碳循环。Piao 等（2009）利用生物量和土壤碳清查方法并结合遥感、生态模型和大气反演等方法对中国主要生态系统平衡及其驱动因素进行了比较研究，发现了华南是中国森林碳汇的主要地区。2010 年《中国科学：生命科学》刊出了一个专辑对中国东部热带雨林（陈德祥等，2010）、亚热带常绿阔叶林（杨同辉等，2010）和温带落叶阔叶林（张全智和王传宽，2010）等森林类型的碳储量和生产力进行了研究，为中国森林生态系统碳循环的研究提供了重要的基础数据。

国家尺度上，中国科学院战略性先导科技专项"应对气候变化的碳收支认证及相关问题"首次对全国森林、草地、灌丛和湿地四大生态系统设置样地进行碳库调查，但区域碳循环研究仍然缺乏。为促进我国区域碳循环相关研究的发展，同时使国家利益在有关全球碳贸易和谈判中不会受到损害，我们国家急需开展区域甚至国家尺度上的碳循环研究。

1.2.2　氮循环研究进展

由于过去 30 年快速的农业生产、工业发展，中国地区人为活性氮排放显著增加（Liu 等，2011）。自 1980 年至今，中国地区氮沉降的观察广泛开展（Sheng 等，2013）。近几年来基于大量观察数据的综合分析也被用于评价全国范围的氮沉降动态和空间模式（Liu 等，2013）。与此同时，大气化学运输模型也被用于模拟中国当前和未来的氮沉降（Dentener 等，2006；Zhao 等，2009）。这些研究都说明了中国具有很高的氮沉降量。然而，氮沉降的模式如何、人为因素的作用仍然未知，需要更进一步的研究。

国内研究目前仍缺乏一个系统的长期网络监测信息。鲁如坤等（1979）于 20 世纪 70 年代

末开展了对我国氮沉降的研究。王文光等（1997）于1992—1993年在中国气象局酸雨站网的81个台站观测得到全国范围的降雨化学资料。2000年，东亚酸沉降监测网（EANET）在我国重庆、西安、厦门、珠海等地区建立9个观测点以长期监测湿沉降和污染物状况。2002年广东鼎湖山建立南亚热带代表性森林（马尾松林、混交林和季风常绿阔叶林）固定样地，通过人工施氮来模拟大气氮沉降输入增加，研究氮沉降对亚热带森林生态系统结构和功能的影响及其机理。2004年，中国农业大学组织建立40个监测点检测全国氮沉降，包含城市、森林、草原等生态系统。2010年，北京大学生态学系利用野外长期定位模拟氮沉降法，建立了一个中国典型森林生态系统养分添加实验网络。Sheng等（2013）通过收集280个观测站点的氮沉降数据并分析人类活动和降雨对氮沉降的影响，进行了全国尺度的无机氮化合物湿沉降模式的研究。但是，我国在氮沉降方面的系统研究仍然欠缺，现有研究的深度和广度也同国外相距较远，加强这方面的研究有着重要意义。

我国能源供应70%来自原煤的燃烧，并且能源消耗年增长速度达到10%，从而造成空气中含氮污染物排放量显著增加，2005年NH_3排放比1980年（13.7Tg/a）增加了1倍，而NO_x排放比1980年（6.0Tg/a）增加了4倍（Zhao等，2009），引起陆地生态系统氮沉降量显著升高。从1980年的13.2kg $N/(hm^2 \cdot a)$增至2000年的21.1kg $N/(hm^2 \cdot a)$，比1980年高60%（Liu等，2013），中国总氮沉降水平平均以0.17~0.41kg $N/(hm^2 \cdot a)$的速度增加。其中，东南区域的氮沉降水平增加最快，高达35.64kg N/hm^2，年增加速度为0.34kg N/hm^2（Liu等，2013）。另外，中国的氮沉降通量和年增长量存在明显空间差异，干沉降量北方大于南方，而湿沉降量南方大于北方。氮沉降量最高值位于我国中南地区，最低值位于西北地区（Liu等，2011）。Liu等（2013）通过构建中国氮素沉降通量数据库得出，过去30年（1980—2010年）中国氮素沉降的增加2/3来源于氮肥、畜牧业等农业源氨排放，1/3来自工业、交通源等非农业源活性氮排放。降水中铵态氮含量比国外高3~10倍，硝态氮含量则略低于国外水平（王瑞斌等，1989；魏福盛，1989）。

1.3 国内外差距分析

1.3.1 碳循环研究

虽然目前我国森林生态系统碳循环研究取得了显著的进展，但是仍然在碳循环模式研究、地理变化格局及其驱动因素、碳汇形成机制等方面需要进一步开展深入研究。一是综合性土地利用、土地覆盖变化的碳效应研究并不多见，特别是关于我国森林生态系统对于全球碳循环的作用和意义、历史时期尤其是近几百年来土地利用、土地覆盖变化以及气候变化对陆地生态系统碳循环的影响等方面的研究几乎是一片空白。二是Fang（2007）等的研究发现虽然我国东部森林生物量随维度增加呈下降趋势，但线性关系并不非常明显，这说明简单的随维度变化的水热因素并不能解释生物量的地理格局，因此究竟什么因素决定了森林生物量有待进一步研究。另外，仍然需要更多的研究针对不同的森林类型开展点、区域层次甚至国家层次碳循环的精细研究。

人们对森林生态系统碳库的研究已经比较全面，积累了大量的实测数据，特别是生物量数据。但是，要得到一个森林生态系统的碳循环模式，却需要长期的野外测定，尤其是各个碳库之间通量的测定。目前碳循环模式测定遇到的困难之一是库大、通量小，短期内准确测定碳库之间的通量并非易事；而由于强的空间异质性，导致采样地点之间结果的差异，经常会大于碳库各分量之间的通量差异。世界上已有比较有代表性的森林生态系统碳循环模式。相比较而言，尽管我国有一些初步的碳循环模式，但总体上还缺乏详细的、具有代表性的碳循环模式研究（贺金生，2012）。森林生态系统碳循环的研究需要从储量、动态到模式的发展。

1.3.2 氮循环研究

国际上有关氮沉降对森林碳氮循环的影响已有较多研究，但还是存在很多不足，如：①氮沉降对森林土壤碳积累的贡献和机制不清楚（Magnani 等，2007；Fang 等，2011a；Lu 等，2012）；②缺少量化气态氮的损失途径和贡献（Templer 等，2012）；③有关热带森林的研究较少（Hedin 等，2009）。在我国，大气氮沉降情况越来越严峻。当前我国氮沉降平均为 21kg N/（$hm^2 \cdot a$），比 20 世纪 80 年代增加了 60%，在某些地区氮沉降高达 80kg N/（$hm^2 \cdot a$）（Liu 等，2013）。目前，我国氮沉降已经高于欧洲和美国的平均水平，许多区域氮沉降量也已经远远超过引起温带和北方森林出现氮饱和的氮沉降临界点（Fang 等，2011b；Liu 等，2011）。然而，总体而言，有关氮沉降对我国森林生态系统结构和固碳功能影响的研究还处于起步阶段。因此，研究氮沉降对我国森林生态系统碳氮循环的影响及其反馈作用是迫切需要的，其研究结果对于理解和预测氮沉降对全球陆地生态系统的影响以及预测全球气候变化的未来趋势都有重要意义。

另外，过去的研究对生态系统可溶性氮收支平衡关注较多，氮饱和的理论也是以硝态氮流失为中心（Aber 等，1998）。土壤释放的气体氮有 NH_3、NO、N_2O 和 N_2 等，其中 NH_3 挥发在酸性森林土壤较小。反硝化作用的产物有 NO、N_2O 和 N_2，是生态系统氮损失的主要途径，也是导致生态系统氮缺乏的重要机制（Vitousek and Howarth，1991）。除 N_2O 外，国内外有关气态氮损失及其对氮沉降响应的研究很少，特别是 N_2 的释放。大气沉降的氮进入森林生态系统后，多大比例通过气态方式和以什么气体损失仍然不清楚，这限制了在全球气候变化下对森林生态系统碳氮循环影响的评价和预测，从而增加了全球气候变化预测的不确定性。

2 发展战略、需求与目标

2.1 发展战略

面向科学前沿，充分发挥学术资源优势，满足国家需求，是选择战略重点的基本依据；推动碳氮循环研究的发展，培养精干的研究队伍，提升我国的国际地位，是实现战略重点的根本目的。

把握科学前沿，对认识森林生态系统碳氮循环将起到重要作用或产生重大影响，有利于迅速提升我国森林生态学碳氮循环研究的国际地位；有利于促进年轻学术骨干的培养，特别是跨学科学术带头人的培养。

鼓励科学家积极参与大型国际研究计划，充分利用国际先进的观测、探测技术平台；特别支持我国科学家以自身优势主持大型国际研究计划，加速我国技术平台的建设。

2.2 发展需求

目前国际森林生态系统碳氮循环研究已经发展到精细化和集成化阶段，急需在国家层面自上而下做好森林生态系统碳氮循环研究的顶层设计和细致规划方案，这样既能满足多样化森林生态系统碳氮循环的细致研究，揭示不同森林生态系统碳氮循环研究的本质规律，又能构建国

家尺度森林生态系统碳氮循环的模式研究，量化国家层次碳源汇变化特征及其未来趋势，提高我国应对气候变化的谈判能力和国际履约能力。

2.3 发展目标

以国际森林生态学碳氮循环研究前沿问题为导向，构建一支精干的森林生态系统碳氮循环研究队伍，致力于开展我国多样化森林生态系统碳氮循环的精细化和模式研究，揭示我国森林生态系统碳氮循环的地理格局及其形成机制，提升我国森林生态系统碳氮循环研究的水平和国际影响力，为国家气候变化谈判提供决策依据。

3 重点领域和发展方向

3.1 重点领域

3.1.1 碳循环研究重点领域

3.1.1.1 不同森林类型碳库现状的精细量化研究

（1）基于资源清查林分水平的碳库现状。在林分的早期生长阶段，由于幼树个体的快速增长，林分水平可以存储大量的碳，同时，由于参与分解的微生物数量较少，不会导致大量的碳被分解掉。传统的利用森林资源清查数据计算碳储量一般采用材积转换法，由于树木的枝、叶、根存在快速周转，因此这部分可能以凋落物、残体等形式进入到土壤中以土壤碳库形式保存起来。因此，需要将干材积乘以一个系数得出整株树木的碳储量，最后将树干的增长量乘以系数得出林分碳储量增长量。然而，在寒冷气候区内，木质残体和土壤有机质的碳储量也是非常重要的部分，但是这些碳库组分的长期变化是非常复杂的，目前了解的并不清楚。总的来说，对于利用传统森林资源清查技术而言，仍然需要更多的研究来了解生态系统水平碳储量及其时间动态变化。

（2）基于涡度协方差方法林分水平的碳交换动态。目前大部分基于涡度协方差技术的研究结果表明，大部分森林仍然是个碳汇。高纬度地区森林具有较强的碳汇能力的结果并不让人意外，由于全球气候变暖对这些寒冷地区的影响更为显著，林线改变、树木生长的速度变得越来越快。

（3）碳循环模式测定。今后的一个重要努力方向将是地带性森林生态系统以及一些代表性的人工林生态系统，建立碳循环模式研究的基准点，构建国家尺度甚至更大尺度的碳循环模式，并用于生态系统模型的校验，以此为基础，进行生态系统碳循环的评价和预测。

（4）区域和国家尺度的碳库现状。在区域和国家尺度上，碳库大小可以通过分析大气中 CO_2 浓度的变化研究得出，但这种方法需要在大尺度上设置足够多的测定站点才能实现（就目前而言，站点数量偏少），此方法基于大气传输模型估算得出。陆地生态系统对大气 CO_2 的吸收固定可以通过光合作用利用 ^{13}C 同位素示踪方法估算得出。化石燃料燃烧排放了大量的 CO_2，因此在利用此方法计算全球碳库大小时需要考虑这种人为排放的 CO_2。人为排放的 CO_2 可由政府的统计数据获得。基于大气观测方法区域尺度碳库大小的估算主要利用涡度协方差方法和地面资源清查数据通过尺度转换计算得出。地面观测方法和大气监测方法具有较好的一致性，但都存在较大的不确定性。

3.1.1.2　森林生态系统碳汇功能控制机理研究

一般观点认为，当在稳定环境条件下，生态系统将处于一种平衡状态，在此状态下光合作用固定的碳与呼吸作用释放的碳基本处于平衡状态，植物的出生率与死亡率也基本相同，这种状态下的净碳交换基本为零（Griffiths and Jarvis，2005）。对于大多数生态系统而言，很难达到此种稳态条件，而对于原始林来说却基本可以认为近似处在这种平衡状态中。因此，任何气候条件的改变都将引起生物量和土壤有机质中碳库的积累和排放速率的改变。在碳汇能力控制机理研究中需重点关注大气 CO_2 浓度和温度的改变、氮沉降的加剧和极端气候事件等的影响。

3.1.1.3　不同森林生态系统碳汇能力的可持续性研究

虽然目前较多研究表明森林具有一定的碳汇能力，但显然这种碳汇能力的持续性是受限的，且在面对火灾、洪水、病虫害以及干扰时这些系统仍然是非常脆弱的，同时全球的暖化效应还将加速分解作用（Griffiths and Jarvis，2005）。

（1）全球变暖与分解作用的影响。只要存在呼吸作用的底物，全球温度的增加就会导致植物残体和土壤有机质（异养呼吸）分解的加速。短期来说，随着温度的增加，除非微组织的生长和活性受到水分的限制或者底物被消耗完了，否则有机质的分解以及其他酶促反应将呈指数增加。因此，在气候变暖加剧情景下，生态系统呼吸、有机质分解过程碳的释放将发生何种变化对于评估生态系统碳循环的响应与适应将是非常重要和迫切需要了解的研究内容。

（2）光合作用与 CO_2 浓度和营养元素的关系。随着大气 CO_2 浓度的增加，光合作用不可能无限地增加。目前几乎所有的高 CO_2 浓度下植物生长的长期实验都是在 2 倍于当前 CO_2 浓度（约为 $700\mu L/L$）条件下进行的。光合作用受 Rubisco 酶限制，同时导致氮供应受到限制。大部分森林是氮受限的，因此人为导致的氮沉降增加能够起到氮施肥的效应，提高林分水平的光合作用。因此，未来气候变化中，大气 CO_2 浓度升高、氮沉降加剧到底将对森林生态系统碳循环有着怎样的影响作用，也是对于了解碳循环过程及其对气候变化的响应与适应机制迫切需要研究的内容。

（3）水资源的不足。水资源不足，可能是个最终限制固碳过程的重要因子。近来，全球尺度的模型研究表明，生态系统碳汇能力是不可持续的。Cox 的模型（GCM）表明，碳会以 CO_2 的形式通过有机质的分解释放到大气中，这种正反馈作用会导致 CO_2 释放越多全球暖化效应越增强。但是目前对于水分条件改变对自然森林生态系统碳循环过程的影响及其机制的实证研究却较为缺乏，模拟水分条件改变情景下，森林生态系统碳循环的响应与适应及其机理研究是人类了解水资源对生态系统碳循环的影响首先需要了解的重要研究内容之一。

3.1.1.4　森林生态系统碳库动态观测网络构建

（1）基于地面方法：涡度协方差技术及资源清查方法。涡度协方差技术可以计算出局部尺度范围内的 NEP，并且能够提供光合作用和呼吸作用对辐射、温度、蒸气压差等气候变量响应的极佳信息。涡度协方差站点一般都提供了基于地面资源和土壤清查以及土壤呼吸测定等验证测定。不断涌现的新技术使得这些测定变得更为高效、准确，同时成本也更为低廉。涡度站点的自动化技术包括远程数据传输与下载、自动使用构建的相关协议进行数据校正和插补技术，使得涡度协方差技术应用越来越方便。但是目前涡度协方差技术监测点不足，同时，与地面资源清查的配对研究较为缺乏，未来应重点增加不同森林类型代表地区的监测点的布设，并增加地面资源清查的配套研究，使该技术能够更好地用于监测和评估区域尺度碳交换的动态和交换

量，更准确地评估森林的源汇效应。

（2）CO_2 的遥感方法。一些卫星上安装的传感器可以测定出大气 CO_2 的浓度，此方法在未来有可能很快得以广泛应用。但这种方法如何解决精度是个问题，同时数据捕获受天气状况影响明显。由于此项技术仍然在发展中，因此目前谈这种方法多久能够被应用还有点为时尚早。

（3）地表遥感法。采用光学遥感来监测土地利用变化率是个较好的方法，尤其是在热带地区。地表遥感监测可以估算出与土地利用变化相关的碳平衡组分动态，尤其是近年来高光谱和高分辨率的遥感卫星的使用使得监测光合效率变得更为现实和可能。

（4）生物量遥感法。使用卫星传感器的光学技术可以用来监测小到中等范围内生物量的变化，但对于森林似乎仍然存在较大挑战。光学方法只能捕获表面和冠层的信息，从原理上来说，雷达遥感似乎更有应用前景。

（5）观测网络构建。基于上述观测构建的观测网络可以最大限度地利用上述数据资源（地面资源清查、涡度协方差技术、大气 CO_2 浓度观测塔、卫星数据），并可以将这些数据融合应用于模型中，同时还可以结合应用生物量遥感卫星数据。这些各自独立的观测系统可以为模型持续地提供各种数据流，基于这些数据流可以较为准确地估算出国家、区域和全球不同尺度上的碳汇强度和大小。

3.1.1.5 不同森林生态系统碳循环的反馈作用和机制

不同元素（碳、氮、磷等）的生物地理化学循环间具有较强的相互作用，因此不可能仅仅孤立地考虑其中一种循环。比如，目前氮沉降的加剧不可避免地会刺激光合作用导致植被的碳汇能力增加。全球暖化作用也将加速有机质残体的矿化作用，尤其是在北方地区，由此释放的氮又将促进光合作用，从而使得碳汇能力增强的反馈作用主要包括（Griffiths and Jarvis，2005）：

（1）正反馈效应。①气候变暖将导致大多数森林生态系统中有机质分解加速，释放更多的 CO_2，进一步加剧气候暖化效应；②气候变暖将加速冰雪融化，使地表反射减少，进一步加剧气候暖化效应并导致更多冰雪被融化；③北方地区的气候暖化将使该地区木本植被覆盖增加，使得地表反射减少，加剧气候暖化效应；④气候变暖将提高甲醇分解速率，导致释放更多的甲烷，加剧温室效应。

（2）负反馈效应。①毁林将导致土壤侵蚀增加，大气气溶胶的增加及表层太阳辐射的下降将导致气候变冷效应（cooling）；②针叶林被更喜温的阔叶林所替代将导致地表反射增加，加剧气候变冷效应；③蒸腾作用的增加将导致更多云量形成，产生气候变冷效应。

目前已经有了较多的研究针对林分水平和生物群系水平正、负反馈的单个效应开展了研究，但远未达到可以建立一个可信的模型来作为一个整体开展这些整体效应的研究。目前的 GCM 模型在超级计算机上花了几个月的时间运行计算仍然不能很好地模拟植被和反馈效应（Cox 等，2000）。有一些研究者也在利用动态植被模型模拟气候变化情景下过去几十年来植被动态变化。在这些模型中，土地覆盖受温度和大气 CO_2 浓度变化的影响。所有这些方法都是有价值的，但没有一个模型能够对多种反馈效应进行模拟，对全球尺度上的反馈效应的了解仍然非常缺乏。

3.1.2 氮循环研究重点领域

3.1.2.1 氮沉降的来源及去向研究

对当前大气氮沉降的现状、来源及其去向的深入了解是我们开展森林生态系统氮循环研究的首要问题，也是评估氮沉降对森林生态系统结构与功能的影响、应对气候变化和环境治理首先需要搞清楚的重要问题。特别是研究大气沉降氮的去向对于理解森林生态系统碳氮循环及其对氮沉降的响应起决定性的作用。在大气氮沉降去向的研究中应重点了解是否在氮受限森林中，氮沉降的增加将促进植物对氮的吸收利用，提高森林生产力，从而增加植物对大气 CO_2 的吸存进而减缓大气 CO_2 浓度上升的速度；同时，还应关注未被植物利用的氮是否滞留在土壤中。因为如果滞留在土壤中则会被微生物吸收利用，进而加速凋落物和土壤有机质的分解，使土壤释放更多的 CO_2 从而增加大气 CO_2 浓度。其次，还需开展和量化气态氮的研究。因为不同的氮损失方式将会对生态环境产生不同的影响。如果氮的损失以淋洗（leaching）的方式为主，则会导致生态系统的土壤酸化、养分失衡和下游水体富营养化。如果以气体排放的形式为主，对大气环境影响又将取决于气态氮的种类。例如，以 N_2 的方式，则对大气环境没有影响；以 N_2O 的方式，则加剧全球变暖；以 NO 的方式，则会导致酸雨的形成（NO 进一步被氧化最终形成 HNO_3 并沉降下来）。因此，大气氮沉降的去向是准确评价氮沉降对森林生态系统碳氮循环影响作用的前提要素之一，将是未来气候变化情景下氮循环研究优先需要开展的研究方向之一。

3.1.2.2　氮沉降对森林生态系统结构的影响

氮沉降加剧是否将导致森林生态系统中物种组成和结构发生变化，是否将对生物多样性产生重要的影响是当前气候变化情景下氮循环研究的另一重要研究领域。

（1）氮沉降对森林植物的影响。氮沉降是否会改变植物的物候特性是我们了解氮沉降对森林植被影响首先需要解决的问题。假如氮沉降导致发芽期提前，生长期延长，则增加植物遭受冷冻害的几率（Schoettle 等，1999）。另外过量的氮输入是否将引起植物营养失衡，导致植物内碳水化合物浓度降低（Margolis 等，1986）也说明氮沉降将对植物产生重要影响。另外还需了解氮沉降是否将造成植物根冠比和细根生长减缓，影响菌根入侵，使植物获取水分和营养元素的能力下降，从而导致植物遭受病原菌侵害的几率增大。

氮是限制植物光合作用酶的重要组成部分，就氮沉降对植物个体影响而言，需要了解当过多的氮沉降输入时，是否叶氮含量明显上升？如果叶氮含量上升则可能会刺激植物光合速率的提高（Aber 等，1989）。这种影响是否存在阈值？如果氮浓度继续增加过量的氮沉降是否将抑制光合速率？因为氮沉降将通过改变叶片中与光合作用有关的酶的活性及含量，从而改变植物的光合速率，使植物光合作用受到影响。

（2）氮沉降对生物多样性的影响。氮是陆地生态系统中最主要的限制因子（Vitousek 等，1991），过量氮沉降是否将导致生物多样性减少（Stevens 等，2004；Clark and Tilman 2008）是我们需要重点关注的问题之一。氮沉降将会改变植物养分的可供给性，有利于适应高氮水平的物种生存，因此，氮沉降增加可能会改变物种组成，以致植物多样性减少。同时还应关注氮沉降是否将导致营养失衡引起植物衰退、死亡和森林退化（Roelofs 等，1985）。

3.1.2.3　氮沉降对森林生态系统生产力及碳循环的影响

氮是陆地生态系统中限制植物生长的主要元素，影响陆地生态系统对碳的固定。目前大部分生态系统是氮受限的，大气氮沉降预计可以增强固碳，一定程度上缓解氮限制，促进森林生产力（Gruber and Galloway，2008；Schlesinger，2009）。尽管在限制区域，生态系统氮输入增加可以促进植物生长（Thomas 等，2010），但是过量的氮沉降是否会导致森林生态系统氮饱和，对生态系统健康和服务功能产生明显的负效应？因此，需要重点了解森林生态系统由氮限制转变

为氮饱和的过程中，同时发生氮的低可利用性向高可利用性的转变和氮循环由封闭向开放的转变。在氮饱和的森林中，净硝化作用、硝酸盐淋失、气态氮损失都可能会增加（Aber，1992）。氮饱和的过程可以定性分成几个连续的阶段（Aber等，1998；Gundersen等，1991）：初级阶段大多数森林生态系统的氮供给能力会限制初级生产，其保留大气氮输入和实验性氮输入的能力是十分高效的。在阶段二中，开始发生硝化和硝酸盐（NO_3^-）淋失，但是树木生长速率仍然较高。在阶段三中，树木生长减弱，硝化和硝酸盐淋失持续增加，矿化 NH_4^+ 硝化的比率也随之增加。另外，氮沉降增加并不一定将导致森林生产力的必然增加。如果氮沉降输入的有效性氮没有超过植物的吸收能力，那么净初级生产（NPP）就会增加；而如果氮输入量超过了植物的吸收能力，那么由于氮饱和引起的影响失衡就会造成森林退化。因此，目前氮沉降不断加剧背景下，沉降对森林生态系统的固碳能力和碳循环的影响作用及其影响机理了解并不透彻，是未来急需开展的重点研究内容之一。

3.1.2.4　氮沉降对森林土壤的影响

首先需要阐明氮沉降增加时，森林地表的氮输入是否影响森林土壤中氮的状态，增加土壤中有效性氮的含量（Fan等，2007；Fang等，2011a；Lu等，2009；Xu等，2009）。同时，还需了解这种影响的程度和范围，如果氮输入超出了土壤固氮能力，则可能发生发生氮淋失（Chen等，2004；Fang等，2009）。另外，过量的氮沉降是否将使土壤盐基饱和度降低，引起森林土壤酸化、降低土壤的缓冲能力（Lu等，2009；Vogt等，2006），进而引起铝离子活化产生毒害作用（Foster等，1989）也是氮沉降对森林土壤的影响研究中需要重点了解的内容。

另外，沉降的氮主要以 NO_x、NO_3^-、NH_4^+ 等形式存在，极易被土壤微生物利用或与土壤有机质结合，这种状态改变是否影响凋落物的分解速率（Vestgarden等，2001）、土壤呼吸速率和土壤 SOC 浓度（Shevtsova等，2003），从而影响土壤碳的输入输出，改变土壤碳储量？

3.1.2.5　新技术在森林生态系统碳氮循环中的应用

同位素技术是近二十年来涌现的一种快速和高效了解生态系统碳氮循环过程和机理的研究手段。如果充分利用这一有效技术和手段，开展森林生态系统氮循环的有效研究是我们需要努力解决的问题。^{15}N 自然丰度值（$\delta^{15}N$）是氮循环转换的综合结果，它能够用来评估生态系统氮通量（Pardo等，2001）。生态系统中，氮循环过程中发生的酶促反应及生物化学过程都伴有同位素分馏发生。例如，硝化过程中，底物化学键断裂时，就会排除其中较重的 ^{15}N，使产物具有比剩余基质要低的 $^{15}N/^{14}N$ 比值（Robinson，2001）。因此，硝化过程中，相对于氨基质（NH_4^+），产物 NO_3^- 是 ^{15}N 缺乏的（较低的 $^{15}N/^{14}N$）（Mariotti等，1981）。当 ^{15}N 富集的 NH_4^+ 残留于土壤中，^{15}N 缺乏的 NO_3^- 从生态系统中淋失，或者通过反硝化作用损失时，硝化作用的净效应即是使生态系统中土壤以及植物的 ^{15}N 富集（Pardo等，2006，2007）。另外，植物在吸收、利用和同化无机氮的过程中也会发生同位素分馏，并且被吸收、同化后的 ^{15}N 较吸收前更加富集。因此，一个生态系统趋向于氮饱和，即硝化以及随后的硝酸盐淋失增加时，预计其中的土壤以及植物 ^{15}N 就会变得越来越富集（Pardo等，2006，2007）。而同位素技术给我们提供了一个绝佳的手段去了解氮循环过程中氮的来源和去向，同时量化和分析氮循环各种过程对生态系统的综合和具体影响。

3.2　发展方向

3.2.1　碳循环研究发展方向

（1）森林生态系统碳源汇大小的细致研究。准确计量和评估森林生态系统碳源汇大小及其变化动态是碳循环研究的核心问题。特别是对于我国森林类型多样，如何准确计量单一类型及我国森林整体碳源汇的大小尤其重要，也是评估我们整体碳收支状况应对气候变化的重要内容。要实现和提高计量碳源汇计量的精准性，必须通过大量典型案例的碳循环细致研究才有可能实现。这种精准研究及包括取样数量的精密性也包括样点布设广度性。

（2）森林生态系统碳源汇地理格局及其控制因素。对于我国幅员辽阔、森林类型多样，不同生态系统其碳源汇大小和分布格局都存在巨大差异。要实现准确计量我国整体碳收支状况就必须对不同森林生态系统的碳源汇格局和控制因素进行深入的了解。

（3）森林生态系统碳汇强度的控制因素。不同的森林生态系统由于气候类型不一致，同时干扰状况也存在明显的差异，因此，了解这些森林生态系统其碳源汇大小和时间动态变化的驱动因素，对于我们准确认识森林碳循环状况和更好的应对气候变化对森林的影响都具有非常必要的指导和支撑意义。

（4）森林生态系统碳循环模式研究。森林生态系统碳循环分量的准确区分和精准计量，是我们深入了解碳循环驱动机制的前提要素。碳循环模式的细致研究能够准确获得碳输入输出以及在生态系统内部各个分量的分布格局，能够极大的帮助我们了解不同生态系统其生产力差异和主要影响因素，有助于我们更好地制订特定类型的生态系统经营管理策略。

（5）森林生态系统碳汇功能的可持续性研究。目前有较多的研究表明我们大部分森林生态系统都具有一定的净碳汇能力，而如何实现这种碳汇能力可持续性则是我们开展森林生态系统碳循环研究的又一重要主题。

（6）森林生态系统碳汇功能监测网络构建。建立区域和国家尺度的碳循环监测网络，不仅有助于准确了解我们各个类型森林碳收支状况及其控制因素，也是提高国家水平碳收支估算的必要手段。监测网络的构建必须同时具备可行性和科学性。

（7）基于碳汇功能为导向的森林经营的可行性研究。我国除天然林外，人工造林面积庞大，成效显著。在人工大面积造林时，如何兼顾生态效益和经济效益，同时保持具有较强的碳汇能力是未来森林经营方向和目标之一。

3.2.2　氮循环研究发展主要方向

（1）氮沉降对森林生态系统土壤碳积累的贡献和机制。目前大部分生态系统是氮受限的，大气氮沉降的增加是否可以增强森林生态系统的固碳能力，多大程度上缓解氮限制。由于碳氮循环中复杂微生物过程的存在，氮沉降的增加导致土壤碳积累的微生物过程和机理，以及不同类型森林异同都是未来开展氮沉降研究的重要内容。

（2）大气沉降氮的去向及森林生态系统^{15}N示踪实验研究。过去大量研究关注氮沉降对森林碳固定的影响，然而这些影响最终取决于沉降氮的去向。如果大气沉降氮被植物吸收利用，就能够提高森林初级生产力从而增加植物对大气CO_2的吸存。如果大气沉降氮被土壤固持，然后以氮淋溶和气态氮的方式损失，那么沉降氮就不会增加碳吸存。很多研究利用氮的收支平衡法和长期模拟氮添加法研究森林生态系统的氮循环及其对氮沉降增加的响应。但是这些传统的方法

难以区分大气沉降氮在生态系统内部的分配情况。^{15}N 示踪法提供了一个很好的手段来研究沉降氮在生态系统内部的截留和去向。通过施加富集 ^{15}N 的含氮化合物（不会大幅度地改变氮输入量），就可以在不同的时间尺度上揭示标记的 ^{15}N 在生态系统各组分中的分配和去向。

（3）量化森林生态系统气态氮的损失途径、贡献及其机制。土壤气态氮损失是森林生态系统氮循环十分重要也是研究相对缺乏的过程。关于气态氮损失的研究主要集中于土壤氧化亚氮（N_2O）和一氧化氮（NO），而对于土壤氮气（N_2）的损失及微生物过程对土壤氮气体损失的贡献研究则相对较少。氮沉降的增加，会增加森林土壤可利用性氮含量，促进森林生态系统氮循环，进而可能会促进森林生态系统土壤气态氮的损失。然而，目前关于土壤氮气的损失及土壤氮气体的微生物贡献对氮沉降的响应仍然了解的比较少。硝化作用、反硝化作用、厌氧氨氧化作用和共反硝化作用等微生物过程对气态氮损失的贡献及其机制并不清楚，急需加强研究。

（4）森林生态系统碳氮耦合作用及生物控制机制：森林生态系统碳氮循环是驱动生态系统变化的关键过程，这些过程既是彼此相互作用的生态学和生物化学过程，同时也是参与植物生长发育和植被演替最为关键的过程。生态系统碳氮循环过程表现出一定的耦合平衡关系，这种耦合平衡关系可以通过生态化学计量学在生态学研究的各个层次实现有机地统一。当环境条件发生大的改变时，这种平衡关系可能会被打破，即解耦现象，解耦现象是导致许多生态环境问题的根源。深入理解生态系统碳-氮耦合循环过程及其生物调控机制，能够解析全球变化背景下森林生态系统固碳机理与发展潜力，提高固碳减排评估的精确性，为加强森林生态系统管理提供科学依据，是全球变化生态学研究领域前沿性的科学问题。

4 存在的问题和对策

目前，我国在碳氮循环研究方面缺少一个多维交流合作的渠道和机制，也缺乏整个国家层面碳氮循环的统一研究计划。基准点的设置不够，精细计量还处在初步阶段，而且缺乏统一的调查方法和技术规范系统测定碳氮循环各组分的库和通量。目前世界范围内不管是在区域还是洲际层面，都建立了相关的区域合作研究计划，如欧洲碳计划（EuroCarbon）和北美碳计划（NACarbon）。这两个计划的主要目的之一就是要阐明各自区域的碳汇大小和动态，从而为履行《京都议定书》提供科学数据。通过合作研究，北美和欧洲已经取得了一些重要成果，他们基本阐明了各自地区的碳汇大小及其分布（Pacala et al.，2001；Janssens et al.，2003）。我国的碳循环研究起步较晚，虽然目前已经具有一些典型植被碳循环的点上研究，国家尺度上有中国科学院战略性先导科技专项"应对气候变化的碳收支认证及相关问题"，首次对全国森林、草地、灌丛和湿地四大生态系统设置样地进行碳库调查，但区域碳循环研究仍然缺乏。为促进我国区域碳循环相关研究的发展，同时，使国家利益在有关全球碳贸易和谈判中不会受到损害，我们国家急需开展区域甚至国家尺度上的碳氮循环研究。必须从"碳氮循环基准点"和"碳氮循环精细计量"的概念和思路设计项目，以我国各典型类型生态系统（天然林和人工林）为对象，建立基准点测定网络；并且对各基准点采用统一的调查方法和技术规范，系统测定碳氮循环各组分的量和动态驱动机制；另外，再结合野外控制实验（施肥、同位素标记）对碳氮循环主要过程的观测，获得我国典型森林生态系统碳氮循环及其环境影响的参数体系，为阐明生态系统碳源/碳汇的形成机制及其环境响应、建立和改良适合中国特点的模型校验提供基础数据。在此基础上通过对基准点各组分的系统测定，构建我国典型森林生态系统碳氮循环的基本模式；通过对区域尺度碳氮循环全组分的系统分析与集成，构建我国区域和国家尺度森林生态系统碳收支模式；通过对我国主要类型森林碳氮各组分通量及其变化的系统研究，全面系统地评估我国森林生态系统的碳氮循环及其驱动机制。

参考文献

曹军. 1997. 挪威南部两流域氮，硫和氯元素的大气沉降 [J]. 人类环境杂志，26：254-260.

曹明奎，于贵瑞，刘纪远，等. 2004. 陆地生态系统碳循环的多尺度试验观测和跨尺度机理模拟 [J]. 中国科学（D辑），34（增刊Ⅱ）：1-14.

陈德祥，李意德，Liu H P，等. 2010. 尖峰岭热带山地雨林生物量及碳库动态 [J]. 中国科学：生命科学，40：596-609.

樊后保，黄玉梓，袁颖红，等. 2007. 森林生态系统碳循环对全球氮沉降的响应 [J]. 生态学报，27（7）：2997-3009.

方精云，刘国华，徐嵩龄. 1996. 我国森林植被的生物量和净生产量 [J]. 生态学报，16（5）：497-508.

贺金生. 2012. 中国森林生态系统的碳循环：从储量、动态到模式 [J]. 中国科学：生命科学，42：252-254.

李克让. 2002. 土地利用变化和温室气体净排放与陆地生态系统碳循环 [M]. 北京：气象出版社：1-20.

鲁如坤，史陶均. 1979. 金华地区降雨中养分含量的初步研究 [J]. 土壤学报，16（1）：81-84.

王晖，莫江明，鲁显楷，等. 2008. 南亚热带森林土壤微生物量碳对氮沉降的响应 [J]. 生态学报，28：470-478.

王瑞斌，程春明，程子峰，等. 1989. 我国南北方降水化学组成某些特征的研究 [M]. 北京：中国环境科学出版社：227-239.

王绍强，周成虎. 1999. 中国陆地土壤有机碳库的估算 [J]. 地理研究，18（4）：349-356.

王文兴，丁国安. 1997. 中国降水酸度和离子浓度时空分布 [J]. 环境科学研究，10（2）：1-6.

魏福盛. 1989. 我国降水和化学组成的时空特征 [M]. 北京：中国环境科学出版社：203-207.

杨同辉，宋坤，达良俊，等. 2010. 中国东部木荷-米槠林的生物量和地上净初级生产力 [J]. 中国科学：生命科学，40：610-619

张全智，王传宽. 2010. 6种温带森林碳密度与碳分配 [J]. 中国科学：生命科学，40：621-631.

Aber J D. 1992. Nitrogen cycling and nitrogen saturation in temperate forest ecosystems [J]. Trends in Ecology & Evolution，7：220-224.

Aber J，McDowell W，Nadelhoffer K，et al. 1998. Nitrogen saturation in temperate forest ecosystems [J]. BioScience，48：921-934.

Baldocchi D D，Falge E，Gu L，et al. 2001. FLUXNET：a new tool to study the temporal and spatial variability of ecosystem scale carbon dioxide，water vapor and energy flux densities [J]. Bulletin of the American Meteorological Society，82：2415-2434.

Baldocchi D D，Vogel C. 1996. A comparative study of water vapor，energy and CO_2 flux densities above and below a temperate broadleaf and boreal pine forest [J]. Tree Physiology，16：5-16.

Baron J S，Campbell D H. 1997. Nitrogen fluxes in a high elevation Colorado Rocky Mountain basin [J]. Hydrological Processes，11：783-799.

Bauer G，Bazzaz F，Minocha R，et al. 2004. Effects of chronic N additions on tissue chemistry，photosynthetic capacity，and carbon sequestration potential of a red pine（Pinusresinosa Ait.）stand in the NE United States [J]. Forest Ecology and Management，196：173-186.

Baumgartner A. 1969. Meteorological approach to the exchange of CO_2 between atmosphere and vegetation, particularly forests stands [J]. Photosynthetica, 3: 127-149.

Bredemeier M, Blanck K, Xu Y-J, et al. 1998. Input-output budgets at the NITREX sites [J]. Forest Ecology and Management, 101: 57-64.

Brimblecombe P, Stedman D. 1982. Historical evidence for a dramatic increase in the nitrate component of acid rain [J]. Nature, 298 (5873): 460-462.

Brown S L, Schroeder P E. 1999. Spatial patterns of aboveground production and mortality of woody biomass for eastern U. S. forests [J]. Ecological Application, 9: 968-980.

Chen X, Mulder J, Wang Y, et al. 2004. Atmospheric deposition, mineralization and leaching of nitrogen in subtropical forested catchments, South China [J]. Environmental geochemistry and health, 26: 179-186.

Clark C M, Tilman D. 2008. Loss of plant species after chronic low-level nitrogen deposition to prairie grasslands [J]. Nature, 451: 712-715.

Cox P M, Betts R A, Jones C D, et al. 2000. Acceleration ofglobal warming due to carbon-cycle feedbacks in coupled climate model [J]. Nature, 408: 184-187.

De Vries W, Posch M. 2011. Modelling the impact of nitrogen deposition, climate change and nutrient limitations on tree carbon sequestration in Europe for the period 1900-2050 [J]. Environment Pollution, 159: 2289-2299.

Dentener F, Stevenson D, Ellingsen K, et al. 2006. The global atmospheric environment for the next generation [J]. Environmental Science & Technology, 40: 3586-3594.

Dixon R K, Brown S, Houghton R A, et al. 1994. Carbon pools and flux of global forest ecosystems [J]. Science, 263: 185-190.

Elliott K J, White A S. 1994. Effects of light, nitrogen, and phosphorus on red pine seedling growth and nutrient use efficiency [J]. Forest Science, 40: 47-58.

Elser J J, Bracken M E S, Cleland E E, et al. 2007. Global analysis of nitrogen and phosphorus limitation of primary producers in freshwater, marine and terrestrial ecosystems [J]. Ecology Letters, 10: 1135-1142.

Fan H, Liu W, Qiu X, et al. 2007. Responses of litterfall production in Chinese fir plantation to increased nitrogen deposition [J]. Chinese Journal of Ecology, 26: 1335-1338.

Fang J Y, Chen A P, Peng C H, et al. 2001. Changes in forest biomass carbon storage in China between 1949 and 1998 [J]. Science, 292: 2320-2322.

Fang J Y, Liu G H, Zhu B, et al. 2007. Carbon budgets of three temperate forest ecosystems in Mt. Dongling, Beijing, China [J]. Sci China Ser-D-Earth Sci, 50: 92-101.

Fang Y T, Per Gunderson, Rolf D Vogt, et al. 2011b. Atmospheric deposition and leaching of nitrogen in Chinese forest ecosystems [J]. Journal of Forest Research, 16 (5): 341-350.

Fang Y, Yoh M, Koba K, et al. 2011a. Nitrogen deposition and forest nitrogen cycling along an urban-rural transect in southern China [J]. Global Change Biology, 17: 872-885.

Fang Y, Gundersen P, Mo J, et al. 2009. Nitrogen leaching in response to increased nitrogen inputs in subtropical monsoon forests in southern China [J]. Forest Ecology and Management, 257: 332-342.

Foster N, Hazlett P, Nicolson J, et al. 1989. Ion leaching from a sugar maple forest in response to acidic deposition and nitrification [J]. Water, Air, and Soil Pollution, 48: 251-261.

Friedlingstein P, Cox P, Betts R, et al. 2006. Climate-carbon cycle feedback analysis: Results from the C4MIP model intercomparison [J]. J Climate, 16: 3337-3353.

Galloway J N, Townsend A R, Erisman J W, et al. 2008. Transformation of the nitrogen cycle: recent trends, questions, and potential solutions [J]. Science, 320: 889-892.

Galloway J N, Dentener F J, Capone D G, et al. 2004. Nitrogen cycles: past, present, and future [J]. Biogeochemistry, 70: 153-226.

Galloway J N, Schlesinger W H, Levy H, et al. 1995. Nitrogen fixation: Anthropogenic enhancement-environmental response [J]. Global Biogeochemical Cycles, 9: 235-252.

Goulding K, Bailey N, Bradbury N, et al. 1998. Nitrogen deposition and its contribution to nitrogen cycling and associated soil processes [J]. New Phytologist, 139: 49-58.

Gruber N, Galloway J N. 2008. An Earth-system perspective of the global nitrogen cycle [J]. Nature, 451 (7176): 293-296.

Gundersen P. 1991. Nitrogen deposition and the forest nitrogen cycle: role of denitrification [J]. Forest Ecology and Management, 44: 15-28.

Gunnar J, Arne Joelsson, Siegfried F, et al. 1994. 森林湿地中的氮持留 [J]. 人类环境杂志, 23: 358-362.

Hedin L O, Brookshire E N J, Menge D N L, et al. 2009. The Nitrogen Paradox in Tropical Forest Ecosystems [J]. Annual Review of Ecology Evolution and Systematics, 40: 613-635.

Griffiths H, Jarvis P. 2005. The carbon balance of forest biomes [M]. Oxford: Taylor & Francis Group: 19-40.

IPCC. 2013. Summary for Policymakers [M] //In: Climate Change 2013: The Physical Science Basis. Contribution of Working Group I to the Fifth Assessment Report of Intergovernmental Panel on Climate Change. Cambridge University Press, Cambridge, United Kingdom and New York, NY, USA.

Lamarque J F, Kiehl J, Brasseur G, et al. 2005. Assessing future nitrogen deposition and carbon cycle feedback using a multimodel approach: Analysis of nitrogen deposition [J]. Journal of Geophysical Research: Atmospheres (1984-2012): 110.

Lemon E, Allen L H J R, Muller L. 1970. Carbon dioxide exchange of a tropical rain forest. Part II [J]. BioScience, 20 (19): 1054-1059.

Liu X, Duan L, Mo J, et al. 2011. Nitrogen deposition and its ecological impact in China: an overview [J]. Environmental pollution, 159: 2251-2264.

Liu X, Zhang Y, Han W, et al. 2013. Enhanced nitrogen deposition over China [J]. Nature, 494: 459-462.

Lu C, Tian H, Liu M, et al. 2012. Effect of nitrogen deposition on China's terrestrial carbon uptake in the context of multifactor environmental changes [J]. Ecological applications, 22: 53-75.

Lu X-K, Mo J-M, Gundersern P, et al. 2009. Effect of simulated N deposition on soil exchangeable cations in three forest types of subtropical China [J]. Pedosphere, 19: 189-198.

Magill A H, Aber J D, Currie W S, et al. 2004. Ecosystem response to 15 years of chronic nitrogen additions at the Harvard Forest LTER, Massachusetts, USA [J]. Forest Ecology and Management, 196: 7-28.

Magnani F, Mencuccini M, Borghetti M, et al. 2007. The human footprint in the carbon cycle of temperate and boreal forests [J]. Nature, 447: 849-851.

Margolis H, Waring R. 1986. Carbon and nitrogen allocation patterns of Douglas-fir seedlings fertilized with nitrogen in autumn. II. Field performance [J]. Canadian Journal of Forest Research, 16: 903-909.

Mariotti A, Germon J, Hubert P, et al. 1981. Experimental determination of nitrogen kinetic isotope fractionation: some principles; illustration for the denitrification and nitrification processes [J]. Plant and soil, 62: 413-430.

Monteith J L. 1965. Light Distribution and Photosynthesis in Field Crops [J]. Annals of Botany, 29: 17-37.

Ni J. 2002. Carbon storage in grasslands of China [J]. Journal of Arid Environments, 50: 205-218.

Ni J. 2001. Carbon storage in terrestrial ecosystems of China: estimates at different spatial resolutions and their responses to climate change [J]. Climatic Change, 49: 339-358.

Pacala S W, Hurtt G C, Baker D, et al. 2001. Consistent land-and atmosphere-based US carbon sink estimates [J].

Science, 292: 2316-2320.

Pan Y D, Birdsey R A, Fang J Y, et al. 2011. A large and persistent carbon sink in the world's forests [J]. Science, 333: 988-993.

Pardo L H, McNulty S G, Boggs J L, et al. 2007. Regional patterns in foliar ^{15}N across a gradient of nitrogen deposition in the northeastern US [J]. Environmental pollution, 149: 293-302.

Pardo L, Hemond H, Montoya J, et al. 2001. Long-term patterns in forest-floor nitrogen-15 natural abundance at Hubbard Brook, NH [J]. Soil Science Society of America Journal, 65: 1279-1283.

Pardo L, Templer P, Goodale C, et al. 2006. Regional Assessment of N Saturation using Foliar and Root δ^{15}N [J]. Biogeochemistry, 80: 143-171.

Penuelas J, Sardans J, Rivas-Ubach A, et al. 2012. The human-induced imbalance between C, N and P in Earth's life system [J]. Glob. Change Biol, 18: 3-6.

Phillips R P, Fahey T J. 2007. Fertilization effects on fineroot biomass, rhizosphere microbes and respiratory fluxes in hardwood forest soils [J]. New Phytologist, 176: 655-664.

Piao Shilong, Fang Jingyun, Ciais Philippe, et al. 2009. The carbon balance of terrestrial ecosystems in China [J]. Nature, 458: 1009-1013.

Piao S L, Fang J Y, Zhu B, et al. 2005. Forest biomass carbon stocks in China over the past 2 decades: Estimation based on integrated inventory and satellite data [J]. Journal of Geophysical Research, 110, G01006.

Raich J W, Potter C S, Bhagawati D. 2002. Interannual variability in global soil respiration, 1980-1994 [J]. Global Change Biology, 8: 800-812.

Robinson D. 2001. δ^{15}N as an integrator of the nitrogen cycle [J]. Trends in Ecology & Evolution, 16: 153-162.

Roelofs J, Kempers A, Houdijk A L F, et al. 1985. The effect of air-borne ammonium sulphate on *Pinus nigra* var. *maritima* in the Netherlands [J]. Plant and Soil, 84: 45-56.

Schlesinger W H. 2009. On the fate of anthropogenic nitrogen [J]. Proceedings of the National Academy of Sciences, 106: 203-208.

Schoettle A. 1999. Effect of Two Years of Nitrogen Deposition on Shoot Growth and Phenology of Engelmann Spruce (Piceaengelmannii Parry ex Engelm.) Seedlings [J]. Journal of Sustainable Forestry, 10: 181-189.

Sheng, W, Yu G, Jiang C, et al. 2013. Monitoring nitrogen deposition in typical forest ecosystems along a large transect in China [J]. Environmental monitoring and assessment, 185: 833-844.

Shevtsova L, Romanenkov V, Sirotenko O, et al. 2003. Effect of natural and agricultural factors on long-term soil organic matter dynamics in arable soddy-podzolic soils-modeling and observation [J]. Geoderma, 116: 165-189.

Stevens C J, Dise N B, Mountford J O, et al. 2004. Impact of nitrogen deposition on the species richness of grasslands [J]. Science, 303: 1876-1879.

Templer P H, Mack M C, Christenson L M, et al. 2012. Sinks for nitrogen inputs in terrestrial ecosystems: a meta-analysis of N-15 tracer field studies [J]. Ecology, 93 (8): 1816-1829.

Thomas R Q, Canham C D, Weathers K C, et al. 2010. Increased tree carbon storage in response to nitrogen deposition in the US [J]. Nature Geoscience, 3: 13-17.

Ti C, Pan J, Xia Y, et al. 2011. A nitrogen budget of mainland China with spatial and temporal variation [J]. Biogeochemistry, 108: 381-394.

Tietema A, Emmett B A, Gundersen P, et al. 1998. The fate of ^{15}N-labelled nitrogen deposition in coniferous forest ecosystems [J]. Forest Ecology and Management, 101: 19-27.

Tu L-H, Hu T-X, Zhang J, et al. 2011. Short-term simulated nitrogen deposition increases carbon sequestration in a Pleioblastusamarus plantation [J]. Plant and soil, 340: 383-396.

Vestgarden L. 2001. Carbon and nitrogen turnover in the early stage of Scots pine (*Pinussylvestris* L.) needle litter decomposition: effects of internal and external nitrogen [J]. Soil Biology and Biochemistry, 33: 465-474.

Vitousek P M, Howarth R W. 1991. Nitrogen limitation on land and in the sea: how can it occur? [J]. Biogeochemistry, 13: 87-115.

Vogt R D, Seip H M, Larssen T, et al. 2006. Potential acidifying capacity of deposition: experiences from regions with high NH_4^+ and dry deposition in China [J]. Science of the Total Environment, 367: 394-404.

Wang X K, Feng Z W, Ouyang Z. 2001. The impact of human disturbance on vegetative carbon storage in forest ecosystems in China [J]. Forest Ecology and Management, 148: 117-123.

Wright R, Roelofs J, Bredemeier M, et al. 1995. NITREX: responses of coniferous forest ecosystems to experimentally changed deposition of nitrogen [J]. Forest Ecology and Management, 71: 163-169.

Wu H B, Guo Z T, Peng C H. 2003. Distribution and storage of soil organic carbon in China [J]. Global Biogeochemical Cycles, 17: 1048.

Xu X, Han L, Luo X, et al. 2009. Effects of nitrogen addition on dissolved N_2O and CO_2, dissolved organic matter, and inorganic nitrogen in soil solution under a temperate old-growth forest [J]. Geoderma, 151: 370-377.

Zhao M, Zhou G. 2005. Estimation of biomass and net primary productivity of major planted forests in China based on forest inventory data [J]. Forest Ecology and Management, 207: 295-313.

Zhao Y, Duan L, Xing J, et al. 2009. Soil acidification in China: is controlling SO_2 emissions enough? [J]. Environmental science & technology, 43: 8021-8026.

Zhou G Y, Liu S G, Li Z A, et al. 2006. Old-growth forests can accumulate carbon in soils [J]. Science, 314: 1417.

Zhou G, Wang Y, Jiang Y, et al. 2002. Estimating biomass and net primary production from forest inventory data: a case study of China's Larix forest [J]. Forest Ecology and Management, 169: 149-157.

第14章
森林水文学

王彦辉，王晓，于澎涛（中国林业科学研究院森林生态环境与保护研究所，北京，100091）
周光益（中国林业科学研究院热带林业研究所，广东广州，510520）

森林水文学的国内外研究均已具有较长历史，近期已从主要探讨森林的水文影响转向注重林水相互关系与协调管理的生态水文学研究，所以新的挑战仍不断涌现，尤其在我国的水问题和森林问题都很突出的背景下，面临的挑战更加严峻，要格外重点推动能够适应林水协调管理要求的森林水文学研究。与国外先进水平相比，我国的森林水文研究还存在着理论与方法创新不足、森林结构和格局的水文影响量化不够、忽视森林水文影响的尺度效应、缺乏长期定位研究积累和面向生产的应用技术等问题。为此，面对分区分类地深入理解、准确评价、定量预测、科学管理森林的水量、水质、水环境影响的战略需求，确定了中国林科院的森林生态水文学学科发展需求，包括制订森林生态水文研究发展的整体规划、加强森林生态水文研究团队建设、实施多层次并进的人才梯队建设计划、依据森林分布特点和森林水文服务功能需求的区域特点强化研究平台、提升室内外研究的仪器设备水平、保证所在单位的稳定项目支持和努力申请国家级研究项目、注重国际学术交流和增强实质性国际合作研究等方面，并提出了各方面的"十三五"目标，还建议了需重点支持的三个研究领域（森林水文过程机理及其对气候变化的响应、森林生态水文与生态用水、森林水文与水环境）和三个研究方向（森林生态水文过程和机理、森林水文尺度效应、高新技术应用），并在分析了存在问题的基础上提出了相应对策建议。

1 现状与发展趋势

1.1 国际进展

水是地球上一切生命的源泉，也是森林生态系统物质循环中不可或缺的因素之一。森林水文学是研究森林和水关系的学科，主要目的是探索研究森林植被对水分循环的影响及其动态变化过程，即通过测定森林影响下的各项水分收支数量变化，探知森林内水分时空分布规律及流域内水文过程特征，进而阐明森林的水文功能与变化规律。

国外对森林水文学的研究最早始于20世纪初，目前已有100余年历史。森林水文研究在早期发展阶段集中于森林变化（主要是砍伐森林）对流域产水量的影响，1900年瑞士埃曼托尔（Emmental）山地的2个小流域对比试验是这类研究的开端，也是现代实验森林水文学的起点。1909年美国在Wagon Wheel Gap的实验是严格意义上的对比流域实验。后来，对比流域试验研究方法被公认为森林水文学研究最有效的手段。1948年美国学者Kittredge提出"森林水文学"（forest hydrology）这个学科术语，他把森林对降水、土壤水、径流、洪水等水分特征的影响称为森林水文学，自此森林水文成为了一门边缘性的独立学科。20世纪50年代，森林水文学开始向2个主要方向发展：一方面，致力于森林水文机制和水文特征的研究，探讨森林中的水分运动规律，包括降水截留、地被物截留、土壤渗透等；另一方面，随着生态学理论的发展，开始从森林植被影响有关水文学现象的单一研究转移到将水文系统与能量流动、物质循环和水质变化等紧密联系在一起的生态系统水平的综合研究，从宏观上阐明森林生态系统的基本功能与水文特征的相互关系。20世纪60年代，美国生态学家Bormann和Likens提出了森林小集水区技术，开创了森林生态系统研究和森林水文学研究相结合的先河，并试图从宏观角度阐明水文的时空变化规律，建立基于森林水文物理过程的分布式参数模型。他们将森林生态系统定位观测与森林水文学研究相结合，从生态系统结构与功能的角度阐述森林水分运动的规律和机制、森林演替过程和森林环境变化对水分循环的影响，进而推动了森林水文学研究由定性到定量、由单项到综合的深层发展。20世纪80年代以后，森林水文学进入到一个崭新阶段，森林水文作用被划分为3个相互联系的领域，森林对水分循环的量与质的影响、森林对水循环机制的影响、基于森林水文物理过程的分布式参数模型。21世纪初期，以描述生态格局和生态过程的水文学影响机制为标志的生态水文学逐渐兴起，它是生态学和水文学的交叉领域，注重研究生态系统特征与水文循环过程的相互作用。目前，随着科技发展及时代需求，森林水文研究也进入了森林生态水文研究阶段，呈现出多学科交叉、多尺度交互、多手段并用的研究局面和发展态势。

1.2 国内进展

中国近代的森林水文研究始于20世纪20年代，前金陵大学美籍学者罗德民博士和李德毅先生等在山东、山西等地研究了不同森林植被对雨季径流和水土保持效应的影响。50~60年代，全国各主要科研单位、高等林业院校和有关业务部门先后开展了小范围的森林水文观测研究，如中国林科院马雪华研究员等在川西开展的森林水文学长期定位研究。在60年代，我国学者金栋梁研究了大范围的长江流域森林对径流和产流的影响。在70年代，我国先后在海南、广西、湖南、四川、甘肃及东北等地建立了有关森林水文和生态方面的试验站，开始了长期定位研究和综合水文过程的探索。在80年代，中国林科院马雪华研究员在多个地区研究了森林采伐对河流流量和泥沙水质的影响，同期黄秉维教授提出"森林的作用"这一争论性问题。特别是"8·17"四川特大洪灾后，进一步推动了森林水文研究工作的开展。在90年代，刘世荣、温远光等人总结分析了我国10多个森林生态试验站及水文观测点的数十年科研成果。在1998年我国发生了长江、嫩江和松花江等大流域的特大洪涝灾害之后，我国政府加大了森林保护和退耕还林的推进力度，为森林水文研究提出了新要求。随着西北等干旱缺水地区大规模造林和恢复植被受到的干旱胁迫日益严重和引起的河川径流大幅下降等问题日益受到关注，中国林科院森林水文与水土资源管理学科组的王彦辉研究员、于澎涛研究员、熊伟副研究员等在宁夏六盘山森林生态站及泾河流域长期开展了森林植被与水资源的相互影响及合理调控技术研究，推动了干旱地区森林生态水文研究的进展及其研究成果的生产应用。

1.3 国内外差距分析

森林水文在国外已有100余年研究历史，但在国内才开展了几十年，因而还有一定差距，这集中表现在如下一些方面。

1.3.1 在理论创新和新技术新方法应用方面

由于我国开展森林水文研究的历史较短、研究领域和研究方法上存在一些缺陷，导致与国外先进水平相比还存在一定差距。目前，在一些长期存在争议和分歧的领域，如森林对区域降水和流域年径流的影响上，我国还缺乏有全球影响力的研究成果。在森林蒸散等方面，国外也处于领先地位，提出了较为理想的计算方法和数学模型，虽然大多是建立在假设和观测统计基础之上，尚未得到统一认识，但仍值得我们学习。此外，在森林空间分布格局、森林生态系统结构与水文学过程和功能的相互关系方面，我国研究仍处在跟踪阶段，还有待加强创新研究。随着高新技术发展，国外的森林水文研究方法也在不断更新，如在流域水文方面对分布式流域水文模型、卫星遥感技术、数据管理和决策支持等进行了大量研究及应用，目前我国在这些方面整体上仍处在跟踪阶段。

1.3.2 在研究内容及研究尺度方面

森林水文作用包括很多方面，相比国外，我国目前对森林水质影响的研究明显弱于对森林水量影响的研究，不能满足森林水质作用的评价、设计、应用、管理的要求。森林对流域尤其是中大流域的洪水和枯水径流特征的影响一直备受关注，相比国外也存在很多不足。过去我国主要通过利用小流域数据建立森林覆盖率和经营措施与洪水特征的统计关系来评价森林的水文影响，对森林的系统结构和空间分布格局的水文过程影响重视不足，更是忽略了地形、气候、土壤等非植被因素的影响，研究结果的精度和应用均有很大局限性，不能满足林业管理和流域管理的科技需求。森林对于年径流量和枯水流量的影响在干旱缺水地区具有非常重要的理论与实用价值，目前的研究还多局限在样地尺度，小流域研究不足，大流域研究更少，研究地点数量也很少，还难以得到具普遍性规律的研究结论。

森林的水文影响具有很大的尺度效应，包括空间尺度效应和时间尺度效应。只有深入理解和定量刻画了尺度效应，才能通过尺度转换把尺度和地点都有限的研究结果进行拓展应用。相比国外先进水平，我国森林水文的研究尺度一直偏小，研究指标过于单一；即使存在一些流域研究，也没有系统地开展从样地、坡面、小流域和流域的多尺度关联研究。由于尺度问题的高度复杂性和难以野外控制，现在仍基本上处于起始阶段，且进展一直较为缓慢。

1.3.3 在森林水文长期野外定位研究方面

森林的生长过程和生命周期都很长，期间森林的植被结构特征变化很大，而且森林对土壤水文性质的影响也比较缓慢，这就决定了森林水文影响的长期动态变化性，从而要求基于长时间数据序列进行全程评价。相比国外长达几十年甚至近百年的森林水文长期监测研究，我国开展森林水文的研究整体上才只有短短几十年，而且受人员更替、机构变更、项目经费等的影响，坚持长期定点研究的更是屈指可数。此外，在森林水文野外固定监测站点的建设数量与监测内容上也与国外先进水平存在明显差距。我国幅员辽阔，有许多典型区域和典型地点及典型森林，对应的多尺度野外固定监测网络还未建成。由于我国森林水文定位监测时间较短，数据的时间跨度小，难以全程阐释森林的水文影响。此外，观测方法及手段尚存在不少缺陷。这导致已取得研究成果多为定性研究和典型案例研究，较多单项森林水文要素研究，极少综合的系统性研究，差距较大。因此，格外需要加强对不同区域典型森林植被的生态水文过程长期定位观测研究，加强多尺度的联合研究，加强长期积累时空连续的森林植被水文影响基础数据。

1.3.4 在森林生态水文研究与生产应用的结合方面

以往我国森林生态水文研究集中在评价特定地点特定森林的水文影响（主要是水量），缺乏针对水资源管理要求的森林设计与管理的工程技术。首先，没有明确现有森林数量与水分承载力的关系，未根据我国各区域的自然、社会、经济条件，合理利用水资源安排森林数量的研究与建设，造成一些地方森林的经营管理出现偏差；其次，未根据森林的空间分布格局进行不同类型的森林生态水文研究，从而无法建立森林的生长、未来演替与生态用水需求变化间的直接耦合关系，无法为森林的可持续经营提供理论依据；最后，在我国新的造林需求上，未根据区域自然环境特点和水资源承载力设计适合本区域的可持续发展的森林结构与树种，造成森林生态水文研究未能与生产实践紧密结合。

综合来看，相比国外先进水平，我国森林水文研究仍有许多不足，我们要深入理解森林水文功能的形成机制，就必须综合考虑气候、地形、土壤、植被等水文要素的时空异质性及由此带来的影响，考虑生态过程与水文过程的各种相互作用，开展多区域、多尺度、多过程、多指标、多学科的交叉研究，并充分利用遥感、GIS、数据同化、机理模型等先进手段，准确刻画和定量区分变化环境下森林植被的结构动态和分布格局与水文过程的相互影响，不断完善森林生态水文的理论和方法，并提高其指导生产实践的能力。

2 发展战略、需求与目标

2.1 整体发展战略

我国属于缺水国家，人均水资源占有量只有2400m³，相当于世界人均水资源占有量的1/4，而且我国水源分布不均匀，由于时间、空间分布与水环境污染等原因，我国水资源问题愈加突出。目前，我国面临着严重的水质危机，水污染问题已构成严重威胁。森林的水文影响主要包括对水量和水质的影响两个方面，其中对水量影响又分为年径流、洪水径流、枯水期径流几个方面。尽管随着近30年重点林业生态工程的实施，我国实现了森林面积和蓄积量的双增长，生态环境得到了巨大改善，但是我国的森林水文由于研究基础薄弱及研究尺度限制，在新时期将面临更加严峻的挑战。为了加快和提高林业建设对全国和各个区域的生态文明建设的实质性贡献，需要深入理解、准确评价、定量预测上述几方面的森林水文影响。

2.2　发展需求

2.2.1　区域发展需求

我国各地的自然环境和社会经济发展水平差距很大，林业发展也各具特色，因而对森林生态水文作用的需求也存在很大的区域差异。根据国家林业局发布的《林业发展"十三五"规划》，"十三五"时期，以国家"两屏三带"和三大战略为基础，统筹林业生态建设和产业发展，提出了"一圈三区五带"的发展格局，包括京津冀生态协同圈、东北生态保育区、青藏生态屏障区、南方经营修复区、北方防沙带、黄土高原-川滇生态修复带、长江（经济带）生态涵养带、丝绸之路生态防护带、沿海防护减灾带。这个发展格局是建设生态屏障、维护生物多样性、发挥林业多种功能效益的主战场，是提升环首都、沿江、沿边、沿路、沿海生态承载力的重点工作。根据各区域的自然环境及整体战略要求，所面临的森林水文需求也有不同侧重点。

例如，京津冀生态协同圈是以首都为中心的未来将发展为人口超亿的国际化城市群，同时地处北方农牧交错带前缘的生态过渡区，生态环境极为脆弱，长期的过度开发、地下水超采造成生态空间严重不足，生态承载力已临近或超过阈值，环境污染、土地退化、水资源严重不足等环境限制凸显。本圈的森林生态水文主攻方向应为如何指导建设生态防护区和水源涵养区，加强水源地、风沙源区和环渤海盐碱地生态治理；以城市周边流域和重要水源地为重点，在突出利用森林植被的水文调节、水质净化等服务功能的同时，合理利用和提高水资源的植被承载力及区域生态承载力，通过科学规划和管理，在不同空间尺度上实现森林植被、水土资源、社会经济的协调发展。此外，需要关注和加强城市环境下的森林生态水文研究与应用。

东北生态保育区是国家"两屏三带"生态格局中的东北森林带的空间载体，是北半球世界三大温带森林带之一，是中国木材战略储备基地和及东北平原的重要生态屏障。该区的森林水文研究应加强全球气候变化背景下的森林分布与生长和森林水文特征间的相互关系，同时强化生态水文研究成果在森林多功能经营中的应用。

青藏生态屏障区的自然资源相对丰富，自然环境类型多样，是长江、黄河、澜沧江、雅鲁藏布江等重要河流的发源地，是世界高原特有的生物集中分布区，也是维持中国乃至全球气候稳定的"生态源"和"气候源"。由于该区地处全球气候变化的敏感区域，森林水文发展的重点应是在理解气候变化对区域森林植被及其水文影响的基础上，如何增强森林植被的生态稳定性及其水源涵养等生态功能，从而维护中国乃至南亚江河流域的生态平衡。

在南方经营修复区，水热同季，自然环境条件优越，是我国传统的集体林区，该区森林水文研究应以全面提高林地生产力和森林综合服务功能为目标，加快退耕还林区的森林水文研究，减少林地水土流失，防治石漠化，探讨如何同时提高森林的生产与生态功能。

北方防沙带和丝绸之路生态防护带的地貌多样、地形复杂，生态环境多变，大部分区域的降水量都偏少，生态环境恶劣，缺水问题格外突出。该两区的森林生态水文应格外强调同时考虑植被变化的水文影响以及水分条件对植被建设的限制，基于多尺度的水量平衡和水资源管理来计算不同植被类型和结构的生态需水量并借此确定水资源的植被承载力，用于指导该区域的森林植被生态恢复实践，确保建立稳定高效的森林植被并发挥应有的生态水文功能。

在黄土高原-川滇生态修复带，森林水文研究一方面要发挥森林的水源涵养、水质改善、径流调节、防止侵蚀和提供生物栖息地及环境美化等多种生态功能，另一方面要把降水量和水资

源的限制作为从区域到立地的多尺度森林植被恢复与管理的限制条件。此外，要把森林生态水文研究结果有机地结合到流域可持续管理中，在干旱和缺水地区还应格外注重森林在维持枯水径流和水源质量方面的重要作用。

长江（经济带）生态涵养带包括地处长江中下游的我国经济发展中心，因而长江中上游的森林水文调节作用对于减少江河淤积、减少洪水危害、保障三峡长期安全运行及流域可持续发展具有重要作用。此外，长江上游山高坡陡、土层浅薄，土壤侵蚀容量很低，而且水土流失严重，恢复和保持良好的森林植被对于长江中上游地区的生态安全至关重要。由于长江流域水量丰富，洪水问题突出，所以森林的水文调节和土壤保护服务功能格外重要。据测算，仅长江上游地区的森林生态系统的年水资源涵养量便达 12885 亿 m^3。在该区域，应着重考虑森林的水源涵养和水土保持功能，通过合理的森林经营维持、提高和利用森林水文服务功能（包括水量调节和水质改善功能）。

在沿海防护减灾带，应着重加强沿海防护林在保持水土和涵养水源方面的作用，研究不同防护林类型、数量、格局及结构的森林水文功能，为我国沿海防护减灾带的生态建设提供科学依据。

2.2.2 学科发展需求

根据森林生态水文学的发展趋势，围绕森林生态系统水文功能对全球变化的响应，针对我国国情和林情对森林水文学的发展需求，确定中国林科院森林生态水文学学科发展需求如下：

（1）整体规划。应确定中国林科院森林生态水文研究的整体规划，结合中国林科院的优势及研究基础，确定森林生态水文优先研究领域和方向，推动建立"结构完整、布局合理、层次分明、机制完善"的学科体系，全面促进中国林科院森林水文学学科的发展。

（2）研究团队。中国林科院在森林与水的相互关系及合理调控方面具有相对强大的科研力量，除了中国林科院森林生态环境与保护研究所的森林水文和水土资源管理学科组以外，热带林业研究所、亚热带林业研究所、林业研究所等均有与此紧密相关的学科组，我们应打破中国林科院各研究所间的体制壁垒，组建一个以中国林科院森林生态环境与保护研究所的森林水文和水土资源管理学科组为首的超强研究团队。同时，积极争取地方相关科研院所的积极参与，实现人才、物力及技术的广泛交流与融合。

（3）人才计划。增加森林生态水文学学科组（群）的人员编制，引进多个学科相关领域的国际、国内人才，满足森林生态水文学学科发展的要求；增加森林生态水文学学科研究生的培养计划；增加野外工作站合同工人员及基层的林业、水文等学科技术人员的数量，为野外森林生态水文工作站的高效运营提供强有力的支持。

（4）研究平台。随着我国生态文明建设和西部生态环境恢复的加快以及社会经济发展和人民生活水平提高对水环境健康及水资源安全的需求不断增加，应加大森林水文野外观测站点的建设，丰富监测站点的网络布局，提高我国森林水文的野外监测、站点运行、数据维护的技术水平。建立和布局覆盖全国的森林与水相互关系的流域研究平台体系，如在黄土高原区域的泾河流域（内含宁夏六盘山森林定位站）开展森林水文影响和林水综合管理的多尺度、多过程的基础研究和技术研究。针对区域发展中的实际问题，促进学科交叉融合，不断拓宽研究领域，从森林水文提升为生态水文，从林分等小尺度的研究提升为从林分到区域的多尺度研究，从仅关注森林影响提升为包括其他土地利用类型影响，真正把林业科技和林业发展融入到区域/国家发展的科技创新大潮中。

（5）技术设备。目前，中国林科院各森林生态水文相关研究团队普遍存在着技术设备与国外先进水平的明显差距而且数量配备不足、缺少一些最新科研设备的问题，缺乏自主研发仪器设备的能力，从而严重影响野外实验的开展和领先与创新。应加大力度支持最新科研技术设备的更新与配备，注重配备科研设备和仪器的自我研发队伍建设和能力提升，提高森林生态水文野外监测站的硬件水平。

（6）稳定支持，设立长期连续的研究项目。森林生态水文的研究需要长期持续性的支持，应加大中国林科院森林生态水文的人力、物力、财力的投入。在重点区域的森林生态水文研究及适应气候变化等领域方面争取获得国家重点研发任务计划的支持。同时，积极争取国家自然科学基金对本学科基础研究的支持。对无法进行国家计划，但又重要且有发展前景的研究领域，由院与所基本科研业务费倾斜支持。

（7）国际合作。加大森林生态水文课题组与国外优秀大学及科研团队的合作。对相关领域的国际合作项目进行支持，并增加课题组成员参加国际会议、双边交流访问的机会。

2.3　发展目标

森林水文与水土资源管理一直是中国林科院的传统优势学科，而且在发展现代林业、追求森林多功能管理、积极应对气候变化的大背景下，以及随着国内外对水安全和生态安全等重大问题的日益重视，又成为了极具活力的新兴学科和发展热点。如2010年IUFRO大会把森林与水列为未来全球林业科研的一个重要领域，2015年的世界林业大会又明确号召加强森林与水的科学研究和技术进步。

面对新形势的科技要求，中国林科院森林水文学学科发展的总体目标是：紧密围绕我国生态文明建设的整体科技需求和不同区域的特色科技需求，深入研究和定量理解森林植被的空间格局和系统结构与水文过程和水资源的相互影响，发展森林植被生态水文理论和指导林水协调管理的实用技术体系，制定相关的决策支持系统，提出符合各区各类森林植被的多功能林水协调管理技术模式，推动相关政策与标准的技术进步，并通过技术推广、技术示范、人员培训等提高我国的林水协调管理和森林水文服务功能的科技水平。具体的学科组发展目标如下：

2.3.1　发展规划

详细制定森林生态水文研究发展的五年和十年规划。在新的水环境和水资源安全需求下，加大多尺度、多地点的森林生态水文研究，为我国的森林植被生态恢复、水环境保护、水安全和生态安全提供有力的科技保障。

2.3.2　研究团队

依托中国林科院各所与森林生态水文学学科相关的骨干科研团队、野外定位研究站等，组建由领衔专家牵头的大型研究团队和专业研究组；成立以森林生态环境与保护研究所的森林水文与水土资源管理学科组为首的中国林科院森林生态水文研究团队（群体或中心），统领中国林科院各所（中心）相关研究力量，积极联合相关部门或单位的科研力量，针对国家发展整体需求和区域特色，顺应和引领学科发展趋势，合力争取科研资源，开展各有特色又相互联系的研究，促进相关的理论发展、技术提升、政策创新。

2.3.3 人才梯队

在"十三五"期间，引进1~2名森林生态水文专业的顶尖人才，每年有2名客座教授的聘请名额；同时每年增加1~2名学科组进人计划，丰富学科组青年优秀人才队伍；针对各野外观测站点，每年根据实际需求增加2~3名野外生态工作站临时工与当地林业技术人员的聘用；在研究生培养上，应增加20%~30%的研究生招生名额，在"十三五"期间培养一大批可用、多层次、复合型的森林生态水文研究人才。

2.3.4 研究站点

根据我国森林分布特点和对森林水文服务功能要求的区域差别，在"十三五"期间新成立1~2个森林水文野外观测站。为了更好地进行多尺度研究，需在不同气候区选择确定一些具有良好研究基础和示范潜力的综合研究流域，如在黄土高原选择具有六盘山森林生态站研究基础的泾河流域。

2.3.5 技术设备

在"十三五"期间，争取每年都有1~2项大型森林生态水文技术设备的购买，各野外生态监测站每年能有10万元左右的技术设备维护费；组建一个大型森林水文实验室。

2.3.6 研究项目

争取"十三五"期间获得1个国家重点研发计划项目（课题）的支持，学科组（群）每年获2~3项国家自然科学基金，院部每年有针对森林生态水文研究专设的科研专项基金1项，所里有针对优秀青年学者的青年专项研究资金1项。

2.3.7 国际合作

在"十三五"期间，争取一项国际合作重点基金与项目支持，邀请2~3位国际知名专家来作为客座教授，每次3~6个月；组织国际森林生态水文会议论坛1次，学科组成员进行国外交流访问2~3次，参加国际会议2~3次。

3 重点领域和发展方向

3.1 重点领域

3.1.1 森林水文过程机理及其对气候变化的响应

在气候变化背景下和我国开始注重森林多功能利用的发展背景下，依托定位观测站，开展森林生态过程和水文过程的长期规范定位观测，积累科学数据，研究不同时空尺度的生态过程演变、转换与耦合机制；通过多过程耦合和跨尺度模拟，研究水分限制区、水资源敏感区和丰沛区的森林生态过程与水文过程的相互作用机理及对区域水资源和水环境的调控能力；研究水碳耦合机理及其区域效应；研究变化环境下区域林水综合管理的适应性对策与途径；加强森林水文过程及其对气候变化的响应研究，评估适应气候变化的脆弱生态系统管理技术的效果和策略，研究气候变化特别是极端气候事件对森林水文的影响，针对上述影响与响应确定做到由定性研究发展到定量研究。

3.1.2 森林生态水文与生态用水

生态用水是维持生态平衡的基础，植被的生存与功能发展必须以消耗一定的水资源为代价。

但长期以来，有关生态用水的研究长期遭到冷落，导致出现了一系列的问题，尤其是干旱缺水地区。如在水资源管理中，仅以片面利用水资源为核心，普遍忽视和挪用生态用水，导致很多地区的生态环境恶化；在森林植被建设中忽视水资源承载力的限制，盲目造林和过度造林，导致森林生长不良、土壤干化严重、流域产水下降。直到近几年才有一些植被生态用水的初步研究，但其研究内容还很不完整，主要集中在干旱半干旱地区的植被生态用水方面。目前仅对河流生态需水提出了较系统的研究方法，但对森林植被生态需水计算还没有一套成熟方法。因此，从森林生态系统及其生态功能的需水要求来研究和确定合适的生态用水量，并指导森林植被建设与管理，将是今后的研究重点。

3.1.3 森林水文与水环境

在重视植被调节水量的同时，也应注重植被对水质的影响和流域水质变化研究，包括生态系统内的污染物传输、转化、吸收、降解、驻留等过程，定量刻画生态系统不同组分的水质净化作用机理，准确预测生态系统承受不同污染的能力及其动态变化以及污染对植被健康的影响，加强对植被净化水质功能的维持和恢复，发展满足典型污染区植被建设特殊要求的模式和技术，通过加强包括养分、泥沙和环境污染等内容的水质监测和建立水质模型而提高预测预报森林植被影响下的水质变化的能力。

3.2 发展方向

3.2.1 加强森林生态水文过程和机理研究

生态水文过程及机理研究是现代水文学的重点研究方向，在生态系统层面上研究森林植被与水的关系是实现植被与水资源优化配置必不可少的基础性研究工作。目前生态水文研究中出现分歧的主要原因在于对水文过程和机理的认识不清、实测数据不充分和缺乏科学性与代表性。因此，对水文过程和机理的研究应继续加强，特别需要在系统层面上进行多因子、多过程的同步研究，为建立更符合实际的水文模型和指导生态建设提供基本数据资料和科学技术依据。

3.2.2 加强森林水文尺度效应研究

加强研究森林植被水文作用的尺度效应和尺度转换，包括水文循环和水文过程研究的尺度等级划分、不同尺度的主要水文过程和影响因素及植被的参与程度、不同尺度的主要生态水文过程的机理模型、生态水文过程和植被水文效益的尺度转换、大规模植被建设的水文影响预测和评价的理论与技术等。由于森林流域或区域内水文因素时空分布的高度差异性，分布式流域水文模型作为实现水文影响研究尺度转换的有效技术途径，正日益成为21世纪生态水文学研究的热点和重点，它的发展和完善将有望克服流域和大区域的生态水文效益预测和评价中的尺度技术难题。

3.2.3 重视森林水文学研究与高新技术的结合

高新技术为森林水文学的研究提供了强有力的数据和工具支持，计算机技术的发展使得通过软件平台可完成庞杂的数学运算并实现对复杂的水文物理过程的模拟与预测；遥感技术给水文模型提供了大量、多时段、高精度的数据资料；地理信息系统可用于分析和处理在一定地理区域内的水文现象和过程，与流域水文模型结合能够解决复杂的规划、决策和管理问题；微波测定技术可定量地测量不同地貌和植被覆盖的土壤湿度条件；同位素示踪技术能够更精准地在

各尺度上测定水分的运移方向和过程。总之，未来森林水文学的发展注定要与高新技术相结合，而高新技术的发展势必推动生态水文学研究迈上更高台阶。

4 存在的问题和对策

多年来，由于我国生态发展、林业行业研究及中国林科院体制建设的侧重点等问题，中国林科院目前森林生态水文研究存在一定不足，还需尽快予以完善。

首先，各森林生态水文相关学科组由于体制壁垒而"各自为战"，缺乏森林生态水文课题组之间的研究共享，无法实现资源整合及研究力量优化，从而造成资源浪费。森林水文学涉及多门学科，在研究中需对大气、植物、土壤系统内各层次和界面的物质与能量交换过程进行分析，需要多学科知识体系的融合。目前水文学家、生态学家、气象学家、土壤学家都各自分别进行相关数据采集和研究，缺乏跨学科的融合和交流。在今后研究中，增强学科间的横向交流，实现数据和知识的共享，是非常重要的。

其次，在研究内容、方法及研究方向上，目前我国对森林水文过程研究不够系统，多集中在单功能层次的单过程上，对各层次之间水分传输过程的综合研究较少；已有的综合性研究多偏重于水文效益的计算，对水文过程的机理研究很少；对森林水文生态功能的相关研究多集中在单一的树种和林分，缺少多个树种的对比分析研究以及不同土地利用方式下水文功能的对照研究；缺少不同林分结构特征对水文循环中不同水文过程的影响研究；缺少森林生态系统水文过程影响的时空变化和尺度效应研究。此外，目前的研究大都集中在植被对水文过程的影响上，而生态水文恢复是生态水文过程研究的一个重要方向，但现阶段此类研究非常缺乏。目前，中国干旱半干旱地区在进行植被建设时最常面对的问题就是很难对不同自然条件的区域提出有水资源管理依据的规划建设方案和植被数量、空间格局与系统结构的技术设计，其原因首先在于无法了解当地可利用水资源量与植被生态需水量的关系，缺乏认识植被结构对水文过程的影响机理。加强对植被生态需水量以及水资源的植被承载力研究，能为森林植被生态恢复和其生态水文功能恢复提供理论依据，并对我国干旱半干旱地区的生态环境建设具有重要的现实意义。因此，今后中国林科院森林生态水文研究中，应重视森林生态水文过程及机理研究，促进加强生态水文功能恢复，提高国家或区域生态文明建设的实效。

最后，中国林科院的森林生态水文研究多年来都基本局限于林业系统，缺乏与水利、国土、环保各部门的沟通与协作，同时缺乏与地方政府部门及相关科研院所的广泛交流与合作，从而造成中国林科院的森林生态水文研究外部支持及研究区域的限制，也无法推广及发挥中国林科院森林生态水文科研上的优势及对国家森林植被恢复和生态文明建设的指导作用。在今后，应加强中国林科院与国家相关部门、地方政府及相关科研院所的互动，加强人才、技术的沟通及相互支持。

参考文献

郭明春，王彦辉，于澎涛. 2005. 森林水文学研究述评 [J]. 世界林业研究，18（3）：6-11.

刘珉，吴志祥. 2012. 森林生态系统水循环研究概述 [J]. 热带农业工程，36（1）：13-20.

刘世荣，常建国，孙鹏森. 2007. 森林水文学：全球变化背景下的森林与水的关系 [J]. 植物生态学报，31（5）：753-756.

沈志强，卢杰，华敏，等. 2016. 试述生态水文学的研究进展及发展趋势 [J]. 中国农村水利水电（2）：50-52.

石小亮，张颖. 2015. 森林涵养水源研究综述 [J]. 资源开发与市场，31（3）：332-336.

孙阁，张志强，周国逸，等. 2007. 森林流域水文模拟模型的概念，作用及其在中国的应用 [J]. 北京林业大学学报，29（3）：178-184.

孙晓敏，袁国富，朱治林，等. 2011. 生态水文过程观测与模拟的发展与展望 [J]. 地理科学进展，29（11）：1293-1300.

王德连，雷瑞德，韩创举. 2004. 国内外森林水文研究现状和进展 [J]. 西北林学院学报，19（2）：156-160.

王金叶，于彭涛，王彦辉. 2008. 森林生态水文过程研究 [M]. 北京：科学出版社.

王学全，李少华，包岩峰. 2016. 森林和水的相互作用研究进展 [J]. 世界林业研究，29（2）：1-6.

吴钦孝，陈云明，刘向东. 2005. 森林保持水土机理及功能调控技术 [M]. 北京：科学出版社.

熊伟，王彦辉，于澎涛. 2005. 树木水分利用效率研究综述 [J]. 生态学杂志，24（4）：417-421.

尹伟伦. 2015. 全球森林与环境关系研究进展 [J]. 福建林学院学报（01）：1-7.

余新晓. 2013. 森林生态水文研究进展与发展趋势 [J]. 应用基础与工程科学学报，21（3）：391-402.

张志强，余新晓，赵玉涛，等. 2003. 森林对水文过程影响研究进展 [J]. 应用生态学报，14（1）：113-116.

郑绍伟，黎燕琼，慕长龙. 2009. 森林水文研究概述 [J]. 世界林业研究（2）：28-33.

Andersen J, Dybkjaer G, Jensen K H, et al. 2002. Use of remotely sensed precipitation and leaf area index in a distributed hydrological model [J]. Journal of Hydrology, 264（1）：34-50.

Andréassian V. 2004. Waters and forests：from historical controversy to scientific debate [J]. Journal of hydrology, 291（1）：1-27.

Blöschl G. 2001. Scaling in hydrology [J]. Hydrological Processes, 15（4）：709-711.

Bormann F H, Likens G. 2012. Pattern and process in a forested ecosystem：disturbance, development and the steady state based on the Hubbard Brook ecosystem study [M]. Springer Science & Business Media.

Brown A E, Zhang L, McMahon T A, et al. 2005. A review of paired catchment studies for determining changes in water yield resulting from alterations in vegetation [J]. Journal of hydrology, 310（1）：28-61.

Calder I R. 2007. Forests and water-ensuring forest benefits outweigh water costs [J]. Forest ecology and management, 251（1）：110-120.

McCulloch J S G, Robinson M. 1993. History of forest hydrology [J]. Journal of Hydrology, 150（2-4）：189-216.

Shengping Z Z W L W. 2004. Forest hydrology research in China [J]. Science of Soil and Water Conservation, 2（2）：68-73.

Van Dijk A I J M, Keenan R J. 2007. Planted forests and water in perspective [J]. Forest ecology and management, 251（1）：1-9.

Wang Y, Xiong W, Gampe S, et al. 2015. A Water Yield-Oriented Practical Approach for Multifunctional Forest Management and its Application in Dryland Regions of China [J]. JAWRA Journal of the American Water Resources Association, 51（3）：689-703.

第15章
森林碳计量

朱建华（中国林业科学研究院森林生态环境与保护研究所，北京，100091）

森林生态系统作为陆地生态系统的主体，在调节全球碳平衡、减缓大气中温室气体浓度上升方面具有重要的作用。全球森林生态系统碳储量为（861±66）Pg C，其中土壤碳库为（363±28）Pg C。1990—2007 年间全球森林年固碳量达到 2.4Pg C，相当于全球 CO_2 排放量的 30%。

森林碳计量是指在一定的时限内和给定的地域内，对不同森林类型碳储量与碳流通量进行估算，其中森林碳储量及碳汇能力是碳计量研究中的关键点。自 1997 年《京都议定书》允许将林业活动获得的增汇减排用于抵偿工业化国家承诺的温室气体减限排目标开始，各国的研究人员在不同尺度对森林管理、造林和再造林、毁林等林业相关活动对碳汇/碳源变化的影响进行了大量的研究，探索在全球气候变化背景下森林生态系统的碳源/碳汇的动态变化规律。2015《联合国气候变化框架公约》缔约方第 21 次会议通过了《巴黎协定》和有关规定，明确了森林保护和植树造林等增强温室气体汇的措施的重要性。计量和监测森林碳储量和碳密度及其空间分布，掌握森林碳源/碳汇的变化规律，对于理解陆地碳循环过程、不同区域的碳源/碳汇格局、森林碳汇潜力以及为国际气候变化谈判提供决策支持均具有重要意义。

1 现状与发展趋势

森林生态系统通过光合作用固定的 CO_2 主要储存在活植物体碳库、土壤有机质碳库和死植物体碳库。森林生态系统中还有一些小并且难以测定的碳库，如动物和挥发有机质碳库，在研究中通常忽略。森林碳储量的主要载体是森林生物量，因此大多数研究中森林碳储量是直接或间接以森林生物量的现存量乘以生物量含碳率推算得到。目前，森林碳储量及碳密度的研究成为气候变化科学研究领域和国际社会关注的热点，研究尺度多侧重于区域及国家层面，研究的主要内容集中在碳源/碳汇功能评价、森林碳储量现状估算、森林生态系统碳循环、森林固碳成本及效益的估算以及森林碳汇潜力等方面。

1.1 森林生态系统碳储量估算方法研究

森林植被碳储量估算方法主要有样地清查法、微气象学法、模型模拟法和遥感估算法。各种方法有其适用的范围和不足之处（表 2-15-1），在碳储量估算中通常将两种或多种方法结合。如可综合样地清查法、模型模拟法和遥感技术法等分析大尺度区域森林碳储量的时空动态分布，以提高估算的准确性。在估算植被碳储量时，多以森林资源连续清查资料为主要数据源，结合生物量因子法或平均生物量法，直接或间接估算植被生物量，再将生物量与植被含碳率相乘得出森林碳储量。此方法可利用大规模森林资源清查资料，解决大尺度森林碳储量估算问题。

表 2-15-1　森林植被碳储量估算方法

估算方法		优点	缺点
样地清查法	平均生物量法	操作简单，成本较低	倾向于生长较好的林分作样地，估算结果偏大
	生物量转换因子法	估算精度较高	对郁闭森林的估算误差较大，将生物量转换因子作为常数，产生误差
	换算因子连续法	估算精度较高	由样地向区域推算，使估算结果偏大
	蓄积量法	可推算区域、国家甚至是全球尺度的森林碳储量	易忽略小于特定胸径的植被蓄积量，导致结果偏小
	生物量清单法	技术简单、直接明了，可用于大范围、长时期估算	耗费人力多，不能实时监测，估算结果可比性较差
微气象学法	涡旋相关法	精度高，可长期进行监测	仪器精密度高，使用维护成本较高
	弛豫涡旋积累法	可进行长期监测	不可用于监测有强烈异质性的大尺度森林生态系统
	箱式法	间接估算 CO_2 通量，可对各器官、功能团进行定量测定	不适用于测定整个森林生态系统的 CO_2 通量

（续）

估算方法		优点	缺点
模型模拟法	气候-植被相关模型	可预测气候变化对碳平衡的影响	未考虑土地利用变化以及人为活动等影响，受遥感资料时间限制
	生物地理模型	可清晰模拟短时间内陆地表面碳通量和气候变化	不考虑植被结构和组成对 CO_2 等变量的长期响应过程
	生物地球化学模型	准确模拟植被与外界环境之间的动态反馈	不适于分析长期气候变化影响
遥感估算法		可综合、动态、快速、准确、无破坏进行宏观监测	不具备普适性

　　森林生态系统土壤碳库通常是指土层深度 1m 以内表层土壤的有机碳。森林土壤碳储量估算一般采用土壤类型法、植被类型法、生命带研究法、模型模拟法、GIS 估算法等。土壤类型法是以实测的土壤剖面数据为基础，计算各单元的土壤碳含量，根据不同种类土壤剖面含量数据，结合不同区域尺度土壤图上的面积得到土壤总碳储量。植被类型法和生命地带法是按照不同植被、生命地带或生态系统类型的土壤剖面数据与该类型分布面积来计算土壤碳储量的方法，从各个角度反映气候因素及植被类型对土壤碳储量的影响。模型模拟法利用现有土壤剖面数据，并将其推算到相似的土壤和生态区域，可以较好地解决尺度转换的问题。由于 GIS 技术具有强大的空间分析能力，利用其统计分析功能对森林土壤碳储量和空间分布状况进行建模，可以很直观显示不同尺度土壤碳库属性及其空间分布。

　　受气候条件、森林植被类型、土壤属性、立地条件、输入输出情况以及人类活动等多种因素的影响，土壤具有空间上环境和生物要素方面的异质性，导致土壤有机碳积累过程和碳固持潜力呈现区域差异。加之不同研究者研究利用的资料数据和侧重点不尽相同，因而森林土壤碳储量的估算存在极大的差异性和不确定性。

1.2　国际进展

　　20 世纪 50 年代中后期开始，森林生物量和生产力的研究开始受到科学家们的关注，同时森林植被碳动态的变化也投入了相关的研究。Kurz 等（1992）基于加拿大 1986 年的森林资源数据研究了加拿大森林生态系统碳储量及其对加拿大碳减排的贡献；Dixon 等（1994）的研究表明全球范围内森林植被和土壤的碳储量分别为 359Pg C 和 787Pg C，森林生态系统中超过 2/3 的碳储存在土壤中和腐殖质中，其中碳储量的分布 49% 在高纬度森林中，14% 在中纬度森林中，37% 在低纬度森林中；Malhi 等（1999）收集大量的文献资料，研究了温带、热带和寒带森林的碳平衡，指出当前对森林碳储量、碳平衡的研究取得了很大的进步，但仍存在很大的不确定性，特别是土壤碳储量方面。在自然条件变化、人为干扰土地利用变化等外部因素的作用下，森林生态系统碳储量呈现一定时空变化规律；Heath 等（1993）估算了温带各地区的森林碳储量，表明温带森林总的活生物量碳库为 33.7Gt C，森林生态系统的总碳库为 98.8Gt C，温带森林碳储量增加的主要原因是森林的面积扩大和森林的再生长。

　　随着信息技术的飞速发展和"3S"技术的广泛应用，利用遥感信息和 GIS 技术进行森林生

物量的估算及碳过程的研究，已经成为一种全新的手段和重要方法，也是重要的发展趋势。研究人员更多地利用统计模型将遥感数据和森林资源清查数据结合起来以期更准确、立体地估算森林碳储量。Zheng 等（2004）结合 Landsat 7 ETM 数据和野外实测数据估算了美国威斯康星州森林地上生物量，并生成了生物量分布图；Babcock 等（2016）提出了一种新的建模方法来改善利用遥感数据和森林资源清查数据估算地上生物量的精度。

同时，研究人员对自然干扰和人为干扰因素影响下森林碳动态的变化情况有了更多的关注，也取得了一些研究成果。森林在遭受严重的干扰后，会在几年到几十年的时间里损失碳，但是人们对干扰后森林碳通量的持续时间和动态的认识仍然有限。Andrew 等（2014）基于太平洋西北地区的 11435 块固定样地的长期监测资料，研究了生长率、死亡率、腐烂、森林火灾、林地清除及其他干扰事件影响下森林碳储量和碳通量的主要生态驱动力，认为运用于固定样地网络的改进的测量方法和生物量模型有助于研究区域碳变化的驱动力和成分；Christopher 等（2016）最近的研究认为干扰是森林碳储量和碳吸收的主要决定因素。森林采伐是影响森林面积和森林碳储量的主要干扰因子，其次是风倒、火灾、病虫害以及干旱。

1.3　国内进展

我国学者近年在不同空间尺度上对森林生态系统的植被层碳储量、土壤层碳储量进行了大量的研究，研究的内容涵盖了不同起源、不同林分类型、不同林龄、不同林分密度或不同立地条件下的森林碳储量、碳密度及其影响因素。现有的相关研究成果，对了解全国各地区森林生态系统碳密度的基本情况具有十分重要的意义，也为评估各地区森林生态系统的固碳潜力提供了基础数据。

在国家尺度上，刘国华等（2000）利用我国第一至第四次森林资源清查资料，通过建立不同森林类型生物量和蓄积量之间的回归关系，推算了我国近 20 年来森林的碳储量；方精云等（2001）利用我国森林资源清查资料，采用改良的生物量换算因子法，估算了我国森林碳储量历史动态变化，研究结果表明，20 世纪 70 年代中期以前，我国森林碳库和碳密度呈现负增长，而近 20 多年来，得益于我国人工造林面积的快速发展，我国森林起到明显碳汇的作用；赵敏等（2004）基于我国第四次（1989—1993 年）森林资源清查资料估算我国森林植被的总碳储量约为 3778.1Tg C，碳密度为 41.32Mg C/hm^2，并分析了我国森林碳储量的地理分布格局；徐新良等（2007）在分析我国森林生态系统主要优势树种生物量和蓄积量关系的基础上，根据全国第一至第六次森林资源清查资料中分省份、优势树种、林龄级的面积和蓄积量统计资料，对我国森林生态系统的植被碳储量进行了估算，进而分析了 20 世纪 70 年代以来我国森林生态系统植被碳储量的时空动态变化特点和规律；李海奎等（2011）系统地总结国内外现有森林生物量和碳储量估测方法的研究成果，详细分析各估测方法的适用条件及优缺点，依据全国第六、第七次森林资源连续清查资料，采用 3 种估算方法进行估算研究比较，并在此基础上估算了全国森林生物总量和森林总碳储量。Tang 等（2018）结合 1.3 万余个样地调查结果的数据分析，全面评估了中国陆地生态系统碳储量和碳密度，其中全国森林（面积 1.882 亿 hm^2）植被碳储量（104.8±20.2）亿 t 碳，森林土壤碳储量（199.8±24.1）亿 t 碳；全国灌木林（面积 0.743 亿 hm^2）植被碳储量（7.1±2.3）亿 t 碳，土壤碳储量（59.1±4.3）亿 t 碳。

近几年来，结合遥感和 GIS 技术，刘双娜等（2012）基于空间降尺度技术，利用第六次国家森林资源清查资料，结合 1∶100 万植被分布图及同期的基于 MODIS 反演的 NPP 空间分布，定量估算了我国森林生物量的空间分布；赵明伟等（2013）建立了基于 HASM 的森林碳储量估算模型，以第七次森林资源清查资料数据为精度控制点，模拟生成了我国森林碳储量分布图；陆君等（2016）以遥感影像数据、土地利用数据和森林资源二类调查数据为主要数据源，采用逐步回归法建立森林蓄积量定量估测模型，估算了福州市森林植被碳储量和碳密度，分析了2000—2010 年土地利用变化影响下的福州市森林碳储量变化特征；周蕾等（2016）利用全国森林清查资料和卫星遥感数据获得两套林龄数据，结合过程模型（InTEC 模型）分析多源林龄资料对我国 1901—2010 年森林生态系统碳平衡的影响，研究结果表明，林龄 5 年的误差将会导致我国森林碳汇不确定性 25%，他们认为林龄数据在大尺度碳模拟的应用能有效提高碳循环模拟的空间精度，有助于阐明碳循环模型研究中的不确定性。

同时，人们也越来越多地注意到了森林土壤碳库，但是对森林中灌木、草本、倒木、枯死木及凋落物碳库的研究较少。王春燕等（2016）对我国东部南北森林样带不同土壤类型的土壤有机碳组分进行了估算，探讨了森林有机碳组分的纬度格局及其主要影响因素；杜虎等（2016）对广西森林土壤有机碳密度分布格局及其主要影响因素进行了分析，他们的研究结果表明广西主要森林土壤碳密度的差异可能是森林类型、土壤类型、土层深度、地形、人为干扰等因子共同作用的结果。在树种尺度上，贾呈鑫卓等（2016）在云南省普洱市以思茅松人工中龄林为研究对象，探讨了不同坡向、坡度和坡位对思茅松人工林土壤有机碳（SOC）储量的影响，研究发现立地条件差异影响 SOC 储量的大小与分布，尤其是坡向和坡度的不同会造成思茅松人工中龄林 SOC 储量的差异；兰斯安等（2016）对广西北部杉木人工林不同龄组的植被和土壤有机碳储量进行了研究，结果表明杉木人工林生态系统不同龄组碳储量分布格局均为土壤层>植被层>凋落物层，地下部分>地上部分，各层次碳储量以土壤层和乔木层所占比例最高，二者贡献了杉木人工林生态系统 98%以上的碳储量。

1.4 国内外差距分析

样地清单法很难在大尺度上进行研究，只能用个别站点有限的样本数据对区域碳储量数据进行外推，存在很大的时空局限性。而基于遥感新技术的方法，尽管在空间尺度上有很好的表现，但是由于缺少机理性解释，无法开展关键生态过程控制因子的分析，更无法进行未来碳汇情况的准确预测。目前国内外这些研究在一定程度上揭示了森林在全球碳循环和碳平衡中的重要地位，但只是森林生态系统某一组成碳库的研究分析，并未将活植物体-死植物体-土壤作为一个整体来分析森林生态系统的固碳功能特征，特别是对灌木、草及凋落物层的固碳特征研究很少。近年来，出现了越来越多的基于 RS 信息数据和 GIS 软件对森林植被碳储量进行绘制和分析的研究，这些工作为提高生态系统植被碳储量估算精度打下了基础，实现了森林植被生物量和碳储量估算方法由样地调查向区域推算尺度的转换。

我国区域森林生态系统碳循环研究在基础科学数据获取、研究技术与研究规模等方面与发达国家还存在一定差距，需要加强定量评估不同区域及各种类型森林生态系统碳收支的研究，以便为科学预测气候变化、适应和减缓气候变化的区域碳管理提供科学依据和理论，为全球温室气体管理谈判提供科学研究和数据积累，为我国争取更大的发展空间。

总的来说，国外学者对森林碳储量的研究注重从全球、国家、地区等尺度上对不同类型的森林生态系统的碳储量进行评估，并将碳储量与生态学过程和生态因子的变化相联系，建立了各种模型，如 CENTURY 模型、CBM–CFS3 模型、CASA 模型、TEM 模型、BIOME–BGC 模型等，

这些研究更强调多学科和多技术手段的综合应用，把地球系统的碳循环作为一个整体进行研究。我国森林生态系统环境检测网络取得了很大进展，但我国林业生态环境效益监测网络建设还没有达到合理的空间布局，缺乏规范化和统一的观测技术体系以及现代化、自动化的观测设备，尚不能满足我国林业生态环境建设的需要。由于我国在陆地表层碳循环方面的研究起步较晚，陆地表层碳循环研究尚处于发展阶段，对碳循环过程以及与生态系统、气候变化相互作用的研究还需继续深入。对于模型的研究，主要以静态模型为主，大多是估算中国自然植被净第一性生产力和森林植被的生物量，动态模型相对较少。针对区域森林生态的综合性研究还需加强，森林生态系统碳储量变化对气候变化的影响及森林对区域气候的影响等还需进一步深入研究。

2 发展战略、需求与目标

2.1 发展战略

2.1.1 大力发展森林碳汇

发展林业碳汇是减缓气候变化的有效方式之一。我国森林资源中、幼龄林比例大，森林质量较差，单位面积森林生物量较低，森林固碳减排潜力远未发挥出来。鉴于森林在固碳减排中的重要作用，大力发展森林碳汇/林业碳汇已成为中国温室气体减排的重要战略选择。全面加强森林经营，发挥林地潜力，增加森林碳汇，既可以拓展我国经济社会发展空间，促进绿色低碳发展，又可以在国际气候谈判中争取更大的主动权和话语权。

《国家应对气候变化规划（2014—2020年）》和《国家适应气候变化战略（2013—2020年）》鼓励增加森林和湿地碳汇，大力发展林业生物能源，倡导木质林产品绿色生产和绿色消费，减少林业碳排放。建立健全林业碳汇计量与监测体系，开展林业碳汇调查和连续动态监测，完善森林、湿地、木质林产品各类碳库现状及动态数据库，加强林业碳汇计量监测中心基础设施建设，完善林业碳汇技术标准体系，开展国家自主贡献林业目标进展评估。开展林业适应气候变化试点，鼓励社会资本参与碳汇林业建设，指导开展碳汇造林。加强林业应对气候变化研究和培训、宣传及人才队伍建设。深化林业应对气候变化国际合作交流，积极推进减少毁林和森林退化造成的碳排放，并通过森林保护、森林可持续管理增加森林面积而增加森林碳汇（REDD+）项目试点。

2.1.2 天然林的保护与有效管理

天然林是自然界中结构最复杂、功能最完备的陆地生态系统，在维护生态平衡、应对气候变化、保护生物多样性中发挥着关键作用。天然林是森林生态系统的主体，是木材和非木质林产品的重要来源。天然林生长缓慢，但生长高峰期持续时间长，生物量密度比较高，能固定更多的碳。与人工林相比，天然林具有较复杂的群落结构、较丰富的生境和对环境变化具有较大的缓冲能力，对我国天然林碳储量和碳密度的研究有助于增强对天然林的保护和管理意识，重视我国天然林生态恢复速度和质量、维持天然林生态系统稳定性和生物多样性具有重要意义。

2016年5月，由国家林业局发布的林业发展"十三五"规划，规定全面停止国有天然林商业性采伐，协议停止集体和个人天然林商业性采伐。将天然林和可以培育成为天然林的未成林封育地、疏林地、灌木林地等全部划入天然林保护范围，对难以自然更新的林地通过人工造林恢复森林植被。森林保护是一种重要的气候变化减缓战略。天然乔木林的碳密度远高于人工乔木林，避免对天然林的采伐并保持其继续生长，是减少碳排放、增加森林碳汇的一种重要途径。保护区建设可以有效地阻止人类对森林生态系统的干扰和破坏，被全球范围内公认为减缓和适应气候变化的主要策略。在发展中国家，保护区可以发挥重要的作用，通过减少森林转化为非林地，可以有效地减少碳排放。在发达国家，森林砍伐率通常都较低，森林保护作为减少碳排放增加碳汇的战略的有效性还存在争论，因为森林保护可以通过森林经营管理来实现，而不是减少森林的砍伐。同时，森林在被严格保护许多年后，森林的龄级都将趋近于成熟林直至老龄林，碳储量将达到高峰，森林的生长减缓甚至不再生长。可以预见，经过长期的天然林保护禁伐，在未来当其成熟至老龄林不能继续发挥固碳作用时，如果不砍伐，工业排放的 CO_2 就得不到固定；但是，如果过度采伐或者砍伐不当，又将使森林变成碳源。因此，模拟和预测乔木林的采伐强度和更新造林方式对未来森林碳汇潜力的评估具有重要意义。

2.1.3 科学发展人工林碳汇

人工林在恢复和重建森林生态系统、改善生态环境方面具有重要作用。通过造林，将草地或农田转变为人工林，能极大地增加植被碳储量，提高陆地碳汇功能，也是实施碳减排计划主要的媒介之一。然而，大量的实践与研究已表明，不合理的人工林组成与结构及经营措施会导致一系列的生态问题。我国人工林普遍存在质量低下、生物多样性差、树种组成单一及龄组结构不合理等一系列问题，这些问题最终会影响碳汇林业的可持续性。例如，我国南方的杉木林、桉树林和东北的落叶松林，由于采用不合理的经营管理措施，生产力长期衰退、生物多样性差等生态问题日益突出。此外，人工林还具有其他方面的生态问题，如引起生物多样性降低、造成土壤肥力下降、影响当地水循环和增加林火、病虫害的威胁等。因此，在加强对人工林碳汇研究的同时，要客观认识造林和再造林碳增汇的时空局限性和负面效应，积极探索新的造林技术和碳储存技术。

我国森林特别是人工林的碳密度增加潜力巨大，如何估算碳汇增加的潜力以及如何根据碳汇潜力的变化调整森林经营管理措施，都是未来应该思考和解决的问题。根据我国森林资源现状分析，通过加强森林经营管理，合理管控森林，提高森林质量和开展植树造林等措施均可大幅度地提高森林生态系统的固碳功能。随着我国人工林林龄的增加，乔木林碳密度亦在逐渐增加。我国乔木林的碳储量在很长一段时期内将处于持续增长之中，是一个潜在的巨大碳库。未来应加强开展对人工林碳储存动态及过程的研究，探讨提高人工林碳汇功能的可能途径和策略，充分发挥其碳汇功能。特别要加强全球气候变化背景下人工林的适应性抚育和管理、人工林固碳现状及其固碳潜力的科学估算，以及提升人工林固碳潜力评估方法的有效性和针对性。在对生态系统碳储量进行研究时，选择适宜的研究方法，这样能使研究数据较为准确，所得结论可信度高。同时应增加造林和再造林面积以增加森林碳储量，应对全球气候变化。

2.2 发展需求

2.2.1 确立森林碳汇经营思想

碳汇目标下的森林管理是减缓大气中二氧化碳浓度上升和全球变暖的重要方法。应提高对森林碳汇的重视，充分发挥森林的多种生态服务功能。把森林固碳量作为考量林业资源配置的关键因素，确立森林碳汇经营思想，积极转变林业发展模式，合理改善要素投入结构，适当调整发展重心，以生态化视角进行资源整合和利用。

森林生态系统碳汇经营的目标是通过合理的森林经营管理活动来提高森林生态系统碳储量，

维持森林生态系统碳收支平衡并揭示其影响因素。因此，研究森林碳计量方法必须要考虑森林经营管理措施的改变对其产生的重要影响。需要为优化我国主要造林树种经营技术模式提供技术支持，基本建成以森林作业法为核心的经营技术体系；建设森林经营人才培训制度和培训体系，培养造就一支数量充足、素质良好、适应林业发展要求的森林经营专业技术队伍、管理人员队伍和施工作业队伍。

2.2.2 建立森林碳汇估算基线及动态监测体系

完善和健全森林生态监测站点，加快林业碳汇计量监测体系建设。已有的碳汇估算大多是国家和省份尺度，应尽快建立基于不同尺度（林分、经营单位、区域、省级）的碳汇监测和估算体系。主要包括如何确定碳汇计量的合理基线（包括基准年、不同森林类型、立地条件、经营情景的基线等），如何建立森林碳汇评估技术体系，降低评估成本。

2.2.3 强化森林碳汇计量技术研究支撑

森林碳储量主要通过地面调查数据来估算，存在着统计工作量大、建模复杂度高等难点。如何快捷、准确地估测森林碳储量一直是国内外林业领域研究的热点和难题。加快森林碳汇功能的研究和发展，除了政策推进外，强有力的科技支撑也必不可少。一是需要提供研究森林碳汇的必要数据，而数据的获取需要有关部门协助，这是森林碳管理的基础。二是要推进林业碳汇相关技术标准的制定并加以推广应用。三是要持续开展森林生态系统减排增汇关键调控技术的研究，同时要重视林业碳汇与生态环境整体平衡间关系的研究。

2.3 发展目标

增加森林面积，合理地保护和管理森林，提高森林覆盖率，借助森林生态系统较高的碳储存密度来固定大气中的 CO_2，是我国在应对气候变化方面努力的方向。我国第八次森林资源清查资料显示，包括未成林地（未成林造林地、未成林封育地）、无立木林地（火烧迹地、采伐迹地、其他无立木林地）和宜林地（宜林荒山荒地、宜林沙荒、其他宜林地）在内的全国可造林林地共计 5693.11 万 hm^2，即全国未来可造林面积空间为 5693.11 万 hm^2，森林增长潜力巨大，森林质量大幅提升是完全能够实现的，继续加强无立木林地、宜林地上的人工造林是增加我国森林碳储量的的重要手段。

依据《全国森林经营规划（2016—2050年）》所确定的林业应对气候变化的阶段性目标为：经过努力，至 2020 年，全国森林覆盖率达到 23.04% 以上，森林蓄积量达到 165 亿 m^3 以上，每公顷乔木林蓄积量达到 95 亿 m^3 以上，森林植被总碳储量达到 95 亿 t 以上；至 2030 年，森林蓄积量比 2005 年增加 45 亿 m^3；至 2050 年，森林覆盖率达到并稳定在 26% 以上，森林植被总碳储量达到 130 亿 t 以上。依托林业重点工程，扎实开展植树造林、造林再造林，加强森林可持续经营管理，扩大森林面积，提高森林质量。届时，我国森林生态系统碳储量将会得到较大提高，我国林业在应对全球变化中将会发挥更大作用。

3 重点领域和发展方向

目前，对理解森林碳储存过程和机制以及最终对森林碳储量进行有效管理的需求日益增长。虽然在不同地区均做过一些相关研究，但气候、土壤、地形、生物因子以及其他自然和人为干扰因素与森林碳储量的相关关系仍然存在较大的争议，相同的因子在不同地区对森林碳储量的空间变异的解释度表现出极大的差异，研究者认为在不同地区不同森林类型可能存在着不同的碳储存机制。因此，以后的研究中，应该尽可能地考虑多个生态因子和非生态因子在不同的层次上对森林碳储量的影响。另外，取样方法、研究的时空尺度等因素都在限制着对这种关系的理解，目前这方面的研究还很少，有待于今后更多的较大时空尺度研究来进一步探究森林碳储存机制。

3.1　重点领域

3.1.1　人工林碳计量

通过人工造林，扩大森林面积和蓄积量，可以巩固碳储存量和减少碳排放，是推进林业碳汇发展、缓解全球气候变化的有效手段。在过去的 30 年里，我国为了改善生态环境实施了一系列重大的林业生态工程，如退耕还林工程、天然林资源保护工程、三北防护林建设工程、京津风沙源治理工程等。大规模植树造林及重大林业生态工程的实施，使得我国的森林覆盖率从 20 世纪 70 年代中期的 12.7% 增加到现在的 21.66%。我国人工林面积已接近全球人工林面积的 30%，增强了我国森林的固碳释氧功能，在全球碳循环中也将占据越来越重要的位置。

由于我国人工乔木林幼龄林和中龄林的面积比例较大，若经过合理的森林经营和管理，可以预测未来人工乔木林在总碳储量中的比例也会不断提高，当其碳密度接近天然林的碳密度时，碳储量将会有较大程度的增长。因此，如何估算碳汇增加的潜力以及如何根据碳汇潜力的变化调整森林经营管理措施都是未来应该思考和解决的问题。同时，针对我国主要人工用材林，以权衡木材生产、生态系统碳储量以及水源涵养功能为主要目标，量化分析生物量生长与生态系统碳固持和水源涵养功能之间的权衡/协同关系，模拟研究不同林分结构、景观格局和经营措施下的生态系统长期碳收支动态和水源涵养功能变化，提出权衡木材生产、碳固持和水源涵养等生态功能的人工林结构优化和调控策略。未来应加强对我国人工林的抚育和管理水平，充分发挥其碳汇功能及其他生态系统服务功能。随着我国幼龄、中龄人工林发展成为近熟林、成熟林、过熟林，需针对不同的造林树种类型，控制其成熟林、过熟林的面积比例，促进各龄组碳密度的增长，使我国森林碳储量进一步增加。同时应增加造林再造林面积以增加森林碳储量，应对全球气候变化。

3.1.2　土地利用变化的碳汇效应计量

土地利用/覆盖由一种类型转换为另一种类型会伴随着大量的植被和土壤碳储量的变化，研究土地利用变化对陆地生态系统碳储量的影响，有利于揭示人类活动和气候变化对陆地生态系统碳循环的驱动机制。最近的研究表明，土地利用变化是影响陆地生态系统碳循环的重要原因，1850 年以来人类活动排放的 CO_2 量约有 35% 直接来源于土地利用变化。土地利用/覆盖变化是全球碳估算不确定性的最大来源，要准确认识和评价陆地生态系统的碳源/碳汇功能，就要进行土地利用/覆盖变化对生态系统碳储量影响的评估。

森林土地利用变化对陆地碳库有显著的影响，因为近乎 30% 化石燃料燃烧释放的 CO_2 是通过森林的生长吸收的，国内外的许多研究都估算了区域或者全球尺度森林土地利用变化对碳储量的影响。但是由于缺乏当地的具体数据，这些研究并没有考虑到不同林分类型和优势树种（组）的碳密度变化以及变化速率。Chen 等（2016）对中亚干旱地区 1961—2010 年间森林土地利用变化下的碳汇和碳源进行了估算，研究表明哈萨克斯坦和我国新疆的森林土地利用变化表现为碳

汇，总碳储量分别增加了 43.27Tg C 和 20.47Tg C，造林可以有效地增加森林碳储量，而森林火灾是主要的碳源。Zhang 等（2016）首次对在土地利用转换影响下的全国和省级陆地生态系统碳储量变化进行了研究，他们的研究结果表明：在土地利用变化影响下，1980—1995 年间我国陆地生态系统损失了 219Tg C，1995—2010 年间损失了 60Tg C。由于林地的增加不足以满足对碳吸收日益增长的需求，加上草地的日益退化消失和人类定居点的扩张，我国土地利用变化对碳减排有着不利的影响。

土地利用变化尤其是农地、林地、草地利用类型之间的转变必然导致土壤有机碳储量（SOC）的变化。许多研究发现，草地或者农地造林初期，由于土壤扰动等原因造成碳从土壤中流失，土壤碳库成为碳源，但随着周转时间的延长，一部分有机碳通过凋落物和根系等形式归还到土壤中，土壤碳库会慢慢恢复。由于影响土壤有机碳储量的因素多而复杂，土壤质地、气候条件等不同都可以使 SOC 的变化存在较大的区域差异，因此，国内外学者对土地利用/覆被变化影响下的 SOC 的评估通常具有较大的不确定性。通过综合集成方法并在长时空序列下的研究可以有效较低研究结果的不确定性。

3.1.3　林业固碳减排技术措施的开发和实施

世界各个国家目前都在积极探索森林的固碳减排技术，以期增强其碳汇能力，相关的研究主要集中在保护现有的森林维持森林碳库、造林和再造林、防止毁林和森林退化减少碳排放、森林可持续经营管理增加森林碳汇。森林作为一个动态的碳库，其碳汇能力不仅取决于森林的面积，还与森林的质量即单位面积蓄积量有关，高单位面积蓄积量的森林具有较高的碳密度。为实现森林生态系统的最大固碳功能，应提高森林可持续经营水平，针对不同地域、不同起源的优势树种提供不同的森林经营管理方案，采用一系列碳管理的措施。

通过森林经营抚育，促进森林加快增长，提高林木蓄积量，是我国未来增加森林碳汇的主要途径。因此，加强对现有森林的可持续性管理十分必要：①保护现有天然林碳库资源与生物多样性，禁止不可持续的采伐，预防林火与病虫害，从而避免其碳汇功能的下降；②通过集约化的营林措施（如适度间伐、择伐并控制轮伐期，施肥，套植等）可以提高森林固碳能力；③根据我国森林资源现状分析，通过加强森林经营管理，合理管控森林，提高森林质量和开展植树造林等措施均可大幅度地提高森林生态系统的固碳功能；④提高林产品的循环利用效率，发展生物能源直接替代化石燃料，以及使用木质林产品替代高化石燃料消耗生产的材料，也可以起到间接增加碳汇的作用。

3.1.4　森林未来碳汇潜力评估

近 10 多年来，随着碳汇造林的广泛开展，森林生态系统固碳速率与潜力的自然格局、人类经营活动对森林生态系统固碳速率与潜力的影响研究受到国内外学者的关注，是目前研究的热点。但估算方法和预测模型都还处于探索发展阶段，且由于情景假设的主观性、未来林业政策的可变性和森林生态系统的复杂性，未来碳储量潜力的研究存在很大的不确定性。

目前，基于过去森林蓄积量生长模型预测未来碳储量时一定包含了未来森林生长和过去森林生长相似的假设，这样就没法考虑到未来气候变化或者其他多重干扰因素对森林的影响，特别是严重的干旱胁迫或者自然干扰因素增加的情况。因此，不少学者开始探索在假设一系列的未来情景下森林碳储量的变化。

在以后的森林碳储量估算及其碳汇潜力研究中，估算我国不同区域、省份和不同起源优势树种的碳储量和碳密度，并分析其林龄结构的变化特征，实现对我国乔木林总碳储量、结构和地理分布的动态分析。同时，估算不同区域、省份和不同起源优势树种的碳汇潜力，为准确评估我国森林的碳吸收潜力和制定我国减排政策提供重要依据，对我国在国际气候谈判和全面了解我国森林碳汇潜力方面具有重要作用，同时对我国森林的经营管理和可持续发展具有重要意义。

3.2　发展方向

（1）随着气候变暖的日益加剧，各国的研究人员开始探索在全球气候变化背景下森林生态系统的碳源/碳汇的动态变化规律。干扰能普遍降低森林生态系统的碳储量和碳通量，但其也会激发森林生态系统碳储量的再生，提高森林碳储量增加的速率。多种气候模型模拟的结果表明气候变化将进一步加剧，为充分应对气候变化的挑战，应加强对不同地域森林生态系统进行科学合理的管理，不断促进森林生态系统健康稳定地发展，优化森林生态系统的碳汇功能。现有的森林碳汇的估算模型如澳大利亚的 CAMfor 模型、美国的 FORCARB 和 InVEST-Carbon 模型、加拿大的 CBM-CFS3 和 CO_2FIX 等缺少干扰信息的输入，导致区域碳循环估算有很大的不确定性，这些模型往往不能够进行长期预测和推断在大尺度环境条件变化下的森碳汇功能。森林碳汇受自然和人为多种因素的影响，如土地利用/覆盖变化、森林采伐、火灾、干旱、氮沉降甚至昆虫灾害等都会引起森林植被及土壤有机碳库的变化。我们建议以后应加强这方面的研究，开发结合多个生态过程的动态模型结构，以揭示森林生态系统的复杂性，进一步更加全面地认识森林的碳汇能力。如从个别树种的生理过程（光合作用、呼吸作用、生长、死亡、再生、竞争）到整个森林生态系统的干扰体系（自然干扰和人为干扰因素），综合考虑和分析各种干扰因素对森林生态系统碳储量的影响。

（2）遥感估算法是估算森林碳汇的重要方法之一，它能提供高分辨率和实时变化数据，能及时反映碳储量的空间变化，对于大尺度森林生态系统的碳储量的估算具有重要的意义。目前，国内外有相当多的研究集中在如何建立遥感图像与森林碳储量之间的模型，但是受遥感数据本身的误差及遥感模型中关键参数的不确定性等因素的制约，单纯的遥感方法存在一定误差。通过降尺度等方法将遥感数据与地面观测资料的优势结合起来，如果输入模型的数据采用更为详细的土地利用/土地覆盖图和更为精准的碳储量数据表，建立起区域碳储量与遥感图像的模型，而不是输入森林类型的平均碳储量，那么森林碳储量估算精度将会更高，且可提高工作效率，能有效地减少系统误差和人为误差。激光雷达（LiDAR）和合成孔径雷达（SAR）技术是遥感估算法中较为先进的方法，不仅能克服光学信号饱和的问题，还能提供更为丰富的森林垂直结构信息（如冠层高），这些信息与森林蓄积量存在很高的相关性，在以后的研究中，应该得到更好的应用。

（3）农田、草地、林地、城镇用地等通过人类活动的相互转化，改变了土地覆盖或土地利用方式，对森林生态系统碳循环过程的影响越来越强烈。尤其是土地利用变化显著地影响了森林生态系统的结构和功能，造成植被和土壤碳储量的变化，是对陆地生态系统碳循环影响较大的人为因素之一。一方面，全球范围内森林砍伐后向草地和农田转化的过程伴随着植被和土壤碳储量的减少，生态系统碳储量降低，因此这是一个碳排放的过程，在毁林碳排放中占主导地位。另一方面，土地利用变化可促进森林的碳贮存，如退耕还林、减少森林砍伐、改善森林管理等。因此，研究土地利用变化对碳储量的影响具有重要意义。退耕还林工程是我国目前主要

的造林活动之一，显著改变了森林面积、土地利用/覆盖类型、生态系统碳储量等。退耕还林工程及快速经济发展耦合作用下土地利用变化如何影响区域碳储量时空格局的研究还存在空白，在以后的研究工作中仍需进一步探讨。

（4）枯死木、灌木和草本是陆地生态系统中广泛存在的重要的生态系统组分，但与乔木林相比，碳储量所占比例小，在研究中往往受到忽视。森林凋落物碳是碳收支平衡的一个相对较小但又重要的组成部分，在植被碳库和土壤碳库之间起纽带的作用。鉴于森林凋落物碳库测量的成本和时间因素，很多联合国气候变化框架公约国在气候变化报告中对森林凋落物碳库和碳库变化的估算都是用IPCC的默认值或者国家尺度的具体模型，这在不同区域估算凋落物碳库时会产生较大的误差。在以后对森林生态系统碳储量的研究中，应考虑到森林生态系统各个组分的碳库，综合估算评价森林生态系统碳库大小。应分别量化乔木层、枯死木、林下灌草层、凋落物层及土壤层的碳库分配特征，综合分析估算森林生态系统碳库。因此，对林下灌草层、枯落物、土壤等碳计量参数等信息的收集测量也是日后研究的方向和目标。

（5）土壤有机碳是森林碳库的重要组成部分，是森林生态系统中最大的碳库，其活性有机碳组分不仅是土壤碳周转过程的重要环节，而且在减缓大气中二氧化碳浓度方面也具有重要作用。因此，在研究土壤森林生态系统碳平衡时，必须考虑土壤的碳储存。但是，森林类型的多样性、结构复杂性以及森林对干扰和变化环境相应的时空动态变化，使得对森林生态系统土壤碳库的研究持续时间长、数据量庞大、时空尺度复杂，导致对土壤碳储量估算的不确定性很大。

今后的主要研究趋势包括：一是加强不同地域土壤属性对土壤有机碳储量影响的研究，在进行大尺度森林土壤碳储量估算和土壤碳循环研究时，应综合考虑土壤、地形、植被等生物和环境因子的共同作用，综合探讨土壤有机碳储量的时空变化特征，基于不同的土壤类型，提出更恰当的土壤有机碳周转概念模型，并逐渐形成共识。二是加强森林生态系统中凋落物分解过程对土壤碳储量的影响的研究。不同的植被类型凋落物的质和量及根系的作用不同，影响着土壤有机碳的积累和周转；三是应加强土壤碳氮循环的相互作用机制研究。研究表明，氮沉降增加显著增加氮饱和森林土壤可浸提有机碳的含量，因此氮沉降增加可能会提高森林土壤有机碳的固持能力。四是注重气候变化背景下自然干扰和人为干扰在时间、空间上对土壤有机碳动态的影响，更加注重多因素的综合影响并能在一定程度上揭示碳储量的动态变化过程及其变化机理。科学认识在不同森林经营措施下（造林树种选择、抚育、木材采伐、施肥和灌溉等）森林土壤碳库维持机制以及碳固定过程的特征，确定合理的森林经营措施，并进一步深入研究生态系统退化与恢复对森林土壤碳储量的影响。

（6）森林提供给人类木材产品和生物质能源的原料，可以通过减少碳排放来减缓气候变化。木质林产品（Harvested Wood Products，HWP）碳库在人工林碳循环中具有重要作用，是温室效应的"缓冲器"，建立和发展包括森林生态系统碳库（生物量碳库与土壤碳库）和HWP碳库的国家林业碳库对缓解温室效应及应对气候变化具有重要现实意义。木质林产品的碳储量已被列为《联合国气候变化框架公约》谈判的重要议题，也是未来缔约国提交国家温室气体清单的主要内容。研究木质林产品碳储量并对其进行功能管理，对我国政府提高温室气体减排潜力并参与气候谈判具有重要意义。木质林产品是森林资源利用的延伸，是整个森林碳循环管理的一部分，通过森林采伐和产品使用能将森林固定的碳转移到产品中。目前国内的相关研究，重点大多放在计量方法比较和结果的精确度上，缺少定性或定量地对木质林产品固碳作用的原理分析和减排作用的系统研究。在以后的研究中，应着重评估森林产品对减少碳排放的影响，分析森林供应链中各个碳库之间的平衡关系，以最大限度地提高木材生产和碳储存之间的平衡。

（7）发展城市森林碳汇研究。城市森林作为城市生态系统的重要组成部分，在改善和维持城市的生态环境、满足社会可持续发展等方面的作用，尤其是城市森林的固碳作用，是我国未来森林碳汇发展的重要增长点之一。我国城市森林乔木林树龄普遍较短，尤其是新建城区植被比例较大，因此在未来相当长一段时期内我国城市森林碳汇功能将持续增加。但大区域尺度乃至全国城市森林碳储量仍然没有获得准确的估算，因此，在当前城市土地与森林资源紧缺的情况下，对城市森林碳汇功能的研究就显得尤为重要。在以后的研究中，应加强对城市森林生态系统生物量、碳储量、碳密度及空间分配格局的研究，为城市森林合理的管理规划提供科学依据和参考。

4 存在的问题和对策

4.1 现阶段存在的问题

不同的森林生物量估算方法给森林植被碳储量的估算带来了很大的不确定性，不同的研究者、不同的计算方法和不同的参数会得到不同的结果，特别是在中到大尺度的估算上。此外，现有的研究不能反映季节和年度变化的动态效应，难以保证时空尺度一致。而基于样地调查法的研究主要集中在乔木层，结合林下层和土壤层的森林生态系统固碳研究不多。以上表明碳储量研究依然任重道远。

目前，对国家尺度或者省级尺度森林碳储量、碳密度现状的研究较多，而对净固碳量、固碳速率及区域性的固碳潜力研究较少。现有的研究较少能反映植被碳汇龄级结构和空间分布特征，只是总量上确定区域生态系统是否为碳汇/碳源，无法在空间上加以区分。

4.2 对策

随着各国对全球变化和温室气体减排的持续关注，精确完整估算森林生态系统碳储量，揭示其碳循环过程及变化规律，探索有效、可持续的增汇渠道，仍将是今后的研究重点之一。为了使森林生态系统碳储量估算更加准确，需要不断完善森林及林下土壤各组分碳库的基础理化性质等实测数据，使与碳储量估算相关的数据库更加完整、系统。建议在我国森林资源清查的基础上，加入更多的调查内容，加强对土壤碳库和凋落物的研究，细化森林生态系统各部分碳储量。不属于森林范畴的疏林、竹林、灌木林、农田防护林以及"四旁"树和散生木等，这一部分森林外树木对于固定 CO_2 缓解气候变化也具有重要作用，但是相关研究还比较少，因此需要加强森林之外其他生物质的碳储量和碳汇功能的评价和研究。

定量确定森林碳汇潜力有助于科学地评估森林对碳汇的潜在贡献。在研究方法上，提出更准确合理的区域碳储量估算模型，推广样地实测调查、遥感估测和模型模拟等方法的综合运用，也是解决尺度转换问题和研究森林生态系统碳储量的主要趋势。未来应加强对各种评估方法的评价筛选，采用统一合理的方法进行森林碳储量的估算。同时需加强对区域性代表植被和主要优势树种分天然林、人工林在不同龄级和立地条件下的相关参数的基础研究，以期更准确地估算森林碳储量。在森林可持续经营管理的条件下，进行科学、长期的森林碳汇潜力定量模拟。

同时，应考虑更多的非生物因子，如区域气候、立地指数、森林采伐等。能够综合、立体、

快速准确地量化森林植被碳的空间格局和分布，以及从样地测量尺度推到更大的国家和区域尺度上，使得研究的成果具有实用性价值，以提高对我国森林碳汇的了解。

提高森林植被碳汇潜力估算的精度需要采取由下而上的方法，即从小范围生态系统单元到区域尺度、全国乃至全球尺度。在样地或区域尺度估算森林碳储量时，相同的基础数据使用不同的碳储量估算方法计算出的森林碳储量结果往往会有很大的不同，使用不同的空间尺度也会对估算结果产生较大影响。对不同的计算方法不能做简单的参数转换，这对碳汇市场、科学研究的可比性和政策分析等都会有一定的影响。研究人员和管理人员在众多的估算方法中选择一个方法进行森林碳储量估算时，应该明确指出选择了哪一种估算方法，并且保证估算方法在时间和空间上的连续性。

以上这些问题，有待在以后的研究中不断研究和完善。

参考文献

常瑞英, 刘国华, 傅伯杰. 2010. 区域尺度土壤固碳量估算方法评述 [J]. 地理研究, 29 (9): 1616-1628.

巢清尘, 张永香, 高翔, 等. 2016. 巴黎协定-全球气候治理的新起点 [J]. 气候变化研究进展, 12 (1): 61-67.

陈朝, 吕昌河, 范兰, 等. 2011. 土地利用变化对土壤有机碳的影响研究进展 [J]. 生态学报, 31 (18): 5358-5371.

程鹏飞, 王金亮, 王雪梅, 等. 2009. 森林生态系统碳储量估算方法研究进展 [J]. 林业调查规划, 34 (6): 39-45.

揣小伟, 黄贤金, 郑泽庆, 等. 2011. 江苏省土地利用变化对陆地生态系统碳储量的影响 [J]. 资源科学, 33 (10): 1932-1939.

崔高阳. 2016. 陕西省两种典型森林生态系统碳库组成特征及其影响机制 [D]. 北京: 中国科学院.

杜虎, 曾馥平, 宋同清, 等. 2016. 广西主要森林土壤有机碳空间分布及其影响因素 [J]. 植物生态学报, 40: 282-291.

杜虎, 曾馥平, 王克林. 2014. 中国南方 3 种主要人工林生物量和生产力的动态变化 [J]. 生态学报, 34 (10): 2712-2724.

方精云, 陈安平. 2001. 中国森林植被库的动态变化及其意义 [J]. 植物学报, 43 (9): 967-973.

邰红娟, 韩会庆, 张朝琦, 等. 2016. 乌江流域贵州段 2000—2010 年土地利用变化对碳储量的影响 [J]. 四川农业大学学报, 34 (1): 48-53.

何涛, 孙玉军. 2016. 基于 INVEST 模型的森林碳储量动态监测 [J]. 浙江农林大学学报, 33 (3): 377-383.

胡海清, 罗碧珍, 魏书精, 等. 2015. 大兴安岭 5 种典型林型森林生物碳储量研究 [J]. 生态学报, 35 (17): 1-21.

黄麟, 刘纪远, 邵全琴, 等. 2016. 1990—2030 年中国主要陆地生态系统碳固定服务时空变化 [J]. 生态学报, (34): 49-54.

贾呈鑫卓, 李帅锋, 苏建荣, 等. 2016. 地形因子对思茅松人工林土壤有机碳储量的影响 [J]. 林业科学研究, 29 (3): 424-429.

贾彦龙, 李倩茹, 许中旗, 等. 2016. 基于 CO_2 FIX 模型的华北落叶松人工林碳循环过程 [J]. 植物生态学报, 40 (4): 405-415.

焦桐, 刘荣高, 刘洋, 等. 2014. 林下植被遥感反演研究进展 [J]. 地球信息科学学报, 16 (4): 602-608.

康满春. 2016. 北方典型杨树人工林能量分配与碳水通量模拟 [D]. 北京: 北京林业大学.

250

兰斯安, 杜虎, 曾馥平, 等. 2016. 不同林龄杉木人工林碳储量及其分配格局 [J]. 应用生态学报, 27 (4):
　　1125-1134.

兰小慧. 2014. 东北北部地区树种造林二十年碳汇量比较研究 [D]. 呼和浩特: 内蒙古农业大学.

雷蕾, 肖文发. 2015. 采伐对森林土壤碳库影响的不确定性 [J]. 林业科学研究, 28 (6): 892-899.

李丹, 陈宏伟, 李根前, 等. 2011. 我国天然林与人工林的比较研究 [J]. 林业调查规划, 36 (6): 59-63.

李海奎, 雷渊才, 曾伟生. 2011. 基于森林清查资料的中国森林植被碳储量 [J]. 林业科学, 47 (7): 7-12.

李奇, 朱建华, 冯源, 等. 2016. 中国主要人工林碳储量与固碳能力 [J]. 西北林学院学报, 31 (4): 1-6.

李奇. 2016. 2010—2050 年中国乔木林碳储量与固碳潜力 [D]. 北京: 中国林业科学研究院.

林卓. 2016. 不同尺度下福建省杉木碳计量模型、预估及应用研究 [D]. 福州: 福建农林大学.

刘国华, 傅伯杰, 方精云. 2000. 中国森林碳动态及其对全球碳平衡的贡献 [J]. 生态学报, 20 (5): 733-740.

刘世荣, 马姜明, 缪宁. 2015. 中国天然林保护、生态恢复与可持续经营的理论与技术 [J]. 生态学报, 35
　　(1): 212-218.

刘世荣, 王晖, 栾军伟. 2011. 中国森林土壤碳储量与土壤碳过程研究进展 [J]. 生态学报, 31 (19):
　　5437-5448.

刘双娜, 周涛, 舒阳, 等. 2012. 基于遥感降尺度估算中国森林生物量的空间分布 [J]. 生态学报, 32 (8):
　　2320-2330.

陆君, 刘亚风, 齐珂, 等. 2016. 福州市森林碳储量定量估算及其对土地利用变化的响应 [J]. 生态学报, 36
　　(17): 5411-5420.

马晓哲, 王铮. 2015. 土地利用变化对区域碳源汇的影响研究进展 [J]. 生态学报, 35 (17): 5898-5907.

宁晨, 闫文德, 宁晓, 等. 2015. 贵阳市区灌木林生态系统生物量及碳储量 [J]. 生态学报, 35 (8):
　　2555-2563.

潘竟虎, 文岩. 2015. 中国西北干旱区植被碳汇估算及其时空格局 [J]. 生态学报, 35 (23): 7718-7728.

荣月静, 张慧, 赵显富. 2016. 基于 InVEST 模型近 10 年太湖流域土地利用变化下碳储量功能 [J]. 江苏农业科
　　学, 44 (6): 447-451.

史军, 刘纪远, 高志强, 等. 2004. 造林对陆地碳汇影响的研究进展 [J]. 地理科学进展, 23 (2): 58-67.

宋娅丽, 康峰峰, 韩海荣, 等. 2015. 自然因子对中国森林土壤碳储量的影响分析 [J]. 世界林业研究, 28
　　(3): 6-12.

孙清芳, 贾立明, 刘玉龙, 等. 2016. 中国森林植被与土壤碳储量估算研究进展 [J]. 环境化学 (8):
　　1741-1744.

唐晓红, 谢铖, 黄飞鸿, 等. 2016. 森林土壤/植被碳储量及其空间分布特征综述 [J]. 安徽农业科学, 44
　　(18): 146-149.

王春燕, 何念鹏, 吕瑜良. 2016. 中国东部森林土壤有机碳组分的纬度格局及其影响因子 [J]. 生态学报, 36
　　(11): 3176-3188.

王萍, 尹凯, 徐楠. 2016. 山东省土地利用结构变化碳排放与时空格局分析 [J]. 国土与自然资源研究 (03):
　　11-17.

王伟峰, 段玉玺, 张立欣, 等. 2016. 适应全球气候变化的森林固碳计量方法评述 [J]. 南京林业大学学报: 自
　　然科学版, 40 (3): 170-176.

魏晓华, 郑吉, 刘国华, 等. 2015. 人工林碳汇潜力的新概念及应用 [J]. 生态学报, 35 (12): 1-8.

徐济德. 2014. 我国第八次森林资源清查结果及分析 [J]. 林业经济 (3): 6-8.

徐新良, 曹明奎, 李克让. 2007. 中国森林生态系统植被碳储量时空动态变化研究 [J]. 地理科学进展, 26 (6): 1-10.

徐耀粘, 江明喜. 2015. 森林碳库特征及驱动因子分析研究进展 [J]. 生态学报, 35 (3): 926-933.

续珊珊. 2015. 我国乔木林碳储量及碳汇动态分析 [J]. 资源开发与市场, 31 (8): 968-972.

薛龙飞，罗小锋，吴贤荣. 2016. 中国四大林区固碳效率：测算、驱动因素及收敛性 [J]. 自然资源学报，31（8）：1351-1363.

杨帆，刘金山，贺东北. 2012. 我国森林碳库特点与森林碳汇潜力分析 [J]. 中南林业调查规划，31（1）：1-4.

杨玉盛，陈光水，谢锦升，等. 2015. 中国森林碳汇经营策略探讨 [J]. 森林与环境学报（04）：297-303.

于贵瑞，王秋凤，刘迎春，等. 2011. 区域尺度陆地生态系统固碳速率和增汇潜力概念框架及其定量认证科学基础 [J]. 地理科学进展，30（7）：771-787.

于贵瑞，王秋凤，朱先进. 2011. 区域尺度陆地生态系统碳收支评估方法及其不确定性 [J]. 地理科学进展，30（1）：103-113.

余蓉，项文化，宁晨，等. 2016. 长沙市 4 种人工林生态系统碳储量与分布特征 [J]. 生态学报，36（12）：3499-3509.

张新厚，范志平，孙学凯，等. 2009. 半干旱区土地利用方式变化对生态系统碳储量的影响 [J]. 生态学杂志，28（12）：2424-2430.

张兴榆，黄贤金，赵小风，等. 2009. 环太湖地区土地利用变化对植被碳储量的影响 [J]. 自然资源学报（8）：1343-1353.

张旭芳，杨红强，张小标. 2016. 1993—2033 年中国林业碳库水平及发展态势 [J]. 资源科学，38（2）：0290-0299.

赵敏，周广胜. 2004. 中国森林生态系统的植物碳贮量及其影响因子分析 [J]. 地理科学，24（1）：33-39.

赵明伟，岳天祥，赵娜，等. 2013. 基于HASM 的中国森林植被碳储量空间分布模拟 [J]. 地理学报（9）：1212-1224.

赵明伟，岳天祥，赵娜，等. 2013. 基于 HASM 的中国森林植被碳储量空间分布模拟 [J]. 地理学报，24（9）：1212-1224.

周国逸. 2016. 中国森林生态系统固碳现状，速率和潜力研究 [J]. 植物生态学报，40（4）：279-281.

周蕾，王绍强，周涛，等. 2016. 1901—2010 年中国森林碳收支动态：林龄的重要性 [J]. 科学通报（61）：2064-2073.

朱士华，张弛，李超凡，等. 2016. 基于 BIOME-BGC 模型的新疆牧区生态系统碳动态模拟 [J]. 干旱区资源与环境，30（6）：159-166.

Babcock C，Finley A O，Cook B D，et al. 2016. Modeling forest biomass and growth：Coupling long-term inventory and LiDAR data [J]. Remote Sensing of Environment，182：1-12.

Birdsey R，Pan Y. 2015. Trends in management of the world's forests and impacts on carbon stocks [J]. Forest Ecology & Management，355（1）：1-2.

Bonan G B. 2008. Forests and climate change：forcings，feedbacks，and the climate benefits of forests [J]. Science，320（5882）：1444-1449.

Chen Y，Luo G，Maisupova B，et al. 2016. Carbon budget from forest land use and management in Central Asia during 1961-2010 [J]. Agricultural & Forest Meteorology，221：131-141.

Claudia Pandolfo Paz，Miriam Goosem，Michael Bird. 2016. Soil types influence predictions of soil carbon stock recovery in tropical secondary forests [J]. Forest Ecology and Management，3（76）：74-83.

Dixon R K，Solomon A M，Brown S，et al. 1994. Carbon pools and flux of global forest ecosystems [J]. Science，263（5144）：185-190.

Don A，Rebmann C，Kolle O，et al. 2009. Impact of afforestation-associated management changes on the carbon balance of grassland [J]. Global Change Biology，15（8）：1990-2002.

Fischer R，Bohn F，Paula M D，et al. 2016. Lessons learned from applying a forest gap model to understand ecosystem and carbon dynamics of complex tropical forests [J]. Ecological Modelling，326：124-133.

Foley J A，Defries R，Asner G P，et al. 2005. Global consequences of land use [J]. Science，309（5734）：570-574.

Goetz S J, Bond-Lamberty B, Law B E, et al. 2012. Observations and assessment of forest carbon dynamics following disturbance in North America [J]. Journal of Geophysical Research Biogeosciences, 117 (G2): 109-119.

Gray A N, Whittier T R. 2014. Carbon stocks and changes on Pacific Northwest national forests and the role of disturbance, management, and growth [J]. Forest Ecology & Management, 328: 167-178.

Han H, Chung W, Chung J. 2016. Carbon balance of forest stands, wood products and their utilization in South Korea [J]. Journal of Forest Research, 21 (5): 199-210.

Heath L S, Kauppi P E, Burschel P, et al. 1993. Contribution of temperate forests to the world's carbon budget [M]. Springer Netherlands.

Houghton R A. 2005. Aboveground forest biomass and the global carbon balance [J]. Global Change Biology, 11: 945-958.

Hu H, Wang S, Guo Z, et al. 2015. The stage classified matrix models project a significant increase in biomass carbon stocks in China's forests between 2005 and 2050 [J]. Scientific reports, 5: 1203-1210.

Kanniah K D, Muhamad N, Kang C S. 2014. Remote sensing assessment of carbon storage by urban forest [J]. Earth and Environmental Science, IOP Publishing, 18 (1): 012-015.

Kasel S, Bennett L T. 2007. Land-use history, forest conversion, and soil organic carbon in pine plantations and native forests of south eastern Australia [J]. Geoderma, 137 (3): 401-413.

Keith H, Lindenmayer D, Mackey B, et al. 2014. Managing temperate forests for carbon storage: impacts of logging versus forest protection on carbon stocks [J]. Ecosphere, 5 (6): 1-34.

Kurz W A, Apps M J, Webb T M, et al. 1992. The carbon budget of the Canadian forest sector: Phase [R]. Forestry Canada, Northern Forestry Centre.

Kutch W L, Bahn M, Heinemeyer A. 2010. Soil Carbon Dynamics: An Integrated Methodology [M]. Cambridge: Cambridge University Press: 49-75.

Lal R. 2004. Soil carbon sequestration to mitigate climate change [J]. Geoderma, 123 (1): 1-22.

Malhi Y, Baldocchi D D, Jarvis P G. 1999. The carbon balance of tropical, temperate and boreal forests [J]. Plant, Cell & Environment, 22 (6): 715-740.

Massimo Conforti, Federica Lucà, Fabio Scarciglia. 2016. Soil carbon stock in relation to soil properties and landscape position in aforest ecosystem of southern Italy (Calabria region) [J]. Catena, 144: 23-33.

Metsaranta J M, Dymond C C, Kurz W A. 2011. Uncertainty of 21st century growing stocks and GHG balance of forests in British Columbia, Canada resulting from potential climate change impacts on ecosystem processes [J]. Forest Ecology and Management, 262: 827-837.

Monge J J, Bryant H L, Gan J, et al. 2016. Land use and general equilibrium implications of a forest-based carbon sequestration policy in the United States [J]. Ecological Economics, 127: 102-120.

Neumann M, Moreno A, Mues V, et al. 2016. Comparison of carbon estimation methods for European forests [J]. Forest Ecology & Management, 361: 397-420.

Pan Y, Birdsey R A, Fang J, et al. 2011. A large and persistent carbon sink in the world's forests. [J]. Science, 333 (6045): 988-93.

Stinson G, Kurz W A, Smyth C E, et al. 2011. An inventory based analysis of Canada's managed forest carbon dynamics, 1990 to 2008 [J]. Global change biology, 17 (6): 2227-2244.

Tang X, Zhao X, Bai Y, et al. 2018. Carbon pools in China's terrestrial ecosystems: New estimates based on an intensive field survey [J]. PNAS, 115 (16): 4021-4026.

Triviño M, Juutinen A, Mazziotta A, et al. 2015. Managing a boreal forest landscape for providing timber, storing and sequestering carbon [J]. Ecosystem Services, 14: 179-189.

Wang H, Jiangming M O, Xiankai L U, et al. 2009. Effects of elevated nitrogen deposition on soil microbial biomass carbon in major subtropical forests of southern China [J]. Frontiers of Forestry in China, 4 (1): 21-27.

Williams C A, Gu H, MacLean R, et al. 2016. Disturbance and the carbon balance of US forests: A quantitative review of impacts from harvests, fires, insects, and droughts [J]. Global and Planetary Change, 143: 66-80.

Woodbury P B, Smith J E I, Heath L S. 2007. Carbon sequestration in the U. S. forest sector from 1990 to 2010 [J]. Forest Ecology and Management, 241: 14-27.

Zhang M, Huang X, Chuai X, et al. 2015. Impact of land use type conversion on carbon storage in terrestrial ecosystems of China: A spatial-temporal perspective. [J]. Scientific Reports, 5: 10233.

Zheng D L, Rademacherb J, Chena J Q, et al. 2004. Estimating aboveground biomass using landsat7 ETM+data across a managed landscape in Northern Wisconsin, USA [J]. Remote Sensing of Environment, 93 (3): 402-411.

第16章
森林环境与污染生态
——臭氧与森林植物

尚鹤，于浩，陈展，曹吉鑫，叶思源（中国林业科学研究院森林生态环境与保护研究所，北京，100091）

臭氧目前被认为是环境中主要的气态污染物。到目前为止，不可持续的资源利用已导致其成为全球气候变化的主要诱因，并对农业生产构成了主要威胁。臭氧将增加的预测结果非常令人担忧，已经成为农业学家、生物学家、环保主义者等关心的主要问题。臭氧通过气孔进入植物，在质外体中分解。臭氧对植物的潜在影响有：直接作用于细胞膜；转化为 ROS 和 H_2O_2，并通过引起细胞死亡改变细胞功能；导致植物早衰。现在已很清楚，光合作用机制及其相关成分是臭氧的主要目标。最终，臭氧影响光合作用，从而减少了大多数植物的经济产量，并诱导了一种常见的形态学上的"叶子损伤"。臭氧浓度升高造成的胁迫会在植物中触发抗氧化防御系统也已被证明。本章参考了大量关于植物对臭氧胁迫在形态、生理、细胞、生物化学水平上的响应，以及臭氧对作物产量和代谢产物等的影响的文献，对相关的国内、国际进展进行了概括和总结，对国内外差距进行了分析，对发展战略、需求与目标以及重点领域和发展方向进行了探讨，并进而提出了存在的问题和对策。

1 现状与发展趋势

1.1 国际进展

1.1.1 近地层臭氧研究背景

臭氧（O_3）作为一种二次空气污染物，其产生与消亡的过程受到氮氧化物（NO_x）、一氧化碳（CO）、甲烷（CH_4）和其他非甲烷挥发性有机化合物（NMVOC）之间的光化学反应的控制（Avnery 等，2011；Long 等，2005）。虽然臭氧在对流层是一种自然现象，但从自工业革命后，全球对流层中的臭氧平均浓度已经由最初的 $10 \sim 15$ppb[*] 增加到现在的 $30 \sim 40$ppb（Simmonds 等，2004），尤其北半球臭氧浓度的增加更为明显，目前已达到 $35 \sim 40$ppb（Fowler 等，2008）。

随着全球人口数量的增加，人们对能源、交通运输、农业生产的需求量也随之增大，这也必然促进了臭氧前体物的排放。因此，臭氧污染已经成为了局部、区域乃至全球关注的重点问题。据报告预测，21 世纪末北半球夏季大气的臭氧平均浓度可能达到 70ppb 以上（Solomon 等，2007）。在臭氧污染严重的地区，其峰值浓度有时可超过 100ppb，甚至达到 200ppb（Fowler 等，2008）。此外，对流层臭氧浓度不仅与臭氧前体物相关，还受到温度、湿度以及辐射强度等因素的影响。

对流层的臭氧浓度在工业革命之前约为 10ppb，19 世纪末到 20 世纪中后期北半球中纬度地区的臭氧浓度已经增加到 $30 \sim 35$ppb，近些年对流层臭氧浓度大概又增加了 5ppb，为 $35 \sim 40$ppb（IPCC The Intergovernmental Panel on Climate Change. 2007. Climate Change 2007. The physical Science Basis.）。目前，全世界约有 1/4 的国家和地区在夏季的臭氧浓度超过 60ppb（IPCC The Intergovernmental Panel on Climate Change. 2007. Climate Change 2007. The physical Science Basis.），且臭氧浓度仍以每年 $0.5\% \sim 2.0\%$ 的速度增加（Vingarzan，2004）。北半球区域的臭氧浓度在 $35 \sim 40$ppb 的范围内，预计到 22 世纪还会增加 $40\% \sim 70\%$，超过 70ppb（Zeng and Pyle，2005）。臭氧浓度峰值会经常超过 100ppb，偶尔达到 200ppb。不同低纬度的地区、不同季节、不同时间，臭氧浓度均存在差异性。有报告数据表明：大气中污染物的分布具有很明显的区域性差异（Higurashi and Nakajima，2002）。全球范围内，臭氧污染水平在欧洲中部、美国东部和中国东部区域最为严重。臭氧浓度存在区域与时间的变化。在区域尺度上，臭氧及其合成前体物在运输过程中也可以影响其浓度。例如，臭氧在北美、欧洲和亚洲之间进行的区域传输，亚洲和欧洲地区产生的臭氧在运输过程中使得北美地区臭氧大幅度增加。同样，来自于北美和亚洲的大量合成前体物对欧洲的臭氧形成具有重要作用（Fowler 等，2008）。

1.1.2 臭氧浓度升高对植物影响的研究方法

1.1.2.1 田间暴露法

主要是指田间熏气系统，以封闭式气室和开顶式气室为代表。这里主要介绍开顶式气室（open top champers，OTCs），开顶式气室可分为上通风式和下通风式两种，其中下通风式较上通风式室内气体分布和流动更加均匀。OTCs 技术在 1973 年首次应用（Heagle 等，1973；Mandl 等，

---

[*] 注：ppb 为非法定计量单位，本章中 1ppb＝1nL/L。

1973），美国全国农作物损失评价网于 1980 年利用 OTCs 研究了臭氧浓度升高对农作物生长和产量的影响，包括小麦、玉米、大豆和马铃薯等（Heck 等，1983），欧洲也基于 OTCs 技术建立起了欧洲农用损失评价网（Mathy，1988），随后其他一些国家也参照了该方法开展了类似研究（Paoletti and Manning，2007）。

1.1.2.2　FACE 研究平台

国际上于 20 世纪 80 年代开展了对开放式气体浓度升高系统（Free Air Concentration Enrichment，FACE）的研究。涉及的领域包括森林生态系统、草地生态系统和农田生态系统。由于 FACE 系统是开放无隔离的，空气可在系统内自由流通，因此系统内的温湿度、光照辐射、风速与外界一致。普遍认为这是目前研究大气中臭氧浓度增加对植物影响的最理想的研究方法。

1.1.3　臭氧浓度升高引起叶片伤害症状

叶片是植物进行光合作用的主要器官，其健康状况与植物生长密切相关（杨连新等，2008）。臭氧通过叶片表面的气孔进入组织细胞中，破坏栅栏组织，使细胞质壁分离，细胞内含物因被破坏而分解。长期暴露于高浓度臭氧环境中，叶片表皮开始出现坏死斑点并逐渐变大。早在 1956 年，就有美国学者认为臭氧会对植物的生长产生影响。Yang 等（1983）对美国弗吉尼亚州雪兰多国家公园中的植物进行调查时发现，空气中的臭氧已经威胁到了该地区的植物，部分植物的叶片出现了伤害症状。在美国的加利福尼亚州地区的森林中也观察到臭氧伤害症状（Miller，1999）。之后有大量的控制试验证实了臭氧对很多植物种类都有较严重的危害。在 1958 年，欧洲学者在臭氧浓度较高的环境下发现一些葡萄属（*Vitis*）的植物叶片表面出现了深色斑点，并对这种典型臭氧伤害症状进行了记录（Richards 等，1957）。Davis 和 Orendovici（2006）等在黄樟（*Cinnamomum porrectum*）、细本葡萄（*Vitis thnubergii*）以及马利筋（*Asclepiascurassavica*）等植物上也发现了斑点等类似的典型臭氧伤害症状。100ppb 臭氧处理 4d 后，水稻（*Oryza sativa*）叶片叶脉边缘出现了红褐色的点状斑（Nouchi 等，1991）。地中海白松（*Pinus halepensis*）在高浓度臭氧熏蒸下，老针叶和当年叶都出现了萎黄病的斑点和条带（Gerant 等，1996）。

1.1.4　臭氧浓度升高对植物光合作用的影响

光合作用是植物最重要的能量转化过程，同时也是对外界环境因素比较敏感的生理过程。诸多研究发现，臭氧胁迫会显著降低植物叶片叶绿素含量和净光合速率（Löw 等，2006）。

Wittig 等（2007）通过对一些温带落叶树种和一些地中海常绿树种进行臭氧暴露后，发现臭氧浓度升高降低了叶片净光合速率，增加了暗呼吸速率，进而加速了叶片的衰老过程。

气孔是臭氧进入植物体的重要通道（Wohlgemuth 等，2002），臭氧会通过改变气孔数量、气孔孔径和气孔开度等气孔因素进而影响植物。当外界环境中的臭氧浓度升高时，植物一般会降低其气孔导度用以减少臭氧进入植物体的量，但同时也降低了对 CO_2 的吸收（Andersen，2003）。气孔关闭被认为是叶片光合速率减小的原因之一（Watanabe 等，2010）。一般情况下，速生树种对臭氧浓度升高更为敏感，因为它们对臭氧的吸收量较慢生树种大（Manninen 等，2003）。当地中海盆地的臭氧浓度高时，当地植被叶片的气孔导度降低，挥发性有机化合物的排放量增加、抗氧化酶的活性增强（Paoletti，2006）。根据 Wittig 等（2007）的研究可知，自工业革命后臭氧浓度升高使植物光合作用降低了 11%，气孔导度降低了 13%。

长期的臭氧污染条件下，植物可能会失去对气孔的调节控制，甚至使气孔导度增大（Reiner

等，1996）。所以，气孔调节通过控制植物的臭氧吸收通量和敏感性来影响植物的光合作用，而且臭氧浓度升高对植物气孔导度的影响取决于叶片特性、臭氧浓度、伤害持续时间以及其他环境因子。当植物体失去对气孔的调节控制能力时，非气孔限制则成为臭氧影响植物光合作用的主要因素。在这种情况下，臭氧胁迫会引起叶绿体结构发生改变（Kivimäenpää等，2005）、光合色素含量降低（Huang等，2009）、可溶性蛋白质被分解、抗氧化酶及参与固碳的酶活性降低、叶面积减小（Wittig等，2009）、叶片衰老加剧、有机物运输受阻（Einig等，1997），最终降低了植物的光合作用。同时，臭氧会使植物类囊体膜的成分发生改变（Guidi等，1999）。在非气孔限制因素中，臭氧引起光合作用的降低主要是由叶绿体固碳能力的减弱所造成的（Fiscus等，2005）。臭氧浓度升高降低了地中海白松针叶中的总核酮糖-1,5-二磷酸羧化酶/加氧酶（Rubisco）的含量（Fiscus等，2005）。而 Rubisco 的减少是非气孔限制因素占主导作用的一个重要的特征（Inclan等，2005）。此外，臭氧浓度升高还可以在电子传递方面影响光合作用的过程，例如，减少叶片叶绿素含量，降低光系统Ⅱ反应中心内禀光能转换效率，减少完整或开放的光系统Ⅱ反应中心的数量，通过替代方法如热量来增加能量的耗散（Ryang等，2009）。

因此，通过从光合器官、光合色素、酶活力和电子传递等层面上研究叶片内部的酶活力和光合组分等非气孔因素，可以进一步揭示臭氧浓度升高对植物光合作用的影响。

1.1.5 臭氧浓度升高对植物呼吸代谢的影响

臭氧浓度升高既有可能促进呼吸作用，也可能会降低呼吸作用：通过改变呼吸途径来促进植物呼吸，通过伤害膜透性和线粒体来抑制呼吸作用。在臭氧改变呼吸途径方面，主要作用的酶类是用于合成和调节酚类化合物的酶。例如，苯丙氨酸解氨酶（PAL）是植物次生代谢过程中一种重要的酶（Wahid and Ghazanfar，2006），其活性的高低可以反映总黄酮生成速率的大小（Wilson等，1998）。臭氧浓度升高会促进植物解毒和修复过程中与呼吸有关的酶活性。例如，磷酸烯醇式丙酮酸是糖酵解中的重要中间产物和三羧酸循环中间物的补充（Doubnerová and Ryšlavá，2011），同时也是 C_4 植物和景天科酸代谢植物进行光合碳代谢中 CO_2 的受体（Hatch等，1969）。有学者研究表明，暴露在臭氧下的植物磷酸烯醇式丙酮酸羧化酶的活性增加（Fontaine等，2003；Gerant等，1996），有利于催化磷酸烯醇式丙酮酸固定碳酸氢根生成草酰乙酸和磷酸（Lepiniec等，1994）。磷酸烯醇式丙酮酸羧化酶活性的剧增可以通过间接产生氨基酸和为蛋白质合成碳骨架来参与臭氧伤害的修复过程（Fontaine等，2003）。

1.1.6 臭氧浓度升高对植物抗氧化系统的影响

植物抗氧化系统由抗氧化酶系和小分子抗氧化剂组成。通常情况下，植物体内抗氧化酶活性越高，对高浓度臭氧的防御能力就越强（Pasqualini等，2001），但也受到植物生理过程和生长环境的共同作用。抗氧化酶包括超氧化物歧化酶（SOD）、过氧化氢酶（CAT）、过氧化物酶（POD），抗坏血酸过氧化物酶（APX）、单脱氢抗坏血酸还原酶（MDAR）、脱氢抗坏血酸还原酶（DHAR）与谷胱甘肽还原酶（GR）等。其中 SOD、CAT、POD 是植物抗氧化酶系统中的3种重要保护酶。SOD 用以将超氧自由基转化为过氧化氢和氧气（Alscher等，2002），CAT 进一步将过氧化氢转化为水和氧气，但是转化效率非常低（Zhang，2009），POD 则利用植物细胞内各种基质作为电子供体来将过氧化氢还原为水（Kim等，2007）。各种逆境条件可强烈诱导 Halliwell-Asada 循环酶的活性（Bowler等，1992）。APX 可催化过氧化氢还原为水，是植物细胞抗氧化代谢中关键的组成成分，其活性在臭氧浓度升高条件下可能会降低（Calatayud等，2002）。

GR 在清除活性氧过程中也发挥着重要作用（Tanaka 等，1990）。但在不同浓度的臭氧处理下，GR 活性的变化幅度都很小（Calatayud 等，2003）。抗氧化酶对臭氧处理的响应呈阶段性变化：在臭氧熏蒸的初期阶段，SOD 活性迅速增加，这是植物抵御活性氧伤害的第一道防线（Alscher 等，2002）。随着臭氧胁迫的继续进行，POD、APX 和 CAT 等保护酶活性开始升高，用以协助 SOD 清除活性氧（Kim 等，2007）。但是长期或高强度的臭氧胁迫最终会破坏植物的抗氧化系统，SOD、POD 和 CAT 的活性也随之降低（Kim 等，2007）。

1.1.7　臭氧浓度升高对植物膜系统的影响

当植物暴露于各种环境胁迫下时，来自于活性氧的氧化应激是影响植物生产力的主要因素之一（Foyer and Mullineaux，1994）。臭氧主要通过气孔进入植物叶片，进而促进活性氧的生成（Calatayud 等，2003），会引起一系列链式反应，破坏生物膜的结构和功能，导致叶绿体降解、可溶性蛋白质分解，活性氧清除酶、碳固定酶（Wohlgemuth 等，2002）以及硝酸还原酶活性降低（黄益宗等，2012），引起电解质外渗和膜脂过氧化，叶片在外观上会出现水渍斑（高吉喜等，1996）。臭氧进入细胞壁的水溶液基质后，首先会与膜内的不饱和脂肪酸的双键起反应，破坏硫氢基，从而阻碍新脂类的合成，对膜造成一定的损伤（阮亚男等，2008），导致与膜上离子泵密切相关的 ATP 酶失活，使细胞膜上的 K^+-ATP 酶和 Ca^{2+}-ATP 酶活性降低（孙加伟等，2008），从而破坏细胞内部离子的稳态平衡和抑制叶片的光合磷酸化，造成膜透性发生变化（高吉喜等，1996）。电解质外渗是臭氧影响植物细胞膜透性的一个重要方面，其浓度可直接反映细胞膜破损程度。在一定臭氧浓度范围内，尽管植物细胞膜透性发生变化，但细胞膜并未完全失去渗透调节能力，而是改变植物原生质膜透性与脂肪酸模式（Heath，1987）。

1.1.8　臭氧浓度升高对植物地下过程的影响

1.1.8.1　臭氧浓度升高对根系生长的影响

当大气臭氧浓度升高时，一方面，植物会通过降低气孔导度抵御臭氧胁迫，但同时 CO_2 进入气孔的通量也降低（Andersen，2003）；另一方面，高浓度臭氧通过气孔进入叶肉细胞，改变叶绿体结构，降低光合色素的合成（Huang 等，2009）。两方面都导致了光合速率的降低，进而对植物的生长产生不利影响。王春乙等（2002）通过对冬小麦的研究发现，冬小麦植株矮化程度随臭氧浓度的增强而加剧。对单茎水稻的研究表明，臭氧处理显著降低了水稻的株高，穗、茎和根生物量也显著下降（郑飞翔等，2011）。高浓度臭氧会诱导小麦麦芒间断性干枯，穗下部暴露的茎秆部分枯萎（Huang 等，2009）。根系作为植物重要的功能器官，不但具有吸收水分、养分和固定地上部分的作用，而且还能通过周转和呼吸消耗光合产物并向土壤输入有机质。根系的生长和功能状态直接影响着植株整体的生长。

（1）臭氧对根系生物量的影响。赵天宏等（2012）对臭氧处理的大豆根系形态进行了研究，发现虽然在整个生育期内，臭氧处理的大豆根系体积和干重随处理时间的延长而表现为先升高后降低的趋势，但臭氧处理的大豆根系体积和干重在各个生育时期均小于对照处理。与对照相比（AOT40=3ppm*·h），臭氧处理（AOT40=120ppm·h）的桦树（*Betula pendula*）幼苗根系生物量降低了 30%（Karlsson 等，2003）。经过 AOT40 为 169ppm·h 的臭氧处理后，美国黄松（*Pinus ponderosa*）幼苗的新根生物量减少 65%，侧根生物量减少 34%（Andersen 等，1991）。AOT40 为

---

* 注：ppm 为非法定计量单位，本章中 1ppm=1μL/L。

35ppm·h 的臭氧处理对 *Lamottea dianae* 幼苗总生物量没有显著影响，但显著降低了根系生物量（Calatayud 等，2011）。与对照相比，臭氧处理的植物 1~2mm 细根的根尖类型、丰度和数量显著降低（Zeleznik 等，2007）。美国加利福尼亚南部的圣贝纳迪诺山脉的森林，在经过几十年的臭氧浓度升高处理后，美国黄松和杰弗瑞松（*Pinus jeffreyi*）根系生物量显著减少（Grulke 等，1998）。两年生的圣栎（*Holm oak*）幼树经一个生长季的臭氧处理后，根系生物量的降幅大于茎和叶，臭氧处理与对照相比，根系生物量降低了 27%，而茎生物量只降低了 16%（Gerosa 等，2015）。总之，臭氧浓度升高会降低植物根系的生物量，进而对植株整体造成影响：①植物处在生长初期时，光合作用不足以满足植物代谢，此时根系的养分储量具有重要的补偿作用；②不发达的根系系统会降低植物对环境胁迫的耐性以及繁殖的成功率（Calatayud 等，2011）。

（2）臭氧对根茎比的影响。根茎比降低通常是由地下碳分配减少所导致的。臭氧处理下，根茎比不尽相同，除了与种间和种内差异、种植条件不同、个体差异、树种及树龄不同相关，还受到臭氧浓度的影响。Díaz-de-Quijano 等（2012）利用 FACE 系统对山地松（*Pinus uncinata*）幼苗进行臭氧暴露处理，发现根茎比显著降低。一年生欧洲山毛榉（*Fagus sylvatica*）幼苗经过两年的臭氧熏蒸后，与对照相比根茎比显著降低（Luedemann 等，2009）。AOT40 为 120ppm·h 的臭氧处理两年后，分别在两个生长季末采样，欧洲白桦（*Betula pendula*）幼苗根茎比与对照处理（AOT40 为 3ppm·h）相比均降低（Karlsson 等，2003）。随着 AOT40 的增加，欧洲山毛榉和欧洲白蜡（*Fraxinus excelsior*）的根茎比显著降低，但挪威云杉（*Picea abies*）和欧洲赤松（*Pinus sylvestris*）的根茎比无显著变化（Landolt 等，2000）。巴西红木（*Cæsalpinia echinata*）幼苗经过不同浓度臭氧处理（43μg/m³ 和 68μg/m³）和不同时间处理（6h 和 30d）后，根茎比无显著变化（Moraes 等，2006）。而 Thomas 等（2005）的研究发现，与过滤处理相比，自然大气处理提高了两年生挪威云杉幼苗的根茎比。

1.1.8.2 臭氧浓度升高对根系呼吸的影响

关于根系呼吸对臭氧浓度升高的响应还不是很清楚。臭氧浓度升高降低了一些针叶树种的细根呼吸，如火炬松（*Pinus taeda*）（Edwards，1991）、华山松（*Pinus armandi*）（Shan 等，1996）、美国花旗松（*Pseudotsuga menziesii*）（Gorissen and van Veen，1988），但相反地，臭氧浓度升高也提高了一些针叶树如美国黄松（Scagel and Andersen，1997）和温带阔叶树落叶红橡树（*Quercus rubra*）（Kelting 等，1995）的细根呼吸。Edwards（1991）发现，火炬松经过 2 年的臭氧暴露试验后，土壤 CO_2 通量减少，臭氧浓度加倍处理的火炬松根系呼吸速率比对照降低了 12%，这是由根系的生长呼吸与维持呼吸的降低导致的。山杨经过 12 周的臭氧暴露后，根系呼吸速率降低，但这种降低是由根系生物量减少导致的（Coleman 等，1996）。美国黄松幼苗经过两个生长季的臭氧暴露后，根系呼吸在不同采样时期的表现不同，但臭氧暴露总体上提高了根系 CO_2 通量，说明根系与根际微生物之间的相互作用发生了改变（Scagel and Andersen，1997）。而 Andersen 等（1995）的另一个研究则表明短期臭氧暴露对美国黄松幼苗根系呼吸没有显著影响。总的来说，臭氧对根系呼吸的影响是值得关注的，因为臭氧可能会造成根系系统获取养分、水分、合成必要氨基酸和蛋白质的能力的改变。

1.1.8.3 臭氧浓度升高对细根周转的影响

细根周转是陆地生态系统碳分配格局与过程的核心环节（Gill and Jackson，2000；Nadelhoffer，2000），对环境变化具有重要指示作用，可反映植物或生态系统的健康水平（Burton

等，2000）。随着温度、降水、CO_2 浓度、臭氧浓度以及土壤氮素等在全球尺度上发生的变化（Norby and Jackson，2000），细根可能做出敏感反应（Nadelhoffer，2000）。目前关于细根对臭氧浓度升高响应的了解主要依赖于静态参数，如生物量，而忽略了细根寿命和动态变化的潜在关系，关于臭氧如何影响细根动态的相关研究较少，且得到的结果不尽一致。Kelting 等（1995）以 2 年生红橡树幼苗和 30 年树龄的成年树为研究对象，在 1992 年 4 月至 1994 年 10 月连续 3 个生长季进行臭氧熏蒸试验，试验第一年臭氧没有影响成年树的净细根产量或周转，第二年春天 2 倍臭氧处理的成年树细根产量降低 47%。在第一年，2 倍臭氧处理的幼苗净细根产量和周转最高。处理两个生长季后，与对照处理相比，2 倍臭氧处理的成年树的累积细根产量和周转分别减少了 33% 和 42%。臭氧处理的成熟红橡树的细根生产量、周转和地下碳有效性降低，说明臭氧改变了成熟红橡树地下碳的分配。虽然臭氧降低了红橡树幼苗净累积细根产量，但对幼苗细根周转没有影响，这是由于成年树较幼苗对臭氧敏感性更高。成熟的欧洲山毛榉和挪威云杉混交林经过臭氧浓度升高处理两个生长季后，臭氧在没有改变细根生物量的情况下提高了细根年产量，这可能是由于在水分、养分的限制以及激素的驱动下，臭氧提高了欧洲山毛榉的细根周转（Nikolova 等，2009）。但也有研究表明，臭氧对细根动态和周转没有显著影响，如 Mainiero 等（2009）利用微根管技术，采用 FACE 系统研究臭氧浓度升高对成熟山毛榉细根寿命和动态的影响，结果表明 1 倍臭氧处理和 2 倍臭氧处理的细根周转速率没有明显差异。但是随着臭氧浓度的升高，老根的生存能力迅速降低。虽然随着臭氧浓度升高新形成的细根脱落延迟，但两处理下非菌根细根的生存天数没有差别。同样在美国莱茵河附近，Pregitzer 等（2008）利用 FACE 系统在 1998—2004 年间对山杨（*Populus davidiana*）、纸皮桦（*Betula papyrifera*）-山杨混交林、糖枫（*Acer saccharum*）-山杨混交林群落进行 CO_2 和臭氧暴露试验，微根管图像扫描结果表明，臭氧对山杨的细根生产速率没有影响，但 2003 年臭氧加快了山杨细根死亡速率，而在 2004 年则没有影响，总的来说，细根生产速率和死亡速率对臭氧没有明显响应。

1.1.8.4　臭氧浓度升高对根系非结构糖类的影响

臭氧通过影响光合作用、碳分配过程以及糖类合成从而影响植物的碳代谢过程（Braun 等，2004）。有研究表明，高浓度臭氧可以减少糖类对美国黄松幼苗根系的分配（Andersen and Rygiewicz，1995）。

（1）臭氧对淀粉的影响。许多研究表明，臭氧浓度升高会影响植物根系中淀粉含量，研究较多的树种包括欧洲山毛榉、挪威云杉和美国黄松。Braun 等（1995）调查了不同臭氧污染程度的区域的一年生欧洲山毛榉和两年生挪威云杉的糖类含量，发现随着臭氧通量的增加，欧洲山毛榉根系中淀粉含量变化不显著，挪威云杉根系中淀粉含量显著降低，但其叶中淀粉含量显著增加，这可能与光合作用产物从同地上部运输到根部的能力降低相关（Luethy-Krause and Landolt，1990）。Lux 等（1997）在两个海拔位置（400m 和 1800m）对挪威云杉和欧洲山毛榉进行臭氧暴露试验，臭氧处理降低了 400m 海拔生长的挪威云杉最细根的淀粉含量，但对粗根和细根的淀粉含量无显著影响。也有研究发现较低浓度臭氧处理会抑制淀粉降解（Hanson and Stewart，1970），但在 1800m 海拔的挪威云杉幼苗在未过滤大气处理下根系中的可溶性糖类和淀粉含量显著低于过滤处理；而欧洲山毛榉在两个海拔下，均是未过滤大气处理下根系淀粉含量低于过滤处理。Thomas 等对两年生欧洲山毛榉和挪威云杉幼苗进行未过滤大气处理和过滤处理，3 年后，与过滤处理相比，未过滤大气处理降低了挪威云杉（Thomas 等，2005）和欧洲山毛榉

（Scagel and Andersen，1997）根系的淀粉含量。两年生挪威云杉幼苗在6个臭氧浓度不同的地方生长一年后，粗根中淀粉含量随臭氧浓度的升高而降低（Braun 等，2004）。在 Zugerberg，未过滤大气处理的欧洲山毛榉幼苗根系的淀粉含量要低于过滤处理的植株根系（Braun and Flückiger，1995）。Thomas 等（2002）发现成熟欧洲山毛榉根系中淀粉含量随臭氧 AOT40 的升高而降低。美国黄松幼苗经过2倍臭氧浓度处理后，休眠期的幼苗粗根、细根的淀粉含量都显著低于对照处理，细根淀粉含量与对照处理相比降低了72%（Andersen 等，1998）。AOT40 为169ppm·h 的臭氧处理后，美国黄松幼苗根系糖类含量在接下来的休眠期和生长期中显著减少，淀粉含量的改变最大，在休眠期的粗根和细根淀粉含量分别降低43%和44%，生长期粗根、细根和新根淀粉含量分别降低了50%、65%和62%（Andersen 等，1991）。这可能是由于臭氧在第二个生长季造成针叶提前衰老从而降低了光合作用产物对根的分配。

（2）臭氧对可溶性糖的影响。可溶性糖类种类较多，对臭氧的响应也不尽一致。Lux 等（1997）分别在两个海拔位置（400m 和 1800m）对云杉和山毛榉进行臭氧暴露试验，在低海拔（400m）生长的云杉经过一年的臭氧暴露后，细根中棉子糖的含量发生了明显的改变，未过滤大气处理的云杉细根中棉子糖含量只有过滤处理的一半，粗根和最细根的海藻糖含量略减少；而未过滤大气处理的山毛榉根系中可溶性糖类，特别是葡萄糖、果糖和蔗糖含量显著高于过滤处理。Thomas 等（2005）对两年生欧洲山毛榉幼苗和挪威云杉幼苗进行未过滤大气处理和过滤处理，处理3年的云杉细根中糖醇、双糖和三糖含量对臭氧响应不显著，单糖和总的可溶性糖类含量在臭氧熏蒸后显著增加（总量增加主要是由于单糖增加）；而臭氧对山毛榉幼苗根系中糖醇含量没有显著影响，臭氧熏蒸显著增加了细根中单糖含量，但对其他糖类含量没有显著影响（Thomas 等，2006）。一年生山毛榉幼苗在6个臭氧浓度不同的区域生长两年后，山毛榉细根中单糖含量随臭氧浓度升高而呈现降低趋势（Braun 等，2004）。美国黄松幼苗经臭氧浓度升高处理后，细根中的可溶性糖类含量发生变化。臭氧处理的幼苗在休眠期的粗根中葡萄糖含量则显著低于对照处理。在生长期，臭氧显著减少了细根、粗根和新根中葡萄糖的含量。臭氧处理的新根葡萄糖含量只有对照处理的21%。在休眠期，高浓度臭氧处理下（351ppm·h）细根和新根中的果糖含量减少了78%和81%。臭氧显著降低了根中单糖的含量，与对照相比，臭氧处理（351ppm·h）的新根中单糖的含量减少了80%（Andersen 等，1998）。

1.1.8.5 臭氧浓度升高对菌根的影响

菌根菌丝是森林生态系统中重要的"连接网"，具有传输水分和养分的重要作用，从而影响生物多样性及整个生态系统的生产力（Read，1998）。关于臭氧对外生菌根群落影响的研究较少。一些短期的研究表明，臭氧会促进某些树种菌根的形成，而其他一些研究发现臭氧对有些树种的菌根影响很小或者没有影响（Andersen，2003）。有些报道发现，当一些针叶树或落叶树暴露于臭氧中时，其菌根侵染率不受影响（Kainulainen 等，2000；Keane and Manning，1988；Mahoney 等，1985）。但也有一些研究发现，短期或低浓度的臭氧暴露会增加菌根侵染率，而在同一个试验中长期或高浓度臭氧暴露则对菌根侵染率产生明显的抑制（Manninen 等，1998；Rantanen 等，1994）。70 年树龄的山毛榉–云杉混交林中的山毛榉在臭氧浓度升高处理后，臭氧暴露改变了外生菌根真菌的群落结构和相对丰度，并增加了细根数量和菌根数量（Grebenc and Kraigher，2007），出现这种现象的原因可能是根系对臭氧浓度增加的过渡响应，通常发生在低浓度臭氧处理的前期。51~61 年树龄的山毛榉经过2倍臭氧连续熏蒸三四年后，山毛榉外生菌根根尖数量显著高于对照处理，而且外生菌根的种类在臭氧处理后显著增加（Haberer 等，2007）。而四年生山毛榉幼苗经过 1 倍臭氧和 2 倍臭氧处理两年后，臭氧降低了菌根根尖数量，显著影响了菌根种类，但没有检测到臭氧指示菌，作为森林土壤胁迫指示的土生空团菌的类型在不同臭氧处理下没有显著差异（Zeleznik 等，2007）。7~10 年树龄的白杨和白杨-白桦混交林在生长季进行臭氧暴露试验，臭氧处理降低了外生菌根子实体生物量但没有达到显著水平；臭氧降低了白杨幼苗的外生菌根真菌的丰富度，显著改变了白杨外生菌根真菌的群落组成，但臭氧对白杨-白桦混交林的外生菌根真菌丰富度和群落组成没有显著影响（Andrew and Lilleskov，2009）。Roth 和 Fahey（1998）的研究表明，臭氧对红果云杉幼苗的菌根群落组成和菌根侵染率没有显著影响；110ppb 臭氧处理显著降低了欧洲赤松菌根侵染率（Pérez-Soba 等，1995）。

1.1.8.6　臭氧浓度升高对根际微生物的影响

有关臭氧对根际微生物影响的研究较少，其中研究对象多是农作物或草本植物的根际微生物，而关于森林植物根际微生物对臭氧响应的研究则相当缺乏。对欧洲山毛榉幼苗根际土壤微生物的研究表明，臭氧暴露会降低微生物的群落结构和功能，对微生物多样性产生不利影响（Schloter 等，2005）。臭氧对根际微生物的影响并不是直接的，主要是通过影响植物和土壤从而间接对微生物产生影响。Phillips 等（2002）的研究发现，臭氧降低了山杨以及山杨-白桦混交林的土壤真菌磷脂脂肪酸，但对山杨-枫树混交林幼苗的根际土壤微生物真菌无显著影响。

1.2　国内进展

1.2.1　近地层臭氧研究背景

我国近地层臭氧浓度变化趋势也不容乐观（Long 等，2005），一方面是工厂化石燃料的大量燃烧，且在未来一段时间仍可能是我国的主要能源来源（Aardenne 等，1999）；另一方面是机动车数量的增加，预计 2030 年我国机动车数量将达到 4 亿辆（沈中元，2006）。在京津冀、长江三角洲和珠江三角洲等经济发达的地区臭氧污染问题尤为突出。在夏季下午时，北京臭氧浓度峰值偶尔能达到 300ppb（殷永泉等，2006）。长江三角洲地区 6 个臭氧监测点（佘山、常熟、建湖、句容、临安和嘉兴）日 7-h 平均臭氧浓度为 35~48ppb，最大 1-h 臭氧浓度为 114~196ppb（周秀骥，2004）。南京北郊春季最大臭氧浓度值达到 151.99ppb（胡正华等，2012）。我国臭氧浓度年际变化在南北方具有一定的差异。北方城市的臭氧浓度呈"V"型，在 6 月左右臭氧浓度达到最高值。南方城市的臭氧浓度分布则呈"M"型，在五六月臭氧浓度达到最大值后降低，而后在 10 月又升高，达到最大值后再降低。总体上南方城市的臭氧平均浓度要高于北方城市（刘彩霞等，2008）。

1.2.2　臭氧浓度升高对植物影响的研究方法

1.2.2.1　田间暴露法

我国利用 OTCs 技术起步较晚，最早的见于白春乙等（1994）的研究。早些年开展的研究中主要以农作物为主，近些年对森林树木的研究日益增多，在试验过程中，OTCs 的性能和效果得到不断完善和提高，已成为研究气体污染物对植物影响的应用最广的有效工具。OTCs 室内环境较接近于外界自然环境，可对室内气体浓度进行高精度的控制，并可设置过滤空气中臭氧的处理，还可以进行多种气体的复合熏气试验。

1.2.2.2 FACE 研究平台

中国科学院南京土壤研究所与日本相关单位合作，于 2011 年在江苏无锡、江都建立了国内第一个 FACE 试验研究系统——稻麦轮作 FACE 试验系统，并开展了相关研究（Feng 等，2011；Pang 等，2009）。

1.2.3 臭氧浓度升高引起叶片伤害症状

我国有学者已经开展了臭氧引起叶片伤害症状的研究，并对其引起的伤害症状进行了描述（张红星等，2014）。臭氧对植物叶片造成的可见伤害症状主要有 4 种类型（曹际玲等，2012）：①呈红棕、紫红或褐色的斑；②叶片上表面变白或无色，严重时扩展到叶背；③叶片两面出现大面积坏死斑，呈白色或橘红色，叶变薄；④褪绿、呈黄斑。臭氧浓度升高引起的可见伤害症状一般只出现在叶脉间的叶肉部分，不会对叶脉造成影响，即使在长期高浓度的臭氧胁迫下叶脉也不会表现出伤害症状（白月明等，2002）。

1.2.4 臭氧浓度升高对植物光合作用的影响

我国学者在 100ppb 和 200ppb 的臭氧浓度设定下，采用 OTC 试验法对水杉（*Metasequoia glyptostroboides*）处理 25d 后，发现净光合速率较对照处理分别减少了 41% 和 50%，而 50ppb 的臭氧处理对其净光合作用无显著影响（Feng 等，2008）。张巍巍等研究发现银杏（*Ginkgo biloba*）在 80ppb 臭氧处理下 30d 后，净光合速率开始下降，降幅随着处理时间的延长而增大，表现出一定的累积效应（Zhang 等，2007）。根据以上研究可知，随着臭氧浓度的升高和处理时间的延长，臭氧对植物光合速率的抑制作用越来越明显。臭氧胁迫也会明显地影响植物光合产物的合成与降解过程，通常会在一定程度下改变植物细胞内含物的成分和浓度，例如，改变了蛋白质的含量（郭建平等，2001），降低了多糖和非结构性糖类含量（Bender 等，1994），可溶性糖含量增加（徐云等，1994）。

1.2.5 臭氧浓度升高对植物呼吸代谢的影响

我国学者指出，现有臭氧对植物呼吸作用相关酶类影响的研究分为两类：一是改变植物呼吸途径的酶类，二是植物呼吸作用末端氧化酶（Liang 等，2010）。赵天宏等的研究发现高浓度臭氧在一定程度上可以提高苯丙氨酸解氨酶的活性，使总黄酮含量提高，但是当臭氧浓度超过一定值，苯丙氨酸解氨酶活性就会降低甚至失活，从而导致总黄酮含量减少（Zhao 等，2011）。植物呼吸作用末端氧化酶主要包括抗坏血酸氧化酶、多酚氧化酶、乙醇酸氧化酶等（Liang 等，2010）。其中抗坏血酸氧化酶属于多铜氧化酶家族（Shi and Liu，2008），存在于细胞质中或与细胞壁结合，与其他氧化还原反应相偶联而起到末端氧化酶的作用，能催化抗坏血酸的氧化，在植物体内的物质代谢中具有重要的作用（Guo 等，2008）。多酚氧化酶具有调节植物中酚类物质代谢的作用，在有氧条件下，多酚氧化酶催化酚类物质氧化为醌，醌通过聚合反应产生有色物质导致组织褐变（Zhao 等，2011）。乙醇酸氧化酶是植物光呼吸途径的关键酶，其活性的高低直接影响光呼吸的速率，光呼吸过程有助于耗散过剩的光能（Long 等，1994），以减少光抑制和光氧化，提高光合作用效率（Zhan，2007）。梁晶等发现抗坏血酸氧化酶、多酚氧化酶、乙醇酸氧化酶这三种呼吸作用相关的酶随着臭氧处理时间的延长呈现先升后降的趋势，从而推论短期臭氧的熏蒸会促进酶活性的提高，但长时间处理则会对呼吸作用相关的酶产生抑制作用（Liang 等，2010）。

1.2.6　臭氧浓度升高对植物抗氧化系统的影响

臭氧通过气孔进入植物细胞后，会与细胞内物质反应生成活性氧（ROS），如超氧自由基（$O_2 \cdot$）、羟基自由基（$\cdot OH$）、单态氧（$1O_2$）、过氧化氢（H_2O_2）等（Zheng 等，2010）。当体内活性氧的累积量超过植物耐受水平时，植物通常会启动抗氧化系统来清除活性氧，该机制有利于植物在逆境中生存（Jin 等，2000）。此外，这种对活性氧的清除有利于植物维持体内活性氧产生和淬灭的动态平衡，从而阻抑膜脂过氧化的进程。

小分子抗氧化剂也是一种极其重要的自由基清除剂，主要包括抗坏血酸盐、类胡萝卜素、维生素 E、脯氨酸、多胺和谷胱甘肽等，属于具有高度还原性的非酶物质。抗坏血酸（ASA）可以改善植物的抗氧化系统功能，减少叶片中活性氧的积累（Wei 等，2006）。ASA 虽然在一定程度上可以缓解臭氧对植物造成的伤害，但其自身对臭氧胁迫很敏感（Ruan 等，2009）。研究表明，ASA 含量变化与臭氧浓度、暴露时间和受试植物种类密切相关。80ppb 的臭氧处理持续 90d 后，油松（*Pinus tabulaeformis*）叶片内 ASA 含量下降（Ruan 等，2009）。75ppb 和 150ppb 臭氧处理 54d 后，水稻（*Oryza sativa*）叶片内的 ASA 含量并没有出现显著的变化（张巍巍等，2009）。除此之外，其他小分子抗氧化剂在抵御臭氧伤害的过程中也发挥着重要的作用（黄益宗等，2012）。

1.2.7　臭氧浓度升高对植物膜系统的影响

在长期和高浓度的臭氧作用下，植物的细胞膜会彻底受损，失去其调控能力，且去除臭氧因素后也不能恢复（高吉喜等，1996）。臭氧浓度升高可能会造成膜脂过氧化，它不仅可以把活性氧转化成活性化学剂，而且还可以通过链式或链式支链的反应放大活性氧的作用（列淦文和薛立 2012）。丙二醛（MDA）作为膜脂过氧化的最终产物，可以降低膜的流动性，破坏膜结构和功能（颜坤等，2010），是最常用的膜脂过氧化指标（李文兵等，2007）。因此，测定植物 MDA 含量通常可以反映机体内膜脂的过氧化程度，从而间接地了解细胞损伤的程度。正常情况下植物的新陈代谢过程也会造成膜脂过氧化，但是臭氧浓度的升高破坏了植物体内的活性氧与抗氧化系统之间的平衡，产生了过剩的活性氧（阮亚男等，2009），加剧了膜脂的过氧化和降解，伤害了细胞的膜系统（金明红和冯宗炜，2000）。孙加伟等（2008）的研究表明，高浓度臭氧处理的玉米叶片中 MDA 含量显著增加，说明臭氧浓度升高能使植物细胞膜脂过氧化作用增强，膜透性增加。阮亚男等（2009）发现油松针叶膜脂过氧化程度随高浓度臭氧处理时间的延长而增加。

1.3　国内外差距分析

我国相关研究涉及分子水平上的较少，而国外已经开展了一部分的相关研究。Miyazaki 等（2004）的研究表明，臭氧浓度升高会改变基因表达的调控，自然大气处理下的拟南芥（*Arabidopsis thaliana*）生态型中有 58 个基因上调和 577 个基因下调，高浓度臭氧处理下的拟南芥有 400 个基因上调和 800 个基因下调。Cho 等（2013）对臭氧处理的水稻的研究发现，臭氧浓度升高分别使圆锥花序的 177 个基因上调和 444 个基因下调，谷粒的 24 个基因上调和 106 个基因下调，其中表达出现差异的基因与水稻的信号传递、转录、激素、蛋白质水解和防御过程相关。此外，又发现了一些对臭氧敏感的新基因，例如，编码钙依赖蛋白激酶、磷脂酰肌醇激酶、G-蛋白组件和细胞壁相关蛋白激酶等的基因。Short 等（2012）的研究表明，拟南芥对臭氧浓度升高响应的基因表达中依赖钙离子（Ca^{2+}）的变化不单单是活性氧诱导的 Ca^{2+} 本身增加的结果，

随着臭氧浓度和处理时间的变化，过氧化氢和 Ca^{2+} 均显著改变。这一发现符合在植物体内复杂钙离子信号的时空动态下，特定刺激的转录信息也可以被编码的假设。

目前，我国有关臭氧对植物影响的研究多集中在地上部，而关于植物地下部和根际的研究还比较肤浅。而国外的研究较我国更加深入，包括细根周转、根系呼吸、根系糖类、菌根、根际微生物等方面。高浓度臭氧处理的成年橡树的净细根产量和周转在第一年内无显著变化，第二年细根产量降低了 47%（Kelting 等，1995）。Edwards 等（1991）的研究表明，高浓度臭氧处理 2 年后，火炬松的细根产量、土壤 CO_2 通量和根系呼吸速率减少。臭氧胁迫下，植物的光合作用、糖类合成以及碳分配过程会发生改变，进而影响植物的碳代谢过程（Braun 等，2004）。有研究表明，臭氧浓度升高会降低糖类对根系的分配，包括西黄松、道格拉斯冷杉等（Gorissen 等，1991；Tingey 等，1976）。菌根菌丝在森林土壤中具有重要的作用，用来传输养分和水分，从而对生物多样性及整个生态系统的生产力产生影响。有关臭氧对外生菌根群落的影响还不清楚。一些短期研究表明，臭氧促进了几个树种的菌根形成，而其他一些研究发现臭氧对菌根影响很小或者没有影响（Andersen，2003）。国外一些学者研究了臭氧浓度升高对农作物或草本植物根际微生物的影响，而关于臭氧浓度升高对森林树木根际微生物影响的研究则较少。Schloter 等（2005）研究了山毛榉幼苗根际和非根际土壤微生物对臭氧的响应，结果表明山毛榉幼苗经过 2 倍臭氧处理后，根际微生物群落对高浓度臭氧处理做出了响应，对照处理的根际土壤微生物多样性高于 2 倍臭氧处理，而且臭氧浓度升高会影响群落结构和功能，降低生物多样性以及潜在的营养周转。

总之，在探究臭氧影响植物的机理方面、植物对臭氧的响应方面（如形态、生理、生化、细胞、蛋白质组学、代谢组学、转录组学等方面）、臭氧伤害的防治方面，国外的研究较我国都更加系统和深入（Cho 等，2011）。

2 发展战略、需求与目标

2.1 发展战略

近年来，由于经济发展过快和能源消耗过量，引起了近地面的臭氧浓度逐渐升高。近地面的高浓度臭氧对植物具有很强的毒性。臭氧主要通过气孔进入植物体内，经氧化分解形成过氧化氢和羟基自由基等活性氧，这些自由基的化学活性很强，可造成脂质过氧化，损伤叶绿体，破坏光合色素，并最终影响叶片的光合作用（Calatayud 等，2003）。此外，臭氧浓度升高还会诱导植物叶片的气孔关闭，限制二氧化碳的吸收，抑制碳的同化，降低净光合作用，抑制其生长，最终导致植物器官的碳分配不平衡和减产，还会促进植物早衰，引起植物多样性下降，导致森林衰退（Ashmore，2005），并增加植物对其他环境胁迫（如干旱、高温、病虫害等）的敏感性（Fuhrer and Booker，2003）。通过研究臭氧浓度升高对植物的伤害症状、生理生化特征、矿质养分的吸收和分配、生长等过程的影响，揭示其对臭氧浓度升高响应的机制，一方面为合理地筛选耐臭氧型植物提供参考，这对于改善臭氧污染地区的生态环境具有重要意义，另一方面可以筛选出一些典型的臭氧敏感型树种，用作臭氧污染的指示树种。

2.2 发展需求

臭氧污染被认为是造成东欧、西欧和整个美国的大片森林衰退和枯死的主要原因（Ashmore，2005；Sandermann 等，1997），在欧洲和北美 140 多种植物上观测到臭氧造成的伤害，大多属于灌木和草本植物，既有本土物种，也有外来物种（Paoletti 等，2009）。自工业革命后，臭氧浓度不断升高，尽管近年来有很多控制其前体物排放的措施（Derwent 等，2007；Vingarzan，2004），但全球臭氧浓度仍呈增加趋势，尤其北半球臭氧浓度的增加更为明显（Fowler 等，2008）。据报告预测，21 世纪末北半球夏季大气的臭氧平均浓度可能达到 70nL/L 以上（IPCC. CLIMATECHANGE 2001–The Scientific Basis［M］. Cambridge, UK and New York, USA：Cambridge University Press，2002），而我国目前臭氧平均浓度已达到 50nL/L 以上（冯兆忠等，2006）。早在 20 世纪中期人们就已经注意到臭氧对植物的影响（Krupa 等，2001），当大气中臭氧浓度超过了植物的耐受水平，就会造成植物营养分配和生产能力的改变、可见伤害症状、农作物产量降低、植物生长受阻甚至会改变农作物生长的物候（Bermejo 等，2003；Fagnano 等，2009；Faoro and Iriti，2005；Fuhrer，2009；Grantz 等，2006）。因此，有必要深入系统地研究植物对臭氧浓度升高的响应，明确其伤害机理，以期为未来近地层 O_3 浓度升高情形下制定植物的适应对策提供科学依据。

2.3 发展目标

2.3.1 明确自然环境下臭氧胁迫对森林植物影响的机理

目前，在开顶式熏气室或封闭箱中，关于幼苗对臭氧浓度升高的响应已经进行了较多的研究，但仍然缺乏关于自然环境中臭氧浓度升高对森林影响的认识。在自然状态下的森林环境中，许多环境因子和臭氧交互作用，共同对森林产生影响。在植物一个具体的生命周期中会同时或交替出现很多环境和生物因子的交互作用，可能改变植物对臭氧的敏感性，因此难以预测臭氧对个别植物的影响。因此，今后需要加强对自然环境中臭氧胁迫下的森林植物适应性和生态习性之间关系的研究。

2.3.2 研究缓解臭氧浓度升高对植物造成危害的栽培、管理及防护措施

臭氧作为光氧化剂的主要成分，抑制植物的生长，使作物植株矮化，减小作物叶面积；加速叶片衰老，使叶片黄化；增加气孔阻力，降低气孔导度；改变叶片细胞膜透性，影响细胞内各种生物酶的活性；降低植物体内叶绿素含量，影响光合作用；影响植株体内干物质生产和分配。鉴于此，研究者应寻求降低高浓度臭氧环境对植物伤害的防护措施，例如，施用外源 Ethylenediurea（EDU）（Manning 等，2011）。

3 重点领域和发展方向

3.1 重点领域

根据当前臭氧浓度升高对植物影响的研究进展，今后的研究方向与未来的研究热点为：①加强在臭氧胁迫下植物个体和群落水平上的光合生理、呼吸代谢、抗氧化系统、膜系统、矿质养分的吸收和分配与分子生理等相互联系的研究；②通过对臭氧敏感性不同植物的基因鉴定，

找出对臭氧响应的基因，探讨植物体内整个信号传递网络系统的机理，建立与抗臭氧胁迫相关的信号传递模型，进一步利用分子标记、基因图谱、基因组学方法和转基因技术，深入了解臭氧胁迫下植物的生理特性与分子遗传基础，开展更深层次的植物耐臭氧分子机理的研究，并结合臭氧胁迫下植物的形态特征来筛选耐臭氧型植物等；③尽量还原植物的自然生长环境，以准确研究自然环境下臭氧胁迫对植物的影响；④填补臭氧胁迫对亚热带和热带森林及其树种影响的研究空白；⑤发展建立模型的方法，评估臭氧对植物的影响。

3.2 发展方向

有关臭氧浓度升高对植物的影响已经开展了大量的试验，其研究内容包括伤害症状、光合作用、生理生化、生长、根际土壤等。但大部分的研究仍以农作物为主，而对树木的研究较少。由于试验条件的限制，大部分以树种为研究对象的试验只选取了几个树种进行短期研究。因此，应加强对植物尤其是森林树种对臭氧浓度升高的响应研究，比较树种间的臭氧敏感性差异，深入研究不同树种对臭氧浓度升高的响应机理。由于试验树种、臭氧浓度、暴露时间和研究地点等因素的差异，不同研究得出的结论存在着很大的差异。因此，得到不同树种的某些生理过程和生长受到一定影响的臭氧阈值浓度，将更具有现实意义。很多研究都报道了臭氧浓度升高会降低光合作用、抑制生长、引起膜脂过氧化，但通常没有解释这些结果的根本原因，即植物生长的抑制是由于光合器官受到伤害而导致的同化能力降低，还是光合器官未受到伤害而是将光合产物用于维持抗氧化系统，或者是两个因素都存在？植物光合作用的下降是由于气孔关闭，还是羧化效率降低？因此，找到臭氧对植物伤害的根本原因以及合理的敏感性评价指标是今后研究发展方向的一部分。在自然状态下的森林中，臭氧会与其他环境因素产生交互作用从而共同影响植物，尤其是在臭氧浓度较高的夏季，经常出现高温、干旱等天气（Li 等，2015）。因此开展不同气候条件下，臭氧和其他环境因素的交互作用对森林树木的影响研究具有一定的必要性。探究内源激素以及其他信号分子与活性氧之间的关系，对于明确臭氧伤害机理和改善臭氧伤害方面具有重要的意义（Pellegrini 等，2016），因此，应注重这方面的研究。现有的研究中涉及分子生理响应的部分还比较简单，如臭氧胁迫对植物细胞分子的影响以及基因和蛋白质的表达和调控对臭氧胁迫的响应，而对于植物如何调控臭氧胁迫下基因的差异表达、植物中与抗臭氧胁迫相关的信号传递途径之间的相互联系，以及整个信号传递网络系统的机理研究尚处于非系统的研究状态，仍有待深入研究。

4 存在的问题和对策

虽然有关植物对臭氧浓度升高的响应已经开展了大量的研究，但是仍然存在以下问题：①相关试验绝大多数是采用生长室或开顶式熏气室进行的幼苗试验，而在自然状态下的森林环境中，臭氧会与多种其他因素产生交互作用。因此，将幼苗试验的结果转化到自然的森林环境中具有一定的困难，关于臭氧浓度升高对森林生态系统的影响，我们仍然缺乏一定的认识；②很多研究偏重树木的生理生化对臭氧响应的机理探究，而忽视了树木的生长（Manning，2005），但在森林整体对臭氧响应的角度上，探究树木的生长是否会受到臭氧的影响是十分必要的；③在臭氧浓度较高的区域，在城市绿化树种的选择方面，往往只考虑树种的敏感性，而忽略其对臭氧前体物排放的贡献（Paoletti，2009）和对臭氧的吸收清除作用（Feng and Li，2017），因此，在臭氧浓度较高的城市中，绿化树种的选择要综合多个方面；④树龄、遗传学特征、微气候、土壤养分、竞争、病虫害及其他相关因素在很大程度上会影响植物对臭氧的响应（Karnosky 等，2007），因此，需要在植株和群落水平上进行进一步的研究；⑤迄今为止，我国相关研究的对象主要是温带和寒带的森林树种，对亚热带地区的乡土树种研究甚少，因此今后需加大对亚热带地区树木的研究力度；⑥人工控制条件下臭氧研究环境中的物种比较单一，而野外自然条件下植物是混合生长的，其对臭氧的响应可能发生改变，这方面有待深入研究；⑦可以采用建立模型的方法来预测臭氧对植物的影响，但是现有的模型仍受到区域、季节、树种等因素的限制，因此，不断完善各种模型，寻求机理模型中简化和机理之间的平衡或建立大气环境下臭氧作为限制因子之一的复合模型，建立适应各种地域和季节的模型，将是未来臭氧对植物影响的研究热点。

参考文献

白月明，郭建平，王春乙，等. 2002. 水稻与冬小麦对臭氧的反应及其敏感性试验研究 [J]. 中国生态农业学报，10：13-16.

曹际玲，朱建国，曾青，等. 2012. 对流层臭氧浓度升高对植物光合特性影响的研究进展 [J]. 生物学杂志，29：66-70.

冯兆忠，王效科，郑启伟，等. 2006. 油菜叶片气体交换对 O_3 浓度和熏蒸方式的响应 [J]. 生态学报，26：823-829.

高吉喜，张林波，舒俭民，等. 1996. 臭氧对植物新陈代谢的影响 [J]. 生态与农村环境学报，12：42-46.

郭建平，王春乙，白月明，等. 2001. 大气中臭氧浓度变化对冬小麦生理过程和籽粒品质的影响应用 [J]. 气象学报，12：255-256.

胡正华，孙银银，李琪，等. 2012. 南京北郊春季地面臭氧与氮氧化物浓度特征 [J]. 环境工程学报，6（6）：1995-2000.

黄益宗，钟敏，隋立华，等. 2012. O_3 污染胁迫下冬小麦的伤害症状及其对叶片氮代谢脯氨酸和谷胱甘肽含量的影响 [J]. 农业环境科学学报，1：1461-1466.

金明红，冯宗炜. 2000. 臭氧对水稻叶片膜脂过氧化和抗氧化系统的影响 [J]. 环境科学，21：1-5.

李文兵，王燕凌，李芳，等. 2007. 水分胁迫下多枝柽柳体内活性氧与保护酶的关系 [J]. 新疆农业大学学报，30：30-34.

列淦文，薛立. 2012. 桉树抗寒生理研究进展 [J]. 广东农业科学，39：56-58.

刘彩霞，冯银厂，孙韧. 2008. 天津市臭氧污染现状与污染特征分析 [J]. 中国环境监测，24：52-56.

阮亚男，何兴元，陈玮，等. 2009. 臭氧浓度升高对油松抗氧化系统活性的影响 [J]. 应用生态学报，20：1032-1037.

阮亚男，何兴元，陈玮，等. 2008. 臭氧浓度升高对植物抗氧化系统的影响 [J]. 生态学杂志，27：829-834.

沈中元. 2006. 利用收入分布曲线预测中国汽车保有量 [J]. 中国能源，28：11-15.

孙加伟，赵天宏，付宇，等. 2008. 臭氧浓度升高对玉米活性氧代谢及抗氧化酶活性的影响 [J]. 农业环境科学学报，27：1929-1934.

王春乙，高素华，刘江歌，等. 1994. OTC-1 型开顶式气室的结构和性能 [J]. 环境科学进展（3）：19-31.

王春乙，郭建平，白月明，等. 2002. O_3 浓度增加对冬小麦影响的试验研究 [J]. 气象学报，60：238-242.

徐云，王勋陵，安黎哲. 1994. 臭氧和氟化氢复合熏气对小麦叶片形态和生理机能的影响 [J]. 西北植物学报，

6：64-69.

颜坤，陈玮，张国友，等. 2010. 高浓度二氧化碳和臭氧对蒙古栎叶片活性氧代谢的影响 [J]. 应用生态学报，21：557-562.

杨连新，王余龙，石广跃，等. 2008. 近地层高臭氧浓度对水稻生长发育影响研究进展应用 [J]. 生态学报，19：901-910.

殷永泉，单文坡，纪霞，等. 2006. 济南大气臭氧浓度变化规律 [J]. 环境科学，27：2299-2302.

张红星，孙旭，姚余辉. 2014. 北京夏季地表臭氧污染分布特征及其对植物的伤害效应 [J]. 生态学报，34：4756-4765.

张巍巍，郑飞翔，王效科，等. 2009. 臭氧对水稻根系活力、可溶性蛋白含量与抗氧化系统的影响 [J]. 植物生态学报，33：425-432.

张巍巍，郑飞翔，王效科，等. 2008. 大气臭氧浓度升高对水稻叶片膜脂过氧化及保护酶活性的影响 [J]. 应用生态学报，19：2485-2489.

赵天宏，曹艳红，王岩，等. 2012. 臭氧胁迫对大豆根系形态和活性氧代谢的影响 [J]. 大豆科学，31：52-57.

郑飞翔，王效科，侯培强，等. 2011. 臭氧胁迫对水稻生长以及 C，N，S 元素分配的影响 [J]. 生态学报，31（6）：1479-1486.

周秀骥. 2004. 长江三角洲低层大气与生态系统相互作用研究 [M]. 北京：气象出版社.

Aardenne J A V, Carmichael G R, Hiram Levy I I, et al. 1999. Anthropogenic NO$_x$ emissions in Asia in the period 1990-2020 [J]. Atmospheric Environment, 33：633-646.

Alscher R G, Erturk N, Heath L S. 2002. Role of superoxide dismutases (SODs) in controlling oxidative stress in plants [J]. Journal of Experimental Botany, 53：1331-1341.

Andersen C P. 2003. Source-sink balance and carbon allocation below ground in plants exposed to ozone [Review] [J]. New Phytologist, 157：213-228.

Andersen C P, Hogsett W E, Wessling R, et al. 1991. Ozone decreases spring root growth and root carbohydrate content in ponderosa pine the year following exposure [J]. Canadian Journal of Forest Research, 21：1288-1291.

Andersen C P, Rygiewicz P T. 1995. Allocation of carbon in mycorrhizal Pinus ponderosa seedlings exposed to ozone [J]. New Phytologist, 131：471-480.

Andersen C P, Wilson R, Plocher M, et al. 1998. Carry-over effects of ozone on root growth and carbohydrate concentrations of ponderosa pine seedlings [J]. Tree Physiol Tree Physiology, 17：805-811.

Andrew C, Lilleskov E A. 2009. Productivity and community structure of ectomycorrhizal fungal sporocarps under increased atmospheric CO$_2$ and O$_3$ [J]. Ecology Letters, 12：813-822.

Ashmore M R. 2005. Assessing the future global impacts of ozone on vegetation [J]. Plant Cell & Environment, 28：949-964.

Avnery S, Mauzerall D L, Liu J, et al. 2011. Global crop yield reductions due to surface ozone exposure：1. Year 2000 crop production losses and economic damage [J]. Atmospheric Environment, 45：2284-2296.

Bender J, Weigel H J, Wegner U, et al. 1994. Response of cellular antioxidants to ozone in wheat flag leaves at different stages of plant development [J]. Environmental Pollution, 84：15-21.

Bermejo V, Gimeno B S, Sanz J, et al. 2003. Assessment of the ozone sensitivity of 22 native plant species from Mediterranean annual pastures based on visible injury [J]. Atmospheric Environment, 37：4667-4677.

Bowler C, And M V M, Inze D. 1992. Superoxide Dismutase and Stress Tolerance [J]. Plant Biology, 43：83-116.

Braun S, Flückiger W. 1995. Effects of ambient ozone on seedlings of *Fagus sylvatica* L. and *Picea abies* (L.) [J]. Karst New Phytologist, 129：33-44.

Braun S, Zugmaier U, Thomas V, et al. 2004. Carbohydrate concentrations in different plant parts of young beech and spruce along a gradient of ozone pollution [J]. Atmospheric Environment, 38: 2399-2407.

Burton A J, Pregitzer K S, Hendrick R L. 2000. Relationships between fine root dynamics and nitrogen availability in Michigan northern hardwood forests [J]. Oecologia, 125: 389-399.

Calatayud A, Iglesias D J, Talón M, et al. 2003. Effects of 2 - month ozone exposure in spinach leaves on photosynthesis, antioxidant systems and lipid peroxidation [J]. Plant Physiology & Biochemistry, 4: 839-845.

Calatayud A, Ramirez J W, Iglesias D J. 2002. Effects of ozone on photosynthetic CO_2 exchange, chlorophyll a fluorescence and antioxidant systems in lettuce leaves [J]. Physiologia Plantarum, 116: 308-316.

Calatayud V, García-Breijo F J, Cervero J, et al. 2011. Physiological, anatomical and biomass partitioning responses to ozone in the Mediterranean endemic plant Lamottea dianae [J]. Ecotoxicology & Environmental Safety, 74: 1131-1138.

Cho K, Shibato J, Kubo A. 2013. Genome-wide mapping of the ozone-responsive transcriptomes in rice panicle and seed tissues reveals novel insight into their regulatory events [J]. Biotechnology Letters, 35: 647-656.

Cho K, Tiwari S, Agrawal S B, et al. 2011. Tropospheric ozone and plants: absorption, responses, and consequences [M]. In: Reviews of Environmental Contamination and Toxicology. Springer, 212: 61-111.

Coleman M D, Dickson R E, Isebrands J G, et al. 1996. Root growth and physiology of potted and field - grown trembling aspen exposed to tropospheric ozone [J]. Tree Physiol Tree Physiology, 16: 145-152.

Díazdequijano M, Schaub M, Bassin S, et al. 2012. Ozone visible symptoms and reduced root biomass in the subalpine species Pinus uncinata after two years of free-air ozone fumigation [J]. Environmental Pollution, 169: 250-257.

Davis D D, Orendovici T. 2006. Incidence of ozone symptoms on vegetation within a National Wildlife Refuge in New Jersey, USA [J]. Environmental Pollution, 143: 555-564.

Derwent R G, Simmonds P G, Manning A J, et al. 2007. Trends over a 20-year period from 1987 to 2007 in surface ozone at the atmospheric research station, Mace Head, Ireland [J]. Atmospheric Environment, 41: 9091-9098.

Doubnerová V, Ryšlavá H. 2011. What can enzymes of C_4 photosynthesis do for C_3 plants under stress? [J]. Plant Science, 180: 575-583.

Edwards N T. 1991. Root and soil respiration responses to ozone in *Pinus taeda* L. seedlings [J]. New Phytologist, 118: 315-321.

Einig W, Lauxmann U, Hauch B, et al. 1997. Ozone-induced accumulation of carbohydrates changes enzyme activities of carbohydrate metabolism in birch leaves [J]. New Phytologist, 137: 673-680.

Fagnano M, Maggio A, Fumagalli I. 2009. Crops' responses to ozone in Mediterranean environments [J]. Environmental Pollution, 157: 1438-1444.

Faoro F, Iriti M. 2005. Cell death behind invisible symptoms: early diagnosis of ozone injury [J]. Biologia plantarum, 49: 585-592.

Feng Z, Li P. 2017. Effects of Ozone on Chinese Trees [M]. In: Air Pollution Impacts on Plants in East Asia. Springer: 195-219.

Feng Z, Pang J, Kobayashi K, et al. 2011. Differential responses in two varieties of winter wheat to elevated ozone concentration under fully open-air field conditions [J]. Global Change Biology, 17: 580-591.

Feng Z Z, Zeng H Q, Wang X K, et al. 2008. Sensitivity of Metasequoia glyptostroboides to ozone stress [J]. Photosynthetica, 46: 463-465.

Fiscus E L, Booker F L, Burkey K O. 2005. Crop responses to ozone: uptake, modes of action, carbon assimilation and partitioning [J]. Plant, Cell & Environment, 28: 997-1011.

Fontaine V, Cabané M, Dizengremel P. 2003. Regulation of phosphoenolpyruvate carboxylase in Pinus halepensis needles submitted to ozone and water stress [J]. Physiologia Plantarum, 117: 445-452.

Fowler D, Amann M, Anderson R, et al. 2008. Ground-level Ozone in the 21st Century: Future Trends, Impacts and Policy Implications [M]. In: The Royal Society Policy Document. p. 132.

Foyer C H, Mullineaux P. 1994. Causes of photooxidative stress and amelioration of defense systems in plants [M]. CRC Press, Boca Raton, Florida, USA.

Fuhrer J. 2009. Ozone risk for crops and pastures in present and future climates [J]. The Science of Nature, 96: 173-194.

Fuhrer J, Booker F. 2003. Ecological issues related to ozone: agricultural issues [J]. Environment international, 29: 141-154.

Gerant D, Podor M, Grieu P, et al. 1996. Carbon Metabolism Enzyme Activities and Carbon Partitioning in Pinus halepensis Mill, exposed to Mild Drought and Ozone [J]. Journal of plant physiology, 148: 142-147.

Gerosa G, Fusaro L, Monga R, et al. 2015. A flux-based assessment of above and below ground biomass of Holm oak (*Quercus ilex* L.) seedlings after one season of exposure to high ozone concentrations [J]. Atmospheric Environment, 113: 41-49.

Gill R A, Jackson R B. 2000. Global patterns of root turnover for terrestrial ecosystems [J]. New Phytologist, 147: 13-31.

Gorissen A, Schelling G C, Veen J A V. 1991. Concentration-Dependent Effects of Ozone on Translocation of Assimilates in *Douglas fir* [J]. Journal of Environmental Quality, 20: 169-173.

Gorissen A, Van Veen J A. 1988. Temporary disturbance of translocation of assimilates in douglas firs caused by low levels of ozone and sulfur dioxide [J]. Plant Physiology, 88: 559-563.

Grantz D A, Gunn S, H-B VU. 2006. O_3 impacts on plant development: a meta-analysis of root/shoot allocation and growth [J]. Plant Cell & Environment, 29: 1193-1209.

Grebenc T, Kraigher H. 2007. Changes in the Community of Ectomycorrhizal Fungi and Increased Fine Root Number Under Adult Beech Trees Chronically Fumigated with Double Ambient Ozone Concentration [J]. Plant Biology, 9: 279-287.

Grulke N E, Andersen C P, Fenn M E, et al. 1998. Ozone exposure and nitrogen deposition lowers root biomass of ponderosa pine in the San Bernardino Mountains, California [J]. Environmental Pollution, 103: 63-73.

Guidi L, Bongi G, Ciompi S, et al. 1999. In Vicia faba leaves Photoinhibition from Ozone Fumigation in Light Precedes a Decrease in Quantum Yield of Functional PS II Centres [J]. Journal of plant physiology, 154: 167-172.

Guo Y, Zhu J, Xu Z, et al. 2008. Progress of Ascorbic Acid Oxidase in Plant Science [J]. Chinese Agricultural Science Bulletin, 3: 43.

Haberer K, Grebenc T, Alexou M, et al. 2007. Effects of long-term free-air ozone fumigation on delta ^{15}N and total N in Fagus sylvatica and associated mycorrhizal fungi [J]. Plant Biology, 9: 242-252.

Hanson G P, Stewart W S. 1970. Photochemical oxidants: effect on starch hydrolysis of leaves [J]. Science, 168: 1223-1224.

Hatch M D, Slack C R, Bull T A. 1969. Light-induced changes in the content of some enzymeof the C_4-dicarboxylic acid pathway of photosynthesis [J]. Phytochemistry, 8 (4).

Heagle A S, Body D E, Heck W W. 1973. An open-top field chamber to assess the impact of air pollution on plants [J]. Journal of Environmental Quality, 2: 365-368.

Heath R L. 1987. The Biochemistry of Ozone Attack on the Plasma Membrane of Plant Cells [M]. In: Phytochemical Effects of Environmental Compounds, Springer: 29-54.

Heck W W, Adams R M, Cure W W, et al. 1983. A reassessment of crop loss from ozone [J]. Environmental science & technology, 17: 572A-581A.

Higurashi A, Nakajima T. 2002. Detection of aerosol types over the East China Sea near Japan from four-channel satellite data [J]. Geophysical Research Letters, 29: 1711: 1714.

Huang S, Zhao T-h, Jin D-y, et al. 2009. Photosynthetic physio-response of urban Quercus mongolica leaves to surface elevated ozone concentration [J]. Liaoning Forestry Science and Technology, 5: 004.

Inclan R, Gimeno B, Dizengremel P, et al. 2005. Compensation processes of Aleppo pine (*Pinus halepensis* Mill.) to ozone exposure and drought stress [J]. Environmental Pollution, 137: 517-524.

IPCC. 2002. Climate change 2001-The Scientific Basis [M]. Cambridge, UK and New York, USA: Cambridge University Press.

IPCC. 2007. Climate change 2007: the physical science basis [M]. In: Solomon S, Qin D, Manning M, et al (eds) Contribution of Working Group I tothe fourth assessment report of the intergovernmental panel onclimate change. Cambridge University Press, Cambridge, 996 pp.

Jin M, Feng Z, Zhang F. 2000. Effects of Ozone on Membrane Lipid Peroxidation and Antioxidant System of Rice Leaves [J]. Chinese Journal of Enviromentalence, 21 (3): 1-5.

Kainulainen P, Utriainen J, Holopainen J K, et al. 2000. Influence of elevated ozone and limited nitrogen availability on conifer seedlings in an open-air fumigation system: effects on growth, nutrient content, mycorrhiza, needle ultrastructure, starch and secondary compounds [J]. Global Change Biology, 6: 345-355.

Karlsson P E, Uddling J, Skärby L, et al. 2003. Impact of ozone on the growth of birch (Betula pendula) saplings [J]. Environmental Pollution, 124: 485-495.

Karnosky D F, Skelly J M, Percy K E, et al. 2007. Perspectives regarding 50years of research on effects of tropospheric ozone air pollution on US forests [J]. Environmental Pollution, 147: 489-506.

Keane K D, Manning W J. 1988. Effects of ozone and simulated acid rain on birch seedling growth and formation of ectomycorrhizae [J]. Environmental Pollution, 52: 55-65.

Kelting D L, Burger J A, Edwards G S. 1995. The effects of ozone on the root dynamics of seedlings and mature red oak (*Quercus rubra* L.) [J]. Forest Ecology & Management, 79: 197-206.

Kim Y H, Lim S, Han S H, et al. 2007. Differential expression of 10 sweetpotato peroxidases in response to sulfur dioxide, ozone, and ultraviolet radiation [J]. Plant Physiology and Biochemistry, 45: 908-914.

Kivimäenpää M, Selldén G, Sutinen S. 2005. Ozone-induced changes in the chloroplast structure of conifer needles, and their use in ozone diagnostics [J]. Environmental Pollution, 137: 466-475.

Krupa S, Mcgrath M T, Andersen C P, et al. 2001. Ambient ozone and plant health [J]. Plant Disease, 85: 4-12.

Löw M, Herbinger K, Nunn A J, et al. 2006. Extraordinary drought of 2003 overrules ozone impact on adult beech trees (*Fagus sylvatica*) [J]. Trees, 20: 539-548.

Landolt W, Bühlmann U, Bleuler P, et al. 2000. Ozone exposure-response relationships for biomass and root/shoot ratio of beech (Fagus sylvatica), ash (Fraxinus excelsior), Norway spruce (Picea abies) and Scots pine (Pinus sylvestris) [J]. Environmental Pollution, 109: 473-478.

Lepiniec L, Vidal J, Chollet R, et al. 1994. Phosphoenolpyruvate carboxylase: structure, regulation and evolution [J]. Plant Science, 99: 111-124.

Li Y, Muthuramalingam M, Mahalingam R. 2015. Plant Responses to Tropospheric Ozone [M]. In: Genetic Manipulation in Plants for Mitigation of Climate Change. Springer: 1-14.

Liang J, Zeng Q, Zhu J G, et al. 2010. Effects of O_3~-FACE (Ozone-free Air Control Enrichment) on Respiration Enzymes of Rice Leaf [J]. Chinese Agricultural Science Bulletin, 26: 260-264.

Long S P, Ainsworth E A, Leakey A D B, et al. 2005. Global food insecurity. Treatment of major food crops with elevated carbon dioxide or ozone under large-scale fully open-air conditions suggests recent models may have overestimated future yields Philosophical Transactions of the Royal Society B [J]. Biological Sciences, 360: 2011-2020.

Long S P, S Humphries A, Falkowski P G. 1994. Photoinhibition of Photosynthesis in Nature [J]. Plant Biology, 45: 633-662.

Luedemann G M, R, Winkler J B, Grams T E E. 2009. Contrasting ozone c pathogen interaction as mediated through competition between juvenile European beech (Fagus sylvatica) and Norway spruce (Picea abies) [J]. Plant & Soil, 323: 47-60.

Luethy-Krause B, Landolt W. 1990. Effects of ozone on starch accumulation in Norway spruce (Picea abies) [J]. Trees, 4: 107-110.

Lux D, Leonardi S, Müller J, et al. 1997. Effects of ambient ozone concentrations on contents of non-structural carbohydrates in young Picea abies and Fagus sylvatica [J]. New Phytologist, 137: 399-409.

Mahoney M J, Chevone B I, Skelly J M, et al. 1985. Influence of mycorrhizae on the growth of loblolly pine seedlings exposed to ozone and sulfur dioxide [J]. Phytopathology, 75: 679-682.

Mainiero R, Kazda M, Häberle K H, et al. 2009. Fine root dynamics of mature European beech (*Fagus sylvatica* L.) as influenced by elevated ozone concentrations [J]. Environmental Pollution, 157: 2638-2644.

Mandl R, Weinstein L, McCune D, et al. 1973. A cylindrical, open-top chamber for the exposure of plants to air pollutants in the field [J]. Journal of Environmental Quality, 2: 371-376.

Manninen A M, Laatikainen T, Holopainen T. 1998. Condition of Scots pine fine roots and mycorrhiza after fungicide application and low-level ozone exposure in a 2-year field experiment [J]. Trees, 12: 347-355.

Manninen S, Siivonen N, Timonen U, et al. 2003. Differences in ozone response between two Finnish wild strawberry populations [J]. Environmental and Experimental Botany, 49: 29-39.

Manning W J. 2005. Establishing a cause and effect relationship for ambient ozone exposure and tree growth in the forest: progress and an experimental approach [J]. Environmental Pollution, 137: 443-454.

Manning W J, Paoletti E, Sandermann H, et al. 2011. Ethylenediurea (EDU): A research tool for assessment and verification of the effects of ground level ozone on plants under natural conditions [J]. Environmental Pollution, 159: 3283-3293.

Mathy P. 1988. The European open-top chambers programme: objectives and implementation [M]. In: Assessment of Crop Loss from Air Pollutants. Springer: 505-513.

Miller P P, McBride J M. 1999. Oxidant Air Pollution Impacts inthe Montane Forests of Southern California [M]. Ecological Studies 134. Springer, Berlin, Heidelberg, New York. 424 pp.

Miyazaki S, Fredricksen M, Hollis K C, et al. 2004. Transcript expression profiles of *Arabidopsis thaliana* grown under controlled conditions and open-air elevated concentrations of CO_2 and of O_3 [J]. Field Crops Research, 90: 47-59.

Moraes R M, Bulbovas P, Furlan C M, et al. 2006. Physiological responses of saplings of *Caesalpinia echinata* Lam., a Brazilian tree species, under ozone fumigation [J]. Ecotoxicology & Environmental Safety, 63: 306-312.

Nadelhoffer K J. 2000. The potential effects of nitrogen deposition on fine-root production in forest ecosystems [J]. New Phytologist, 147: 131-139.

Nikolova P S, Andersen C P, Blaschke H, et al. 2009. Belowground effects of enhanced tropospheric ozone and drought in a beech/spruce forest (*Fagus sylvatica* L. / *Picea abies* [L.] Karst) [J]. Environmental Pollution, 158: 1071-1078.

Norby R J, Jackson R B. 2000. Root dynamics and global change: seeking an ecosystem perspective [J]. New Phytologist, 147: 3-12.

Nouchi I, Ito O, Harazono Y, et al. 1991. Effects of chronic ozone exposure on growth, root respiration and nutrient uptake of rice plants [J]. Environmental Pollution, 74: 149-164.

Pérez-Soba M, Dueck T A, Puppi G, et al. 1995. Interactions of elevated CO_2, NH_3 and O_3 on mycorrhizal infection, gas exchange and N metabolism in saplings of Scots pine [J]. Plant and Soil, 176: 107-116.

Pang J, Kobayashi K, Zhu J. 2009. Yield and photosynthetic characteristics of flag leaves in Chinese rice (*Oryza sativa* L.) varieties subjected to free-air release of ozone [J]. Agriculture Ecosystems & Environment, 132: 203-211.

Paoletti E. 2006. Impact of ozone on Mediterranean forests: a review [J]. Environmental Pollution, 144: 463-474.

Paoletti E. 2009. Ozone and urban forests in Italy [J]. Environmental Pollution, 157: 1506-1512.

Paoletti E, Ferrara A M, Calatayud V, et al. 2009. Deciduous shrubs for ozone bioindication: Hibiscus syriacus as an example [J]. Environmental Pollution, 157: 865-870.

Paoletti E, Manning W J. 2007. Toward a biologically significant and usable standard for ozone that will also protect plants [J]. Environmental Pollution, 150: 85-95.

Pasqualini S, Batini P, Ederli L, et al. 2001. Effects of short-term ozone fumigation on tobacco plants: response of the scavenging system and expression of the glutathione reductase [J]. Plant Cell & Environment, 24: 245-252.

Pellegrini E, Trivellini A, Cotrozzi L, et al. 2016. Involvement of Phytohormones in Plant Responses to Ozone [M]. In: Plant Hormones under Challenging Environmental Factors. Springer, pp 215-245.

Phillips R L, Zak D R, Holmes W E, et al. 2002. Microbial community composition andfunction beneath temperate trees exposed to elevated atmospheric carbon dioxide and ozone [J]. Oecologia, 131: 236-244.

Pregitzer K S, Burton A J, King J S, et al. 2008. Soil respiration, root biomass, and root turnover following long-term exposure of northern forests to elevated atmospheric CO_2 and tropospheric O_3 [J]. New Phytologist, 180: 153-161.

Rantanen L, Palomäki V, Holopainen T. 1994. Interactions between exposure to O_3 and nutrient status of trees: effects on nutrient content and uptake, growth, mycorrhiza and needle ultrastructure [J]. New Phytologist, 267: 2005-2010.

Read D. 1998. Biodiversity: Plants on the web [J]. Journal of Law & Medicine, 396: 22-23.

Reiner S, Wiltshire J, Wright C, et al. 1996. The impact of ozone and drought on the water relations of ash trees (*Fraxinus excelsior* L.) [J]. Journal of plant physiology, 148: 166-171.

Richards B L, Middleton J T, Hewitt W B. 1957. Air pollution with relation to agronomic crops. V. Oxidant stipple of grape [J]. Agronomy Journal, 50: 559-561.

Roth D R, Fahey T J. 1998. The Effects of Acid Precipitation and Ozone on the Ectomycorrhizae of Red Spruce Saplings [J]. Water, Air, & Soil Pollution, 103: 263-276.

Ruan Y N, He X Y, Chen W, et al. 2009. Effects of elevated O_3 concentration on anti-oxidative enzyme activities in Pinus tabulaeformis [J]. Chinese journal of applied ecology, 20: 1032-1037.

Ryang S Z, Woo S Y, Kwon S Y, et al. 2009. Changes of net photosynthesis, antioxidant enzyme activities, and antioxidant contents of Liriodendron tulipifera under elevated ozone [J]. Photosynthetica, 47: 19-25.

Sandermann H, Wellburn A R, Heath R L. 1997. Forest decline and ozone: a comparison of controlled chamber and field experiments [J]. The Quarterly Review of Biology, 12: 450-450.

Scagel C F, Andersen C P. 1997. Seasonal changes in root and soil respiration of ozone-exposed ponderosa pine (*Pinus ponderosa*) grown in different substrates [J]. New Phytologist, 136: 627-643.

Schloter M, Winkler J B, Aneja M, et al. 2005. Short term effects of ozone on the plant-rhizosphere-bulk soil system of young beech trees [J]. Plant Biology, 7: 728-736.

Shan Y, Feng Z, Izuta T, et al. 1996. The individual and combined effects of ozone and simulated acid rain on growth, gas exchange rate and water-use efficiency of *Pinus armandi* Franch [J]. Environmental Pollution, 91: 355-361.

Shi Y C, Liu W Q. 2008. Ascorbate oxidase in plants [J]. Plant Physiology Communications, 44: 151-154.

Short E F, North K A, Roberts M R, et al. 2012. A stress-specific calcium signature regulating an ozone-responsive gene expression network in Arabidopsis Plant [J]. Journal for Cell & Molecular Biology, 71: 948-961.

Simmonds P, Derwent R, Manning A, et al. 2004. Significant growth in surface ozone at Mace Head, Ireland, 1987-2003 [J]. Atmospheric Environment, 38: 4769-4778.

Solomon S, Qin D, Manning M, et al. 2007. Contribution of working group I to the fourth assessment report of the intergovernmental panel on climate change [M]. Cambridge University Press, Cambridge.

Tanaka K, Machida T, Sugimoto T. 1990. Ozone Tolerance and Glutathione Reductase in Tobacco Cultivars [J]. Bioscience, Biotechnology, and Biochemistry, 54: 1061-1062.

Thomas V F, Braun S, Flückiger W. 2006. Effects of simultaneous ozone exposure and nitrogen loads on carbohydrate concentrations, biomass, growth, and nutrient concentrations of young beech trees (*Fagus sylvatica*) [J]. Environmental Pollution, 143: 341-354.

Thomas V F D, Braun S, Flückiger W. 2005. Effects of simultaneous ozone exposure and nitrogen loads on carbohydrate concentrations, biomass, and growth of young spruce trees (*Picea abies*) [J]. Environmental Pollution, 137: 507-516.

Thomas V F D, Hiltbrunner E, Braun S, et al. 2002. Changes in root starch contents of mature beech (*Fagus sylvatica* L.) along an ozone and nitrogen gradient in Switzerland [J]. Phyton; annales rei botanicae, 42: 223-228.

Tingey D T, Wilhour R G, Standley C. 1976. The Effect of Chronic Ozone Exposures on the Metabolite Content of Ponderosa Pine Seedlings [J]. Forest Science, 22: 234-241.

Vingarzan R. 2004. A review of surface ozone background levels and trends [J]. Atmospheric Environment, 38: 3431-3442.

Wahid A, Ghazanfar A. 2006. Possible involvement of some secondary metabolites in salt tolerance of sugarcane [J]. Journal of plant physiology, 163: 723-730.

Watanabe M, Umemoto-Yamaguchi M, Koike T, et al. 2010. Growth and photosynthetic response of Fagus crenata seedlings to ozone and/or elevated carbon dioxide [J]. Landscape and Ecological Engineering, 6: 181-190.

Wei Z Q, Ke W X, Xie J Q, et al. 2006. Effects of exogenous ascorbate acid on membrane protective system of in situ rice leaves under O_3 stress [J]. Acta Ecologica Sinica, 26: 1131-1137.

Wilson D J, Patton S, Florova G, et al. 1998. The shikimic acid pathway and polyketide biosynthesis [J]. Journal of Industrial Microbiology & Biotechnology, 20: 299-303.

Wittig V E, Ainsworth E A, Long S P. 2007. To what extent do current and projected increases in surface ozone affect photosynthesis and stomatal conductance of trees? A meta-analytic review of the last 3 decades of experiments [J]. Plant, Cell & Environment, 30: 1150-1162.

Wittig V E, Ainsworth E A, Naidu S L, et al. 2009. Quantifying the impact of current and future tropospheric ozone on tree biomass, growth, physiology and biochemistry: a quantitative meta-analysis [J]. Global Change Biology, 15: 396-424.

Wohlgemuth H, Mittelstrass K, Kschieschan S, et al. 2002. Activation of an oxidative burst is a general feature of sensitive plants exposed to the air pollutant ozone [J]. Plant Cell & Environment, 25: 717-726.

Yang Y S, Skelly J M, Chevone B I, et al. 1983. Effects of short-term ozone exposure on net photosynthesis, dark respiration, and transpiration of three eastern white pine clones [J]. Environment International, 9: 265-269.

Zeleznik P, Hrenko M, Then C, et al. 2007. CASIROZ: Root parameters and types of ectomycorrhiza of young beech plants exposed to different ozone and light regimes [J]. Plant Biology, 9: 298-308.

Zeng G, Pyle J A. 2005. Influence of El Niño Southern Oscillation on stratosphere/troposphere exchange and the global tropospheric ozone budget [J]. Geophysical Research Letters, 320: L01814.

Zhan Y L. 2007. Studies on Glycolate Oxidase Activity in Mulberry Leaves From Different Varieties [J]. Science of Seri-
culture, 33: 102-105.

Zhang W W, Zhao T H, Wang M Y, et al. 2007. Effects of elevated ozone concentration on Ginkgo biloba
photosynthesis [J]. Chinese Journal of Ecology, 26: 645-649.

Zhang W W, Zheng F X, Wang X K, et al. 2009. Effects of ozone on root activity, soluble protein content andantioxi-
dant system in Oryza sativa roots [J]. Chinese Journal of Plant Ecology, 33: 425-432.

Zhao T H, Jin D Y, Wang Y, et al. 2011. Effects of Phenolic Compounds and Antioxidant Ability in Soybean Leaves
Under O_3 Stress Scientia Agricultura Sinica.

Zheng Y F, Hu C D, Wu R J, et al. 2010. Effects of ozone stress upon winter wheat photosynthesis, lipid peroxidation
and antioxidant systems [J]. Environmental Science, 31: 1643-1651.

第 17 章
森林昆虫生态

张苏芳，王鸿斌，孔祥波，王小艺，张真（中国林业科学研究院森林生态环境与保护研究所，北京，100091）

近年来，昆虫生态学从分子、个体、种群、群落、生态系统及景观不同层次研究协同发展，其中微观的分子生态学和宏观的景观生态学研究更加活跃，为整个昆虫生态学的研究带来了更多新的途径和方法，同时也促进了其他层次生态学的研究，揭示了很多新的问题和规律，是昆虫生态学发展的热点。化学生态学、行为生态学等学科与不同层次的生态学结合，研究领域更加广阔，研究内容更加深入，应用技术水平不断提高。针对生产上的害虫管理、应对气候变化等需求，生物防治的生态学基础理论研究取得了长足的进展，为防治技术提供了更多理论指导，使之向可持续防控害虫的方向发展。基于昆虫生态学的研究，关于气候变化对害虫发生影响的多样性和复杂性有了更加深入的认识，促进了应对气候变化方针、政策的制定和适应技术的发展。

1 现状与发展趋势

目前昆虫生态学发展迅速，从研究方向看，从宏观到微观均在不断发展，但尤以微观方面的分子生态学和宏观方面的景观生态学发展更加活跃和迅速，种群生态学和群落生态学等也与分子生态或空间生态学结合。由于对环境保护和害虫无公害防治等的需求驱动，化学生态学、天敌与害虫及其环境的相互关系等方面的研究也十分活跃。另外，与目前社会广泛关注的气候变化等有关的昆虫生态学研究也成为研究热点。以下将重点从这几个方面概述该领域目前的研究现状与发展趋势。

1.1 国际进展

1.1.1 昆虫分子生态学

DNA 螺旋结构的阐释，开启了分子生物学发展的大门。进入 20 世纪 80 年代后，分子生物学无论在基础理论方面还是在技术开发方面均取得突飞猛进的发展，已经成为生物学的前沿学科。与此同时，生态学在解决世界当前热点问题的过程中不断发展，如环境污染、生物多样性、气候变化等，展现了现代生态学的全新景象（康乐和张民照，1995）。然而，生态学发展的短板也日趋显现：无法解释生物体本身如何控制生物与外界之间的联系。因此，生态学家逐渐开始利用分子生物学的方法解决过去的难题。从另外一个角度来说，分子生物学家也期望通过已有的知识与方法来解决一些生态和环境问题。在这种形势下，分子生态学（molecular ecology）应运而生，1992 年 *Molecular Ecology* 创刊，标志着这一个新兴学科的正式产生。

然而，分子生态学的定义一直到现在都无法用有限的文字确切描述。大部分学者都认可分子生态学是利用分子生物学技术研究有机体对环境的适应性机理。其研究范畴一般是利用分子进化的基本理论、分子生物学实验方法和技术手段、统计学分析方法，借助计算机和信息科学的手段，通过研究物种和种群的遗传变异、表观变异、遗传结构、分布格局和形成机制等规律，探讨生物多样性演化、物种分化和适应、行为等的生态学和进化机制（张德兴，2015）。由此可见，分子生态学是多学科交叉的典范，是进化理论在多个领域的运用，自创建以来，就飞速发展。*Molecular Ecology* 2016 年第一期社论分析了近 20 年来该期刊的发展情况，发现其文章出版数量和影响因子双双翻倍，分子生态学繁荣发展情形可见一斑（图 2-17-1）。

昆虫是地球上演化成功的典型生物类群，其种类繁多、形态各异、分布广泛。因此，与昆虫相关的进化和适应问题丰富而复杂，如昆虫自身的物种演化和地理变异、昆虫与寄主和病菌的相互作用。可以说，昆虫分子生态学的发展是分子生态学学科的先锋之一。分子生态学发展的各个阶段所产出的理论和实验方法，在昆虫中都得到了充分的应用。昆虫分子生态学包括两个核心内容，即分子标记的建立和分子数据的获取，其中分子标记的建立是关键。

一些早期的分子标记构建方法由于其固有的缺点已经逐渐被淘汰，但是近年来也在某些特殊的问题中发挥了作用。以随机扩增多态 DNA（RAPD）为例，因其可分析非模式生物的多态性，且成本较低，自 20 世纪 90 年代开发以来，就在昆虫分子生态研究中广泛应用，解决昆虫分子分类、系统进化等问题，曾在至少 60 种昆虫中使用。相关文章发表高峰期为 20 世纪 90 年代初到 21 世纪初期（Figueroa 等，2002；Laurent 等，1998）。

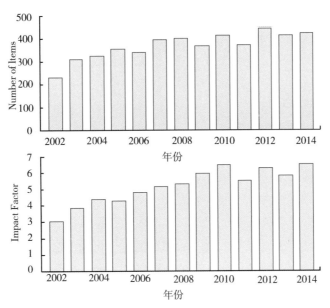

图 2-17-1　2016 年 *Molecular Ecology* 期刊社论图片：2002—2014 年该期刊文章发表数量和影响因子变化

　　另一个重要的标记技术是微卫星技术。微卫星是 1~6 个核苷酸串联重复而形成的核苷酸序列，在基因组中广泛分布、共显性遗传、变异丰富、易于被扩增，这些优点决定了微卫星技术在昆虫分子生态学领域的广泛应用。目前已经有上万种昆虫的微卫星位点在 NCBI 上登录（Choudhary 等，1993；Bass 等，2013），用于解决昆虫遗传适应中的多个主要问题。例如，推断昆虫种群间亲缘关系及进化历史、推断入侵害虫的入侵历史及路线、探讨物种的分类地位及物种形成的动态过程等。

　　基于 PCR 技术的 DNA 条形码（DNA barcoding）技术是通过对一段标准化基因 DNA 序列的分析来进行物种快速、准确分类的技术。2003 年，加拿大学者 Hebert 等提出利用 COI（线粒体细胞色素氧化酶亚基 I）5′端 648bp 的序列为基础进行条形码鉴定的系统，对全球所有动物进行编码，DNA 条形码技术就此诞生。昆虫物种多样性极高，生物型复杂，因此 DNA 条形码技术在昆虫中应用的频率极高。目前已经用于物种鉴定、确定虫态关系、发现隐存种和合并异名种、探讨系统发育关系、解析环境对昆虫的影响等多个方面。随着 DNA 条形码技术的发展，其局限性也逐渐显现。鉴于 COI 序列中一些类群的通用性不高，多片段联合 DNA 条形码技术成为现在的趋势。未来该技术应用前景广泛，但是对一些特殊的类群还需要构建专门的条形码数据库，并且与形态学、生态学相结合，才能更充分地发挥其揭示力（Jurado-Rivera 等，2009；Jinbo 等，2011；Floyd 等，2009）。

　　随着高通量测序技术的成熟，该技术快速融入昆虫分子生态学研究，也补充了以单个基因为分子标记的缺陷。虽然昆虫基因组测序工作在不断展开，但毕竟成本较高，目前难于普遍在昆虫中展开，利用基因组数据进行昆虫分子生态学研究还限于少数物种中。而以线粒体基因组测序、转录组测序为代表的昆虫分子生态组学研究目前已经较为全面地展开。线粒体基因组成稳定、基因排列相对保守、普遍为母系遗传、极少发生重组，这些特点都决定了线粒体基因组序列能够成为进化、系统发育、基因变异和种群遗传研究的有力武器。昆虫作为种类和生态型最为复杂的生物类群，一直是线粒体基因组研究的热点类群。随着测序技术的成熟和线粒体通用引物的应用，昆虫线粒体序列数据急剧上升，几乎已经在所有昆虫目中都有代表的线粒体基

因组已测序。其中直翅目、半翅目、膜翅目、鳞翅目、鞘翅目、双翅目等几个种类繁多的目所测定的种类尤其多。过去测定的线粒体基因组较少时，研究者仅对新测定的基因组进行结构和特征描述。近些年，针对某一类特定类群或某一现象的比较逐渐增多，从而对线粒体基因组的进化趋势和特征有了更加深入的了解（Galtier 等，2009；Xiong and Kocher，1991；Zhang and Hewitt，1997；Garnery 等，1992）。

另外一个快速发展的领域是转录组研究。新一代测序技术极大促进了昆虫特别是无参考基因组信息昆虫的转录组学研究。目前已经对近 100 种昆虫进行了转录组测序。和线粒体基因组研究不同，昆虫转录组学研究主要集中在基因挖掘、分子标记开发、基因表达分析等方面。例如，昆虫嗅觉相关基因由于数量庞大、序列变异度高、不同物种间保守性小，所以基因挖掘一直比较困难，触角转录组很好地解决了这个问题，目前在多种昆虫中利用转录组技术进行了嗅觉基因鉴定。转录组也能够在解决比较多昆虫的系统发生与进化以及昆虫与其他生物相互作用等分子生态学问题方面发挥独特的优势。昆虫转录组学研究为昆虫分子标记的开发提供了丰富的遗传学资源（Zhang 等，2014b），主要涉及单核苷酸多态性（single nucleotide polymorphisms，SNPs）和微卫星（simple sequence repeats，SSRs）的开发。此外，昆虫对抗外界逆境、行为调节、与其他生物相互作用方面，转录组技术能够快速反映这些过程中昆虫在基因表达方面的响应，因此能够从分子机理方面较为快捷地回答相应的问题（Qi 等，2014）。随着越来越多关于转录组测序数据的发表，所解决的科学问题也慢慢由最初单纯的获得转录组图谱、挖掘重要基因，趋向于解决有害物种防治、近缘种遗传关系与进化等更加复杂的实际问题（Mortazavi 等，2008；Calla 等，2015）。单基因数据信息量不足，难于重现生物进化历史，利用转录组测序获得多个基因片段可以消除这种随机误差，更加可靠地推断进化关系，为了解昆虫的种形成机制与进化历程提供帮助。但是，目前转录组技术存在测序偏好性、组装待标准化、拼接困难等问题，还需要从方法上加以优化，才能够方便研究者横向比较多来源数据，在分子生态学研究中深入应用（Li and Dewey，2011）。

1.1.2 昆虫个体和种群生态学

昆虫个体与种群生态研究属于昆虫生态学研究的基础部分，是早期昆虫生态学形成的理论基石，伴随着害虫防治的实践以及新技术与手段的发展，逐渐融合与发展形成了现代完整的昆虫生态学的各项分支学科及综合理论体系。在国际上，森林昆虫个体与种群生态学研究也是经历着同样的发展进程。不同国家的森林昆虫生态研究者均以本地主要发生的森林害虫个体与种群为研究对象，了解与掌握害虫的个体与种群在不同时空与环境条件下的各项特征与规律，形成特定环境条件重大害虫种群数量与分布动态变化的模型，进而对害虫的发生过程进行调节与控制。如美国森林昆虫学家从 18 世纪 80 年代起持续 100 多年来对重大森林入侵害虫舞毒蛾进行个体与种群全方位的生态学研究，逐渐建立形成了包含气候、寄主、天气等环境与生物因素的种群发生、发展理论模型，并应用于该害虫的防控。其研究过程包含研究论文数千篇，从最基础的不同地区与气候环境条件的积温发育，到不同天敌和寄主因素的影响作用，及不同立地条件的种群发生状态，以及以信息素为基础的种群监测统计理论的应用、应用气候状态及变化模型的灾害评估等，为最终了解和掌握该害虫的演变与发生及控制提供了系列理论与指导（Liebhold 等，1992；Doane 等，1981；Sharov 等，1998；Williams，等，2003；Knapp and Casey，1986；Russo 等，1993；Gray 等，2001；Lance 等，1988）。加拿大对于其重大的森林害虫山松大小蠹的研究（Safranyik 等，2006；Carroll 等，2004；Wulder 等，2006；Hicke 等，2006；Aukema 等，2006；Aukema 等，2008；Amman，1973），以及欧洲各国对于其主要针叶食叶害虫松黄叶蜂及蛀干小蠹类害虫的研究，均经历着同样的过程（Taylor 等，1978；Björkman 等，1991；Neuvonen，1999；Larsson 等，1986；Eklundh 等，2009；Jewett 等，1976；Hanski 等，1985）。为全球其他森林昆虫个体和种群生态研究提供经典的模式与参照。

目前国际上在森林昆虫个体与种群生态学研究上有以下热点与趋势。

（1）注重全球变化因素特别是气候变化因素对重大害虫个体和种群产生的影响与作用以及适应性研究，应用分子手段阐述个体及种群在分子水平上对环境的适应性基础与策略。在对不同个体与种群最低耐寒温度过冷却点及抗热性测定基础上，分析其不同区域和环境种群的基因与蛋白质表达差异（Jo 等，2017；Logan 等，2003；Theurillat 等，2001）。

（2）应用地统计学分析种群的空间分布及时空变动规律，结合现代地理信息系统软件分析建立不同尺度与水平的种群与分布变动模型，进行种群及灾害的风险评估（Liebhold 等，1993；Chon 等，2000；Kausrud 等，2012）。

（3）发展害虫种群数量调查与评估理论及技术，开发以重要害虫的不同类型信息素监测为基础的林间应用与调查，结合航空航天及无人机技术进行不同种群与灾害水平的预测预报（Wood，2003；Tkadlec 等，2011；Doitsidis 等，2017；Leppanen and Simberloff，2017）。

（4）着重研究生物因素（天敌与寄主）对个体与种群的影响调节理论，开发以天敌与生物防控为基础的手段进行害虫种群的调节，强调增强寄主环境健康水平为根本的害虫生态持续控制技术理论体系研究（Beddington，1978；Slippers 等，2015；Dale 等，2016）。

1.1.3　昆虫群落生态学

1.1.3.1　群落的多样性与稳定性关系

昆虫群落生态学一个具有争论的中心问题是群落的多样性与稳定性关系，长期以来人们对此进行了大量的研究，使人们对该问题的认识不断深入和提高。最早由 MacArthur（1955）根据食物网理论提出稳定性随着能流通路的增加而提高的论点，以后 Elton（1958）根据对物种侵入的研究提出生态系统越简单就越不稳定的观点，并提出 6 条证据：①描述种群动态的简单数学模型本身是不稳定的；②实验条件下，物种组成简单的群落比组成复杂的群落更容易灭绝；③小的岛屿比大陆地区更容易受到外来种的入侵；④在物种组成简单的农田生态系统中外来种的侵入和某一种群暴发更加常见；⑤与温带和亚极地的群落相比，高度多样的热带群落其稳定性受种群密度波动的影响更小；⑥为控制害虫大量使用农药后，导致群落简单和某些捕食种群的丢失，引起处于抑制状态的种群过量繁殖。以后不断有研究支持多样性导致稳定性的观点，Briand（1983）对 40 个食物网的研究表明，随着物种多样性的增加，种间的相互作用强度和关联度降低，说明复杂的食物网可使系统保持稳定。

与此观点相反的有 Hairston 等（1968），他们认为稳定性不能仅仅根据系统中能流通路的数量来决定。多样性导致稳定性假说没有考虑各种专化的食物网，包括最高营养层有多个物种共存的情况。Gardner 和 Ashby（1970）的研究认为随机相互联结的复杂大系统在一定的联结度阈值下是稳定的，而超过这个阈值就变得不稳定。他们的结论基于对 4 个、7 个、10 个变量系统的计算机模拟。而 May（1972）进一步分析了更大系统（n 个物种）的稳定性，分析结果表明，随着大系统复杂性（n 增大，联结度和种间相互作用强度）的增加，急速地从稳定状态转变为

不稳定，所以系统中相互联系太多或平均相互作用太强导致系统不稳定。他的研究还得出与 Gardner 和 Ashby 相似的结论，即在给定的平均种间相互作用强度和联结度下，具有分室结构的系统更加稳定。

进一步的研究表明种群的波动和灭绝随着食物链长度的增加而增加，但同时还发现具有较多营养途径的种群更能承受种群波动的影响（Lawler，1993）。不同生态层次上二者的关系也会发生变化，如草地植物群落的多样性能导致群落和生态系统的稳定性，但不能导致种群过程的稳定性（Tilman，1996）。物种多样性在一些系统中能增加生产力和稳定性，但在另外一些系统中却不能，特定生态系统的特性，如环境异质性、营养胁迫等因子会影响生物之间的关系（Johnson 等，1996）。Naeem 和 Li（1997）发现随着功能团中种类数的增加，群落的生物量和密度更加稳定（consistent），表明系统的冗余具有重要的价值。物种之间微弱到中等强度的联系对促进群落持续和稳定起着重要作用，可防止种群趋向灭绝（McCann，2000）。Sankaran 和 Mc-Maughton（1999）在印度南部的稀树草原田间实验表明，在具有当地环境特点的实验变动下（火烧、不同程度的放牧），多样性较低的植物群落表现出较高的组分（compositional stability）稳定性，研究认为引起这种结果的原因是优势种的特性和受干扰的历史，而不是多样性本身。Loreau（2000）从生物多样性的短期影响和长期影响两个方面总结了生物多样性与生态系统功能的理论进展，物种多样性对生态系统的长期稳定性和功能持续性有利。总之，不同生态系统、不同种间关系及不同类型的多样性和稳定性，其二者之间的关系不同（黄建辉和韩兴国，1995；Ives and Carpenter，2007）。

1.1.3.2 群落多样性与害虫暴发的关系

害虫的暴发是系统不稳定的表现。Elton（1958）提出多样性导致稳定性的 6 条证据中有 2 条是与害虫暴发有关的。从系统各层次来看，对危害植物的害虫管理更关心第二营养层次的稳定性，即植食类群的稳定性，其目的是保证植物产量的稳定和高产。要使害虫种群密度不大幅度波动，可以通过 3 种途径：一是增加植物的多样性。已有大量的事实证明大规模单一植物物种的栽培，会使群落结构简单化，容易发生害虫暴发（赵志模和郭依泉，1990）。在林业上纯林比混交林更容易发生病虫害。Andow（1991）综述了 209 篇论文，增加农田植被多样性，51.9% 的植食者数量减少，15.3% 的植食者数量增加，与此同时，52.7% 的天敌数量增加，9.3% 的天敌数量减少。这进一步说明，一般情况下植被的多样性有利于天敌，不利于害虫，但其相互关系是复杂多样的，因种类及其组成不同，作用也不同。二是调节害虫的种群密度和比例。使用农药防治害虫是长期以来大量使用的方法，多年的实践证明，由于害虫产生抗性和破坏了天敌，而往往达不到持续控制害虫的目的，采用生物农药的情形要好一些，但生物农药也有破坏系统稳定性的可能。尤其是将生物农药像化学农药一样进行大规模喷洒时（Tshernyshev，2010）。三是增加天敌的多样性。引进天敌防治害虫就是通过增加天敌的多样性控制害虫，由于昆虫群落之间复杂的关系，有时引进的天敌不能占领一定的生态位而在引入地定居，有时由于引入天敌竞争力太强，以至于影响了其他天敌的生存，形成破坏性的生物入侵。统计数字表明，通常引进天敌防治害虫的成功率在 20%～30%。改善农林生态系统环境和结构，是增加天敌生物多样性的最有效途径，如乌兹别克斯坦 Nijazov（1992）和土库曼斯坦 Khamrajev（1992）通过适时割去棉花田附近的苜蓿增加天敌控制棉花害虫，前苏联 Kovalenkov 和 Tjurina（1993）在农田中间种蜜源植物控制害虫。

1.1.3.3 食物网及种间相互关系研究

自然界中各物种形成的复杂相互关系是目前研究的难点和热点。植物影响植食昆虫，植食昆虫影响植物的形态、生理、化学等，又进一步影响随后的昆虫种类及群落结构，这些过程受昆虫唾液诱导的植物信号物质及其相关网络调节（Stam 等，2014）。通过生命表、增加虫卵、天敌排除等研究，证明一些但不是所有植食昆虫能对植物种群密度造成影响，其相互关系复杂而多样（Myers and Sarfraz，2017）。

通常群落中植食昆虫之间的竞争及与不同类型天敌之间存在复杂的相互关系，天敌对植物的间接影响及其数量关系不可忽视（Frank van 等，2006）。不同生物类群之间的关系十分重要，如植物与昆虫、土壤生物与昆虫之间及其三者之间的关系（Bennett，2010），地下与地上昆虫之间的相互关系及其对昆虫群落结构和功能的影响（Coupe 等，2009），尤其是跨界生物之间的相互关系，如通过真菌调节昆虫群落结构（Tack and Gripenberg，2012）。

1.1.4 昆虫景观生态学

虽然景观生态学的起源可以追溯到 20 世纪 30 年代，但真正发展却是在 80 年代以后。国际景观生态学协会于 1982 年正式成立（邬建国，2007）。近年来随着整个社会和学术界对全球环境问题和可持续发展的重视，对宏观尺度下系统动态规律的关注和"3S"技术的迅速发展，景观生态学日益受到重视，并得到迅猛发展。景观生态学的发展开辟了在宏观时空尺度上研究昆虫种群动态的新方法，也为大区域大范围害虫的宏观管理提供了新的理论依据和有效手段。

1.1.4.1 景观结构对昆虫的分布、数量动态及害虫爆发的影响

景观生态结构对昆虫的分布、数量、动态和昆虫间的相互关系都有很大的影响。Roland（1993）对加拿大安大略 1950—1984 年森林天幕毛虫（*Malacosoma disstria*）的爆发持续期与优势树种和森林结构的关系的研究是该领域早期的典型事例。研究发现，大面积的森林破碎影响了天敌和天幕毛虫之间的关系，从而加剧了这种森林食叶害虫的危害。景观结构与系统功能的研究是目前的研究热点，目前的理论认为景观斑块间的连接有利于景观系统功能的持续维持，但这种正向的影响关系并不总是存在，对于植食昆虫来说，斑块间的连接有利于害虫的暴发（Maguire 等，2015）。在景观尺度评价森林对害虫的敏感性有利于理解不同林分对害虫的抗性（Alfaro 等，2001）。

景观结构不同，其小气候环境不同，从而影响植食昆虫和天敌的分布及其相互关系。桑白盾蚧（*Pseudaulacaspis pentagona*）只危害城区路边、公园等生境中的桑树，不危害成片森林生境的桑树。Hanks 和 Denno（1993）的研究表明桑白盾蚧的存活率与水势呈正相关，未受害的城区桑树上桑白盾蚧的存活率明显低于受害树和森林生境，而水势却明显高于后二者。然而，桑白盾蚧在森林生境中的死亡率明显大于城区受害和未受害的桑树，森林中高的死亡率主要是广食性的昆虫（如螳螂、树蟋等）所致，城区生境中的死亡率主要由专食性的瓢虫和蚜小蜂所致。所以桑白盾蚧危害城区的小片桑树是由于不缺水而缺少广食性天敌所致。人工岛屿式种植的苜蓿（*Trifolium pratense*）中分布大部分的植食昆虫种类，而天敌的种类却很少。植食昆虫的天敌寄生率只有非孤立种植的 19%~60%，所以很大程度上摆脱了天敌的控制（Kruess 等，1994）。

1.1.4.2 景观结构对昆虫多样性的影响

Steffan-Dewenter 和 Tscharntke（2002）的研究表明蝴蝶的总丰富度和单食性种的比例随破碎面积的增加而增加。生境的破碎化有时能破坏植物与授粉者、捕食者与猎物之间的关系。生境

的连接度（habitat connectivity）增加了斑块间的流动和种群密度，降低了灭绝的危险。Collinge（1998）也通过两个野外实验研究了美国科罗拉多草原昆虫动态，结果发现：①破碎面积影响种群灭绝与否，较小破碎面积的物种灭绝率大于较大破碎面积；②廊道能降低种群的灭绝率，但只限于中等面积的碎块中；③廊道有利于中等面积碎块中种群的重建；④研究的 3 种昆虫中有 1 种趋向于通过廊道运动；⑤草地空间格局的变动模式对物种的丰富度有明显的影响。生境的破碎对不同的物种可能产生不同的影响，如 Aizen 和 Feinsinger（1994）在研究阿根廷西北部生境破碎对传粉昆虫的影响时发现，生境的破碎不利于当地的传粉昆虫，却有利于意大利蜜蜂（*Apis mellifera*），从而对本地的生物多样性更加不利。Holland 和 Fahrig（2000）从景观的角度研究了苜蓿田边林带对昆虫密度和多样性的影响，结果显示苜蓿田中林带长度对植食昆虫的密度没有影响，而对科的多样性呈明显的正相关，说明了林带能增加农田生态系统中植食昆虫的多样性，而对种群密度没有影响，林带在保持农田生态系统的多样性方面起重要的作用，而不仅仅是起边缘保护的作用。

1.1.4.3 景观结构对昆虫影响的多样性

景观结构对植食昆虫和天敌的影响也是多种多样的。Cappuccino 等（1998）调查了森林多样性对云杉卷叶蛾（*Choristoneura fumiferana*）暴发及其天敌的影响，结果表明 4 种天敌（*Actia interrupta*、*Itoplectes conquisitor*、*Ephialtes ontario* 和 *Phaeogenes maculicornis*）的寄生死亡率在岛屿式生境比真正岛屿生境和成片林高，1 种天敌（*Exochus nigripalpis*）在成片林的寄生死亡率比岛屿式生境和真正岛屿高。景观结构对种群的影响随种群的数量变化而发生变化，在贾克松色卷蛾（*Choristoneura pinuspinus*，*Jack pine budworm*）的增长期到暴发期阶段，贾克松边缘的密度与虫口密度水平呈强烈的正相关，而在该害虫的下降期呈负相关。这是由于产松花粉的雄球果在林缘比较丰富，在暴发的初期可以承载更多的贾克松色卷蛾，但在下降期林缘害虫天敌的捕食作用更强（Radeloff 等，2000）。景观结构对昆虫种群和群落动态的影响也是明显的，Varchola 和 Dunn（1999）对玉米田边为复合草和以长花雀麦（*Bromus inermis*）为优势种的单一草系统中的步甲的数量动态进行了比较，在玉米郁闭以前，复合草系统中的步甲丰富度明显高于单一草系统，但郁闭后单一草系统中步甲的丰富度明显高于复合草系统。

1.1.4.4 利用景观设计控制害虫

通过景观设计降低害虫的危害已经在害虫管理的研究中得到较多的应用（张鑫等，2015）。其中在农业害虫管理的应用较多，林业方面也有一些成功的实例，如垂柳苗木在自然的柳树林中种植，叶甲爆发的可能性大大降低（Dalin 等，2009）。在研究害虫景观生态学的基础上，通过景观设计以保护和促进天敌，有效抑制害虫发生，是未来的重要研究内容和发展方向。

1.1.5 昆虫化学生态学

昆虫化学生态学研究方向的发展趋势是：①重点研究自然界动植物挥发性信息化学物质的化学结构、阐明其生理生化功能及在有害生物种群调控中的重要作用机制。②从分子生物学、行为学和神经生物学等角度深入研究化学信号的产生机制和接受机制。③开发基于信息化学物质的种群监测和防控技术。

1.1.5.1 国外昆虫信息素的研究及应用现状

目前，美国学者对昆虫信息素结构的鉴定工作似乎从蛾类昆虫（如舞毒蛾、云杉卷叶蛾）的研究转向了鞘翅目昆虫的研究上，特别是对白蜡窄吉丁、食菌小蠹和天牛等昆虫的信息素研究做了大量的工作。例如，美国严重发生的小蠹虫乡土种有山松大小蠹、西部松大小蠹、南方松大小蠹、松树齿小蠹和核桃楸细小蠹等。针对小蠹虫聚集信息素监测、大量诱捕防控、非寄主挥发物驱避剂和马鞭草烯酮驱避剂的林间大量应用做了大量的工作（Gillette 等，2012）。天牛科昆虫化学生态学研究近 10 年出现跳跃式、突破性进展。2004 年之前，天牛科仅鉴定出不超过 10 个种的信息素，之后，Millar 与 Hanks 合作开展天牛科昆虫信息化学物质的研究，至 2012 年已经鉴定出 100 余种天牛的聚集信息素和性信息素，涉及 8 个亚科中的 5 个亚科（Cerambycine、Lamiinae、Lepturinae、Prioninae、Spondylidinae）（Teale 等，2011；Hanks 等，2012）。针对光肩星天牛信息素的研究，Zhang 等，（2002）发现了 2 个电生理活性成分，但是它们基本没有行为活性。目前，在美国除山松大小蠹外，本土森林害虫问题并不严重，化学生态研究方面没有显著性新突破，人力、物力、研究经费大部分集中在对外来有害生物的生物/生态学，特别是以信息化学物质为基础的害虫防治的攻关项目中。美国严重发生的外来入侵种有欧洲舞毒蛾、日本金龟子、光肩星天牛、白蜡窄吉丁、云杉树蜂、食菌小蠹、脐腹小蠹、松瘤小蠹等。美国常年飞机喷洒舞毒蛾性信息素进行种群干扰交配防控，取得了巨大的成功。基本上每年投入 15t 人工合成的信息素，防治面积达 23 万 hm^2，每年用于监测的诱芯是 25 万个左右。白蜡窄吉丁原产我国，2002 年最早在美国的 Michigan 州发现，现已经扩散到东北地区的 14 个州，主要危害 *Fraxinus* 属树木。2002 年开始，USDA-FS、USDA-ARS 和几所大学开始着手该昆虫信息化合物研究。通过对饵树诱捕技术、寄主挥发物诱捕技术、不同类型颜色诱捕器设置方式等方面展开研究，取得了一定的进展（Crook 等，2008）。在欧洲常年用于监测小蠹虫的诱捕器约有 88 万套，仅捷克一个国家就使用了 18 万~25 万套。另外，据不完全统计，仅 2006 年利用迷向剂防治苹果蠹蛾的总面积约为 15.7 万 hm^2，其中北美 7 万 hm^2，南美 1.55 万 hm^2，欧洲 4.3 万 hm^2，澳大利亚 0.45 万 hm^2；防治梨小食心虫的总面积为 5 万 hm^2，其中北美 1.7 万 hm^2，南美 0.4 万 hm^2，欧洲 1.3 万 hm^2（刘翠微，2011）。

1.1.5.2　三级及多级营养关系

三级营养系统是最小的生态系统，因此该系统"麻雀虽小，五脏俱全"，是研究物种之间相互关系的良好载体。三级营养系统的每一个层级之间、层级内部都存在复杂的相互关系。从第一营养级植物的角度来说，植物的防御系统全面而复杂。首先，植物自身具有防御害虫的元素，包括物理的（如皮毛、刺、蜡质层等）和化学的，如次生代谢物、防御蛋白、植物挥发物等，这些防御被称为组成性防御。植物防御系统在遭遇虫害后，会加强，或者有新的防御物质产生，称为诱导性防御。诱导性防御又分为植物啃噬部分的本地防御和其他未被破坏的枝叶的系统防御。本地防御和系统防御的信号转导是植物防御化学及分子机制研究的热点。

植物和天敌之间的相互关系是目前研究的热门之一。植物释放的挥发性物质对害虫天敌具有引诱作用，天敌在植物挥发物的吸引下能够顺利找到昆虫寄主，从而对植物起到间接的保护，称为植物的间接防御。天敌和植物的协同进化关系是植物间接防御的核心。植物和植物相互关系是一个较新的研究方向，目前人们已经在几个系统内确认了这种相互作用，但是内部机理研究还较为初步。

随着三级营养系统研究的逐步深入，最新研究呈现向某些专门的方向深入或者向更大尺度扩展的趋势。首先，人们发现仅仅三个物种之间的联系已然不能解决很多复杂的相互问题，因此，多级营养系统的研究正在悄然展开（Shikano，2017）。其次，目前的研究多集中在具体的化

学物质和化学生态学行为方面，而物种其实是处在复杂的系统中，如植物挥发物就是和植物的种类、分布以及外界环境因子如风向、温度等密切相关的，因此，未来的研究需要跨越个别实例和较大生态系统两个尺度之间的鸿沟（Aartsma 等，2017）。再次，从不同生态系统类型来说，草地生态系统、农业生态系统相关的三级营养系统研究由于取材和生长周期短，早期研究较为丰富。而森林生态系统由于其复杂性早期相对研究较少。但是随着研究队伍的逐渐增大和研究的逐渐深入，和林业害虫相关的三级营养系统研究近年来也取得了长足的进步，主要集中在以小蠹虫、天牛和松毛虫等林业害虫为主的三级营养系统研究（吕飞等，2015）。最后，人们也逐渐开始关注三级营养系统研究和气候变化相关因子的关系。如臭氧、二氧化碳以及其他相关温室气体对三级营养系统不同成员之间相互作用的影响等（Boullis 等，2015）。

1.1.5.3 昆虫嗅觉识别分子机制

进化压力下，昆虫嗅觉系统进化出了敏感、真实的化学信号-电信号转化方式，以及相应的适应机制（Su 等，2009）。人们已经通过风洞、触角电位（EAG）等技术阐明了昆虫依赖触角等特化的嗅觉器官，能够对外界气味和信息素起到非常灵敏的反应。而昆虫是如何进一步识别并对气味分子做出反应的，则需要对气味分子达到触角后发生的一系列生理生化反应进行详细研究，其分子信号传导机制是解决问题的关键。目前的研究发现，至少有 6 类分子参与了昆虫的嗅觉识别，包括两种运输性蛋白（气味结合蛋白 OBP 和化学感受蛋白 CSP）、三类受体蛋白（气味受体 OR、离子型受体 IR、味觉受体 GR），还有气味降解酶（ODE）。其中 OBP 和 OR 研究较多（Pelosi and Maida，1995；de Bruyne and Baker，2008）。

陆地动物嗅觉系统面临的一个重大挑战是：大多数的气味分子都是疏水性的，但是嗅觉神经元必须在一个水性环境下运作。因此，气味分子在到达受体时必须穿越一个液体的环境。在哺乳动物和昆虫中，这个液流中都存在着高浓度的气味分子结合蛋白（OBPs），它们能够溶解并转运气味分子。昆虫 OBP 家族显赫的数量和多样性吸引了众多科学家来研究它们在嗅觉过程中的功能和作用，并且基于它们氨基酸序列的差异把它们分为了 4 类：性信息素结合蛋白（PBPs），两类普通气味结合蛋白（GOBP1 和 GOBP2），以及触角结合蛋白 X（ABPX）。其中 PBPs 是特异结合昆虫性信息素并传递给信息素受体的一类气味分子结合蛋白，尽管不同昆虫 PBPs 氨基酸序列间的同源性可低至 20% 左右，但它们都具有气味结合蛋白的基本特征：由 144 个左右氨基酸组成，相对分子质量较小，15000~20000；氨基酸序列中具有 6 个保守的半胱氨酸，所形成的 3 个二硫键（C_1—C_3、C_2—C_5 和 C_4—C_6）在 PBPs 的三级结构中起支撑作用。PBPs 对性信息素的结合、运输和初步筛选是性信息素识别的第一步，是必不可少的（Zhou，2010）。

气味受体作为昆虫嗅觉识别反应的中心，其研究历史却只有不到 20 年的时间。1999 年，果蝇全基因组测序工作完成，第一个昆虫气味受体家族才被成功鉴定（Clyne 等，1999；Gao and Chess，1999）。之后随着其他昆虫基因组公布、转录组技术的发展以及同源克隆方法的应用，其他多种昆虫的气味受体家族也被鉴定。昆虫气味受体一般数量庞大，如果蝇 62 个、冈比亚按蚊（*Anopheles gambiae*）（Fox 等，2001）、意大利蜜蜂（*Apis mellifera*）（Robertson and Wanner，2006）分别有 79 个、170 个 *ORs* 基因。研究表明，昆虫气味受体家族可分为两类：一类是 Orco，它在不同的昆虫之间高度保守，通常在每种昆虫中只存在一个基因，Orco 不能单独识别气味分子，它需要和特异性的 ORs 结合形成二聚体共同识别气味分子（Nakagawa 等，2005）；另一类是特异性的 ORs，与 Orco 几乎在所有的嗅觉神经中表达不同，特异性 OR 固定地在嗅觉组织的特定部位表达，每个 OR 对特定的一个或者一类气味有反应，庞大的 OR 基因群则构成了昆虫广泛的气味反应谱的基础。特异气味受体 OR 中，有一类专门识别昆虫信息素的受体 PR，因为其涉及昆虫的交配生殖，因而备受关注。自 2004 年 PR 被首次鉴定（Krieger 等，2004；Sakurai 等，2004），相关研究工作迅速展开（Zhang 等，2015a）。值得指出的是，我国科学家在昆虫嗅觉研究工作中做出了卓越的贡献，是昆虫嗅觉研究的主力军之一（Sun 等，2013；Jiang 等，2014；Zhang 等，2014a，2014b；Chang 等，2015；Li 等，2015；Liu 等，2015；Zhang 等，2015b；Zhou 等，2015）。

1.1.6　害虫生物防治的生态学基础

生态学是害虫生物防治的理论基础。由于森林生态系统具有良好的稳定性、缓冲能力和自我恢复能力，因此与农业生态系统相比更利于开展害虫的生物防治。随着国际交流与贸易的快速发展，有害生物的传播扩散也日益严峻。害虫生物防治研究在理论和实践上近年来取得了长足的进展。

1.1.6.1　复合种群（Metapopulation）

最近生态学理论研究认为，寄生蜂的聚集作用提高了其控制害虫种群密度的能力。异质种群或集合种群的提出可以很好地解释在一定空间尺度下害虫-天敌系统的稳定条件（Murdoch and Briggs，1996）。大多数环境在空间上是可以再细分的，或者呈斑块状，这对当地和区域（异质种群）范围内种群动态的相互作用具有重要影响（Hassell 等，1991）。在一个斑块环境中，相邻的局部种群之间的扩散使得总的区域内的种群持续存在，即使所有的斑块都相同，且斑块内的动态不稳定，整个种群也容易作为一个集合种群而持续生存（Hassell 等，1994）。空间异质性（即寄主害虫的斑块化分布）以及天敌对这些寄主斑块资源的不均匀开发是已知的成功生物防治的最可能的机制（Beddington 等，1978）。

1.1.6.2　庇护所学说（Refuge Theory）

生物防治的成功与受到保护（不受寄生蜂攻击）的寄主害虫的比例呈负相关。庇护所理论为解释群落和种群水平上的生态格局提供了一个普遍适用机制。当寄主受到的保护小时被寄生的比例高，因此寄生率的高低可用于估计引进寄生蜂降低寄主密度的可能性大小（Hawkins 等，1993）。引进寄生蜂在害虫侵入地（寄主庇护区的估计）释放后的寄生率与害虫成功控制的可能性呈正相关，寄生蜂在寄主原产地的最大寄生率也应该与其对侵入地寄主密度的抑制作用大小相关，其成功的可能性随着天敌在原产地最大寄生率的增加而显著升高。这里存在一个临界值，当寄生蜂在原产地的最大寄生率低于 32% 时，引进后对入侵地害虫将不具有控制效果。因此，根据原产地或入侵地寄主害虫受天敌攻击敏感性的简单测定，即可部分预测引进天敌进行生物防治取得成功的可能性大小（Hawkins and Cornell，1994）。实际的庇护水平依赖于寄主繁殖率和寄生蜂对寄主的利用率，因此在低庇护水平下生物防治成功的可能性很小。庇护所学说为已知的寄生蜂-寄主相互关系的多种模式，包括成功的生物防治提供了一种解释（Hawkins，1994）。

Murdoch 等（1995）报道美国加州的红圆蚧（*Aonidiella aurantii*）被印巴黄蚜小蜂（*Aphytis melinus*）控制在了一个极低的种群密度，而且该系统保持稳定，原因是有树皮裂缝或死树皮内部空穴为部分红圆蚧提供了免于被寄生的庇护场所。庇护所的红圆蚧密度比树皮外表高 100 多倍，庇护所的红圆蚧种群数量的波动远小于树表皮的红圆蚧。进一步的分析揭示了害虫与其天敌之间稳定性关系的一种简单机制。达到稳定的关键在于两种昆虫在生活史参数上的相互关

系——寄主成虫期的无懈可击（不能被伤害），以及寄生蜂的种群发育迅速。这种稳定机制能够用害虫生活循环中不同时期的敏感性和寄生蜂迅速的发育速率进行拟合。这种机制可能是十分普遍的，因为大量的寄主–天敌相互作用都具备这些共有的特征（Murdoch 等，2005）。

1.1.6.3　兼性捕食作用（Intraguild Predation）

生物防治中的重要问题之一是多种天敌是否比单一天敌对害虫的抑制作用更强。兼性捕食作用（Intraguild Predation IGP）指不同天敌既共享同一资源，又发生单向或双向的甚至多层的兼性营养关系（Rosenheim 等，1995）。IGP 是一种在很多生物防治系统内普遍存在的相互关系。捕食者–捕食者相互作用的模型一致预示 IGP 对生物防治具有破坏和干扰作用，捕食者的 IGP 可能显著地影响生物防治的效果。然而 Ikegawa 等（2015）指出经验研究是不确定的，IGP 的正面和负面结果都有可能发生。害虫和天敌行为的结合与类型可能极大地影响到复合天敌生物防治的结果。生物防治研究不仅需要两物种相互作用的种群生态学理论，还需要多物种之间相互作用的群落生态学理论的指导。

1.1.6.4　保育生物防治（Conservation Biological Control）

保育生物防治是通过环境修饰和改进农药使用技术提高天敌利用效率，实现更加安全有效的害虫治理（Jonsson 等，2008）。重点研究内容包括蜜源植物的利用、人工食料的喷洒、庇护栖境的提供、化学生态学与保育生物防治的关系、天敌多样性与保育生物防治的关系、景观尺度上的保育生物防治、保育生物防治提供的多种生态系统服务功能、保育生物防治的经济学和可应用性等。保育生物防治是通过不同的方式提高天敌群落的多样性、丰富度和适应性的一种策略，然而这些参数的提高并不总是意味着害虫种群将受到直接抑制。生态学过程如兼性捕食、功能冗余和生态位互补可以解释一些保育生物防治实践成功和失败的原因。生物多样性不能决定害虫生物防治的结果，最终目标是明确能有效控制害虫种群的最佳天敌群落组合（Straub 等，2008；Paredes 等，2013）。

景观复杂性可通过供应天敌抑制害虫来提供生态系统服务。天敌的动态在复杂景观下比简单景观下更高，而害虫的动态在两种类型栖境内相似。天敌丰富度与害虫种群增长率呈负相关关系（Letourneau 等，2009）。天敌在结构复杂的景观定殖时间更早，这可能是对害虫抑制作用更有效的根本原因（Raymond 等，2015）。动物活动栖境的空间结构对寄主–寄生蜂的动态关系具有强烈影响。寄主的分布、寄主栖境的空间结构以及寄生蜂可感知寄主丰富度变化的空间尺度等均能影响到寄生蜂搜索行为。景观结构的变化能够改变大范围内害虫种群的寄生率（Roland and Taylor，1997）。在结构复杂的地块，害虫的寄生率比结构简单的地块高，作物受害程度也较低（Thies and Tscharntke，1999）。城市绿地组成和景观结构影响天敌群落和功能（Burkman and Gardiner，2014）。景观简单化对生物防治具有负面影响（Perovic 等，2010）。

短暂的作物生态过程受到频繁的干扰，这不利于植物和节肢动物多样性的保护及其生态系统服务功能的发挥。保育生物防治措施可通过栖境管理、提供害虫不可利用的植物资源，选择性地提高天敌的效果。研究表明，花带提高了节肢动物功能多样性的保育，增强了对不同害虫的控制（Balzan and Moonen，2014）。稻田边缘种植芝麻（*Sesamum indicum*）作为蜜源植物的生态工程措施，提高了捕食性天敌黑肩绿盲蝽（*Cyrtorhinus lividipennis*）对水稻害虫的生物防治作用（Zhu 等，2014）。栖境管理是可持续农业的一个重要途径，有利于生态服务功能的最大化。这种生态服务功能的一个重要例子就是害虫的生物防治，可利用合适的显花植物提供害虫天敌。

但显花植物可能也同时提高了害虫的适应性。因此，选择合适的植物种类和组合是使生物防治效果最大化的关键（Geneau 等，2012）。

1.1.6.5 植物系统库（Banker Plant Systems）

寄主植物明显影响到寄生蜂对食叶害虫的寄生率，有些寄生蜂甚至对树种具有专化性（Lill 等，2002）。植物系统库的目标是维持一种作物内天敌种群的可持续性，从而能对害虫产生长期的抑制作用（Frank，2010）。与助增式生物防治相比，植物系统库的优点在于它是一种预防性的防治，不需要重复性地释放费用浩大的天敌。而且，植物系统库利用特定的替代资源保存了某种特定的天敌或者可能合适的天敌多样性。相对于保护天敌生物多样性的保育生物防治策略，这可能是一个优势。植物系统库已证明可为生产者带来利益，目前已被引入温室和大田的观赏植物及农作物中。这给研究者提供了一个生物防治效率更高、经济且在实施后可减少农药的使用及其相关风险的途径（Frank，2010）。Simpson 等（2011）提出"吸引与奖励"策略，结合利用合成的植物挥发物吸引天敌迁入作物地，然后利用蜜源植物保留这些天敌的种群数量。天敌的密度、多样性和功能对野花种植规模很敏感，甚至在小范围内也表现如此。种植较大面积的野花地块更加适合保育有益昆虫，为害虫天敌供应食源（Blaauw and Isaacs，2012）。

1.1.6.6 天敌-猎物营养关系的定量检测

成功的生物防治有赖于对天敌和猎物营养关系的全面了解，然而营养关系的研究方法很困难，特别是对于多食性的天敌。Traugott 等（2006）利用诊断 PCR 技术检测了鳞翅目害虫的关键寄生蜂种类及其寄生率。应用定量实时 PCR 技术为研究多重营养关系提供了一种敏感的方法，有助于揭示生物防治系统的复杂性（Knudsen 等，2015）。诊断 PCR 技术可以解决猎物谱的定性（种类）和定量（捕食量）检测问题，实验证明这种分子方法在评估天敌和猎物营养关系上是可靠和有效的（Staudacher 等，2016）。

1.1.6.7 生态风险研究

生物防治的初衷是通过释放引进的天敌控制外来有害生物，但生态学家警告这种策略可能导致相反的结果（Malakoff，1999a）。生物防治虽然取得过一些成功，但这个方法也不是万能的，特别是对于引进昆虫控制杂草的生物防治，其生态风险性较高（Malakoff，1999b；Strong and Pemberton，2000）。根据实验室的研究结果，要精确地预测一种昆虫的寄主范围，或保证任何一种生物防治作用物将来不攻击非靶标生物，实际上是不可能的。昆虫能够快速地进化，对其未来寄主范围的预测结果是不可信的。引进病原微生物的潜在风险可能会是一个更加严重的问题（Follett and Duan，2000）。Kimberling（2004）根据 87 种美国引进的生物防治天敌物种，利用逻辑斯蒂回归模型预测了生物防治成功的最重要的天敌生活史特征包括寄主专化性、捕食性/寄生性、年发生代数，年发生代数多的专化性寄生性天敌生物防治成功的可能性高。预测天敌对非靶标物种影响的特征包括后代性比和是否存在本地天敌，天敌后代的雄性比例高，目标害虫存在本地天敌时生物防治的非靶标影响的风险大。这种对历史数据进行定量分析的方法有利于建立引进天敌和预测非本地物种在新环境内的生态结果的指导原则。

1.1.7 全球气候变化对昆虫的影响

全球气候变化对昆虫的影响及其适应机制是目前生态学的一个重要研究方面，对害虫发生的影响的研究是目前国际上研究的热点之一。大量的研究表明全球气候变化对昆虫的可能影响主要为以下几个方面：①使昆虫发育速度增加，繁殖代数增加；②改变昆虫的分布和危害范围，

使昆虫越冬代北移，越冬基地增加，迁飞范围增加；③使外来入侵的害虫更容易建立种群；④使昆虫的行为发生变化；⑤改变寄主-害虫-天敌之间的相互关系；⑥导致森林植被分布格局改变，使一些气候带边缘的树种生长力和抗性减弱，导致害虫发生（Roth and Lindroth，1994；Baker，1996；Bale 等，2002；Tenow 等，1999；李典谟等，1999；董杰，贾学峰，2004）。一些具体事例及进展如下：

1.1.7.1 全球气候变化对害虫发生的影响及其复杂性

世界上已有很多气候变化加重森林害虫危害的例子，最典型的事例是由于气候变化对美国东南和西部的影响，引起南方松大小蠹（*Dendroctonus frontalis*）和山松大小蠹（*Dendroctonus ponderosae*）的区域性大暴发。研究还证明，随着温度升高，南方松大小蠹暴发面积增加，暴发区域北移，在年均最低温上升3℃后，向北部分布边界可延伸170km。而山松大小蠹暴发面积减少，暴发区域向高海拔扩散。降水量增加，两种小蠹的发生面积增加。

全球气候变化对害虫的影响是多样而复杂的，害虫处在不同的气候带、不同环境条件、不同种类和取食不同寄主等条件下，反应是不一样的（Cannon，1998）。舞毒蛾取食山杨时，CO_2浓度升高则危害减轻，但取食栎树时危害却加重（Lindroth 等，1993）。气候变化对寄主和害虫的作用可能不一致，如气候变暖使果园秋尺蠖（*Operophtera brumata*）的寄主提前发芽，对果园秋尺蠖的存活不利，而对云杉蚜虫（*Elatobium abietinum*）的生长却有利，对取食栎树的果园秋尺蠖却没有影响。病虫害对气候变化的响应方式也是多样的，有逐渐的变化，也可能发生迅速的变化。如通过实验和对气候数据的分析发现，欧洲行军蛾（*Thaumetopoea pityocampa*）在2003年夏季突然向高海拔扩展，扩展的速度是过去30年的1/3（Battisti 等，2006）。Cumming 和 Vuuren（2006）对蜱群落的研究表明，气候变化对一些种有利而对另一些种不利，所以会使其群落组成发生变化，其结果不仅是群落在地理分布上的变化，而且伴随群落结构的变化。群落结构的变化将直接影响系统的稳定性，因而脆弱性评价研究必须研究气候变化对群落的影响。

1.1.7.2 在高温干旱对树木死亡及害虫的影响

在高温干旱对树木死亡及病虫害的影响研究方面取得一些重要进展。基于欧洲南部及北美的温带和寒带森林的一些实例显示温度升高和干旱加剧，引起各种类型森林中的很多树种都出现了超过千万公顷的大面积死亡，美国科学家 Craig D. Allen 组织了包括中国在内的12国的20名科学家，在全球范围内收集了88个高温干旱引起树木死亡的实例。研究表明，自1985年以来干旱与森林中树木死亡相关的文献不断增加，且树木死亡率与全球最温暖的10年明显相关。对不同森林类型的分析表明：在多年干旱的情况下，针叶林死亡率最高，而在季节性干旱的情况下，热带和温带阔叶林死亡率最高。高温干旱胁迫对树木死亡的影响是复杂多样的，在干旱的强度、持续时间、频率方面的变化可能导致树木逐渐地死亡甚至迅速死亡。该结果显示了未来气候变化情景下森林受到的死亡风险。全球高温干旱引起树木死亡的88个实例中，47个与害虫的发生有关，其中蛀干害虫占70%，蛀干害虫中小蠹的危害相关的实例占50%，其次是食叶害虫，占16.67%（Allen 等，2010）。另一个重要的研究是欧盟森林健康监测项目，研究结果表明，1987—2007年欧洲南部由于高温干旱失叶率增加，失叶率的增加与死亡率的发生趋势一致，且与林分密度和温度影响有关。研究还表明严重干旱与病虫害动态的突然变化相关联，从而导致对食物网的长期破坏效益（Carnicer 等，2010）。

1.1.7.3 干旱胁迫对虫害和树木抗性影响的变化及其阈值

干旱胁迫对虫害和树木抗性的影响与胁迫的程度相关，作用性质的变化过程有一个阈值，低于该阈值，干旱与抗性呈正相关，高于该阈值则呈负相关。以小蠹虫为例，以往的树木水分状况对小蠹虫影响的研究获得了不同的结果，一些研究表明二者为正相关，一些研究表明为负相关，还有一些研究认为没有显著影响（Lieutier，2004）。Lorio（1986）提出研究结果不一致的原因可能是存在一个水分胁迫的阈值，低于这个阈值，树木的抗性将增加，高于这个阈值则树木抗性降低。该假设通过中法科学家合作研究云南松（*P. yunnanensis*）对云南切梢小蠹（*Tomicus yunnannensis*）伴生菌（*Grosmannia yunnanensis*）在湿润年份和极度干旱年份的抗性，首次在野外得到证实。1997—1999年法国Lieutier教授与叶辉教授的研究组合作研究了湿润年份云南松的抗性，结果表明在旱季和较为干旱的样地云南松的抗性高于雨季和较为湿润的样地（Sallé等，2008）。而在2009冬季至2011年云南出现了持续干旱时法国Lieutier教授与张真研究员的研究组再次在相同样地以同样的方法，研究了极度干旱的背景下水分条件与云南松抗性之间的关系，研究结果与1997—1999年轻微的水分胁迫条件下的结果相反，证明了严重干旱对云南松的抗性有负面影响（Gao等，2017）。

1.1.7.4　未来气候变化情景下害虫发生的预测

利用数学模型预测未来气候变化对昆虫的影响，对于制定适应对策十分重要。预测未来气候变化对昆虫发生期的影响通常采用回归模型或有效积温模型。如Yamamura等（2002）利用1945—2001年的诱捕数据，建立了日本水稻二化螟（*Chilo suppressalis*）、叶蝉（*Nephotettix cincticeps*）和灰飞虱（*Laodelphax striatellus*）与温度的回归模型，并结合气候情景数据预测了2031—2050年每年害虫的数量变化趋势；Harrington等（2007）预测2050年蚜虫的发生期会随着温度的升高提前8d；结合有效积温模型也可对未来气候情景下的种群暴发和分布区域做出趋势预测（Morimoto等，1998；Yamamura等，2002；Bryant等，2002；陈瑜等，2010）。在物种潜在适生区预测方面，结合多种数学关系和物候关系的模型MaxEnt得到广泛应用（Pearson等，2004，2008）。在林业害虫发生预测方面，仅见对美国西部的山松大小蠹（*Dendroctonus ponderosae*）、西部松大小蠹（*Dendroctonus brevicomis*）和松齿小蠹（*Ips pini*）在未来气候情景下灾害暴发的模拟预测（Evangelista等，2011）。

1.2　国内进展

1.2.1　昆虫分子生态学

我国昆虫分子生态学研究起步较晚，20世纪90年代开始有零星研究，21世纪初才逐渐在多个实验室展开，整体上落后于国际研究。以RAPD技术为例，国外研究者则从1990年开发这个标记方法开始，很快在昆虫中应用，而国内研究大部分集中于2001—2005年（孙姗和徐茂磊，2000；徐庆刚和花保祯，2004；曹天文等，2005）。

但是近10年来我国昆虫分子生态学发展迅速。例如，我国在昆虫线粒体基因组的序列测定中做出了较大贡献，测定了将近一半的昆虫线粒体基因组数据（Ma等，2012）；自2008以来，采用新一代测序技术已对近100种昆虫进行了转录组测序，其中由我国学者完成了30多种。以转录组测序进行嗅觉基因鉴定为例，自从2011年第一篇相关文章在美国科学院院刊发表以来（Grosse-Wilde等，2011），我国科学家很快在重要农林害虫嗅觉鉴定上做了很多工作（Zhou等，2015；Wang等，2015）。以森林昆虫为例，目前已经完成了对我国重要林业食叶害虫——松毛虫的嗅觉相关基因鉴定、不同发育时期和组织的表达特征、信息素结合蛋白的功能及种内种间

识别情况研究，并利用嗅觉基因对近源种松毛虫的系统发生关系进行了分析（Zhang 等，2014a，2014b，2014c）。

1.2.2 昆虫个体和种群生态学

国内森林昆虫个体和种群生态学研究也是在针对重要森林害虫的研究需求中发展的，以重要的森林害虫——松毛虫及杨树害虫为研究对象，进行了以马尾松毛虫和油松毛虫为代表的食叶害虫类以及以光肩星天牛为代表的蛀干害虫的多层次和水平的研究（陈昌洁，1990；骆有庆等，2000），其基本研究方法和技术基本覆盖了全国的重要森林害虫种类。

在非生物因素对昆虫的影响与昆虫的适应方面，主要研究了不同重要森林昆虫种类在温度、湿度以及光照等条件下个体行为、生长发育及繁殖等的影响，以及近年来的不同环境与条件下个体的基因与蛋白质表达差异分析。

研究开发主要害虫类群的信息素（赵成华等，1995），进行其种群抽样与评估方法的研究（程慕棕等，1987；李天生等，1981；马占山等，1989；李友常等，1997；夏乃斌等，1988），探讨种群密度与环境因素对种群分布格局的形成影响（李兆麟等，1989；戈峰等，1997；温俊宝，2002；张苏芳等，2015）。应用地统计学进行昆虫种群的空间分布趋势及扩散规律研究（石根生等，1997；李国宏等，2010），建立昆虫种群生命表（赵瑞良等，1993），分析不同阶段和时期种群数量影响的关键因子（张宏世等，2002），结合地理信息系统分析种群地理变异及分化（安榆林等，2004；袁一杨等，2008；贾玉迪等，2011；刘昭阳，2016），建立各种类型的模型对昆虫种群趋势进行分析与预测（薛贤清等，1982；薛贤清，1984；王淑芬等，1992；张真等，2002；陈绘画等，2003），并结合全球气候变化模式提出未来种群变动趋势和风险评估（费海泽等，2014；王鸿斌，2007，2017）。

1.2.3 昆虫群落生态学

国内在昆虫群落多样性抑制害虫方面进行了一些研究。多样性与松毛虫发生的程度密切相关，马尾松林昆虫和节肢动物群落的多样性对抑制马尾松毛虫有重要作用，群落多样性和天敌种类均为无灾区大于偶灾区、偶灾区大于常灾区（任立宗等，1988；任立宗，1990）；李天生等（1998）验证了天敌群落多样性对马尾松毛虫的控制作用；张真等（1998，2004）进一步研究了松林节肢动物群落多样性与松毛虫暴发之间的关系，证实了多样性导致稳定性从而抑制松毛虫发生的结果，并且植食类群的多样性起到最重要的作用。马尾松林 4 种常见的次要食叶害虫——条毒蛾（*Lymantria dissoluta*）、波纹杂毛虫（*Cyclophragma undan*）、松毒蛾（*Dasychira ax-utha*）、油茶枯叶蛾（*Lebeda nobilis*）是松毛虫寄生蜂中间寄主，当松毛虫种群下降时，有利于天敌生存繁衍，提高马尾松林自然控制能力（黄荫规，1994）。李新航等（2009）还利用群落中各类群的多样性指数为参数，建立了突变模型，能够很好地预测松毛虫的发生动态，说明了松毛虫的暴发是一个突变的过程。在多样性利用研究方面除通过封山育林防治松毛虫外（彭建文等，1986；周鼎英等，1987；陈昌洁，1990），李宝林等（1984）设计的招瓢控蚜生态工程，严毓华等（1988）研制的苹果园植物多样化控制苹果红蜘蛛，张文庆等（2001）通过保护稻田周围的非作物生境（即作物生境中节肢动物群落的种库）促进稻田生境中节肢动物群落的重建，以及通过封山育林控制松毛虫，增加系统中植被的多样性从而促进天敌的多样性，这些都是增加天敌多样性有效地控制害虫的实例。

1.2.4 景观生态学

我国对昆虫景观生态学的研究非常少，已有的研究在规模和深度方面都非常有限。不多的一些研究如赵紫华等（2012）研究农业景观结构对麦蚜寄生蜂群落组成的影响，结果显示生境面积是影响麦蚜及寄生蜂群落的重要因子，简单农业景观与复杂农业景观下麦蚜及寄生蜂群落多样性差异不显著，一定程度的生境破碎化能够促进初寄生蜂的种群而抑制重寄生蜂的种群，但高度的生境破碎化会同时抑制2种寄生蜂的种群。刘文惠等（2014）研究不同景观结构下麦田地面甲虫和蜘蛛物种多样性及优势种分布的时空动态，证明复杂景观结构较简单景观结构中物种的多样性高。王秀秀等（2013）研究了瓢虫种群对棉花-玉米农田景观格局的响应，发现农田景观格局中作物类型（棉花与玉米）对2种瓢虫种群密度动态有显著的影响，2种天敌瓢虫都趋向在玉米斑块上栖息，在棉花斑块上呈现出时间分化。其中龟纹瓢虫在棉花种植的前中期种群密度较大，后期较小；而异色瓢虫在棉花种植的前中期种群密度较小，后期较大。农田景观系统中玉米斑块所占的面积比对龟纹瓢虫和异色瓢虫种群密度均产生显著影响。通过设计各种斑块的比例可以增强多种天敌昆虫的协调控害作用。在林业方面的相关研究更少。

1.2.5 化学生态学

我国昆虫信息素的研究工作可以追溯到1966年，到20世纪70年代初才步入正轨。当时中国科学院动物研究所昆虫激素室在陈德明教授领导下与有关单位合作，于1979年鉴定出马尾松毛虫性信息素的3个活性组分（中国科学院动物研究所昆虫外激素组，1979），这标志着我国昆虫信息素的研究进入国际同类研究的行列。此后，我国昆虫信息素结构鉴定工作进入快车道，一批重要农林害虫、储粮害虫的性信息素结构得以阐明，如亚洲玉米螟、二点螟、桑毛虫、枣黏虫、甘蔗条螟、白杨透翅蛾、杨干透翅蛾、三化螟、甘蔗白螟、蒙古木蠹蛾、黏虫、葡萄透翅蛾、茄黄斑螟、烟青虫、小菜蛾、甜菜夜蛾、槐尺蠖、茶尺蠖、桑尺蠖、大豆食心虫、梨大食心虫、梨小食心虫、茶毒蛾和槐小卷蛾等鳞翅目害虫以及松干蚧、蚜虫、松叶蜂、白蚁、谷盗等其他目昆虫（孟宪佐，2000）。对红脂大小蠹、松墨天牛、松材线虫、切梢小蠹、八齿小蠹和华山松大小蠹等蛀干害虫信息素的研究也取得了重大进展（Zhao等，2016；Chen等，2016；Song等，2011；Teal等，2011；Liu等，2010；Zhang等，2007；Erbilgin等，2007）。

随着我国越来越多重要农林害虫的信息素被鉴定，其在种群监测和大量诱捕防治方面发挥了重要的作用。例如，桃小食心虫、苹小卷蛾、金纹细蛾、枣黏虫、苹果蠹蛾、白杨透翅蛾、槐小卷蛾、亚洲玉米螟、二化螟、大螟、条螟、棉铃虫、小地老虎、松毛虫和木蠹蛾等害虫的性信息素诱芯在虫情测报上推广应用，对指导害虫防治发挥了重要的作用。同时，梨小食心虫、白杨透翅蛾和槐小卷蛾等害虫的大量诱捕防治也取得了突破进展，特别是梨小食心虫迷向干扰防控工作也开展得非常好，诱芯对梨小食心虫迷向率达89%以上，防治效果55.77%（翟小伟等，2009）。白杨透翅蛾防治区种群密度下降57%~94%（杜家纬等，1985）。从2003年开始，在东北地区应用小蠹类引诱剂进行生物防治工作。在吉林省云杉林应用小蠹虫诱捕器3万余套，在吉林红石林业局使用1000套落叶松八齿小蠹诱捕器，都取得了很好的防控效果。从2010年开始，国内开始大面积推广松褐天牛引诱剂以防控松材线虫病的危害，也取得了很好的诱杀效果。当前，我国正在积极开发昆虫信息素在卫生检疫和仓储方面的应用。另外，配套使用的诱捕器种类也趋于多元化（刘翠微，2011）。现阶段，梨小食心虫迷向散发器、苹果蠹蛾迷向散发器及部分大田作物害虫迷向产品技术成熟，防效显著。

在三级营养关系研究方面，国内也进行了一些研究，如寄主植物–蚜虫–天敌系统（张峰等，2001）、寄主植物–针叶小爪螨–芬兰钝绥螨系统（孙绪艮等，2002）、寄主植物–二化螟–二化螟茧蜂系统（陈华才等，2002）。在林业方面对松树–松毛虫–天敌系统（黄丽莉等，2006）、松树–红脂大小蠹–天敌系统（张咏洁等2008）的化学关系进行了一些研究，取得一些进展。但总体来说，系统性、深度和原创性与国外相比还有较大差异。

在昆虫嗅觉感受机制研究方面，目前国内对家蝇（*Musca domestica*）、家蚕（*Bombyx mori*）、东亚飞蝗（*Locusta migratoria*）、烟实夜蛾（*Helicoverpa assulta*）、棉铃虫（*H. armiger*）、斜纹夜蛾（*Spodoptera litura*）、甜菜夜蛾（*Spodoptera exigua*）、松毛虫等昆虫的嗅觉、味觉等化学感受相关基因进行了研究，对气味结合蛋白基因 cDNA 片段的克隆与序列及功能分析等方面进行了有意义的研究。同时也开展了受体基因的研究，在蝗虫聚集型和散居型的化学感受基因差别及转化机制方面取得了可喜的进展，在国际上也有较大的影响力（王桂荣等，2002；朱彬彬等，2005；刘晓光等，2006；龚达平等，2006；Jin 等，2006；Xiu 等，2008；Zhou 等，2010；Yang 等，2012；Guo 等，2011；Zhang 等，2014，2015，2016）。

1.2.6 生物防治的生态学基础

虽然我国是世界上最早开展生物防治的国家，但近年来的发展较缓慢（林乃铨，2010）。我国天敌资源十分丰富，新中国成立以来，先后开展了大量的天敌昆虫调查与保护利用工作，实现了赤眼蜂、胡瓜钝绥螨、平腹小蜂、侧沟茧蜂等多种天敌的规模化生产工艺，草蛉、瓢虫等一些其他天敌昆虫的实验室饲养技术也较为完善。如 1951 年广东省开始利用赤眼蜂防治多种害虫，随后在全国推广应用，目前每年可生产赤眼蜂超过 200 亿头（包建中和古德祥，1998）。我国林业有害生物种类多、发生量较大，在利用天敌防治林业有害生物上开展了大量工作，全国建立了几十家天敌繁育中心。迄今已有松毛虫赤眼蜂、白蛾周氏啮小蜂、管氏肿腿蜂、花绒寄甲、平腹小蜂、花角蚜小蜂等多种天敌广泛应用于林业害虫生物防治（Yang 等，2014）。但我国多偏重于害虫生物防治的应用技术开发，缺乏基础理论上的研究和突破。近年来，国家林业局在山东昆嵛山等地建立以林业有害生物为主的生态定位观测站，开始从生态调控的角度来研究有害生物综合治理（张星耀等，2012）。广东等地亦开始实践改变营林模式、种植抗性树种、保护天敌等多种综合措施来提高森林抵御病虫害的能力，探索森林有害生物的可持续防控。

1.2.7 气候变化对虫害的影响研究

40 多年来，有资料分析显示，气候变化对我国森林病虫害的发生危害等诸多方面造成了影响。全国气候变暖，使我国森林植被和森林虫害分布区系向北扩大，森林病虫害发生期提前，世代数增加，发生周期缩短，发生范围和危害程度加大。年平均温度尤其是冬季温度的上升促进了森林病虫害的大发生，其线性相关均达到显著水平。气候变暖，不断使我国森林病虫害的发生面积和范围扩大，同时也加重了病虫害的发生程度，一些次要的病虫或相对无害的昆虫相继成灾，促进了海拔较高地区的森林尤其是人工林病虫害的大发生。过去很少发生病虫害的云贵高原近年来病虫害频发，云南迪应地区海拔 3800~4000m 高山上冷杉林内的高山小毛虫（*Cosmotriche saxosimilis*）常猖獗成灾（赵铁良等，2003）。中国林科院对西南地区的研究证实重庆夏季（2006 年 7~8 月）的低温以及冬季（2007 年 1~2 月）的极端高温与有害生物暴发相关性极显著，因此极端高温与干旱的气候现象是造成该地区病虫害暴发的主因。对我国 2008 年冰雪灾害对病虫害影响的研究也表明冰雪灾害对于部分以相对裸露方式越冬的昆虫，会降低越冬害虫的存活基数，减少当年的种群数量，但对于钻蛀类次生性虫害的发生和暴发则是有利的。比如，受灾杉木纯林中卷蛾危害减轻，而小蠹危害加重（王鸿斌等，2017）。

我国由于高温干旱引起病虫害发生及树木大量死亡的实例除包括在 Allen 等（2010）论文中的两个实例，一是 1998—2001 年外来入侵害虫红脂大小蠹（*Dendroctonus valens*）在山西、河北、河南及陕西大暴发，危害面积达 244.3 万亩*，其中成灾面积 136.6 万亩，已有 342.4 万株成材油松受害枯死。严重受害林地的有虫株率达 80%，松树死亡率达 30% 以上，给当地的林业生产造成了巨大的损失。研究表明其暴发与 1997 年春季的干旱有关（王鸿斌等，2007）。另一个典型实例是在我国西南地区尤其是云南地区，3 种切梢小蠹 [云南切梢小蠹（*Tomicus yunanensis*）、横坑切梢小蠹（*T. minor*）和短毛切梢小蠹（*T. brebilo*）] 在 1986—1988 年、1998—2000 年和 2003—2005 年的暴发与干旱呈现明显相关（李丽莎，2003）。还有一个比较典型的实例是 2000—2008 年在我国内蒙古等地暴发的沙棘木蠹蛾（*Holcocerus hippophaecolus*），研究表明是由于连续 4 年的干旱引起（周章义，2002）。研究还发现极端干旱胁迫下，马尾松对土壤水分和养分的利用降低（土壤氮、碳含量相对高），使针叶的含水量、有机碳和全氮的含量都降低，针叶碳氮比升高，导致整体树势衰弱，进而导致其易受害虫危害，而低的营养会加重松毛虫的取食，有可能是松毛虫种群上升的一个诱因。极端干旱胁迫情况会使马尾松针叶的挥发性单萜释放量增加，但是 3-蒈烯的释放量降低，3-蒈烯对于松毛虫的影响尚未有报道，其含量和松毛虫的发生可能有一定的关系。分析不同样地不同的爆发情况，高浓度 α-蒎烯可能会使得幼虫发育期延长，而高浓度的 β-蒎烯能够有效抵抗松毛虫，这与之前的研究结果一致。

在未来气候变化对害虫影响的预测方面，中国林科院对西南地区发生的 3 种切梢小蠹未来气候变化情景的发生趋势进行了预测，结果表明切梢小蠹类害虫在该情景下将稍向北和向西偏移，其中向北主要会沿攀枝花、西昌、峨眉山走向深入，向西则逐渐覆盖大理及以东地区，而东面和南面也未有明显减少，故该类害虫在该情景条件下的总分布面积将略有增加。由于向北是纬度增加，向西是海拔增加，都反映了温度在西面和北面区域的升高，使得切梢小蠹类害虫分布区域扩大。近年还探讨了大范围预测未来气候变化条件下油松毛虫暴发的方法，证明了最大熵模型 MaxEnt 对油松毛虫害虫暴发区的准确模拟与预测具有潜在应用价值（宋雄刚等，2015，2016）。

1.3 国内外差距分析

在昆虫分子生态学研究方面，与国际先进水平相比，跟踪研究较多，独创性研究较少，理论探讨不足。虽然对科学假说的论证以及机制性研究零星地出现，构建了一些方法研究，但很少能够在分子生态学领域内广泛应用，鲜有引领性研究成果。

国内的多种森林昆虫个体和种群动态的相关研究与实践均是借鉴国外经典模式种类研究进行，无论是地理信息空间分析的地统计学技术、地理信息系统的空间分析技术，还是种群分布与预测软件分析以及未来气候模式分析的模型等，均是应用国际上他人的研究成果或集成技术。这些技术与软件模型等在环境背景的选择中并未针对中国的地理气候与环境条件进行适应性选择，由于变量的数量或区域的选择可能带来极大的误差，从而影响模型预测与风险判断的适用性与准确性。

在种群信息素监测应用技术上，国内在信息素开发技术环节落后，使很多在国外并不严重

---

* 注：1 亩 ≈ 667m² ，余同。

而在国内是重要害虫的种类并没有种群监测应用的适合引诱剂与配套的理论模型体系。

在昆虫群落生态学研究方面，我国的研究主要与生物多样性及害虫管理相关，但在食物网及其种间关系的深入研究很少，尤其是对群落动态变化的规律及其理论研究非常薄弱，也缺乏与分子、景观等不同层次的结合研究。

在化学生态学研究方面，也与国外存在差距。主要体现在：①国内昆虫信息素结构鉴定工作进展缓慢，系统化发展弱势；②国内对天牛、小蠹虫、蜚蠊等鞘翅目昆虫的信息素研究原创性工作少；③不同类型信息素的剂型研究薄弱，林间应用技术水平低下。

国内生物防治理论和实践仍落后于国外发达国家，特别是与美国、澳大利亚等国家存在较大差距。国外近年来倡导近自然林业，使得他们对本土有害生物的偶尔发生一般都置之不理，而更关注于外来入侵生物。例如，光肩星天牛和白蜡窄吉丁传入美国后，很快就成为美国危害最严重的林业有害生物，他们将国内大多数力量用于这类有害生物的防控研究（Wang 等，2015）。此外，美国和欧洲都会对某些尚未传入的有害生物进行前瞻性研究。而我国仍然有大量的人工纯林，导致部分本土有害生物频繁爆发成灾。从生态系统平衡的角度而言，如何改造人工纯林、增加天敌多样性，从而营造更多的近自然森林，是实现大多数有害生物持续防控的关键。当前，国家林业局推广实践的六大林业工程，使得更多的森林得以休养生息，正在逐步恢复其应有的生态功能。

通过人工释放天敌以增加天敌多样性和丰富度是持续调控有害生物种群的重要方式之一（魏建荣和牛艳玲，2011）。天敌昆虫释放到林间后，对靶标害虫的控制效能评价需要长期的观测试验。国外在天敌释放后，会进行长期的观测试验，而我国主要以项目为主导，项目结束之后，相应的观测点和试验亦随之结束，缺乏系统的观测数据。近年来，生态定位观测站的建设为获得长期观测数据提供了条件，但我国有害生物种类较多，发生区不同，目前少量的定位站远不能满足生产需要。

此外，从其他国家引进天敌的生态风险评估是国外比较重视的研究内容。美国建立了专业的检验检疫实验室，对从国外引入的天敌昆虫先在室内开展安全性风险评估之后，再决定是否推广释放到野外应用，这一过程往往会持续数年甚至更长时间。而在我国风险评估目前并不受重视，林业上尚未建立相应的实验室开展引入天敌的生态安全性评估，绝大多数天敌由不同单位引入，往往没有进行风险评估即释放到林间推广应用。

在气候变化对昆虫的影响方面，我国仅从应用的角度局限在一些重要昆虫种类，没有从系统角度研究气候变化对寄主-植食者-捕食者（或寄生者）相互关系和不同营养层次昆虫间相互关系的影响，在理论上缺乏系统性和深度。另外，我国缺乏生态系统健康和昆虫种群的标准化的长期定位监测，很难对我国森林健康和害虫动态进行全面、规范、系统的研究。对未来气候变化对我国重要害虫或有益昆虫的预测缺乏大数据的支撑，准确性也受影响。

2 发展战略、需求与目标

2.1 发展战略

随着我国经济的不断发展和环境保护需求的不断提高，人工林面积逐年增加，不管是害虫的生态调控，还是生物多样性保护、有益昆虫的利用，都急需加强对昆虫生态学的研究。

2.2　发展目标

在基础理论方面，力求针对我国重要森林类型的重要害虫或益虫，做出具有原始创新或特色的成果；在应用方面，针对我国重要的害虫或益虫，开发出符合生态规律的环境协调管理或利用技术。

3　重点领域和发展方向

3.1　重点领域

重点领域是加强昆虫分子生态学、景观生态学等新兴学科，同时将个体、种群、群落生态学与之结合。在应用方面，重点研究害虫生态调控理论和技术，外来入侵昆虫的预警、监测和防控技术，以及气候变化对不同生态系统中昆虫影响评估、预测及适应对策。注重资源昆虫的保护利用理论与应用。

在昆虫分子生态学方面，加强昆虫基因组、转录组、蛋白组和代谢组等组学的研究，从而进一步深入地从分子水平探讨害虫地理种群分布、扩散规律、暴发机制等。同时将分子技术与各层次生态学研究相结合，深入研究害虫管理和益虫利用的理论和技术。

在个体生态学方面，应加强环境条件模拟与精确控制条件下森林昆虫的个体生态研究。在种群生态学方面，应加强非线性模拟方法研究重大害虫种类的种群动态与风险评估、入侵害虫自然与人为传播扩散模型以及监测与评估。

在昆虫群落生态学研究方面，应加强重要森林类型昆虫群落的研究，尤其是食物网中各组分、各物种之间关系的研究，将食物网与信息化学网相结合，揭示森林昆虫群落的变化规律，为多目标的害虫综合调控提供理论依据。

在昆虫景观生态学方面，应加强我国重要林区"3S"技术的发展与应用，为大范围的景观生态学研究提供有力手段，从而利用景观生态学方法研究害虫宏观的发生、发展规律及管理技术措施。

在昆虫化学生态学方面，重点研究信息化学物质的产生机理和调控机制及信息化学物质的接收机制、性信息素通讯系统的遗传与进化，深入研究森林生态系统中寄主植物-昆虫-天敌化学信息链，尤其是多种不同层次生物形成的化学信息网及其调控机制、基于化学生态学的有害生物种群调控技术。同时必要时要结合研究听觉、视觉等与嗅觉的联合作用及其机制。

针对我国重大林业有害生物，从种群生态学和生态系统平衡的角度，研究释放天敌、改变营林模式、改变有害生物的生存环境、种植抗性树种等方面对有害生物的持续防控作用。

全球气候对昆虫影响的研究需更多地以系统为研究对象，加强研究气候变化对寄主-害虫-天敌之间及食物网中各组分之间关系的影响，综合评价气候变化对我国森林健康及重要病虫害的影响。

在基础设施建设方面，建立长期观测实验站，建立重要森林害虫饲养研究中心、天敌昆虫繁育和活体保藏中心、害虫生态调控新技术研究中心、检疫实验室、外来有害生物风险评估实验室和天敌引入生态安全评估实验室。

3.2 发展方向

针对我国常年发生的重要有害生物，建立长期观测实验站，从分子、个体、种群、群落、生态系统及景观等不同生态学层次开展有害生物综合治理相关的基础理论研究，研发基于生态调控的新技术手段。以生态学理论为依据，建立针对我国重要森林类型的多目标害虫管理的技术体系，研发精确的害虫动态监测技术，确定害虫的生态防治阈值，通过调节种群的内禀增长率和种群密度，抑制害虫的发生，而不是以消灭种群数量为目标。建立数学模型，分析需要去除的最低害虫比例或数量，计算投入和收益比，从而确定最合适的防治方案以及每年需要投入的人力、物力，实现有针对性的害虫防控。在生物多样性保护及利用方面也应研究基于生态学理论的保护技术和利用途径，防止外来入侵种的侵入，研究应对气候变化的适应对策，同时从生态学的不同层次研究昆虫的多样性保护和有益昆虫保护利用的基础理论和技术。

4 存在的问题和对策

我国森林昆虫生态学研究存在的主要问题有：①缺乏长期稳定的资金支持和针对我国主要害虫的长期定位观测点进行定点长期持续研究；②实验条件局限，不利于进行深入的理论研究；③基础研究工作薄弱，如昆虫鉴定、昆虫饲养等缺乏人员和资金；④科研支撑系统工作人员缺乏，仅有的一些人员技术水平有待提高。

采取的对策：争取国家和有关部门的支持，建立针对我国重要害虫的长期监测实验点和国家级重点实验室，发展国家森林害虫工程技术中心。建议对于昆虫分类、昆虫饲养等基础工作进行稳定、长期投入，加强科研辅助人员岗位，制定有利于这些人员发展的政策和待遇。

参考文献

安榆林，王保德，杨晓军，等. 2004. 光肩星天牛种群间及其近缘种遗传关系的 rapd 研究（英文）[J]. 昆虫学报，47（2）：229-235.

包建中，古德祥. 1998. 中国生物防治 [M]. 太原：山西科技出版社.

曹天文，张敏，张建珍，等. 2005. 大紫蛱蝶三个地理种群的 RAPD 遗传多样性分析 [J]. 动物分类学报，30：1-9.

陈昌洁. 1990. 松毛虫综合管理 [M]. 北京：中国林业出版社.

陈华才，娄永根，程家安. 2002. 二化螟茧蜂对二化螟及其寄主植物挥发物的趋性反应 [J]. 昆虫学报，45（5）617-622.

陈绘画，朱寿燕，崔相富. 2003. 基于人工神经网络的马尾松毛虫发生量预测模型的研究 [J]. 林业科学研究，16（2）：159-165.

陈瑜，马春生. 2010. 气候变暖对昆虫影响研究进展 [J]. 生态学报，30（8）：2159-2172.

程慕棕，韩大东，李青，等. 1987. 油松毛虫的空间分布型及抽样技术 [J]. 昆虫学报（2）：42-50.

董杰，贾学峰. 2004. 全球气候变化对中国自然灾害的可能影响 [J]. 聊城大学学报，17（2）：59-71.

杜家纬，许步甫，戴小杰，等. 1985. 白杨透翅蛾性引诱剂的研究及其应用 [J]. 昆虫学研究集刊，5：19-24.

费海泽，王鸿斌，孔祥波，等. 2014. 马尾松毛虫发生相关气象因子筛选及预测 [J]. 东北林业大学学报（1），136-140.

戈峰, 李典谟, 邱业先, 等. 1997. 松树受害后一些化学物质含量的变化及其对马尾松毛虫种群参数的影响 [J]. 昆虫学报 (4), 337-342.

戈峰. 2008. 昆虫生态学原理与方法 [M]. 北京: 高等教育出版社.

龚达平, 赵萍, 林英, 等. 2006. 家蚕信息素结合蛋白 BmPBP2 和 BmPBP3 基因的初步鉴定及表达分析 [J]. 昆虫学报, 49: 355-362.

黄建辉, 韩兴国. 1995. 生物多样性与生态系统稳定性 [J]. 生物多样性, 3 (1): 31-37.

黄丽莉, 刘兴平, 韩瑞东, 等. 2006. 松毛虫赤眼蜂对被害与未被害马尾松的趋性选择 [J]. 昆虫知识, 43 (2): 215-219.

黄荫规. 1994. 马尾松毛虫食物链及其应用研究 [J]. 广西林业科学, 2: 55-64

贾玉迪, 孔祥波, 张真. 2011. 基于线粒体 *coi* 基因部分序列分析 4 种松毛虫的亲缘关系 [J]. 东北林业大学学报, 39 (11): 67-70.

康乐, 张民照. 1995. 分子生态学的兴起、研究热点和展望 [J]. 中国科学院院刊 (4): 292-299.

李宝林, 杜德寿. 1984. 生态工程"灰色系统初探 [J]. 华中工学院学报, 12 (3): 1-7.

李典谟, 戈峰, 王琛柱, 等. 1999. 我国重要农业害虫的成灾机理和控制研究的若干科学问题 [J]. 昆虫知识, 36 (6): 373-376.

李国宏, 高瑞桐. 2010. 光肩星天牛种群扩散规律的研究 [J]. 林业科学研究, 23 (5): 678-684.

李丽莎. 2003. 松纵坑切梢小蠹 [M] // 张星耀, 骆有庆. 中国森林重大生物灾害. 北京: 中国林业出版社: 217-226.

李天生, 柴希民, 吴征东. 1981. 马尾松毛虫 (*Dendrolimus punctatus* Walker) 的空间分布型及其在实践上的应用 [J]. 林业科学 (4): 343-350.

李天生, 周国法, 汪国华, 等. 1998. 马尾松林天敌昆虫群落对马尾松毛虫控制作用研究 [J]. 生物多样性, 6 (3): 161-165.

李新航, 张真, 马钦彦, 等. 2009. 马尾松林节肢动物群落的稳定性 [J]. 生态学报, 29 (1): 216-222.

李友常, 夏乃斌. 1997. 杨树光肩星天牛种群空间格局的地统计学研究 [J]. 生态学报, 17 (4): 393-401.

李兆麟, 贾凤友. 1989. 油松毛虫的光周期反应 [J]. 昆虫学报, 32 (4): 410-417.

林乃铨. 2010. 害虫生物防治 [J]. 4 版. 北京: 科学出版社.

刘翠微. 2011. 昆虫信息素的发展现状与前景 [J]. 绿色植保, 206: 25-26, 28.

刘文惠, 洪波, 胡懿君, 等. 2014. 不同景观结构下麦田地面甲虫和蜘蛛物种多样性及优势种分布的时空动态 [J]. 应用昆虫学报, 51 (5): 1299-1309.

刘晓光, 安世恒, 罗梅浩, 等. 2006. 烟实夜蛾信息素结合蛋白 3cDNA 的克隆、序列分析与原核表达 [J]. 昆虫学报, 49 (5): 733-739.

刘昭阳. 2016. 中国光肩星天牛种群表型多样性及遗传变异研究 [D]. 北京: 北京林业大学.

骆有庆, 黄竞芳, 李建光. 2000. 我国杨树天牛研究的主要成就、问题及展望 [J]. 应用昆虫学报, 37 (2): 116-122.

吕飞, 海小霞, 王志刚, 等. 2015. 以蛀干害虫为中心的三级营养系统研究进展 [J]. 中国森林病虫, 34: 35-39.

马占山, 屠泉洪. 1989. 油松毛虫蛹种群抽样技术的研究 [J]. 北京林业大学学报 (2): 18-27.

孟宪佐. 2000. 我国昆虫信息素研究与应用的进展 [J]. 应用昆虫学报, 37 (2): 75-84.

彭建文, 周石涓, 唐建径. 1986. 封山育林对控制松毛虫机制的研究 [J]. 湖南林业科技 (2): 1-7.

任立宗. 1990. 不同类型区天敌资源及其差异 [M] //陈昌洁. 松毛虫综合管理. 北京: 中国林业出版社: 119-124.

任立宗, 王淑芬. 1988. 马尾松昆虫群落及时空结构的研究 [J]. 林业科学研究, 1 (4): 397-403.

沈佐锐. 2009. 昆虫生态学及害虫防治的生态学原理 [M]. 北京: 中国农业大学出版社.

石根生，李典谟. 1997. 马尾松毛虫空间格局的地学统计学分析 [J]. 应用生态学报，8（6）：612-616.

宋雄刚，王鸿斌，李国宏，等. 2015. 大尺度油松毛虫灾害发生相关气象因子筛选 [J]. 东北林业大学学报，43（7）：127-132.

宋雄刚，王鸿斌，张真，等. 2016. 应用最大熵模型模拟预测大尺度范围油松毛虫灾害 [J]. 林业科学，52（6）：66-75.

孙姗，徐茂磊. 2000. RAPD方法用于亚洲玉米螟地理种群分化的研究 [J]. 昆虫学报，43（1）：103-106.

孙绪艮，尹淑艳. 2002. 针叶小爪螨-寄主植物-芬兰钝绥螨相互关系研究Ⅱ. 挥发物质在寄主植物-针叶小爪螨-芬兰钝绥螨之间的作用 [J]. 林业科学，38（2）：73-77.

王桂荣，郭予元，吴孔明. 2002. 棉铃虫普通气味结合蛋白基因的表达及鉴定 [J]. 昆虫学报，45（3）：285-289.

王鸿斌，张真，孔祥波，等. 2007. 入侵害虫红脂大小蠹的适生区和适生寄主分析 [J]. 林业科学，43（10）：71-76.

王鸿斌，吕全，张真. 2017. 主要林区典型森林病虫害对气候变化的响应 [M] //刘世荣. 中国森林对气候变化的响应与林业适应对策. 北京：中国林业出版社.

王淑芬，张真，陈亮. 1992. 马尾松毛虫防治决策专家系统 [J]. 林业科学，28（1）：31-38.

王秀秀，欧阳芳，刘雨芳，2013. 瓢虫种群对棉花玉米农田景观格局的响应 [J]. 应用昆虫学报，50（4）：903-911.

魏建荣，牛艳玲. 2011. 西安城区环境中释放花绒寄甲成虫对光肩星天牛的生物防治效果评价 [J]. 昆虫学报，54（12）：1399-1405.

温俊宝. 2002. 光肩星天牛种群动态及树种抗性机制研究 [D]. 北京：北京林业大学.

邬建国. 2007. 景观生态学——格局、过程、尺度与等级 [M]. 2版. 北京：高等教育出版社.

夏乃斌，屠泉洪，马占山. 1988. 油松毛虫（*Dendrolimus tabulaeformis* Tsai et Liu）幼虫种群静态空间格局的研究 [J]. 林业科学，24（4）：414-421.

徐庆刚，花保祯. 2004. 桃蛀果蛾寄主生物型分化的RAPD分析 [J]. 昆虫学报，47：379-383.

薛贤清. 1984. 在马尾松毛虫测报中应用逐步回归电算方法的研究 [J]. 林业科学，20（1）：42-49.

薛贤清，冯晋臣，张石新，等. 1982. 马尾松毛虫定量测报的判别分析模型 [J]. 南京林业大学学报：自然科学版，6（1）：134-153.

严毓骅，段建军. 1988. 苹果园种植覆盖作物对于树上捕食性天敌群落的影响 [J]. 植物保护学报，15（1）：23-27.

袁一杨，高宝嘉，李明，等. 2008. 不同林分类型下油松毛虫（*Dendrolimus tabulaeformis* Tsai et Liu）种群遗传多样性 [J]. 生态学报，28（5）：2099-2106.

翟小伟，刘万学，张桂芬，等. 2009. 苹果蠹蛾性信息素的研究和应用进展 [J]. 昆虫学报，52（8）：907-916.

张德兴. 2015. 对我国分子生态学研究近期发展战略的一些思考 [J]. 生物多样性，23：559-569.

张峰，张钟宁. 2001. 寄主植物-蚜虫-天敌三重营养关系的化学生态学研究进展 [J]. 生态学报，21（6）：1025-1033.

张宏世，李平平. 2002. 光肩星天牛成虫雌雄性比及其对种群消长的影响研究 [J]. 内蒙古林业科技（S1）：25-26.

张苏芳，张真，孔祥波，等. 2015. 马尾松毛虫常灾区、偶灾区和无灾区松针挥发物特征 [J]. 林业科学，51（3）：170-174.

张文庆，张古忍，古得祥. 2001. 群落重建与水稻害虫生物防治 [M]. 太原：山西科学技术出版社.

张鑫，王艳辉，刘云慧，等. 2015. 害虫生物防治的景观调节途径：原理与方法 [J]. 生态与农村环境学报，31（5）：617-624.

张星耀，吕全，梁军. 2012. 中国森林保护亟待解决的若干科学问题 [J]. 中国森林病虫，31（5）：1-7.

张咏洁，张培毅，刘君，等. 2008. 红脂大小蠹及被害油松挥发物对捕食性天敌寄主选择行为的影响 [J]. 林业科学研究，21（2）：258-261.

张真，李典谟，查光济. 2002. 马尾松毛虫种群动态的时间序列分析及复杂性动态研究 [J]. 生态学报，22（7）：1061-1067.

张真，吴东亮，王淑芬. 1998. 马尾松林昆虫群落动态及稳定性研究 [J]. 林业科学，34（1）：65-72.

张真，吴东亮，王淑芬，等. 2004. 马尾松林食叶类群昆虫多样性及相互关系 [J]. 昆虫知识，41（6）：545-549.

赵成华，伍德明. 1995. 马尾松针叶中挥发性成分的鉴定及其对马尾松毛虫的触角电位反应 [J]. 林业科学，31（2）：125-131.

赵瑞良，吕赞韶，吕晓宏，等. 1993. 光肩星天牛自然种群生命表的研究 [J]. 北京林业大学学报（4）：125-129.

赵铁良，耿海东，张旭东，等. 2003. 气温变化对我国森林病虫害的影响 [J]. 中国森林病虫，22（3）：29-32.

赵志模，郭依泉. 1990. 群落生态学原理与方法 [J]. 重庆：科学技术出版社重庆分社.

赵紫华，关晓庆，贺达汉. 2012. 农业景观结构对麦蚜寄生蜂群落组成的影响 [J]. 应用昆虫学报，49（1）：220-228.

中国科学院动物研究所昆虫外激素组，中国科学院吉林应用化学研究所松毛虫外激素组，江西省森林病虫害防治试验站昆虫组. 1979. 马尾松毛虫性外激素的触角电位（EAG）活性组分的分离、鉴定与合成 [J]. 科学通报，21：1004-1008.

周鼎英，孙明雅，刘政. 1987. 封山育林控制马尾松毛虫机制的研究 [J]. 林业科学（昆虫专辑）：27-34.

周章义. 2002. 内蒙古鄂尔多斯市东部老龄沙棘死亡原因及其对策 [J]. 沙棘，15（2）：7-11.

朱彬彬，姜勇，牛长缨，等. 2005. 家蝇气味结合蛋白基因 cDNA 片段的克隆与序列分析 [J]. 昆虫学报，48（5）：804-809.

Aartsma Y, Bianchi F J, Werf W, et al. 2017. Herbivore-induced plant volatiles and tritrophic interactions across spatial scales [J]. New Phytologist, 216 (4): 1054-1063.

Aizen M A, Feinsinger P. 1994. Habitat fragmentation, native insect pollinators, and feral honey bees in Argentine "Chaco Serrano" [J]. Ecological Applications, 4 (2): 378-392.

Alfaro R I, Taylor S, Brown R G, et al. 2001. Susceptibility of northern British Columbia forests to spruce budworm defoliation [J]. Forest Ecology and Management, 145 (3): 181-190.

Allen C D, Macalady A K, Chenchouni H, et al. 2010. A global overview of drought and heat-induced tree mortality reveals emerging climate change risks for forests [J]. For. Ecol. Manage, 259: 660-684.

Amman G D. 1973. Population changes of the mountain pine beetle in relation to elevation [J]. Environmental Entomology, 2 (4): 541-548.

Andow D A. 1991. Vegetational diversity and arthropod population response [J]. Annu. Rev. Etomol, 36: 561-586.

Aukema B H, Carroll A L, Zheng Y, et al. 2008. Movement of outbreak populations of mountain pine beetle: influences of spatiotemporal patterns and climate [J]. Ecography, 31 (3): 348-358.

Aukema B H, Carroll A L, Zhu J, et al. 2006. Landscape-level analysis of mountain pine beetle in british columbia: spatiotemporal development and spatial synchrony within the present outbreak [J]. Ecography, 29 (3): 427-441.

Baker R H, Cannon R J C, Walters K F A. 1996. An assessment of the risks posed byselected non-indigenous pest to UK crops under climate change [M] //In: Implications of Global Environment change for Crops in Europe. eds Froud-Williams R J, Harrington R, Hocking T J, et al. Aspects of Applied Biology, 45: 323-330.

Bale, Jeffery S, Masters, et al. 2002. Herbivory in global climate change research: direct effects of rising temperature on insect herbivores [J]. Global Change Biology, 8 (1): 1-16.

Balzan M V, Moonen A C. 2014. Field margin vegetation enhances biological control and crop damage suppression from multiple pests in organic tomato fields [J]. Entomologia Experimentalis et Applicata, 150: 45-65.

Bass C, Zimmer C T, Riveron J M, et al. 2013. Gene amplification and microsatellite polymorphism underlie a recent insect host shift [J]. Proceedings of the National Academy of Sciences, 110: 19460-19465.

Battisti A, Stastny M L, Buffo E, et al. 2006. A rapid altitudinal range expansion in the pine processionary moth produced by the 2003 climatic anomaly [J]. Global Change Biology, 12 (4): 662-671.

Beddington J R, Free C A, Lawton J H. 1978. Characteristics of successful natural enemies in models of biological control of insect pests [J]. Nature, 273: 513-519.

Beddington J R, Free C A, Lawton J H. 1978. Characteristics of successful natural enemies in models of biological control of insect pests [J]. Nature, 273 (5663): 513-519.

Bennett A. 2010. The role of soil community biodiversity in insect biodiversity [J]. Insect Conservation and Diversity, 3: 157-171.

Berryman A A. 1976. Theoretical explanation of mountain pine beetle dynamics in lodgepole pine forests [J]. Environ. Entomol, 5: 1225-1233.

Björkman C, Larsson S, Gref R. 1991. Effects of nitrogen fertilization on pine needle chemistry and sawfly performance [J]. Oecologia, 86 (2): 202-209.

Blaauw B R, Isaacs R. 2012. Larger wildflower plantings increase natural enemy density, diversity, and biological control of sentinel prey, without increasing herbivore density [J]. Ecological Entomology, 37: 386-394.

Boullis A, Francis F, Verheggen F J. 2015. Climate change and tritrophic interactions: will modifications to greenhouse gas emissions increase the vulnerability of herbivorous insects to natural enemies? [J]. Environmental entomology, 44 (2): 277-286.

Briand F. 1983. Environment control of foodweb structure [J]. Ecology, 64: 253-263.

Bryant S R, Thomas C D, Bale J S. 2002. The influence of thermal ecology on the distribution of three nymphalid butterflies [J]. Journal of Applied Ecology, 39 (1): 43-55.

Burkman C E, Gardiner M M. 2014. Urban greenspace composition and landscape context influence natural enemy community composition and function [J]. Biological Control, 75: 58-67.

Calla B, Sim S B, Hall B, et al. 2015. Transcriptome of the egg parasitoid Fopius arisanus: an important biocontrol tool for Tephritid fruit fly suppression [J]. Giga Science, 4: 36.

Cannon J C Raymond. 1998. The implications of predicted climate change for insect pests in the UK, with emphasis on non-indigenous species [J]. Global Change Biology, 4 (7): 785-796.

Carnicer J, Coll M, Ninyerola M, et al. 2011. Widespread crown condition decline, food web disruption, and amplified tree mortality with increased climate change-type drought [J]. Proceedings of the National Academy of the Science of the United Nations of America, 108 (4): 1474-1478.

Carroll A L, Taylor S W, Regniere J, et al. 2004. Effect of climate change on range expansion by the mountain pine beetle in British Columbia [C]. 24-" mountain Pine Beetle Symposium: Challenges & Solutions" October (Vol. 399).

Cappuccino N, Lavertu D, Bergeron Y, et al. 1998. Spruce budworm impact, abundance and parasitism rate in a patchy landscape [J]. Oecologia, 114: 236-242.

Chang H, Liu Y, Yang T, et al. 2015. Pheromone binding proteins enhance the sensitivity of olfactory receptors to sex pheromones in Chilo suppressalis [J]. Scientific Reports, 5: 13093.

Chen D F, Li Y J, Zhang Q H, et al. 2016. Population divergence of aggregation pheromone responses in Ips subelongatus in northeastern China [J]. Insect Sci, 23: 728-738.

Chon T S, Park Y S, Kim J M, et al. 2000. Use of an artificial neural network to predict population dynamics of the forest-pest pine needle gall midge (diptera: cecidomyiida) [J]. Environmental Entomology, 29 (6): 1208-1215.

Choudhary M, Strassmann J E, Solís C R, et al. 1993. Microsatellite variation in a social insect [J]. Biochemical Genetics, 31: 87-96.

Clyne P J, Warr C G, Freeman M R, et al. 1999. A novel family of divergent seven-transmembrane proteins: candidate odorant receptors in Drosophila [J]. Neuron, 22: 327-338.

Collinge S K. 1998. Spatial arrangement of habitat patches and corridors: clues from ecological field experiments [J]. Landscape and Urban Planning, 42: 157-168.

Coupe M D, Stacey J N, Cahill Jr, et al. 2009. Limited effects of above-and belowground insects on community structure and function in a species-rich grassland [J]. Journal of vegetation Science, 20 (1): 121-129.

Crook D J, Khrimian A, Francese J A, et al. 2008. Development of a host-based semiochemical lure for trapping emerald ash borer Agrilus planipennis (Coleoptera: Buprestidae) [J]. Environ. Entomol, 37 (2): 356-365.

Dale A G, Frank S D. 2016. Urban warming trumps natural enemy regulation of herbivorous pests [J]. Ecological Applications, 24 (7): 1596-1607.

Dalin P, Kindvall O, Björkman C. 2009. Reduced population control of an insect pest in managed willow monocultures [J]. PLoS One, 4 (5), e5487.

De Bruyne M, Baker T C. 2008. Odor Detection in Insects: Volatile Codes [J]. Journal of Chemical Ecology, 34: 882-897.

Doane C C, Mcmanus M L. 1981. The gypsy moth: research towards integrated pest management [M]. Forest Service, Washington, D C (USA). Science and Education Agency.

Doitsidis L, Fouskitakis G N, Varikou K N, et al. 2017. Remote monitoring of the bactrocera oleae, (gmelin) (diptera: tephritidae) population using an automated mcphail trap [J]. Computers & Electronics in Agriculture, 137: 69-78.

Eklundh L, Johansson T, Solberg S. 2009. Mapping insect defoliation in scots pine with modis time-series data [J]. Remote Sensing of Environment, 113 (7): 1566-1573.

Elton C S. 1958. The ecology of invasions by animals and plant [M]. Chapman and Hall, London: 145-153.

Erbilgin N, Mori S R, Sun J H, et al. 2007. Response to host volatiles by native and introduced populations of Dendroctonus valens (Coleoptera: Curculionidae, Scolytinae) in North America and China [J]. J. Chem. Ecol, 33: 131-146.

Evangelista P H, Kumar S, Stohlgren T J, et al. 2011. Assessing forest vulnerability and the potential distribution of pine beetles under current and future climate scenarios in the Interior West of the US [J]. Forest Ecology and Management, 262 (3): 307-316.

Figueroa C, Loayza-Muro R, Niemeyer H. 2002. Temporal variation of RAPD-PCR phenotype composition of the grain aphid Sitobion avenae (Hemiptera: Aphididae) on wheat: the role of hydroxamic acids [J]. Bulletin of Entomological Research, 92: 25-33.

Foottit R G, Adler P H. 2017. DNA Barcodes and Insect Biodiversity [M] // Insect Biodiversity: Science and Society. John Wiley & Sons, Ltd: 575-592.

Follett P A, Duan J J. 2000. Nontarget effects of biological control [M]. Norwell, Massachusetts: Kluwer Academic Publishers.

Frank S D. 2010. Biological control of arthropod pests using banker plant systems: past progress and future directions [J]. Biological Control, 52: 8-16.

Frank van F J, Morris R J, Godfray H C J. 2006. Apparent competition, quantitive webs, and the structure of phytophagous insect communities [J]. Annual Review of Entomology, 51: 187-208.

Galtier N, Nabholz B, Glémin S, et al. 2009. Mitochondrial DNA as a marker of molecular diversity: a reappraisal [J]. Molecular Ecology, 18: 4541-4550.

Gao Q, Chess A. 1999. Identification of candidate Drosophila olfactory receptors from genomic DNA sequence [J]. Genomics, 60: 31-39.

Gao X, Zhou X, Wang H, et al. 2017. Influence of severe drought on the resistance of Pinus yunnanensis to a bark beetle-associated fungus [J]. Forest Pathology, 47 (4): e12345.

Gardner M R, Ashby W R. 1970. Connectance of large dynamic (cybernetic) systems: critical values for stability [J]. Nature, 228: 784.

Garnery L, Cornuet J, Solignac M. 1992. Evolutionary history of the honey bee Apis mellifera inferred from mitochondrial DNA analysis [J]. Molecular Ecology, 1: 145-154.

Geneau C E, Wackers F L, Luka H, et al. 2012. Selective flowers to enhance biological control of cabbage pests by parasitoids [J]. Basic and Applied Ecology, 13: 85-93.

Gillette N E, Hansen E M, Mehmel C J, et al. 2012. Area-wide application of verbenone-releasing flakes reduces mortality of whitebark pine Pinus albicaulis caused by the mountain pine beetle Dendroctonus ponderosae [J]. Agri. For. Entomol, 14 (4): 367-375.

Gray D R, Ravlin F W, Braine J A. 2001. Diapause in the gypsy moth: a model of inhibition and development [J]. Journal of Insect Physiology, 47 (2): 173-184.

Grosse-Wilde E, Kuebler L S, Bucks S, et al. 2011. Antennal transcriptome of Manduca sexta [J]. Proceedings of the National Academy of Sciences, 108: 7449-7454.

Guo W, Wang X, Ma Z, et al. 2011. CSP and takeout genes modulate the switch between attraction and repulsion during behavioral phase change in the migratory locust [J]. PLoS Genet, 7 (2): e1001291.

Hairston N G, Allan J D, Colwell R K. 1968. The relationship between species diversity and stability: an experimental approach with protozoa and bacteria [J]. Ecology, 49: 1091-1101.

Hanks L M, Denno R F. 1993. Natural Enemies and plant water relations influence the distribution of an armored scale insect [J]. Ecology, 74 (4): 1081-1091.

Hanks L M, Millar J G, Mongold-Diers J A, et al. 2012. Using blends of cerambycid beetle pheromones and host plant volatiles to simultaneously attract a diversity of cerambycid species [J]. Can. J. For. Res, 42: 1050-1059.

Hanski I, Parviainen P. 1985. Cocoon predation by small mammals, and pine sawflypopulation dynamics [J]. Oikos, 45 (1): 125-136.

Harrlngton R, Clark S J, Welham S J, et al. 2007. Environmental change and the phenology of European aphids [J]. Global Change Biology, 13 (8): 1550-1564.

Hassell M P, Comins H N, May R M. 1991. Spatial structure and chaos in insect population dynamics [J]. Nature, 353: 255-258.

Hassell M P, Comins H N, May R M. 1994. Species coexistence and self-organizing spatial dynamics [J]. Nature, 370: 290-292.

Hawkins B A, Cornell H V. 1994. Maximum parasitism rates and successful biological control [J]. Science, 266: 1886.

Hawkins B A, Thomas M B, Hochberg M E. 1993. Refuge theory and biological control [J]. Science, 262: 1429-1432.

Hawkins B A. 1994. Biological control and refuge theory: response [J]. Science, 265: 812.

Hicke J A, Logan J A, Powell J, et al. 2006. Changing temperatures influence suitability for modeled mountain pine beetle (dendroctonus ponderosae) outbreaks in the western united states [J]. Journal of Geophysical Research Biogeosciences, 111 (G2): 81.

Holland J, Fahrig L. 2000. Effect of woody borders on insect density and diversity in crop field: a landscape-scale analysis [J]. Agriculture, Ecosystems and Environment, 78: 115-122.

Ikegawa Y, Ezoe H, Namba T. 2015. Adaptive defense of pests and switching predation can improve biological control by multiple natural enemies [J]. Population Ecology, 57: 381-395.

Ives A R, Carpenter S R. 2007. Stability and diversity of ecosystems [J]. Science, 317 (5834): 58-62.

Jewett D M, Matsumura F, Coppel H C. 1976. Sex pheromone specificity in the pine sawflies: interchange of acid moieties in an ester [J]. Science, 192 (4234): 51.

Jiang X-J, Guo H, Di C, et al. 2014. Sequence similarity and functional comparisons of pheromone receptor orthologs in two closely related Helicoverpa species [J]. Insect Biochemistry and Molecular Biology, 48: 63-74.

Jin X, Zhang S, Zhang L. 2006. Expression of odorant-binding and chemosensory proteins and spatial map of chemosensilla on labial palps of Locusta migratoria (Orthoptera: Acrididae) [J]. Arthropod structure & development, 35 (1): 47-56.

Jinbo U, Kato T, Ito M. 2011. Current progress in DNA barcoding and future implications for entomology [J]. Entomological Science, 14: 107-124.

Jo W S, Kim H Y, Kim B J. 2017. Climate change alters diffusion of forest pest: a model study [J]. Journal of the Korean Physical Society, 70 (1): 108-115.

Jonsson M, Wratten S D, Landis D A, et al. 2008. Recent advances in conservation biological control of arthropods by arthropods [J]. Biological Control, 45: 172-175.

Jurado-Rivera J, Vogler A P, Reid C A M, et al. 2009. DNA barcoding insect-host plant associations [J]. Proceedings of the Royal Society of London B: Biological Sciences, 276: 639-648.

Kausrud K, Okland B, Skarpaas O, et al. 2012. Population dynamics in changing environments: the case of an eruptive forest pest species [J]. Biological Reviews of the Cambridge Philosophical Society, 87 (1): 34.

Khamrajev A Sh. 1992. Anthropogenous influence on the dominating complex of pests and Entomophagous insects in ecosystem of cotton crop in south-west of Uzbekistan [J]. Doklady of Acad. Sci. Uzbekistan, 10-11: 85-87.

Kimberling D N. 2004. Lessons from history: predicting successes and risks of intentional introductions for arthropod biological control [J]. Biological Invasions, 6: 301-318.

Knapp R, Casey T M. 1986. Thermal ecology, behavior, and growth of gypsy moth and eastern tent caterpillars [J]. Ecology, 67 (3): 598-608.

Knudsen G R, Kim T G, Bae Y S, 2015. Use of quantitative real-time PCR to unravel ecological complexity in a biological control system [J]. Advances in Bioscience and Biotechnology, 6: 237-244.

Krieger J, Grosse-Wilde E, Gohl T, et al. 2004. Genes encoding candidate pheromone receptors in a moth (Heliothis virescens) [J]. Proceedings of the National Academy of Sciences of the United States of America, 101: 11845-11850.

Kruess A, Tscharntke T. 1994. Habitat fragmentation, species loss, and biological control [J]. Science, 264: 1581-1583.

Lance D R, Odell T M, Mastro V C, et al. 1988. Temperature-mediated programming of activity rhythms in male gypsy moths (lepidoptera: lymantriidae): implications for the sterile male technique [J]. Environmental Entomology, 17 (4): 649-653.

Larsson S, Björkman C, Gref R. 1986. Responses of neodiprion sertifer, (hym. diprionidae) larvae to variation in needle resin acid concentration in scots pine [J]. Oecologia, 70 (1): 77-84.

Laurent V, Wajnberg E, Mangin B, et al. 1998. A composite genetic map of the parasitoid wasp Trichogramma brassicae based on RAPD markers [J]. Genetics, 150: 275-282.

Lawler S P, Worin P J, 1993. Food web architecture and population dynamics in laboratory microcosms of protests [J]. The American Naturalist, 141: 675-685.

Leppanen C, Simberloff D. 2017. Implications of early production in an invasive forest pest [J]. Agricultural & Forest Entomology, 19 (2): 217-224.

Letourneau D K, Jedlicka J A, Bothwell S G, et al. 2009. Effects of natural enemy biodiversity on the suppression of arthropod herbivores in terrestrial ecosystems [J]. Annual Review of Ecology, Evolution, and Systematics, 40: 573-592.

Li B, Dewey C N. 2011. RSEM: accurate transcript quantification from RNA-Seq data with or without a reference genome [J]. BMC Bioinformatics, 12: 323-323.

Li X, Fan D, Zhang W, et al. 2015. Outbred genome sequencing and CRISPR/Cas9 gene editing in butterflies [J]. Nature Communications, 6: 8212.

Liebhold A M, And R E R, Kemp W P. 1993. Geostatistics and geographic information systems in applied insect ecology [J]. Annual review of entomology, 38 (38): 303-327.

Liebhold A M, Halverson J A, Elmes G A. 1992. Gypsy moth invasion in north america: a quantitative analysis [J]. Journal of Biogeography, 19 (5): 513-520.

Lieutier F. 2004. Host resistance to bark beetles and its variations [M] //In "Bark and Wood Boring Insects in Living Trees in Europe, a Synthesis" (F. Lieutier, K. R. Day, A. Battisti, J. -C. Grégoire and H. F. Evans, Eds.), pp. 135-180. Kluwer Acad. Publ, Dordrecht.

Lill J T, Marquis R J, Ricklefs R E. 2002. Host plants influence parasitism of forest caterpillars [J]. Nature, 417: 170-173.

Liu H, Zhang Z, Ye Hui, et al. 2010. Response of Tomicusyunnanensis (Coleoptera: Scolytinae) to Infested and Uninfested Pinus yunnanensis Bolts [J]. J. Econ. Entom, 103 (1): 95-100.

Liu N-Y, Zhang T, Ye Z-F, et al. 2015. Identification and Characterization of Candidate Chemosensory Gene Families from Spodoptera exigua Developmental Transcriptomes [J]. International Journal of Biological Sciences, 11: 1036-1048.

Logan J A, Régnière J, Powell J A. 2003. Assessing the impacts of global warming on forest pest dynamics [J]. Frontiers in Ecology & the Environment, 1 (3): 130-137.

Loreau M. 2000. Biodiversity and ecosystem functioning: recent theoretical advances [J]. Oikos, 91: 3-17.

Lorio P L Jr. 1986. Growth-differentiation balance: a basis for understanding southern pine beetle-tree interactions [J]. For. Ecol. Manage, 14: 259-273.

Ma C, Yang P, Jiang F, et al. 2012. Mitochondrial genomes reveal the global phylogeography and dispersal routes of the migratory locust [J]. Molecular Ecology, 21: 4344-4358.

MacArthur R. 1955. Fluctuations of animal populations, and a measure of community stability [J]. Ecology, 36: 533-537.

Maguirea D Y, Jamesb P M A, Buddlea C M, et al. 2015. Landscape connectivity and insect herbivory: A framework for understanding tradeoffs among ecosystem services [J]. Global Ecology and Conservation, 4: 73-84.

Malakoff D. 1999a. Fighting fire with fire [J]. Science, 285: 1841-1843.

Malakoff D. 1999b. Plan to import exotic beetle drives some scientists wild [J]. Science, 284: 1255.

May R M. 1972. Will a large complex system be stable? [J]. Nature, 238: 412-414.

McCann K S. 2000. The diversity-stability debate [J]. Nature, 405: 228-233.

Morimoto N, Imura O, Kiura T. 1998. Potential effects of global warming on the occurrence of Japanese pest Insects [J]. Applied Entomology and Zoology, 33 (1): 147-155.

Mortazavi A, Williams B A, Mccue K, et al. 2008. Mapping and quantifying mammalian transcriptomes by RNA-Seq [J]. Nat Meth, 5: 621-628.

Murdoch W W, Briggs C J, Swarbrick S. 2005. Host suppression and stability in a parasitoid-hostsystem: experimental demonstration [J]. Science, 309: 610-613.

Murdoch W W, Briggs C J. 1996. Theory for biological control: recent development [J]. Ecology, 77: 2001-2013.

Murdoch W W, Luck R F, Swarbrick S L, et al. 1995. Regulation of an insect population under biological control [J]. Ecology, 76: 206-217.

Myers J H, Sarfraz R M. 2017. Impacts of Insect Herbivores on Plant Populations [J]. Annual Review of Entomology, 62: 207-230.

Naeem S, Li S. 1997. Biodiversity enhances ecosystem reliability [J]. Nature, 390: 507-509.

Nakagawa T, Sakurai T, Nishioka T, et al. 2005. Insect Sex-Pheromone Signals Mediated by Specific Combinations of Olfactory Receptors [J]. Science, 307: 1638-1642.

Neuvonen S. 1999. Climatic change and insect outbreaks in boreal forests: the role of winter temperatures [J]. Ecological Bulletins, 47 (47): 63-67.

Nijazov O D. 1992. Ecological principles of cotton crop production [J]. Izvestia of Acad. Sci, 3-13.

Paredes D, Campos M, Cayuela L. 2013. Conservation biological control of arthropod pests: techniques and state of art [J]. Ecosistemas, 22: 56-61.

Pearson R G, Dawson T P, Liu C. 2004. Modeling species distributions in Britain: a hierarchical integration of climate and landcover data [J]. Ecography, 27 (3): 285-298.

Pelosi P, Maida R. 1995. Odorant-binding proteins in insects [J]. Comp Biochem Physiol B Biochem Mol Biol, 111: 503-514.

Perovic D J, Gurr G M, Raman A, et al. 2010. Effect of landscape composition and arrangement on biological control agents in a simplified agricultural system: a cost-distance approach [J]. Biological Control, 52: 263-270.

Peterson A T, Nakazawa Y. 2008. Environmental data sets matter in ecological niche model ling: an example with Solenopsis invicta and Solenopsis richteri [J]. Global Ecology and Biogeogra-phy, 17 (1): 135-144.

Qi Y, Teng Z, Gao L, et al. 2014. Transcriptomeanalysis of an endoparasitoid wasp Cotesia chilonis (Hymenoptera: Braconidae) reveals genes involved in successful parasitism [J]. Archives of Insect Biochemistry and Physiology, 88: 203-221.

Radeloff V C, Madenoff D J, Boyce M S. 2000. The changing relation of landscape patterns and jack pine budworm populations during an outbreak [J]. Oikos, 90: 417-430.

Raymond L, Ortiz-Martinez S A, Lavandero B. 2015. Temporal variability of aphid biological control in contrasting landscape contexts [J]. Biological Control, 90: 148-156.

Roland J, Taylor P D. 1997. Insect parasitoid species respond to forest structure at different spatial scales [J]. Nature, 386: 710-713.

Roland J. 1993. Large-scale forest fragmentation increases the duration of tent caterpillar outbreak [J]. Oecologia, 93: 25-30.

Rosenheim J A, Kaya H K, Ehler L E, et al. 1995. Intraguild predation among biological control agents: theory and evidence [J]. Biological Control, 5 (3): 303-335.

Roth S K, Lindroth R L. 1994. Effects of CO_2-mediated change in paper birch and white pine chemistry on gypsy moth performance [J]. Oecologia, 98: 133-138.

Russo J M, Liebhold A M, Kelley J G W. 1993. Mesoscale weather data as input to a gypsy moth (lepidoptera: lymantriidae) phenology model [J]. Journal of Economic Entomology, 86 (3): 838-844.

Safranyik L, Carroll A L. 2006. The biology and epidemiology of the mountain pine beetle inlodgepole pine forests [M]. in: L. Safranyik and W R Wilson, editors. The mountain pine beetle: a synthesis of biology, management, and impacts on lodgepole pine. Natural Resources Canada, Canadian Forest Service, Pacific Forestry Centre, Victoria, British Columbia. 304 p.

Sakurai T, Nakagawa T, Mitsuno H, et al. 2004. Identification and functional characterization of a sex pheromone receptor in the silkmoth Bombyx mori [J]. Proceedings of the National Academy of Sciences of the United States of Ameri-

ca, 101: 16653-16658.

Salle A, Ye H, Yart A, et al. 2008. Seasonal water stress and the resistance of Pinus yunnanensis to a bark-beetle-associated fungus [J]. Tree Physiol, 28: 679-687.

Sankaran M, McMaughton S J. 1999. determinants of biodiversity regulate compositional stability of communities [J]. Nature, 401: 691-693.

Sharov A A, Liebhold A M. 1998. Model of slowing the spread of gypsy moth (lepidoptera: lymantriidae) with a barrier zone [J]. Ecological Applications, 8 (4): 1170-1179.

Shikano I. 2017. Evolutionary ecology of multitrophic interactions between plants, insect herbivores and entomopathogens [J]. Journal of Chemical Ecology, 43 (6): 586-598.

Simpson M, Gurr G M, Simmons A T, et al. 2011. Attract and reward: combining chemical ecology and habitat manipulation to enhance biological control in field crops [J]. Journal of Applied Ecology, 48 (3): 580-590.

Slippers B, Hurley B P, Wingfield M J. 2015. Sirex woodwasp: a model for evolving management paradigms of invasive forest pests [J]. Annual Review of Entomology, 60 (60): 601.

Song L W, Zhang Q H, Chen Y Q, et al. 2011. Field responses of the Asian larch bark beetle, Ips subelongatus, to potential aggregation pheromone components: disparity between two populations in northeastern China [J]. Insect Sci, 18 (3): 311-319.

Stam J M, Kroes A, Li Y, et al. 2014, Plant Interactions with Multiple Insect Herbivores: From Community to Genes [J]. Annual Review of Plant Biology, 65: 689-713.

Staudacher K, Jonsson M, Traugott M. 2016. Diagnostic PCR assays to unravel food web interactions in cereal crops with focus on biological control of aphids [J]. Journal of Pest Science, 89 (1): 281-293.

Steffan-Dewenter I, Tscharntke T. 2002. Insect communities and biotic interactions on fragmented calcareous grasslands-a mini review [J]. Biological conservation, 104: 275-284.

Straub C S, Finke D L, Snyder W E. 2008. Are the conservation of natural enemy biodiversity and biological control compatible goals? [J]. Biological Control, 45: 225-237.

Strong D R, Pemberton R W. 2000. Biological control of invading species-risk and reform [J]. Science, 288: 1969-1970.

Su C Y, Menuz K, Carlson J R. 2009. Olfactory perception: receptors, cells, and circuits [J]. Cell, 139: 45-59.

Sun M, Liu Y, Wang G. 2013. Expression patterns and binding properties of three pheromone binding proteins in the diamondback moth, Plutella xyllotella [J]. Journal of Insect Physiology, 59: 46-55.

Tack A J M, Gripenberg S, Roslin T. 2012. Cross-kingdom interactions matter: fungal-mediated interactions structure an insect community on oak [J]. Ecology Letters, 15 (3): 177-185.

Taylor L R, Woiwod I P, Perry J N. 1978. The density-dependence of spatial behaviour and the rarity of randomness [J]. Journal of Animal Ecology, 47 (2): 383-406.

Teal S A, Wickham J D, Zhang F P, et al. 2011. A Male-Produced Aggregation Pheromone of Monochamus alternatus (Coleoptera: Cerambycidae), a Major Vector of Pine Wood Nematode [J]. J. Econ. Entomol, 104 (5): 1592-1598.

Tenow O, Nilssen A C, Holmgren B, et al. 1999. An insect (Argyresthia retinella, Lep, Yponomeutidae) outbreak in northern birch forests, released by climatic changes? [J]. Journal of Applied Ecology, 36 (1): 111-122.

Theurillat J P, Guisan A. 2001. Potential impact of climate change on vegetation in the european alps: a review [J]. Climatic Change, 50 (1): 77-109.

Thies C, Tscharntke T. 1999. Landscape structure and biological control in agroecosystems [J]. Science, 285: 893-895.

Tilman D. 1996. Biodiversity: population versus ecosystem stability [J]. Ecology, 77 (2): 350-363.

Tkadlec E, Suchomel J, Purchart L, et al. 2011. Synchronous population fluctuations of forest and field voles: implications for population management [J]. Julius-Kühn-Archiv, 432: 97-98.

Traugott M, Zangerl P, Juen A. 2006. Detecting key parasitoids of lepidopteran pests by multiplex PCR [J]. Biological Control, 39: 39-46.

Tshernyshev W B. 2010. Ecological pest management (EPM): general approaches [J]. J. Appl. Ent, 119 (1-5): 379-381.

Varchola J M, Dunn J P. 1999. Changes in ground beetle (Coleoptera: Carabidae) assemblages in farming systems bordered by complex or simple roadside vegetation [J]. Agriculture, Ecosystems and Environment, 73: 41-49.

Varchola J M, Dunn J P. 2001. Influence of hedgerow and grassy field borders on ground beetle (Coleoptera: Carabidae) activity in fields of corn [J]. Agriculture, Ecosystems and Environment, 83: 153-163.

Vet L E, Dicke M. 1992. Ecology of inforchemical use by natural enemies in a tritrophic context [J]. Annu. Rev. Entomol., 37: 141-172.

Wang X Y, Jennings D E, Duan J J. 2015. Trade-offs in parasitism efficiency and brood size mediate parasitoid coexistence, with implications for biological control of the invasive emerald ash borer [J]. Journal of Applied Ecology, 52: 1255-1263.

Wang S-N, Peng Y, Lu Z-Y, et al. 2015. Identification and Expression Analysis of Putative Chemosensory Receptor Genes in Microplitis mediator by Antennal Transcriptome Screening [J]. International Journal of Biological Sciences, 11: 737-751.

Wheeler G S. Massey L M, Southwell I A. 2002. Antipredator defense of biological control agent Oxyops vitiosa is mediatedby plant volatiles sequestered from the host plant [J]. J. Chem. Ecol, 28 (2): 297-315.

Williams R S, Lincoln D E, Norby R J. 2003. Development of gypsy moth larvae feeding on red maple saplings at elevated CO_2 and temperature [J]. Oecologia, 137 (1): 114-122.

Wood D L. 2003. The role of pheromones, kairomones, and allomones in the host selection and colonization behavior of bark beetles [J]. Annual Review of Entomology, 27 (1): 411-446.

Wulder M A, Dymond C C, White J C, et al. 2006. Surveying mountain pine beetle damage of forests: a review of remote sensing opportunities [J]. Forest Ecology & Management, 221 (1-3): 27-41.

Xiong B, Kocher T D. 1991. Comparison of mitochondrial DNA sequences of seven morphospecies of black flies (Diptera: Simuliidae) [J]. Genome, 34: 306-311.

Xiu W-M, Zhou Y-Z, Dong S-L. 2008. Molecular Characterization and Expression Pattern of Two Pheromone-Binding Proteins from Spodoptera litura (Fabricius) [J]. Journal of Chemical Ecology, 34: 487-498.

Yamamura K, Yokozawa M. 2002. Prediction of a geographical shinin the prevalence of rice stripe virus disease transmitted by the small brown plant hopper, Laodehax striatellus (Fallen), under global warming [J]. Applied Entomology and Zoology, 37 (1): 181-190.

Yan Yu-hua, Yu Yi, Du Xiang-ge, et al. 1997. Conservation and augmentation of natural enemies in pest management of Chinese apple orchards [J]. Agriculture Ecosystems & Environment, 62: 253-260.

Yang Z Q, Wang X Y, Zhang Y N. 2014. Recent advances in biological control of important native and invasive forest pests in China [J]. Biological Control, 68: 117-128.

Yang Y, Krieger J, Zhang L, et al. 2012. The olfactory co-receptor Orco from the migratory locust (Locusta migratoria) and the desert locust (Schistocerca gregaria): identification and expression pattern [J]. Int J Biol Sci, 8 (2): 159-170.

Zhang A J, Oliver J E, Aldrich J R, et al. 2002. Stimulatory beetle volatiles for the Asian longhorned beetle, Anoplophora glabripennis (Motschulsky) [J]. Z. Naturforsch, 57c: 553-558.

Zhang Q H, Schlyter F, Liu G T, et al. 2007. Electrophysiological and behavioral responses of Ips duplicatus to Aggregation Pheromone in Inner Mongolia, China: amitinol as a potential pheromone component [J]. J. Chem. Ecol, 33: 1303-1315.

Zhang D-X, Hewitt G M. 1997. Insect mitochondrial control region: a review of its structure, evolution and usefulness in evolutionary studies [J]. Biochemical Systematics and Ecology, 25: 99-120.

Zhang J, Walker W B, Wang G. 2015a. Chapter Five-Pheromone Reception in Moths: From Molecules to Behaviors. [M]. //in Progress in Molecular Biology and Translational Science, ed. G. Richard. (New York: Academic Press): 109-128.

Zhang J, Wang B, Dong S, et al. 2015. Antennal transcriptome analysis and comparison of chemosensory gene families in two closely related noctuidae moths, Helicoverpa armigera and H. assulta [J]. PloS one, 10 (2): e0117054.

Zhang J, Yan S, Liu Y, et al. 2015b. Identificationand Functional Characterization of Sex Pheromone Receptors in the Common Cutworm (Spodoptera litura) [J]. Chemical Senses, 40: 7-16.

Zhang S, Zhang Z, Wang H, et al. 2014. Antennal transcriptome analysis and comparison of olfactory genes in two sympatric defoliators, Dendrolimus houi and Dendrolimus kikuchii (Lepidoptera: Lasiocampidae) [J]. Insect Biochemistry and Molecular Biology, 52: 69-81.

Zhang S, Zhang Z, Wang H, et al. 2014. Molecular Characterization, Expression Pattern, and Ligand-Binding Property of Three Odorant Binding Protein Genes from Dendrolimus tabulaeformis [J]. Journal of Chemical Ecology, 40: 396-406.

Zhang S-F, Zhang Z, Kong X-B, et al. 2014a. Molecular characterization and phylogenetic analysis of three odorant binding protein gene transcripts in Dendrolimus species (Lepidoptera: Lasiocampidae) [J]. Insect Science, 21: 597-608.

Zhao L, Zhang X, Wei Y, et al. 2016. Ascarosides coordinate the dispersal of a plant-parasitic nematode with the metamorphosis of its vector beetle [J]. Nature Communications, 7: 12341.

Zhou C-X, Min S-F, Yan-Long T, et al. 2015. Analysis of antennal transcriptome and odorant binding protein expression profiles of the recently identified parasitoid wasp, Sclerodermus sp. [J]. Comparative Biochemistry and Physiology Part D: Genomics and Proteomics, 16: 10-19.

Zhou D, Van Loon J J, Wang C Z. 2010. Experience-based behavioral and chemosensory changes in the generalist insect herbivore Helicoverpa armigera exposed to two deterrent plant chemicals [J]. Journal of Comparative Physiology A, 196 (11): 791-799.

Zhou J J. 2010. Odorant-binding proteins in insects [J]. Vitam Horm, 83: 241-272.

Zhu P Y, Lu Z X, Heong K L, et al. 2014. Selection of nectar plants for use in ecological engineering to promote biological control of rice pests by the predatory bug, Cyrtorhinus lividipennis, (Heteroptera: Miridae) [J]. PLoS ONE, 9 (9): e108669.